【新装版】

# ［UFO宇宙人アセンション］真実への完全ガイド

ペトル・ホボット×浅川嘉富

ヒカルランド

# ＵＦＯ出現の頻発はアセンションの予兆！

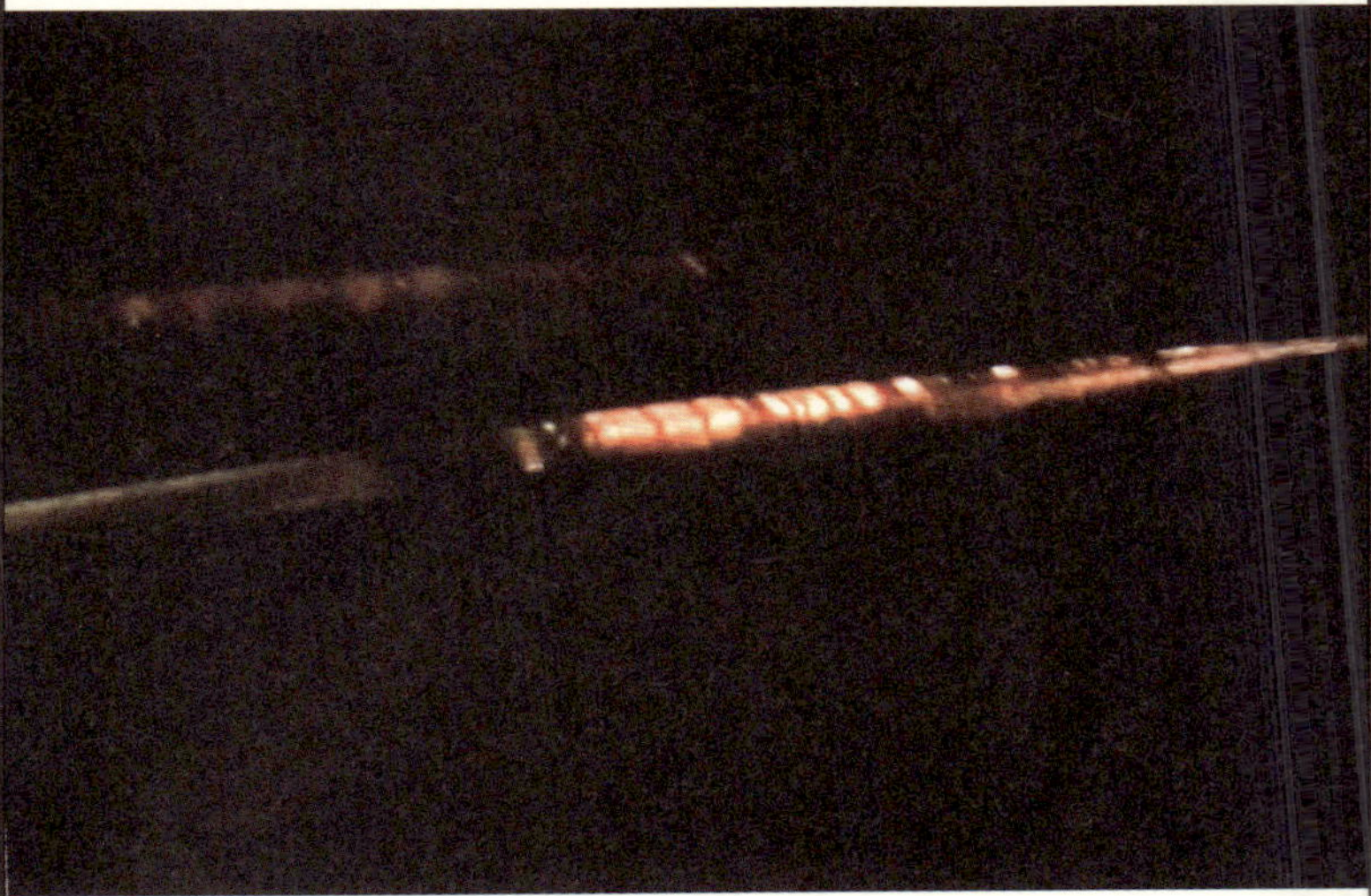

これは私の住む山梨県北杜《ほくと》市上空に出現した巨大な２機の宇宙母船です。その大きさは、少なくとも数キロはあるように見えました。パワースポットである北杜市一帯のエネルギーを利用して、ＵＦＯが物質化するのだとホボット氏は教えてくれました。そして、私に使命を伝えるべく出現したのだと……（第１章参照）。（撮影日2009年12月５日）

ナスカの地上絵は誰が作った？

これらは、私がヘリコプターから撮影したものです。ホボット氏は、プレアデスの宇宙人が作ったものだと言います。高次元のエネルギーを放射するパワースポットの役割を果たしているのだニうです（第３章参照）。

# 不思議な形の地上絵

サルの地上絵の上空では、強力なエネルギーを感じました。みなさん、恐竜の地上絵があるのを知っていますか？　通説では、恐竜と人類は別の時代に生きていたはずなのに……。

# カブレラストーンに新解釈が!?

カブレラストーンは、恐竜と人類の共存を示す強力な証拠だと私は唱え続けてきました。ところが今回、ホボット氏から信じられない説明をされて、心底驚きました。詳しくは第3章でお伝えします！

「シャーマンによるとこれは人間の脳の絵です。この石の近くにいると脳のエネルギーセンターである、爬虫類の脳が活性化されて、超感覚的知覚が開かれます」

「これはグレイ型の宇宙人です」

「パラレルワールドとのエネルギーの出入り口です。夜にここでシャーマンの儀式を行ったとき、私とその儀式の参加者が、ここから光がスパークするのを見たことがあります」

「トカゲです。ナスカのトカゲの地上絵に似ています。シャーマンによるとトカゲは超感覚的知覚のシンボルです」

# 知られざるオーパーツ巨石「クンパナマー」

これは、シャーマンたちが修行に使う巨石で、「クンパナマー」（第２章参照）というのだそうです。ホボット氏と交流のあるシャーマンたちでさえ、この石の存在を秘密にしているらしいので、こうして目にするのはとても貴重です。どうやってジャングルに運ばれたのかも分からないという点では、一種のオーパーツと言えるでしょう。なんと、石の内部は空洞になっていて、パラレルワールドと結びついているというのです！　この石には右ページにあるような不思議な模様が刻まれています。右の４点のコメントは、ホボット氏による図柄の説明です。

# シャーマンの驚異的能力はどこから来るのか

これはシャーマンが儀式を行っているところ。彼は、アンデス山中で昔から続くある流派に属しているそうです。シャーマンで宇宙人とのコンタクト体験が皆無という人はいないのだと、ホボット氏は言います。ホボット氏は現在もシャーマンの修行を続けています。

使命を持った
淺川さんとの対談に、
「光の生命体」がアレンジしたもの。
出会う前に、
そのビジョンを見せられていました。
これからすべてをお話しします。

「光の生命体」から、
日本での活動を勧められたそうですね。
より多くの人と、
あなたの高度な情報を分かち合いたいです。

## ペトル・ホボット　Petr Chobot
## プロフィール

１９６７年７月に旧チェコスロバキアに生まれる。
幼少のころから、オーラやエネルギーフィールドの知覚や体外離脱が可能で、他次元の生命体とコミュニケーションを図ることができた。
その特殊能力を見込まれて、１９８４年にロシアのサンクトペテルブルク大学に推薦入学。同時期にチェコの大学でも学びながら、旧ソ連の諜報機関であったＫＧＢの研究機関下で、高次神経活動と脳生命科学研究に参加。多くの物理学者たちと親交を持つこととなる。

大学で生物学を学んだことは、その後の彼の探求に科学者としての側面を与えている。また、物理学者たちとのかかわりから、最先端の量子力学などにも造詣が深く、超能力や他次元といったものを物理学の世界から理解する助けとなっているという。

その後、90年代の初めごろから彼の活動の拠点となったのはウラル山脈に近いゴルキイという町だった。ここでは、超感覚的知覚・テレパシー・遠隔催眠・テレキネシス（念動）などの研究が、秘密裏に行われていた。もちろん、一般人は出入りできない町であった。

彼はこのゴルキイの町で、危機的状況において自分の能力を抑制できるよう、「超感覚的知覚」の特別訓練を受けていた。その間、超能力者として、ウラル山脈に出現するＵＦＯの乗組員とコンタクトをとる役割も果たすことになった。また、アフガニスタンとの国境に近いタジキスタンの村に出現した光の生命体から招かれて、そこから80キロほど離れた宇宙人基地をも訪ねたりしている。

あるときゴルキイの基地内で仲間と一緒にいた彼の前に、金色に輝く十字架の光を放つ自らを「キリスト」と名乗る人物が出現。地上で果たすべき役割を達成するために、現在の活動を終えるよう語りかけてくる事件が起きた。

その忠告に従いチェコに戻った彼は、90年代の半ばごろ、上空を飛ぶ「白いコンドル」のビジョンを見る。そのビジョンから、自分が進むべき人生は南米大陸にあることを悟り、アマゾン川流域やアンデス山中に住む先住民のもとを訪れる。

優良なシャーマンたちは彼が来るのをすでに知っていたという。その後、彼らから16年間にわたってシャーマニズムの高度なテクノロジーを伝授されるところとなり、現在もなお続いている。

鉱物資源や石油などを
リモートヴューイング（遠隔透視）
するのはたやすい。
しかしながら、ＵＦＯの場合、
彼らが許してくれない限り
内部に入っていけません。
彼らの精神性が高いので、
バリアの張られた
ＵＦＯにアクセスするのは
非常に難しいのです。

アストラル界には、
エネルギーの寄生虫とでも言うべき、
低次元の神々がいます。
彼らは人間の想念が生み出したもの。
現在のキリスト教もその1つです。
人間の苦しみや恨みなどの
低次元のエネルギーを
餌にしているのです。
嬉しさや喜びなどの高い波動は、
彼らにとって餌にならないのです。

レプティリアンの多くの種族は、
おおむね友好的です。
怖いどころか、
波動の高い知性的な存在です。
また地球において
固定された姿で現れる生命体は、
宇宙からではなく、
パラレルワールドから来ているのです。
パラレルワールドは遠い世界ではなく、
こちらの世界との行き来は
難しいものではありません。

近いうちに、波動的な移行、
トランスフォーメーション（変容）が行われます。
直近では、戦争や噴火などの危機も迫っています。
しかし、どんな未来を選択するかは
「魂」である人間が決めるのです。
どうかポジティブなイメージで
未来を想像してください。

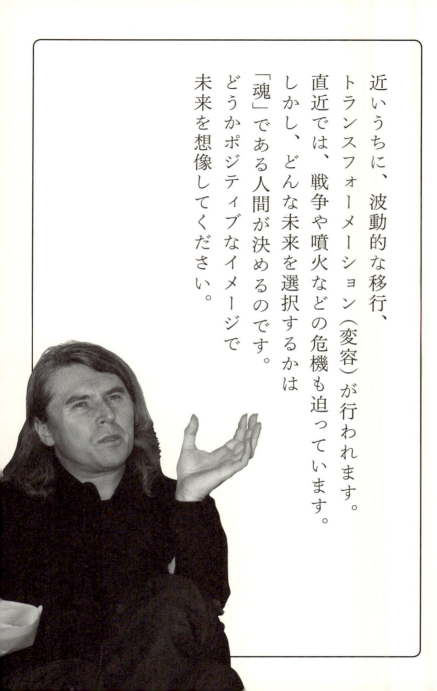

本書は２０１０年７月に出版された『［ＵＦＯ宇宙人アセンション］真実への完全ガイド』の新装版です。

装丁　櫻井 浩＋三瓶可南子（⑥Design）

# ［新装版 ＵＦＯ宇宙人アセンション］真実への完全ガイド　目次

## 第1章　UFO

### ［暴露］これがＫＧＢのＵＦＯ研究の実態だ
### ――「シャンバラ」は宇宙人たちの秘密基地だった!!

## 第2章 Shamanism
## シャーマンに教えられた宇宙の秘密
## ——驚異のヒーリング能力は、宇宙人「星の医者」とのコンタクトから

第3章

Parallel World

# すべての謎はパラレルワールドから解明できる！
# ――ナスカの地上絵、恐竜、カブレラストーン、地球空洞説……

## 第4章 Universe
## 「光の生命体」が教えてくれた全宇宙のしくみ
## ――パラレルワールド、アストラル界、輪廻転生《死は錯覚》、12次元《すべての源》

## 第5章 Transformation

# すでに宇宙規模の大変化は起きている！
# ——「アセンション」（浅川説）＝「変容《トランスフォーメーション》、波動的な移動」（ホボット説）

校正　麦秋アートセンター
人物写真　桑島献一
写真提供　浅川嘉富
ペトル・ホボット
徳間書店
マオリッツオ・カヴァーロほか
本文仮名書体　文麗仮名（キャップス）

UFO

# 第1章
# ［暴露］これがKGBのUFO研究の実態だ
## ——「シャンバラ」は宇宙人たちの秘密基地だった!!

## 浅川&ホボット、2人をつなぐ縁は南米から始まった！

**浅川**　私自身、ホボットさんと同じようにペルーとは縁があります。会社を辞めてからちょうど10年になりますが、その間に10回以上彼の地を訪れています。マチュピチュやナスカといった古代遺跡を訪れるだけではなく、ペルー・アマゾンのジャングルに入って絶滅しそうな野鳥を撮影したり、また、恐竜と人類が共存していたことを裏づけるカブレラストーンを研究したりしています。ですから、今回はホボットさんとお会いして、そういった話題を共有できることを非常に楽しみにしていました。

この対談の前に、カブレラストーンを収集されていたカブレラ博士のお嬢さんエウヘニア［図1－1］さんに、ホボットさん来日の件をお伝えしたところ、彼女は非常に喜んでいました。ちなみに、カブレラ博士の功績を伝えていくことを目的とする「カブレラストーンを守る会」という会があります。その構成員はたったの10人ですが、私が唯一の外国人メンバーとなっています。

**ホボット**　本当に世界は狭いですね……。私は今回、日本に来る前ペルーに2ヵ月以上滞在していました。そのときにエウヘニア［図1－2］さんのところ――カブレラストーン博物館で集中的にワーク（瞑想などスピリチュアルな修行の意）をしていました。

**浅川**　ああ、そうなんですか！　そうだ、ぜひホボットさんに見てほしい写真［図1－3］があります。これはカブレラストーンの中でも、最も衝撃的な絵が描かれた石の一つであり、大変苦労して撮影したものです。

ホボットさんもご存じのように、展示されているカブレラストーンを撮影すると、電球の光やフラッシュの明かりで上部が光ってしまいます。そこで、それをなくすために、1週間ぐらい博物館にお客さんを入れないでもらい、その間に、三脚をすえてカメラをセットして、電気を消し、10秒間ほどシャッターを開放して撮影したわけです。そうすると石がてかることなくきれいに撮れます。これは、そのようにして撮った数十枚の写真のうちの1枚です。

**ホボット**　ああ……そうやって撮影したんですね。このカブレラストーンの写真は確かに素晴らしいものです。また、ナスカの写真（口絵2~3ページ）も、私がこれまでに見た限りでは一番いいものだと思います。本当です。これほどいい写真は見たことがありません。

**浅川**　あの写真はヘリコプターをチャーターして、そのヘリからぶら下がるようにして命がけで撮ったものです。

**ホボット**　私もヘリコプターを使ってナスカを回ったことがあります。そのとき、1人のシャーマンを連れていき、それぞれの地上絵がどんなエネルギーを持っているか、また、どのような意味を持っているかを聞きました。

そのシャーマンは私の友人でもあり、「パゴ」と呼ばれる山のシャーマンたちの1人です。彼らはインカ文明に関係する伝統的なシャーマンの流派に属しています。私は友人であるそのシャーマンと何回も話をして、ナスカの地上絵だけではなく、さまざまな遺跡について情報を得まし

［図１－１］カブレラ博物館で博士の娘さんのエウヘニアさん（左）と浅川氏（中央）。

［図１－２］エウヘニアさん（左）とペトル・ホボット氏（右）。彼女を通じてホボット氏と浅川氏は結ばれていた。

た。

**浅川**　それは大変興味深いことですね。そのことについては後でゆっくりお聞きすることにしましょう。

## 私が日本で活動をする理由――母の過去生は日本人、そしてビジョンで見せられた白髪の浅川さん……

**浅川**　さてまずは、ホボットさんご自身のことについてお伺いします。これまで、何度か日本に来られているそうですが、今回で何回目になりますか？

**ホボット**　4回目です。最初は2年前（２００8年）の11月でした。

そのきっかけは、私の母の希望で来ました。母はすでに亡くなっています。亡くなってから母と（霊的に）コンタクトして、その希望を聞いたのです。ちなみに、母とは、生きているときよりも亡くなってからのほうがいい関係で話をすることができています。

一般的に死は悲しいものだと思われていますが、私は亡くなった人にも会えるので、悲しいことだとはまったく思っていません。それで、どうして母にそのような希望があったのかというと、彼女の過去生《かこぜ》のうち直前の人生では日本にいたからです。その日本での過去生は、母にとって非常に強い印象として残っていたようです。

**浅川**　そうですか。お母さんの過去生は日本人だったんですね。

**ホボット**　そして私自身、母が住んでいたところを見たいと思いました。

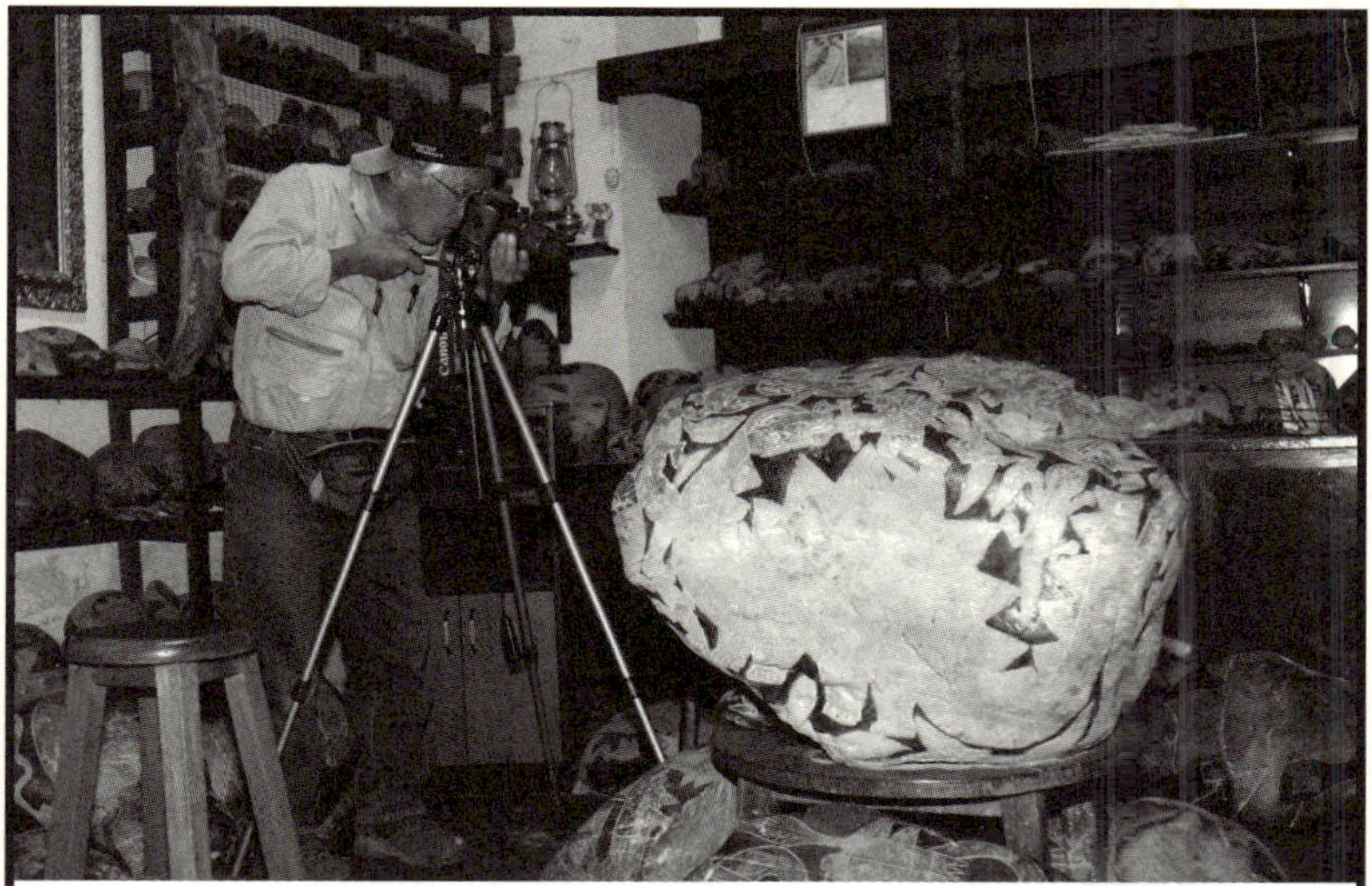

［図１－３］カブレラストーンを撮影する浅川嘉富氏。浅川氏が撮影した50枚を超す写真は他に類がないほど鮮明である。部屋を暗くしスローシャッターで撮影しているので、「てかり」がないことも特徴である。

［図１－４］チャーターしたヘリコプターからロープ一本に身を託し、ナスカの地上絵を撮影する浅川嘉富氏。

［図１－５］「浅川さんが撮影されたナスカの地上絵は素晴らしいですね」（ホボット氏談）

私は日本語ができませんし、生前の母も日本語は話せませんでした。しかし、まだ母が生きていたとき、2人で座っていてトランス状態になったことがあります。そのとき、母が無意識状態のまま字を書きました。

それは、アルファベットではなく日本の文字でした。後ほど、それを母の友人の日本人に見せたところ、「キヨマチ」と書かれていたことが分かったんです。

**浅川**　キヨマチ……もしかすると、京都の「木屋町《きやまち》」のことかな？

**ホボット**　分かっているのはこの言葉だけです。母がどこにいたかまでは分かりませんが、おそらく京都のあたりだったと思います。それが日本に来た理由でした。

そういうこともあって、最初に日本で訪れたのは京都でした。そして、京都で泊まったとき、夜に強いビジョンを体験します。それは、日本の精霊たちがやってきて、日本で活動することを勧めるものでした。

**浅川**　ホボットさんのウェブサイトに書かれている「光の生命体」のようなものが来たわけですか？

**ホボット**　そうです。光の生命体のような存在であり、自らを「日本の守護霊」と名乗っていました。

**浅川**　日本の神々ですね。そして、日本で活動することを勧めた。

**ホボット**　ここで日本人とワークして、日本人を助けることを勧められました。

それから、以前、日本における活動を助けてくれる存在として、白髪の男性の姿をビジョンとして見せられたことがありました。かなり前のことだったのでその姿をはっきり思い出すことはできませんが、今になって思い返すと、それは確かに浅川さんだったと思います。私は大切な人に会う前にはそのようなビジョンを見せられることが多いのです。

**浅川**　そうですか。どうやら私たちの出会いは必然だったようですね。

## 子供のころ体外離脱中に起きた「光の生命体」とのコンタクト

**浅川**　では、まずはホボットさんのこれまでの歩みから、順にお話をしていただきたいと思います。

**ホボット**　私は子供のころからサイキック体験がありました。その1つである体外離脱の経験が始まったのは5〜6歳のころです。

私は新陳代謝のプロセスが遅くなるという病気になり、当時の（チェコの）医学設備が十分でなかったこともあり、何度も臨死体験をしていました。私の体は死んだような状態となり意識を失うように見えましたが、実際のところは、意識は保ったままスイッチが切り替わるような感じで突然に体の外に出ていたのです。

その体験の最初の段階では体のまわりにいますが、意図して体に戻ることはできません。しかし、少し時間が経つと自然に体に吸い込まれる……というのがいつものパターンでした。

このような体験は私にとって心地よいものでしたが、周囲の大人たちは困惑していました。というのも、毎日1回、あるいは数回もそのような体験があったからです。しかし、私自身はそれをまったく恐れてはいませんでした。

**浅川**　そのときのホボットさんの様子は、周囲の人からはどう見えたんですか？

**ホボット**　私からは周囲の様子が見えますが、周囲の人々からは、私は意識を失って倒れたように見えたわけです。そのように体を離れるときには、ある種の前兆がありました。まず、エネルギーでできた腕が肉体の腕に収まりきらないような感覚になり、そうなると腕をまったく動かせなくなるのです。腕を上げようとしてもエネルギーの腕が上がるだけで、肉体の腕は上がりません。こういう状態が完全に体から離れる前兆として起きました。

そして、体外離脱が起きるようになって1～2ヵ月経つと、光の生命体とコンタクトをとるようになり、後に体外離脱することなしに彼らとコミュニケーションできるようになりました。

その姿は光でできた体であり、人の体に似ていました。しかしその後、光の生命体たちは自分の姿を変えたり、形ある姿を捨ててエネルギー体として存在できることを見せてくれたりもしました。そして、私にもそのような姿で存在する方法を教えてくれたのです。

光の生命体とは言葉でコミュニケーションをとることもできますが、現在はビジョンで伝えられています。そのほうがより多くの情報を伝えられるからです。

そのようにして、私は子供のころに光の生命体たちから集中的な学習をさせられ、能力を高めていきました。その学習の1つには（意識を持ったまま夢を見る）明晰夢《めいせきむ》のテクニックがあります。

**浅川**　状況が飲み込めないご両親はさぞや心配されたでしょうね。

**ホボット**　最初は心配していましたが、これといった問題は起こらなかったので、やがて気にしなくなっていきました。

### KGBからスカウトされチェコから旧ソ連へと留学する

**ホボット**　私の問題を知っていたのは両親と医師だけであり、近所の人は知りませんでした。学校へ行きはじめたときに同級生に教えたことがありましたが、光の生命体からは「彼らには準備ができていないから言わないほうがいい」と忠告されました。

なお、自分の経験したことを両親に話したこともありましたが、理解してもらえませんでした。私は子供でしたから上手に説明できなかったのです。

絶対的存在（255ページ参照）と一体化する体験もありました。私の存在が溶けて、自分自身が絶対的存在であるように感じましたが、これもやはり周囲の人に説明することはできませんでした。

**浅川**　そのような子供時代を経て、その後、旧ソ連の超能力研究にかかわることになるわけですが、それはどういった経緯《いきさつ》でそうなったのでしょうか？

［図１－６］
（上）ペトル・ホボット氏の幼少時代。
（下）ペトル・ホボット氏の高校生時代。

**ホボット**　当時、ＫＧＢ（旧ソ連の諜報機関）はサイキック能力者を探していたので、何らかの形でチェコからソ連に情報が伝わったのでしょう。

高校のとき、私は自分の能力を周囲の人に話したことがありましたし、また、チェコで行われた詩のコンテストで私は毎年優勝していたのですが、どうやって詩作をしているのか聞かれたときに、「私が書いているのではなく、高い存在につながって書いている」と答えていました。

こういった話がＫＧＢの耳に入っていたのかもしれません。当時、チェコにはＫＧＢのエージェントがたくさんいましたから。

ただ、いずれにせよ、彼らが私を見つけるのは簡単だったはずです。後に彼らの仕事内容を知ったとき、彼らは自分たちが雇っている知覚者によって、同じような能力を持つ新たな知覚者を簡単に見つけられることが分かりました。

**浅川**　ホボットさんは高校卒業後、サンクトペテルブルク大学（旧レニングラード大学）への入学を勧められたそうですね。

**ホボット**　生物学の勉強のために招かれましたが、最初はなぜ私が招かれたのか分かりませんでした。それまでチェコ人がその大学で生物学を学んだことはなく、私がその初めてのケースだというのです。しかし実は、その大学には超感覚的知覚の研究所があり、私は入学から2～3日後にはその研究所からコンタクトを受けることになります。そして、そこで行われている研究に参加することになったのです。

大学では、私の目的である生物学の勉強はさせてもらえましたが、彼らにしてみれば、最初から私をその研究に参加させることが目的だったのでしょう。私はかなりの金額の奨学金をもらっており、それを考えると、すべては偶然ではなく計画的であったことは明らかです。なお、その研究所では私が初めての外国人でした。

**浅川**　サンクトペテルブルク大学のその研究所における研究内容は、どういったものだったのですか？

**ホボット**　たくさんの興味深いテーマがありました。簡単には言いにくいのですが、一例を挙げると、ある生き物から別の生き物へ一瞬で情報を移す研究があります。たとえば、親猫と子猫を離れた場所に置いて、片方に弱い電流を流すと双方が同時に同じ反応を示すという現象が起こります。

これと同様のことを人間でも行いました。テレパシーに敏感な人を使って、遠隔的に知覚できるかどうかを測定したりもしました。

## 米ソ間の熾烈なサイキック戦争——遠隔透視で財宝探し、そして暗殺まで……

**ホボット**　さらに、この研究所では、ほかに2つの主要な研究を行っていました。1つは地質学分野の研究で、金属や鉱石、石油などの地下資源をリモートヴューイング（遠隔透視）で探索するというものです。私はその研究グループに属しており、その探索は比較的容易なものでした。

もう1つは軍隊に関係する研究です。それはリモートヴューイングによってスパイ活動を行うものです。私が参加しなかったこのプログラムのほうは容易なものではありませんでした。米軍基地の観察が主な使命でしたが、向こうもこちらの活動を分かっているので、逆に自分たちの知覚者を使ってシールドを作ったり、スパイとして侵入するこちら側の知覚者を攻撃するための幻影を作り出したりしてきたのです。

たとえば、呼吸できなくなるようなイメージを彼らは送ってきました。もちろん、アストラル界（212、229〜235ページ参照）では息をする必要はありませんが、そのイメージを受け取ってしまった人は（肉体が）息をできなくなります。事実、そのようなイメージを送られたロシア側の知覚者で亡くなってしまった人もいるのです。

私たちは普通、アストラル界の体験で人を傷つけることはできないと考えますが、そんなことはありません。マインドは肉体よりも強い影響力を持つからです。

たとえば、ロシアの知覚者がスパイ活動のためにリモートヴューイングでイランを見に行ったところ、アメリカの知覚者から攻撃を受けたことがあります。なぜそのような攻撃を受けたのかというと、アメリカはイランに知覚者を貸し出していたからです。

また、私の知り合いのリモートヴューイング能力者は、財宝を積んだまま沈んだ沈没船をその能力によって探し出すことに成功しています。しかし、その財宝を引き揚げる作業の途中で彼は溺死してしまいました。それは普通ではない死に方です。彼は、別の知覚者による攻撃を受けて死んだのです。

**浅川**　その研究所での体験は、ホボットさんにとってどういうものでしたか？

**ホボット**　それはとても興味深い経験でした。研究所での訓練で私は自分の能力をある程度コントロールできるようになったからです。

それまで、私はいつも3次元の現実とほかの次元の現実との間で悩まされていました。多くの人が超能力に憧《あこが》れますが、不快なことや面白くないことも多く、18歳のころは超能力をなくしたいとさえ思っていました。たとえば、喫茶店などに座っていても突然体が振動してまわりの人が見えなくなり、アストラル界を知覚しはじめるのです。こうしたことは私にとってはとてもいいことだとは思えませんでした。

しかし、研究所における訓練は、そのような私の状態にとって、とてもポジティブな効果がありました。

**浅川**　ここまでの話はサンクトペテルブルク大学の研究所でのことですか？

**ホボット**　そうです。しかし、その後にゴルキイという町の研究所に移ったときにも、同じようなプログラムがありました。先ほどご説明した地質学の分野、そして、軍隊が関係するプログラムなどです。これらは基本的にロシア政府の支援を受けていました。

私はゴルキイの施設でも地質学分野のグループに属していましたが、軍隊のプログラムのほうでは、遠隔地にいる人のマインドをコントロールすることや、ひどい話ですが、遠隔的に人を殺すことも研究、実施されていました。それは難しいことでしたが、そこに属していた知人は、ゴルキイでの訓練を終えるころには、100メートルの距離から人を倒すことができるようになっていました。彼はまた、自殺を促《うなが》す考えを他者の脳裏に引き起こす能力も持っていたのです。

そのようなプログラムに参加していた知覚者の中には亡くなった人もいます。また、自分がやっていることの影響を自分の体が受け取ることを知って恐ろしくなり、逃げていった人もいました。

**浅川**　その研究には知覚者として参加していましたか？　それとも研究者も兼ねていたのですか？

**ホボット**　大学の研究所では知覚者としての参加であり、研究者としてではありません。ただし、ゴルキイでは知覚者としても研究者としても参加していました。

**浅川**　そのような研究機関での成果はソ連崩壊後にロシアへ引き継がれたわけですか？

**ホボット**　はい。引き継がれて現在でも研究は続いています。しかし、その研究内容は前よりも隠されています。なお、私が一緒に働いていた知覚者たちは、研究をそこで続けるか、「研究所に関する話を一切しない」という誓約書にサインをして出ていくかという2つの選択肢を選ばされました。

**浅川**　ホボットさんはどういう選択をしたんですか？

**ホボット**　私は90年代の前半にはその仕事を完全に辞《や》めました。光の生命体たちもその仕事を続けないほうがいいと私に伝えてきたので……。

**浅川**　しかし、それをここで話しても大丈夫なんですか？

**ホボット**　すべてのことをお話しすることはできませんが、ある程度は時間も経ったことですし、話せることもあります。今のＦＳＢ（旧ＫＧＢ）は別のことで忙しいようですし、また、私ではなく、ほかの知覚者から情報が漏《も》れることのほうを恐れているので、私はマークされていないのです。

## ＵＦＯは波動を変更するテクノロジーで自在に姿を変えている！

**浅川**　ところで、ホボットさんはロシア時代にＵＦＯと初めてコンタクトしたそうですが。それはいつのことですか？

**ホボット**　大学のときのことです。タジキスタンのアフガニスタンとの国境近くにＵＦＯがよく出現していた地域があります。そこで、ほかの知覚者と一緒にＵＦＯの活動を観察してコンタクトを図り、彼らの意図を調べることが目的でした。そして、このときは1回の試行でコンタクトに成功したのです。

その後、ゴルキイでは宇宙人とのコンタクトに関する集中プログラムにも参加しました。ゴルキイは宇宙人コンタクトプログラムのセンターなのです。そのときにはＵＦＯがよく現れるウラル山脈へ派遣されました。

**浅川**　ホボットさんが初めてＵＦＯとコンタクトしたときの様子を詳しく話してください。

**ホボット**　私たちはＵＦＯが物質化する前にコンタクトをとることに成功し、数体の宇宙人と接触しました。私たちは肉体から意識とアストラル体を離脱させてＵＦＯの中へ入ったのです。彼らの文明は私たちよりもずっと進んでおり、彼らの許可がないとＵＦＯの中へは入れません。バリアのようなものが張られていて入れないのです。

そのときには数人の知覚者と一緒に数回ＵＦＯの中へ入り、コンタクト終了後に報告書を書きましたが、各自の内容はまったく同じものでした。

**浅川**　ＵＦＯは物質的に現れたわけではない？

**ホボット**　いいえ、物質的にも現れ、レーダーでも確認されています。また、肉眼では見えないけれどレーダーでは確認されることもありました。

ＵＦＯは波動を変更するテクノロジーを使っているのでそのように姿を変えることができます。そのため、（物質界と）違う波動レベルになると見えなくなるのです。本来のＵＦＯは私たちが理解しているような物質で作られたものではありません。

ＵＦＯには、アストラル体で飛んでいって近づいたこともありますし、リモートヴューイングで瞬時にＵＦＯの船内へ移動したこともあります。その場合には、宇宙人にコンタクトをとり、招かれた瞬間に突然ＵＦＯの中にいるのです。

さまざまなタイプのＵＦＯとコンタクトしました。ウラル山脈でコンタクトしたＵＦＯに関しては円盤型で、直径50～100メートルほどの大きさのものが多かったといえます。外から見た感じでは、半透明体の水晶で作られているように感じられました。

**浅川**　マオリッツオ・カヴァーロ氏が撮影したクラリオン星人の半透明体の円盤［57ページ図1－9］に似ているのではないですか。

**ホボット**　そうです、こんな感じでしたね。

**浅川**　宇宙船の中の様子はどうでしたか？

**ホボット**　内部のすべてが地球製の物質とはまったく違う感じがしました。それらは虹色に輝いており、地球的な表現をすると、キラキラ光っている雪のようにも見えます。そして、室内には制御盤やボタンのような計器類は見当たりません。宇宙船そのものをマインドによって操作しているように思えました。

**浅川**　最近ある子供――大変に高い次元から来たと思われる存在であり、4次元、5次元の存在を見る超能力を持っている少年と縁がありました。それで、彼は自分で目撃したUFOの絵［図1－7］をいくつか描いて私に見せてくれたんですが、そこには大変変わった形の宇宙船が描かれていて驚かされました。少年自身も「とても奇妙な形をしているので驚いた」と言っていました。

ホボットさんもこのような姿のUFOを見たことがありますか？

**ホボット**　この中のいくつかは見たことがあります。ひと言で宇宙人と言っても、その種類は非

超能力を持った少年がこれまでに目撃した様々なタイプのＵＦＯ

［図１－７］

常に多いので、宇宙船の種類も多種多様であって当然だと思います。当時のソ連でも、57種類の宇宙人の存在を認識していたぐらいですから。

**浅川**　搭乗したUFOの中で会った宇宙人はどのような姿をしていましたか？

**ホボット**　背丈が3メートルほどもある人間型生命体、それから、いわゆるグレイ型の宇宙人で背丈は1メートルほどもない小さな姿をしている存在や、レプティリアン（爬虫類人）にも会ったことがあります。

**浅川**　そうですか。実はカヴァーロ氏も3メートルほどの宇宙人の姿を目撃しています。確かオリオンから来た宇宙人だったと思います。

## UFOはパワースポットを利用して物質化し、われわれの前に出現する

**浅川**　ところでぜひ、ホボットさんに見ていただきたい写真があるんです。これは昨年（2009年）の12月初旬に、私の家に訪ねて来られた札幌在住のある女性が、我が家の近くで撮影したUFOの巨大母船と思われる写真（口絵1ページ参照）なのですが……。

**ホボット**　これは大変興味深いものですね。エネルギーを放射している写真です。浅川さんの住むこの地域一帯はパワースポットになっていますが、UFOは物質化のためにこのようなパワースポットを使ってエネルギー的に複雑な過程を経て、私たちのこの次元に現れています。

**浅川**　このときは、点滅しながら乱舞する10数個の光体［図1-8］を複数の人間が目撃しまし

たが、この巨大母船自体を見た者はいませんでした。出現した光源を撮影した写真の1枚に、いつの間にかこれが写っていたんです。

**ホボット**　そういうことはよくあります。ＵＦＯは自身を見えなくするフィールドに囲まれていますが、写真だけに写ることがあるのです。おそらく、この出現は浅川さんと関係があると思います。

ＵＦＯに乗る宇宙人たちは私たちよりもかなり進んだ存在であり、人のエネルギーフィールドを介して、遠隔的にこちらの考えを知ることができます。そういったことから、宇宙人たちが（浅川さんの求めに応じて）その写真を撮らせたと考えていいでしょう。

**浅川**　実は最近、先ほどお話しした超能力を持った子供から、次のようなメッセージを伝えられたんです。

「宇宙人が私にコンタクトをとりたがっているが、彼らから情報を得るのを好まない存在がいる。私のまわりにバリアが張られているので、私のほうからコンタクトをとるようにしてほしい」というのです。

**ホボット**　私は今、その情報を確認することができます。……（瞑想中）……そうですね、浅川さんは地球を観察している宇宙人にとって大切な1人です。そして、浅川さんの周囲には確かにバリアが存在しています。しかし、近い将来、宇宙人に直接コンタクトをとれるようになるでしょう。

乱舞する発光体

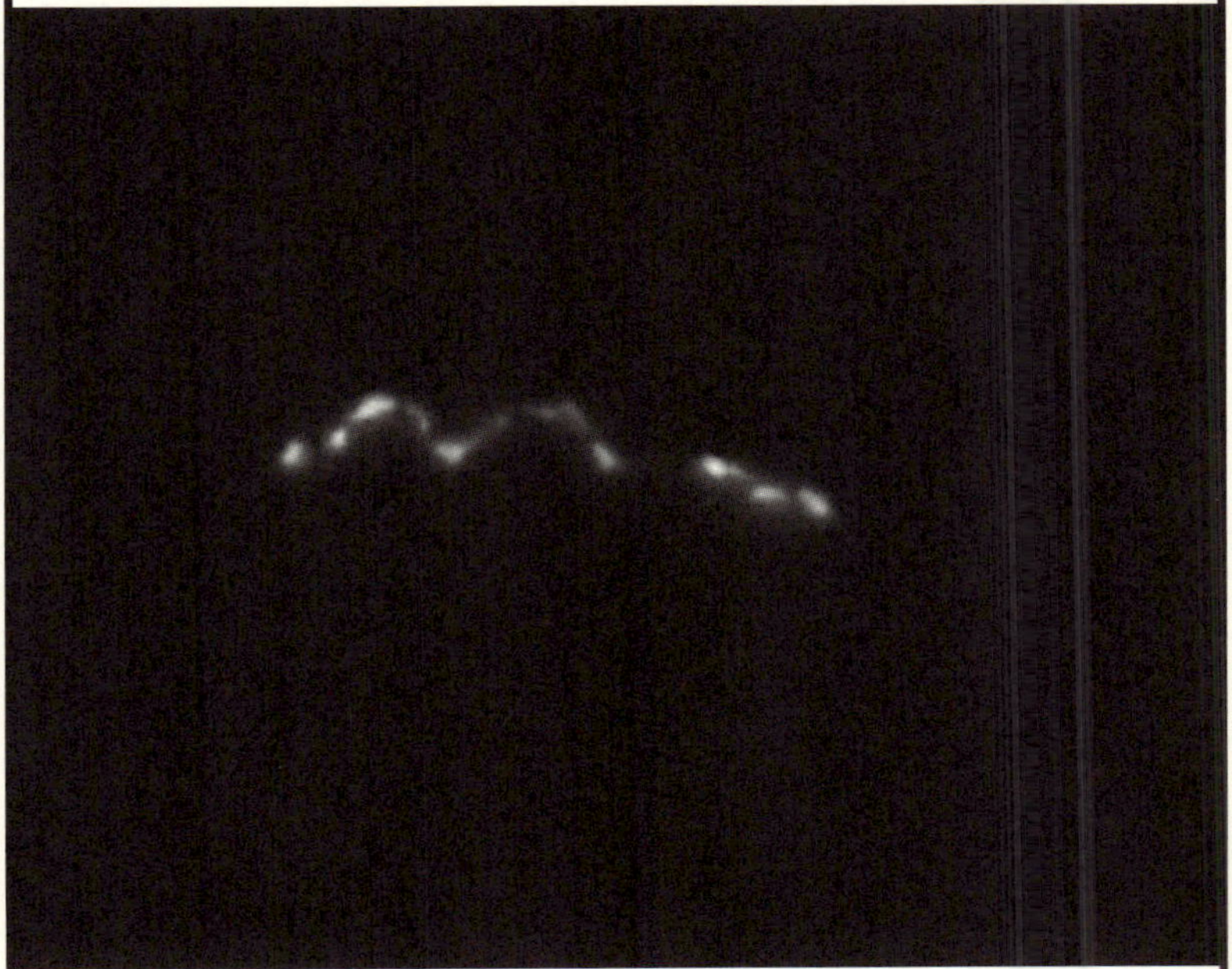

［図１－８］こうしたＵＦＯの出現は、偶然ではなく、地球人にメッセージを伝えるための意図的なもの。「浅川さんは地球を観察している宇宙人にとって大切な1人です」（ホボット氏談）

**浅川**　私のほうからコンタクトをとれるようになるということですか？

**ホボット**　向こうからコンタクトしてきます。

**浅川**　それをただ待っていればいい？

**ホボット**　さまざまなシンクロニシティが起こり、その一部として宇宙人とコンタクトを取りはじめます。それは偶然ではなく大きな計画の一部です。今日の私たちの出会いも偶然ではなくて大きな計画の1つなんです。

**浅川**　私もそんな気がしています。それはよく分かりますね。ところで、私と宇宙人とのコンタクトは、誰か第三者を通じてとれるようになるんですか？

**ホボット**　宇宙人たちから直接、浅川さんにコンタクトをとってきます。しかし、第三者を通してコンタクトが行われることもあるでしょう。また、私たちの今回の出会いもまた、そのコンタクトの可能性を加速することになります。

**浅川**　そうですか。時の流れが速くなっているだけに、できるだけ急いでほしいと思いますね。

**ホボット**　コンタクトそれ自体は、コンタクティ自身にとてもいい効果があります。しかし、一方でそのようなコンタクトを恐れているグループがいます。コンタクトをとりはじめると、そのようなグループから非常に厳しい攻撃を受けることになるでしょう。

今この場には強いエネルギーフィールドが来ています。これは間違いなく、光の生命体のものです。ですから浅川さんのところにＵＦＯが現れたのは決して偶然ではないと思います。

## アルクトゥルス星から来る宇宙人がミステリーサークルを作っている！

**浅川**　さて、ホボットさんはこれまで、いろいろな星の宇宙人とコンタクトしてきたと思いますが、具体的には何種類ぐらいの種族とコンタクトしましたか。

**ホボット**　どの星から来た宇宙人か、という話はしにくいですね。というのも、ある文明は3次元を超えているので、その場合、具体的に3次元のどの星から来ているとは言えません。

ただし、具体的な3次元の星から来ている生命体の話をするなら、私がここ数年間コンタクトをとっているアルクトゥルスという星からの生命体がその1つとして挙げられます。彼らは私たちが「ミステリーサークル」と呼んでいるものの多くを作った存在です。

**浅川**　そういう存在は、自らの姿をどうにでも変えられると思いますが、本当の姿は人間のような形をした、いわゆる「人間型生命体」なんでしょうか？

**ホボット**　私は宇宙における、たくさんの生命の形態を知っています。

ある種族はレプティリアンであり、別のある種族は昆虫のように見えます。そして、人間によく似ている種族もいます。ただし基本的には、この地球において固定した姿で現れる生命体や宇宙人は、この宇宙ではなくパラレルワールドから来ているということです。地球にはいくつかの層があって、私たちが存在している層とは別の層の地球から来ているのです。

**浅川**　別の層というのはパラレルワールドということですか？

**ホボット**　そうです。パラレルワールドです。

**浅川**　どこか遠い宇宙の星から来ているのではなく、地球と重なったようなパラレルワールドから来ているというんですか？

**ホボット**　私の経験では、人間の姿であれ、ほかの姿であれ、その姿が固定されている場合には、その生命体はパラレルワールドから来ています。パラレルワールドは遠い世界ではないので、こちらの世界との行き来はそれほど難しくありません。一方、別の星から来ている生命体の場合、その本当の姿は形を超えた存在です。

**浅川**　では、アルクトゥルスから来ている宇宙人とコンタクトするときには、姿は見えないんですか？　それとも一応は何らかの姿が見えるんですか？

**ホボット**　私が彼らを見ると、形をとった姿——人間に似た姿で見えます。私の考えでは、おそらくそれは、昔、彼らが使っていた姿です。その姿で私の前に現れるわけです。ただし、このような生命体たちは、最近はほとんどエネルギーのボールのような姿で現れます。

**浅川**　なるほど、最初は知的な存在だと分からせるために人間に近い姿で現れるけれども、もうホボットさんは十分に理解しているから、丸い形をした光体でもいいということでしょうね。

## クラリオン星人とのコンタクティ、カヴァーロ氏の経験は本物です

**浅川**　先ほど私が話したカヴァーロ氏は「クラリオン星人」という存在と30年くらい、ずっとコ

ンタクトを続けている人物です。それでちょっとこの彼の書いた本（『超次元の扉――クラリオン星人にさらわれた私』徳間書店刊）を見てほしいのですが……。

**ホボット**　（カヴァーロ氏の写真に手をかざす）彼は本物のコンタクティです。このコンタクト、のプロセスはこうやって行われました……まず、宇宙人の誰かが人間の胎児につながって、人間として生まれます……そして、その後、ほかの宇宙人たちが彼にコンタクトをとります。この人はそういうタイプのコンタクティです。

**浅川**　つまり、カヴァーロ氏は宇宙人であり、向こうからやってきて人間として生まれたというわけですね。クラリオン星人とされる実物写真も彼は撮影しているんですが、それはどうですか？　彼らの本当の姿なんでしょうか？

**ホボット**　これは、私たちを怖がらせないために彼らが使っている姿であり、プラズマのような成分で作られています。私たちが理解している物質とは違うものです。

**浅川**　カヴァーロ氏によると、彼らクラリオン星人の体は私たちのように炭素でできているのではなく、ケイ素でできているということですが……。

**ホボット**　確かに炭素で作られている物質ではありません。そうですね（瞑想する）……この生命体たちはコンタクティにすべての情報は流していないようです。それは私たちを怖がらせないためです。

**浅川**　すべてを伝えると人間が怖がるから？

**ホボット**　そうです。私たちは彼らの情報を受け取る準備がまだできていないのです。この写真は彼らの実際の姿ではありません。

## レプティリアンの多くの種族は友好的、波動の高い知的存在です!!

**浅川**　カヴァーロ氏の最新作（『クラリオン星人はすべてを知っていた　創造起源へのタイムトラベル』徳間書店刊）の中で、彼はクラリオン星人と一緒にUFOに乗っている別の星の宇宙人の姿をレプティリアン的なイメージ［図1－10］で描いています。実は、クラリオン星人もどちらかというと、こういう感じに近いんでしょうか？

**ホボット**　これは彼らの実際の姿に近いですね。彼らは現実においては、このような姿で存在しています。

**浅川**　やはりそうなんですね。レプティリアンと言われる存在を、私たちはすごく怖い存在であるかのように教えられていますが、実際はこのくらいの感じで、決して怖いものではないんだと思いますが、どうでしょう。

**ホボット**　あるレプティリアンの生命体は本当に爬虫類のような姿をしています。しかし、たいていのレプティリアンの生命体はより人間に近いのです。

**浅川**　同じレプティリアンでもいろいろいるということですね。では、そのいろいろな種族の中には、人間に危害を加えようとするレプティリアンもいるんですか？

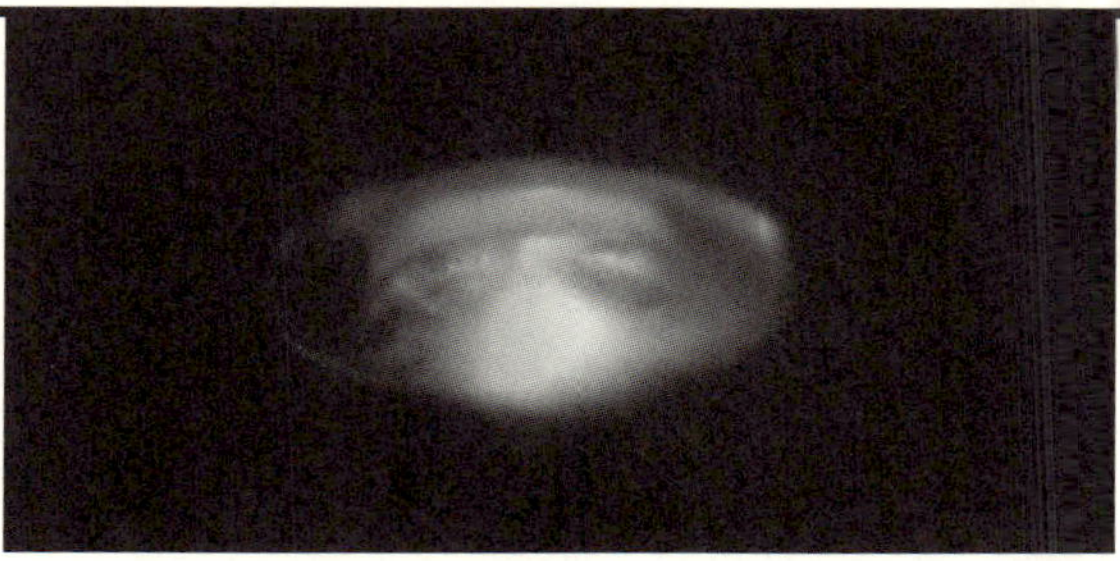

［図１－９］マオリッツオ・カヴァーロ氏が撮影した半透明体の小型宇宙船。ホボット氏が見たのもこのような3.5次元的な宇宙船であった。宇宙の生命体は人間に宇宙船の姿を見せようとするときには、このように高次元から次元を下げる操作をしている。(『超次元の扉――クラリオン星人にさらわれた私』徳間書店刊より)

［図１－10］クラリオン星人とのコンタクティ、カヴァーロ氏が描いた宇宙人のイメージ。ホボット氏によれば、こうしたレプティリアン的な姿が実際の宇宙人に近いのだという。(『クラリオン星人はすべてを知っていた』徳間書店刊より)
(上・下ともに写真提供：徳間書店、©Maurizio Cavallo)

私たちの多くはレプティリアンというと、「邪悪な宇宙人」というイメージを描いてしまいますね。私は、彼らの姿が爬虫類に似ているから怖い存在と思っているだけで、実際には決して悪い宇宙人ではないと思っているんですが。

**ホボット**　それを聞いて私はとても嬉しく思います。レプティリアンの多くの種族は私たちに対して敵対的な考えを持っておらず、むしろフレンドリー《友好的》な存在です。私は自分の経験からそう言えます。怖いどころか大変波動の高い知性的な存在です。

**浅川**　誰かが意図的に、レプティリアンは、あるいは宇宙人は怖い存在だと思い込ませようとしている。むしろそうした人間のほうがよほど邪悪な存在ではないかと思うのですが。

**ホボット**　その通りです。宇宙人は敵だというイメージを広めている、非常にパワーを持ったグループが地球には存在しています。一方で、私たちにとって危険な生命体や、ネガティブな影響を及ぼしている生命体は確かに存在していますが、それはほとんどの場合、パラレルワールド、あるいはアストラル界から来ている存在です。

**浅川**　星から来ている存在ではないということですね。

**ホボット**　私は宇宙において危険な存在には遭ったことがありません。

**浅川**　やはりそうなんですね。私たちは「危険な宇宙人がいる」と教え込まれているんだ。私もずっとホボットさんのように思っていたので。非常に嬉しいです。

**ホボット**　宇宙人とのコンタクトを怖がっているさまざまなグループがあり、そのようなグループが情報のバリアを作って、宇宙人は私たちにとっての敵だというイメージを広めているのです。
**浅川**　私もＵＦＯ研究を50年ほど続けてきていますが、その通りだと思います。ホボットさんのお話は非常に興味深く、得心のいく内容です。

## ホボット氏が訪れた３・５次元に存在する宇宙人の基地

**ホボット**　私はＵＦＯの基地へ行ったこともあります。
　先ほど触れた通り、私がサンクトペテルブルク大学でリモートヴューイングのプログラムに参加したとき、アフガニスタンとの国境に近いタジキスタンの寒村にＵＦＯにコンタクトをとるために行ったことがあります。そのときはコンタクトに成功し、数週間後にＵＦＯ基地から招かれました。
**浅川**　基地へは何人かで行ったんですか？
**ホボット**　最初にＵＦＯとコンタクトした後、その近くにいるスーフィー（イスラム教神秘主義者）のグループに招かれ、そこにしばらく滞在していました。そこで私は彼らから、いつどこへ行けば基地へ行けるのかを聞き出したのです。彼らはそこをパワースポットと見なしており、力のあるスーフィーはそこにいる生命体とコンタクトをとることができました。
　そして、３週間ほどした後、私は基地へ招かれたのです。それはＵＦＯにコンタクトした地点から80キロほど離れた場所であり、ある山脈の谷のところにありました。基地の近くまではあるスーフィーに連れていってもらい、基地の内部には私1人で入りました。

**浅川**　基地に近づいたとき、どんな感じを受けましたか？

**ホボット**　基地のあるエリアの中に入ると、ある程度まで拡張した意識状態に入ります。それはちょうど夢のような状態です。私のUFO関係の経験から、その体験は物質と精神の間の領域で起きているものだと考えられますが、現実的な体験であることは間違いありません。

**浅川**　軍やKGBはそのことに関係していましたか？

**ホボット**　それは、軍やKGBとは関係ない個人的な行動でした。

その基地は疑似物質で作られており、いわば3・5次元的な基地です。物質とマインドの間にははっきりした境界があると一般には思われていますが、実はそうではなく、その境界はグラデーション（階調・段階的な変化）のようになっています。

彼らの基地でいえば、それは物質のように見えていますが、普通の物質ではなく、簡単に形を変えることができるのです。そこでたとえば、人に見つかるなどの危険を感じたときには、その基地を透明化して見えなくすることができるのです。

**浅川**　3・5次元ということは3次元より少し波動の高い世界ということになると思いますが、その基地を構成する物質は見た目には普通の物質のように見えるんですか？　それとも半透明のようなんですか？

**ホボット**　クリスタル、あるいはゼリーのような感じに見え、はっきりした形ではなく、マインドによって形が変わる物質です。それは普通の物質のようにも見えますが、実際には私たちが慣れ親しんでいる物質ではないのです。ただし、アストラル界の物質ではありません。

**浅川**　（カヴァーコ氏の著書を示す）これはカヴァーロ氏の撮影したクラリオンのＵＦＯ［図１－９］ですが、このような半透明の姿ということですね。

**ホボット**　これはとても珍しい写真です。先ほどお話ししたように、私もこのようなＵＦＯを何回か見たことがあります。しかし、これまで写真に撮られたものは見たことがありません。

**浅川**　私も長い間ＵＦＯを研究していますが、このような写真は初めてです。これはおそらく、もともと5次元の存在であるＵＦＯが自ら写真に撮らせるために、３・５次元にまで波動を下げたのだと思います。

**ホボット**　そうです。そういうことを行ったと思います。それにしても、このような写真があったことは知りませんでした。

**浅川**　それで、ホボットさんが見たＵＦＯ基地の物質についてですが、それは手で触れて感じることができましたか？

**ホボット**　触覚で感じられます。

**浅川**　そうすると、確かにアストラル界の存在ではないんですね。しかし、形を自由に変えられる。

**ホボット**　考えに反応して形を変えるのです。

## 宇宙人の基地では物質がゼリーのように溶け出す⁉

**浅川**　そういう世界は、私たちにはなかなか理解できませんね……。よろしければ、その基地の様子を絵に描いてもらえますか？

**ホボット**　基地はすごくシンプルな作りをしています。こうトンネルがあり……ホールがあって……とても簡単な作りです。しかし、そこからいろいろなものが現れます。床からものが形になって現れて、それが後で溶けて消えたりします。

**浅川**　形が現れたり消えたりするということでしょうか。

**ホボット**　ゼリーが形になって、その後で壁や床の表面に溶け込んでいくような感じです。

**浅川**　19世紀の初めごろ、降霊術が盛んに行われていたときに、よく写真に撮られていたエクトプラズムのようなものでしょうか。

昔、ヨーロッパでは、霊媒が死者の霊の姿を現すために、口からエクトプラズムという白いモヤのようなものを出して、それが人間の形をとるという現象が数多く確認されていましたね。それは降霊会の参加者の肉眼に見え、写真にも撮られています。それはまさに3次元的な物質であって、それが形を作る。ちょうど、ホボットさんの今の話における3・5次元の物質に似たようなものだと思われますが。

**ホボット**　私も似たような現象をブラジルで見たことがあります。そこではさまざまな霊媒がそ

## ホボット氏が体験したタジキスタンの宇宙人の基地

[図1 −11] ペトル・ホボット氏が訪ねたタジキスタンの寒村にある宇宙人の基地の外観と内部を本人がスケッチしたもの。アルクトゥルスやシリウスＢなどの宇宙連合体が作ったもので、3.5次元的物質で作られているので、緊急時には姿を消したり、移動することもできるようだ。

のような現象を起こしていました。

**浅川**　それなどは、やはり3次元的な現象だと思うんです。

**ホボット**　そうですね、エクトプラズムは確かに3次元的な物質です。物質化のプロセスもよく似ています。しかし、私の体験した基地の物質とは少し異なっています。

**浅川**　そうなると、ホボットさんが基地で体験したものはもっと物質的であり、実際に触ると温度感などもあるわけですか？

**ホボット**　そのとき、私は物質（の感じられ方）に注意を払っていませんでしたが、何か触った感じがあるのは確かです。しかし、本当に何かに触れているのか、そうでないのかは微妙なようにも感じられました。それは物質とイメージとの間にあるものだからです。

## その宇宙人基地は神秘主義者スーフィーたちから「シャンバラ」と呼ばれていた！

**浅川**　では、質問を変えましょう。その基地は地上にあったんですか、それとも地下にあったんですか？

**ホボット**　一部が地上で一部が岩山の中でした。それは標高4000メートルのとても行きにくいところにあります。また、周辺の人々には神聖な土地と見なされているため、誰もそこへは行きません。ただし、その地方にいるスーフィーたちは、そこを「シャンバラ」と呼んでいました。彼らはそこを神聖な場所としてそう呼んでいたのです。

シャンバラとは「違う世界へのゲート」という意味ですが、実はそれはUFOの基地でした。ちなみに、スーフィーは（一般にイスラム教神秘主義者とされているが）実際にはイスラム教徒ではありません。

**浅川**　そこにいる宇宙人はパラレルワールドの地球から来た存在ですか？　それともほかの星から来た存在ですか？

**ホボット**　星から来た存在です。

**浅川**　その星の名前は？

**ホボット**　とても進んだ文明から来ており、それは1つの星ではなく、複数の星による連盟から来ているようです。その基地には少なくとも7つの文明からの7人の代表者がいました。その中の1つがアルクトゥルスです。あと、ネット（網）と呼ばれる文明の代表者もいました。

**浅川**　私たちの知っている星はほかにありましたか？

**ホボット**　シリウスBです。アルクトゥルスやシリウスBの人々とはそのときだけでなく、これまでに何度か会っています。

**浅川**　その基地にいる彼らはかなり古くから地球にきているんですか？　そして、その目的は何でしょうか？

**ホボット**　その地域のスーフィーの伝統によると、シャンバラはずっと昔からあったようです。目的はいろいろあるようですが、たとえば、土地を浄化したり波動を高めたり、また人間の意識にポジティブな考えを投射したりと、地球や人類にとって役立つことをたくさん行っています。

ですからシャンバラはそのような活動を行う前線基地というわけです。そして、そのような基地は地球にいくつかあります。宇宙人がこのような基地を作るには特別なエネルギーが必要です。

**浅川** 長い間、謎の存在として知られてきたシャンバラが宇宙人の基地だったというのは驚きです。では、チベットの地下にあると言われているシャンバラも同じものということになりそうですね。

**ホボット** 同じものだと思ってもらっていいと思います。

**浅川** ところで、基地の中はどうなっていましたか?

**ホボット** その基地は変わった形をしていました。外からは小さく見えますが、中に入ると広く、それぞれの文明の代表者たちは美しい人間の姿をしていました。ちょうど、先ほど写真で見たクラリオン星人のような美しい姿です。そして、宇宙人のまわりにはいつも光が放射していて、かげろうのような感じになっています。

**浅川** 彼らは物質の体を持っているんですか?

**ホボット** やはり半物質の体です。男女の別はありますが、彼らは私たちに見せたい姿で現れるので、本当の姿は分かりません。

彼らが見せてくれたものの1つは、エネルギーフィールドに包まれて横になり、ヨーガの睡眠(意識を覚醒させたままの睡眠)に似たテクニックで寝ている宇宙人の姿でした。その宇宙人はフィールドの中にいながら意識を2つに分割して、一方の意識は地球で人間として転生して人としての人生経験をするのです。そして、人としての生を終えると基地で目覚めます。彼らによると、これは比較的新しいタイプの実験だそうです。

**浅川**　その宇宙人はずっとそこで寝ていて、転生している先の人が死ぬまで、そのままでいるんですか?

**ホボット**　はい。横になっている宇宙人もいれば、瞑想の姿勢で座っている宇宙人もいます。

**浅川**　それは人間として生きている何十年間もずっとそのままで?

**ホボット**　そうです。何十年間も(転生先の肉体が)死ぬまで動きません。しかし、彼らにとってそれは2~3分という感じです。それは、彼らの時間の意識は私たちとはかなり異なっているからです。そして、人間もまた、その基地に入ると時間の感覚が通常とは違ってきます。時間の進み方が違うのです。

## 時間を自在に操る宇宙人

**浅川**　ホボットさん自身も数時間いたつもりが数日間経っていたとか?

**ホボット**　はい。私はそれほど長くいたつもりはありませんでしたが、基地を出てスーフィーのところへ戻ると、彼らから「かなり長い間いなくなっていた」と驚かれました。

**浅川**　それと同じ体験をカヴァーロ氏もしたそうです。彼は宇宙船に乗せられていろんなところへ連れていかれたとき、時間的にはほとんど経っていなかったはずなのに、地球に戻ってきた瞬間にヒゲがぼうっと伸びるわけです。地上に戻ってきたとたん、長い間ヒゲを剃っていなかったかのように、ぼうぼうと伸びてきたというんですね。

**ホボット**　私の場合、少しの時間しかいなかったはずなのに、基地を出ると何日間も食べていなかったような空腹感を覚えました。

**浅川**　やはり、カヴァーロ氏と同じような体験をされたということなんですね。

**ホボット**　そのように基地の中では時間の進み方が変わりますが、それだけではなく、それぞれの宇宙人が時間を好きなように曲げることができます。時間を自由に操れるのです。

とはいえ、彼らにも未来を見ることはできないと思います。なぜなら、彼らは過去は正確に見ることができても、地球の未来が正確にどのようになるのかは知らなかったからです。つまり、未来は不確定ということです。

**浅川**　(ホボット氏の描いた基地の絵を見て)これは何をしているところですか?

**ホボット**　これはエネルギーのボールを作っているところです。巨大なエネルギーを手から出してボールを作りますが、手からのエネルギーだけでなく、何らかの設備や技術も使っているようです。このボールは虹色をしていて、半分は物質で半分は光というものであり、ポジティブなエネルギーを発現します。それが基地の中にたくさんありました。

またそれは基地の外へと飛んでいき、飛んでいる間にポジティブなエネルギーを放射します。

その放射はエネルギーを出し尽くすまで続くのです。

**浅川**　そのエネルギーの放射で不浄な地を清めるわけですか？　ネガティブな土地をポジティブな土地に変えるために飛ぶ？

**ホボット**　そうです。私が基地に行ったとき、アフガニスタンでは戦争が起きていました。あるいは環境破壊が起きている地にもそれは飛ばされます。

また、ある宇宙人は人間を観察しているやり方を私に見せてくれました。まず、人が互いに傷つけ合っているところを、そして次に、その人の意識にそんなことをしないように働きかけたところを見せてくれたのです。それは具体的には、夢にさまざまな映像を入れることなどによって行われます。そういうことを大勢の人にやっているのです。これは彼らのさまざまな活動の1つです。

## 1978年、ゴビ砂漠のUFO基地へ核攻撃が実施されていた！

**ホボット**　基地で見たものの中でもう1つ興味深かったのは、砂漠にいるトカゲや蛇がエネルギーのカバーに包まれて浮かんでいたことです。なぜそういうことをしているのか聞いたところ、ほかの惑星へ送るためだと彼らは言います。その種が地球にいなくなったときのために保存しておくというのです。

**浅川**　ということは、その種の生物が絶滅する事態が到来する可能性があるということですね……。トカゲや蛇以外の生き物も見ましたか？

**ホボット**　何種類かの虫はいましたが、哺乳類や鳥類は見ませんでした。

**浅川**　そのときは見なかったとしても、トカゲや蛇だけ送っても意味がないですから、実際にはたくさんの種類の生き物を送っているんでしょうね。

**ホボット**　もちろん、そう考えられます。ただし、そのまま送るわけではありません。そのままほかの世界に送ると死んでしまうので、ほかの世界でも生きられるように、その動物の遺伝子と細胞を量子レベルで変化させてから、時空間のトンネルを通って地球外の別の基地へ送るのです。

その時空間のトンネルは空間を浸透して存在しており、それがつながっている別の基地は地球の近くではなく、かなり離れたところにあります。それは、少なくとも太陽系の中ではなかったと思います。

**浅川**　それは物質的な基地ではないわけですね。

**ホボット**　宇宙人たちが使っているその技術は説明しにくいものです。その基地にはさまざまな種類の物質でできたＵＦＯが停泊できます。

彼らがよく見せてくれたＵＦＯの形状は、三角型、球型、円盤型のものでした。

**浅川**　あなたが訪れたような基地はほかの地域にもあるんですか？

**ホボット**　この基地にいる宇宙人とは別の存在たちが、別の実験として、３・５次元の物質を３次元にまで濃密化して基地を作ったことがあります。それはモンゴルのゴビ砂漠の中にありました。

**浅川**　それは地上ですか？　地下ですか？

**ホボット**　地下です。それに3次元の物質で作られたものです。そこから飛び立ったUFOはロシアや中国へ飛来していましたが、ロシアはその飛び方（飛行経路）から、基地の場所を探り当てました。そして、核爆弾をそこへ投下したのです。

**浅川**　ええーっ、核を落としたんですか？

**ホボット**　最初、私は訪れたUFO基地（シャンバラ）でそのことを聞きました。そのときは本当のことだとはとても思えませんでしたが、その後、KGBにいる人物から1978年にそれが起きたということを聞き、それが実際に起きたと確信したのです。

その核攻撃はソ連と中国の共同軍事訓練として行われました。攻撃地点が中国との国境に近い場所だったので、国際問題にならないよう、そのような配慮がなされたのです。しかし、モンゴル政府はこのことを知らされておらず、核爆発を目撃したモンゴル人もいました。そして、その近隣の地方ではたくさんの人が放射能で死んだといいます。

それ以来、宇宙人たちは安全のため、3次元の物質による基地を作らなくなったそうです。私が訪れた基地も人が壊せない3・5次元の物質でできており、いざというときには、基地ごと時空間のトンネルに吸い込まれ、宇宙にある基地へ数分で移動できます。

**浅川**　そこを攻撃されそうになったときには、地球の別の場所へも持っていけるんですか？

**ホボット**　地球の別の場所へ移動するのは簡単ではありません。基地の再作製のために特別な条件が必要なので難しいのです。

**浅川**　高次元の世界へは移動できても、3次元世界で移動するのは大変なんですね。

**ホボット**　生命体たちは基地の作製のためにパワースポットのエネルギーを使っています。だから、簡単にそれを行えないのです。

## 現在、ペルー空軍が秘密裏に進める極秘UFOプロジェクト

**浅川**　そのパワースポットについてお聞きします。ペルーでいえば、マチュピチュやナスカやクスコなど、ああいう古代の遺跡があるような場所はパワースポットだと考えていいでしょうか？

**ホボット**　はい、その通りです。しかし、それ以外にもそれほど知られていないパワースポットがあり、そういう場所はよく宇宙人に使われています。

**浅川**　ホボットさんはマチュピチュなどへも行きますか？

**ホボット**　マチュピチュは観光客が多くてワークできないので、そこから150キロほど離れたチョケケラオというところで自分自身のワークをしています。そこはマチュピチュに似た場所ですが、ほとんど誰にも知られておらず、2～3日馬に乗るかヘリコプターを使わないと行けない場所です。そこでは、観光客がいないこともあって宇宙人に関係した現象がよく起きています。

また、今回、日本に来る前には、北ペルーのチュルカナスという場所でワークしていました。

そこはエクアドルとの国境近くでピューラという町からもそう遠くないところです。チュルカナスはペルーにおいてUFOがよく出現する場所であり、空軍によって立ち入り禁止区域とされています。

**浅川**　そこには空軍の基地があるんですか？

**ホボット**　基地があるわけではなく、柵などで囲われているのでもありませんが、空軍が管理しているため許可がないと立ち入ることができません。なお、UFOの出現は最近になって知られたことですから、研究施設などは特にないのです。

私は最近、ペルー空軍とUFO研究において協力関係にあるため、そこに入ることができました。ちなみに、ペルーにおいてUFOに詳しい科学者は、ペルー空軍に雇われているか協力関係にあります。

**浅川**　ホボットさんもペルー空軍に協力している。

**ホボット**　そうです。私の知り合いであるアントニー・ホイという科学者がペルー空軍におけるUFO研究のリーダーです。これは隠されている研究ですが、本に書いてもいいと思います。

**浅川**　本当に？　彼らやホボットさんに身の危険が及ぶことはないんでしょうか。

**ホボット**　むしろ、本に掲載してその存在を多くの人が知ることで、研究者の身の安全が守られると思います。また今後、ペルー空軍から研究成果を入手することができたら、可能な限りをそれを公表したいと考えています。

## ペルー空軍のＵＦＯ研究が現在進行中！

［図1－12］アントニー・ホイ（Anthony Choy）氏（左）。彼はペルー空軍のUFO研究のリーダーをしており、2人が調査している場所は首都のリマからそう遠くないところで、その周辺にはUFOが頻繁に出現している。

私がすでに知っている情報では、チュルカナスのある場所に、1ヵ月もの期間、地上にUFOが着陸したままだったことがあるそうです。ほかの場所ではこれまでに、こういうことはまずなかったはずです。

そこもパワースポットで、2つの山があり、それぞれの山の上に時空間のゲートがあります。そして、近くの村人はみな、日常生活の中でUFOや宇宙人を目撃しています。

さらに、その地方のシャーマンたちの話では、もう何百年も前からUFOが現れていたそうです。普通の人々はこれまでそのことに気づいていませんでしたが、シャーマンたちはUFOや宇宙人のエネルギーを自分たちのワークに使っていました。

現在、チェコのジャーナリストとともにテレビ番組を作っていますが、そこで、この情報を発表したいと考えています。そのときにはペルー空軍からも、UFOのビデオを借りる予定です。

## アメリカは今もなおサイキック研究に多額の資金を投入しています!

**浅川**　ホボットさん自身も、チュルカナスで宇宙人とコンタクトしたことがあるんですか?

**ホボット**　数回コンタクトをとりました。ただし、その内容については(空軍との関係上)詳しくお話しできません。ただ、今後そこでUFOを呼び出す計画があるので、その様子を撮影したいと思います。

最近はUFOに関して、ペルー政府の対応は割とオープンになっているので、この情報を広げるにあたってはいいチャンスとなると思います。アメリカ合衆国はＵＦＯに関して情報封鎖をしたいようですが、現在のペルー政府はそれほどアメリカ政府にコントロールされていないので、頑張ってオープンにしようとしています。

なお、ペルー空軍は私とは別に知覚者を雇っており、実はそれはシャーマンたちです。その中には私の知人もいます。

**浅川**　やはりそうなんですか。それに比べて日本政府は全然ダメですね。本当に泣きたくなってきます。戦後のアメリカ的教育によって、政府も人々もシャーマンや祈りの人を受け付けないんです。完全にアメリカにマインドコントロールされてしまっている。情けないです。

**ホボット**　しかし、アメリカ政府自体はよくサイキック（知覚者、超能力者）を使っています。

**浅川**　そう、自分たちは分かっているんです。

**ホボット**　彼らは75年からサイキックの研究を行い、その研究プログラムは90年代に終わったことになっています。しかし、実際にはアメリカ政府はそれまでの10倍もの資金を投じて超能力の研究を継続しているのです。このことは一般のアメリカ人には知らされていませんが。

**浅川**　正式には研究は終わったけれど、秘密裏に大金をかけて研究を継続しているわけですね。それは、ロシアにも言えることでしょうか？

**ホボット**　ロシアはこの分野の研究で一番進んでいるかもしれません。私がロシアにいたとき、サイキック研究のセンターが10ヵ所以上ありました。しかし、ロシアでも90年代の初めごろにプロジェクトについての情報が公にされなくなり、今ではまったく知られていません。もちろんその研究は続けられています。

90年代に、ロシアもアメリカもサイキック研究の重要性に気づいたので、資金を自由に使えるようにシークレットな研究にしたのです。優秀なサイキックがいると戦略的に非常に有利であることを彼らは知っています。

**浅川** そうでしょうね。サイキックにとっては秘密が秘密ではなくなりますからね。何十人、何百人のスパイを使うより役に立つわけですから、重要視されて当たり前です。

**ホボット** たとえば、遠隔地から人の考えを読み取ったり、考えを変えたりできますから。

**浅川** アメリカでサイキックのスパイとして使われていた、ジョー・マクモニーグルという人がいます。彼は日本に来てテレビなどに出演し、遠隔透視などを実演していますが、彼などは90年代で終わった古いタイプということになるのでしょう。だから、もう自由にしていいよと。そして、今は新しいサイキック能力者たちによって新たな研究をしているんでしょうね。

**ホボット** 私はマクモニーグル氏のことを知りません。しかし、とても大きな能力を持つ人でしょう。

私はアメリカ人の知覚者で軍のプロジェクトに参加していたデイビッド・モアハウスという人に会ったことがあります。彼はサイキックの研究プロジェクトのことを公表しようとしたところ、遠隔的にマインドコントロールを受けて精神にダメージを受けてしまったのです。そこで、彼の精神が崩壊しないようサポートしたのが、チェコの精神医学者のスタニスラフ・グロフ（トランスパーソナル心理学の創始者の1人）でした。

ちなみに、私はモアハウスに会ったとき、同じ時期にアメリカとロシアで敵同士の関係であったことを知り、互いに笑い合いました。

**浅川**　お互いの情報を探り合っていたわけですからね。

**ホボット**　その当時に互いを知っていたわけではありません。しかし、私たちの仕事の内容はとてもよく似ていたのです。

**浅川**　旧ソ連のサイキック研究の話といい、ＵＦＯ基地の話といい、ホボットさんの話はこれまでに聞いたことのない興味深い内容ばかりです。

次は南米でのシャーマニズムの体験についてお話を伺っていきたいと思います。

# 第2章

# シャーマンに教えられた宇宙の秘密

——驚異のヒーリング能力は、宇宙人「星の医者」とのコンタクトから

Shamanism

## パラレルワールドとつながる謎の巨石「クンパナマー」

**浅川**　ホボットさんはロシアを離れた後、南米でシャーマンの訓練を始めていますね。その最初のきっかけは何だったんでしょうか？

**ホボット**　当時、私は自分の能力をあまりコントロールできないでいました。自分の意思に反して起きる突発的な体外離脱に悩んでいたのです。そんなあるとき、チェコの山を歩いていると、いきなり景色が変わり、気がつくと山の石畳を歩いているビジョンの中にいました。そして、後になってそれはアンデスの景色だと気づいたのです。

そのとき、空を舞う大きな白い鳥の姿も見ており、それはコンドルでした。それが16年前に起きたことです。そう、ロシアでの活動を終えてからのことでした。

そのころ、私は突発的な体外離脱をどうやってコントロールするか？　どうすれば安定させられるか？　ということを自問自答していました。そこで、先ほどのビジョンを見て南米のシャーマンのところへ行くことを決めたのです。

最初にコンタクトしたのはブラジルのヤノマモ族です。その後、ペルーへ行き、アマゾンの先住民やアンデス先住民とかかわりはじめました。

**浅川**　一番、密接に関係しているのはどの部族ですか？

**ホボット**　それは答えにくい質問です。私は主に3つの部族のシャーマンに訓練を受けました。

そのうち、シャヴィ族とのかかわりでは、とても強いシャーマンに学んでいます。そのあたりのジャングルにはエネルギーを強く放射している石があり、そこにはいろいろな絵が描かれています。

その巨石は「クンパナマー」と呼ばれています。彼らからはとても素晴らしいことを教えてもらいました。

**浅川**　クンパナマーとはどういうものですか？

**ホボット**　その石全体がワークで用いられますし、石に描かれている絵も使われます。頭や手を触れて、そこから流れてくるエネルギーを受け取るのです。それはとても大きな石であり、どうやってジャングルに運ばれたのかは不明です。ただ、数千年前からそこにあることは確かです。

その地のインディオたちによると、クンパナマーの内部は空洞になっており、直径10センチほどの狭いトンネルが内部に張り巡らされているそうです。そのトンネルはパラレルワールドの生命体によって使われていますが、詳しい用途は分かりません。いずれにせよ、その生命体はとてもポジティブな存在であるようです。

クンパナマーはさまざまなパラレルワールドをエネルギー的に結びつけており、その周辺はとても強いパワースポットになっています。そして、そのエネルギーはシャーマンの修行などに用いられ、彼らのエネルギーセンター（チャクラ）を活性化するのに利用されます。

なお、クンパナマーとは「絶対的存在」「最高の力」という意味です。いくつかの石がその周

巨石「クンパナマー」(絶対的存在、最高の力)

[図2－1] ホボット氏と交流のあるシャヴィ族のシャーマンたちが修行などに用いる巨石。どうやってジャングルに運ばれたのかも謎だという。(写真提供：ペトル・ホボット)

囲に存在しており、それもまとめてクンパナマーと呼んでいます。そこには特別なエネルギーが集積されているのです。

ただし、シャーマンたちはこの石の存在のことを秘密にしていて、なかなか教えてくれません。それらの石はそれぞれがある程度離れたところにあり、私はそのうち3つを知っています。うち2つはわりと知られており、科学者たちもそこへ来ています。

あるフランス人科学者の研究では、クンパナマーに刻まれた絵（カラー口絵参照）は彫られたのではなく、何らかの技術で溶かすようにして描かれたということが分かりました。

**浅川**　私たちの知る歴史より前の先史文明にはそういう技術があったんでしょうね。カブレラストーンもそのようにして作られたと思います。

**ホボット**　そうかもしれません。

## シャーマンの訓練は私たちが魂であると認識するためのもの

**浅川**　そのクンパナマーはペルー・アマゾンにあるんですか。それともブラジル領域ですか？

**ホボット**　ペルー・アマゾンです。北ペルーにあります。

**浅川**　私が野鳥の撮影のために何回か訪れたエリアですね。それで、ホボットさんはシャーマンたちからどのような訓練を受けたわけですか？

**ホボット**　シャーマンの訓練の目標は、「私たちは人の体ではなく魂である」と認識することにあります。その訓練を受ける者はシャーマンと一緒に変性意識状態（トランス状態あるいは瞑想状態）に入り、アストラル界を旅して、さまざまな方法を学ぶことになります。それがシャーマンの訓練の基本です。

**浅川**　変性意識状態にはシャーマンのパワーによって入るんですか？

**ホボット**　そうです。シャーマンのパワーで変性意識状態に至ります。また、アマゾンのシャーマンたちはさまざまな植物も使います。一般にそれは有害な麻薬のようなものだと思われていますが、そうではありません。麻薬ではただ意識が変化するだけであり拡張することはありません。しかしシャーマンの用いる植物では体のエネルギーラインが浄化されたり、エネルギーセンターが活性化されたりします。

**浅川**　それはどのように使用するんですか？　においをかぐ？　それとも食べる？

**ホボット**　服用するか、液体にして体にかけたり塗ったりします。ただし、最初の浄化の段階は比較的苦しく感じられ、嘔吐《おうと》するような人もいます。

もう1つ大切なことは、準備段階としてジャングルにおいて1人で生活をしながら特別な食事をとることです。具体的には、野生のバナナを1日に2本だけ食べます。普通の食事をしていては体外離脱能力やそのほかの超能力は開発されません。炒めたものなど火を通した食物もダメです。

そのような生活をしていくうちにその人は植物の意識を知覚しはじめ、植物霊とのコミュニケーションが始まります。その準備段階の期間は人によりけりで、シャーマンがその人の状態を見て判断しますが、最低でも半年はかかるでしょう。

**浅川**　半年もかかるんですか。では、その間はずっと1人でいるわけですか。

**ホボット**　その期間は（師匠の）シャーマンとしかコンタクトをとれません。

**浅川**　人によってシャーマンのパワーだけで修行を進めるか、植物を使うか分かれるわけですか？

**ホボット**　シャーマンのエネルギーは必ず使われます。そして、全員ではありませんが、多くのシャーマンが植物のエネルギーを借りています。アマゾンのシャーマンはほとんどが植物を使っていると考えていいでしょう。シャーマンは植物の魂とコミュニケーションをとり、自分の成長のために一番いい種類を選ぶことができます。

## 心の準備があってこそ、「アヤワスカ」の効果を感じる

**浅川**　シャーマンのレベルによって適した植物は違うわけですね。

**ホボット**　そうです。シャーマンは植物の世界とコミュニケーションをとっているので、自分の成長のために、あるいは、ほかの人の治療のために適切な植物を選ぶことができるのです。

**スタッフ**　ホボットさんが今おっしゃっているのは「アヤワスカ」のことですか。幻覚性植物として、ある種のドラッグとして興味を持つ人もいるようです。そのような人が遊びとしてアヤワ

スカを使った場合、それはどういう体験になるでしょうか？

**ホボット** シャーマンたちの使っている植物は遊びとして使っても効果がないでしょう。次の段階へ行ける準備ができた人だけに植物の効果は感じられます。アヤフスカに用いられるつる植物は数百種類もあり、それを使った作り方自体もまた数百種類あります。まずはそれを理解してください。

そのうち、シャーマンたちが患者のために調合しているアヤワスカには浄化の効果があります。それは体がエネルギー的な毒を出すためのアヤワスカです。その一方で、意識を拡張するためのアヤワスカも調合しており、それは準備のできている人にしか効かないものです。

アヤワスカにはさまざまな種類があり、あるアヤワスカはヒーリングにしか使えませんし、別のアヤワスカは意識の拡張にしか使えません。その両方に使えるものもあるし、また、エネルギーブロックを除くためのアヤワスカもあります。

ある種のドラッグとして捉《とら》えられていることは、完全に勘違いです。

アヤワスカで中毒になることはなく、むしろアヤワスカは麻薬中毒を治すことができます。私の知人にフランス人医師［図2―2］がおり、その人はアマゾンで20年間、麻薬中毒者を治療しています。しかし、実際にはシャーマンが治療して、彼はそれを研究しているのです。そして、そこは世界中で最も麻薬中毒の治癒率のいい施設なのです。

**浅川** ペルーに住むすべてのシャーマンがアヤワスカを使っているんですか？

［図２－２］フランス人のジャック・マビ医師（左）。彼はタキワシ（Takiwasi）というアヤワスカを使って麻薬中毒の患者を治療する病院の院長で、その治癒率は世界でナンバーワンである。

［図２－３］北ペルーのパラナプラ川の流域に住むシャヴィ族のシャーマン、ドン・ロケ。彼は糖尿病を100パーセント治癒させられることで有名である。神聖な薬草の葉をパイプで吸ってトランス状態に入るところ。

**ホボット**　いいえ違います。アマゾンのシャーマンはアヤワスカを使いますが、アンデス山中に住むシャーマンはサボテンの一種であるサンペドロを使います。

　私はシャーマンたちから、自分の能力をコントロールするための訓練を受けました。そのときにアヤワスカも使われましたが、私の場合は拡張された意識状態に至るためにアヤワスカを使う必要はありません。むしろ私には逆の問題があります。通常の意識を維持することが大変だったのです。

　私にとって拡張された意識状態に入るのは簡単でしたが、体に戻ることは難しかった。そういうわけで、私は拡張された意識に入るためにアヤワスカを必要としませんでした。しかし、（一般的には）シャーマンの訓練において、アヤワスカは非常に有効なものであると考えます。

## シャーマンから受けた訓練で磨きをかけたヒーリング能力

**浅川**　そうすると、ホボットさんは南米のシャーマンから、自分自身を浄化したり、意識を拡張させたり、他者をヒーリングしたりする訓練を受けたということですね。
**ホボット**　私はこの行程をすべて体験しました。ただし、意識の拡張はすでに学んでいたので学ぶ必要はなかったのです。そこで、訓練内容としては、エネルギーセンターの訓練や、別の人のエネルギーセンターに記録されている情報を読み取ることが主となりました。
**浅川**　今はアヤワスカを使わなくてもヒーリングできるんでしょう？

**ホボット**　はい。ちなみに、シャーマンたちの目標の1つは、アヤワスカなしに超感覚的知覚を使えるようになることです。

**浅川**　ホボットさんはシャーマンから訓練を受けるまで、ヒーリングはできなかったんですか？

**ホボット**　ある程度はできましたが、シャーマンたちとワークしたことで、どんな人に何が必要か、ということをより簡単に知覚できるようになりました。超感覚的知覚のコントロールと、そこから受け取る情報の理解はとても難しいことなのです。

**浅川**　チェコにいたときやロシア時代には、完璧ではなかったわけですね。

**ホボット**　はい。ヒーリングについて言えば、その人に本当に何が必要かを判断するには、単にオーラを見るだけでなく、オーラに存在するそれぞれの層にアクセスできないといけません。そうしないとその人に何が必要なのか本当には分からないのです。

もちろん、それができなくても、ある程度の情報を受け取ることはできるし、ある程度までヒーリングもできますが、それではそれほど精密なものとはなりません。たとえば、過去生の情報に関してもそれほど正確なものとはならないでしょう。

## 病気の原因がカルマによる場合、すぐに治してしまっていいものなのか？

**浅川**　ヒーリングに関して疑問に思うことがあります。たとえば、私が重い病気で苦しんでいるとしますね。その原因が私の過去生からのカルマで起きていた場合、病を通してカルマに気づかせるという意味もあるはずです。

その場合、ホボットさんのような力のある方が、簡単に病気を治してしまってはいけないことになりませんか？　そういう点はどう判断するんですか？

**ホボット**　基本的にすべての問題はカルマの問題です。カルマはみぞおちの第3チャクラのレベルに存在しており、それより上のエネルギーセンターを使っているときには、いわゆるカルマによる病気も治癒することができます。

ご質問についてですが、その病気の人が、カルマの病気を治せる人に出会うときには、すでにそういう時期に達しているということです。それは高次の計画の一つであり、その時期は計画されているのです。そして、カルマの問題に由来する病気が治癒するときには、ヒーリングを受ける人には精神的な変化が生じているでしょう。それは容易ではありませんが、不可能というわけでもありません。

ただしその場合、ヒーラーは自分のエネルギーを使ってはいけません。ヒーラーは巨大なエネルギー、パワフルな光の生命体につながって許可を——カルマの病を治す許可をもらわなければならないのです。

**浅川**　それによって難しい病気も治る。

**ホボット**　病気の種類は関係ありません。もし、許可をとらずにヒーラーが自分自身で癒そうとしたなら、その病気が自分のほうに移ってしまうことがあります。

**浅川**　よく、ヒーラー自身が倒れてしまうという話を聞きますが、それはそのようなケースですね。

**ホボット**　そうです。シャーマンの訓練が十分でない者がヒーリング中に死ぬケースがあります。

私の場合、自分のエネルギーではなく、光の生命体につながって、彼らからの、あるいは彼らのエネルギー源からのエネルギーを使っています。シャーマンたちも同じことをやっており、高いレベルのシャーマンは光の生命体につながります。

興味深いことに、彼らは光の生命体のことをスペイン語で「星の医者」と呼んでいるのです。力を貸していただいている中で一番強い光の生命体をそう呼ぶわけです。

## 宇宙人とコンタクトがとれないシャーマンには会ったことがありません

**浅川**　「星の医者」はやはり星から来ている生命体ということですか?

**ホボット**　そうです。私がシャーマンのヒーリングに参加したとき、数回、その上空にUFOが現れたことがあります。そのように、UFOを引きつける能力を多くのシャーマンが持っていますが、それはまったく知られていない情報です。しかし、そのようなシャーマンを私はたくさん知っています。

**浅川**　ということは、アマゾンのシャーマンにとって、UFOを見たり宇宙人とコンタクトしたりするのは当たり前のことなんですね。むしろ、宇宙人とコンタクトしたことのないシャーマンはレベルが低いということになる。

**ホボット**　宇宙人とコンタクトがとれないというシャーマンには会ったことがありません。それはアマゾンのシャーマンでもアンデスのシャーマンでも同じです。

**浅川**　ああ、やはり彼らはそういうレベルに達しているんですね。本当にもう、現代医学だけが正しい医療技術だと考えているアメリカ人の医者たちに教えてやりたいですよ。連中はお金ばかり取って……どうしようもないでしょう。

**ホボット**　シャーマンたちは西洋医学で治療できない病気を治すことがあります。驚くほどの効果があるのです。私はこれまでにいろいろな人をペルーに連れていき、ヒーリングの効果を検証しています。具体的には、末期がんや末期の白血病などを治癒させたケースがあり、また、エイズやパーキンソン病、アルツハイマー病などを治療できるという話も聞いているので、それが事実かどうか現在調べているところです。

以前は南米のシャーマンにそのような力があることは知られていませんでした。しかし、治癒の実例は着実に増えてきています。

シャーマンの治療では、（治療を受ける側が）浄化効果のあるアヤワスカを飲み、シャーマンによるエネルギーワークを受けることになります。

まず、アヤワスカによって病気の原因となっているエネルギーブロック、すなわちエネルギー的な汚染が緩められて流し去られます。これは物理的なプロセスでもあります。しかし、その汚染の一部はオーラに流れ込んでそこで停滞してしまうため、シャーマンはそのエネルギー汚染を集中的なエネルギーワークによって取り除くのです。そうしないと、それはエネルギーセンターへ逆流してまた同じ状態に戻ってしまいます。

**浅川**　シャーマンはオーラの中の毒素のようなものを取り除くということですね。

**ホボット**　それにはシャーマン特有の特別なテクニックも使われます。

たとえば、煙を使ったヒーリングです。煙の成分にエネルギーをチャージして体の悪いところへ吹き付けます。あるいは、エネルギーの汚染を体から口で吸い出したり、手で取り除いたりします。また、その汚れたエネルギーを石やジャガーの頭蓋骨に封印して土の中に埋めるという方法もよく行われます。

## アメリカの石油開発(＝薬品産業)によってシャーマンの貴重な薬草文化が破壊されつつある

**浅川**　ホボットさんのマネージャーは、あるシャーマンの儀式で、関節が骨化した人のヒーリングを目撃したそうですね。

**ホボット**　肩関節が骨化してまったく動かなくなった患者がいました。その人はペルーに行く前に病院の治療を受けていたのですが、まったく効果がありません。ところが、ペルーで1人のシャーマンが歌いながら煙のヒーリングを10分ほど行なったところ、直後に肩が動くようになったのです。

## 現在もつづくシャーマンたちとの交流

［図2－4］

北ペルーのリオ・アビセオ（Rio Abiseo）で、ドン・ネイと呼ばれるコカマ族のシャーマンと。彼はエイズを治療できることで有名なシャーマンである。

マドレ・デ・ディオス川流域に住むエセ・エハ(Ese-eja）族のシャーマンのお母さんと息子さん。彼らとは長い間の協力関係にある。ディオス川は浅川嘉富氏が絶滅する野鳥を撮影するため何回も訪ねているマヌー一帯で、日本人はほとんど入ったことのないジャングル地帯である。こんなところでもペトル・ホボット氏と浅川嘉富氏は結ばれていた。

エセ・エハ（Ese-eja）族のシャーマン、ドン・エドビンとその娘さん。

彼はペルーの中で一番力のあるシャーマンの一人で、がんや白血病を治療する力を持っており、宇宙人とコンタクトをとれるシャーマンの一人である。ペトル・ホボット氏とも深い関係にある。娘さんは最近シャーマンの訓練を受けており、胸につけたジャガーの歯はシャーマンの弟子であることを表している。

ずっと動かなかった肩を動かすので、最初のうちはおそるおそる動かしていましたが、翌日にはもう普通に動かしていました。その後、レントゲンで確認したところ、肩関節は正常に戻っていたそうです。

**浅川**　ところで、私が聞いたところでは、もともとアメリカでは医師という職業は大工さんと同じような位置づけであり、同じくらいの報酬しかもらえなかったそうです。しかし、アメリカの経済界を支配するロックフェラー家が医学教育制度を整備して、多くの学費をかけないと卒業できない仕組みを作り、患者からたくさんの治療費をもらう仕組みを作ったというんですね。

さらに、現在の医薬品の70パーセントは石油から作られており、その石油を握っているのがロックフェラー家だと言われています。

**ホボット**　アマゾンは今、石油の産出によって危険な状態にあります。石油開発のためにアマゾンに入り込んでいるアメリカ人によってインディオたちが抑圧されているのです。彼らは石油による汚染を処理しないまま川に垂れ流しており、それによってインディオたちがたくさん死んでいます。もちろん、この石油開発はその土地に住むインディオの許可を得たものではありません。

そこで、私はこのことを知らしめるべく、チェコのジャーナリストと一緒にテレビ番組を作っています。これが完成したらチェコの国営テレビ局で2010年の年末にも放映する予定です。チェコ政府とペルー政府はつながりを強めているので、この放送をきっかけにチェコ政府からペルー政府に圧力をかけてもらうことが目的です。そして、同じパターンでチェコ以外の国々にも

［図2－5］
（上）石油発掘による汚染告発の撮影のために同行したチェコテレビの監督ポルチコビッチ（左）と。ホボット氏が抱いているアナコンダは漁師の網にかかったのを彼が助けたものである。
（下）ペルー・アマゾンのリマチ湖周辺に住むカンドシ（Kandoshi）族の酋長とその奥さん。この地域にもアメリカ人による石油発掘の魔手が伸びてきており、それをどうして防いだらよいか対策を練っている。

訴えかけられたらと思います。
これ以上、環境汚染が進むと、難病に効果のあるさまざまな植物も絶滅してしまうでしょう。

**浅川**　アメリカ人にしてみれば、自分たちの握る石油で医薬品を作ったほうが、たくさんお金が入りますからね。

**ホボット**　その通りです。ただし、製薬会社はアマゾンにある薬効植物にも興味を持っています。もちろん、シャーマンたちはその情報を渡したくないと思っていますが。

## 呪いや霊障のレベルに応じて活性化させるチャクラの場所が異なる

**浅川**　それはそうでしょうね。あと、もう1つだけヒーリングに関して大切な質問をしたいと思います。病気の中には、いわゆる霊障《れいしょう》によるものがありますね。そのように恨みを持つ魂が憑《ひょう》依《い》するなどして引き起こされている病気もあると思いますが、そういうものはどうやって治すのですか？

**ホボット**　わりと簡単に治癒できます。私の経験では、そのようなことが原因となる病気やケガは第1チャクラを狙《ねら》ったものです。これはカルマによる病気のような第3チャクラの問題と比べて簡単に治せます。攻撃を受けた人のオーラを浄化すれば簡単に治るのです。
オーラを浄化して、相手から送られたエネルギー的なプログラムを解消します。すると、そのプログラムが帯びていたエネルギーは元の人に戻り、憑依した霊は離れていくことになります。

また、呪いをかけた者は自分自身のエネルギーでダメージを受けることになるでしょう。

**浅川**　呪いは第1チャクラを攻撃するわけですか……。

では、もう少し詳しくお聞きします。もし、私の先祖が多くの人を殺したとして、その霊がまだ低いレベルにいて私を呪い、それによって病気になった場合、ホボットさんはどういうことをするわけですか。

**ホボット**　先祖が起こしたことによる呪いに関しては、第2チャクラをヒーリングすることになります。第2チャクラにすべての先祖の情報が入っているからです。

**浅川**　しかし、たとえば私をどこまでも呪いつづけようとする霊がいる場合には、対処は難しいでしょう。

**ホボット**　その場合、第4チャクラのエネルギーによる強いシールドを自分で作ります。あるいはシャーマンにそれを作ってもらいます。

**浅川**　私の知人に、仏界の高い層から来ておられるMさんという女性がいるのですが、その人によると、強い呪いを持った霊には「そんなことをいつまでもやっていると、あなたは高い光の世界へ行けませんよ。だから、その憎しみの気持ちを捨てなさい」と教え諭してその思いを諦《あきら》めさせるそうです。しかし、「地獄に落ちてでも呪い殺してやる」という強い思いを持つ霊には、教え諭すことも難しいといいます。

**ホボット**　確かにそうです。来世にまで呪いの気持ちが続いてしまうことも珍しくありません。

それに関する理想的な解決方法は、（呪われている側が）ハートのセンターを活性化して体のまわりにエネルギーフィールドを作ることです。そうすれば、その霊は近づくことができません。

なお、私はアストラル界の低いところにとどまった魂を上へ行かせたことが何度もあります。それは殺されて恨みを持っていたかわいそうな魂たちです。しかし、その魂たちとコンタクトをとったことで、ほとんどの場合は上へ行かせることができました。

## 守護霊はある程度恐ろしい姿を持たないといけません

**浅川**　（ホボット氏へ写真を示す）今、お話しした仏界から来られたという女性の写真です。

**ホボット**　この方はとてもきれいで強いエネルギーの持ち主です。きれいな魂ですね。

**浅川**　今回、ホボットさんが来られることをその女性に話したところ、「その人にはぜひ会いなさい。会ったほうがいいです」とすぐに返答がありました。この方からこんなふうに言われることはめずらしいんです。しかし、この方にとっても、恨みを持つ霊を教え諭すことが難しいケースがあるといいます。

**ホボット**　そうですね。そのような魂はアストラル界の低いところで自分たちが作り出した世界を本当の世界だと錯覚しています。そして、彼らには上の段階の生命体が見えないのです。

彼女は非常に成長した魂であり、上のほうから来ています。このような魂は輪廻転生を自分の意思で自由に左右できます。

**浅川**　先ほど、超能力を持つ子供の話をしましたが、その子もこの女性のことを「すごく高い世界から来た人だよ」と言っていました。

ところで、その子供は私の後ろにいる守護霊のうちの一体は宇宙から来た存在だと言って、その絵を描いてくれたんです。それは一種のレプティリアンのような姿をしており、最初に見たときには少々どきりとしましたが、よく話を聞くと、その守護霊はプレアデス星団のある星から来た高位の宇宙人であり、マヤ人を導いてきた有名な神様と同じ存在だというのです。何を言っているのかと思ったら、それは（アステカ文明の神）ケツァルコアトルなんですね。

**ホボット**　ケツァルコアトルのことは浅川さんに伝わるべくして伝えられたメッセージでした。私は何回もレプティリアンに会っていますが、彼らはとても友好的です。その姿を見て怖がる人もいますが、守護霊という存在はある程度は恐ろしい姿を持たないといけません。チベット仏教における守護霊が恐ろしい姿をしているのもそのためです。

## シャーマンの訓練に終わりはない

**浅川**　ホボットさんのシャーマンとしての訓練はいつごろ終わりましたか？

**ホボット**　私は16年前に訓練を始め、それは現在まで続いています。通常、シャーマンの訓練は20年ほどかかるものです。私がアメリカ合衆国にいたとき、「シャーマンのワークショップに参加すれば（誰でも簡単に）シャーマンになれる」という考え方が広まっていて、私はそれに憤りを感じました。そこで、私はシャーマンについてきちんと説明しようとしましたが、アメリカの人々は私の話をなかなか受け入れてくれませんでした。

こういう話があります。ある南ペルーのシャーマンは今、60歳を超えていますが、彼は80歳を過ぎたシャーマンである母親の弟子なのです。60歳になってもいまだ彼は弟子です。そのように、シャーマンの訓練は長い時間をかけて行うものなのです。

**スタッフ**　少し話がずれますが、文化人類学者のカルロス・カスタネダはメキシコのシャーマンに師事し、その驚異的な体験を本に記しています。あの内容は事実だと思いますか？

**ホボット**　私はカスタネダの本を読んでいないので詳しくは知りません。

ただ、カリフォルニアでカスタネダの弟子であるタイシャ・アベラーやフロリンダ・ドナー・グラウに会ったことはあります。彼女たちにカスタネダが使っていたテクニックを聞いたところ、シャーマンの教えの基本である明晰夢の技法などが含まれており、共通点は多いと感じました。私の考えでは、彼はシャーマンのシステムを自分の考え方で上手に説明したのではないかと思います。

**スタッフ**　ホボットさん自身は、驚異的なシャーマンの力を目撃していますね。

**ホボット**　シャーマン全員がレビテーション（空中浮遊）をしたり、ジャガーへ変身できたりするわけではありません。できる人はいます。しかし全員ではありません。

[図2 − 6]
(上) エセ・エハ (Ese-eja) 族の酋長一族。ホボット氏の左側が酋長。
(下) ペルーとボリビアの国境付近を流れるヒート川流域のジャングルの中で。胸に留まっているのはレグアンと呼ばれるトカゲの一種。ホボット氏の後ろに立っている大木は、エセ・エハ族の神聖なセイバの木である。

## 拳銃やナパーム弾をエネルギーフィールドで防御したヤノマモ族のシャーマン

**ホボット**　先ほどお話ししたように、私のシャーマンとしての訓練はブラジルのヤノマモ族という先住民の下で始まりました。彼らはクルピラ山脈のあたりに住む部族です。私はこの部族のシャーマンからエネルギーセンターの使い方を学びました。

**浅川**　クルピラ山脈というのはアマゾン川のもっと北側ですね。

**ホボット**　そこは外界から人が立ち入りにくい高原地帯であり、これまで欧米人が入ったことのない地域もあります。そこにインディオたちが住んでいます。

ちょうど赤道直下ですが、高地なのでそれほど暑くはありません。私にとって、その部族に出会えたことは非常に幸運でした。というのも、それから少ししてその部族はほとんど全滅してしまったからです。それはめずらしいことではありません。白人が持ち込んだ伝染病で亡くなったり、石油会社の活動や宣教師の活動で亡くなったりしたのです。

ヤノマモ族には強いシャーマンたちがおり、訓練中、私は信じられないようなことをたくさん体験しました。彼らが驚くべき方法で自分たちの土地を守っているのを目の当たりにしたのです。

そのころ、ヤノマモ族の住む地域には金の採掘人が数多く侵入し、彼らは金を掘ったときに用いる化学物質を川へ垂れ流しにしていました。そこで、インディオたちがそれをやめるように言ったところ、彼らは拳銃で脅しをかけてきて、実際にインディオたちを撃ち殺したのです。そこで、シャーマンたちは部族の戦士に特別な儀式を施し、彼らのエネルギーセンターを調整することでケガをしにくい体に変えました。そして、金の採掘人たちと戦ったのです。
後に金の採掘人や彼らに雇われた兵士にも話を聞いたところ、インディオの戦士たちには拳銃の弾が当たりにくかったと言っていました。インディオたちの武器は棍棒《こんぼう》しかないのに、結局は拳銃に勝ってしまった。そこで、金の採掘人たちは恐ろしくなってその地域から退散しました。

**浅川** へーっ、そんなことができるんですね！

**ホボット** しかし、外界からの攻撃はそれだけにとどまらず、飛行機やヘリからナパーム弾を落としてジャングルを焼くことまで行われました。そのときシャーマンは部族の人々をエネルギーフィールドで包み、彼らが住むところは火事を免れましたが、多くの森を失ったために食べ物が不足してしまいました。
そのときは、シャーマンたちが森を守るためにジャングルの高地に集まり、パワーサークルと呼ばれる輪を作って数日間の儀式を行ってもいます。それによって大雨が降って大火事は鎮《しず》まり、先祖の時代から暮らしているその地域は助かったのです。

**浅川** そのパワーサークルというのは人の輪で作るんですか？

**ホボット** シャーマンたちは座ってサークルの形を作ります。それによってしばらくの間、その地域は安定しました。しかし、少し時間が経ってから政府はジャングルに道を作り、その結果、金の採掘人たちがたくさん入ってくることになりました。

そこで、シャーマンたちはどうやって自分たちの住む地を守るか、それは可能なのかということを相談しました。1つの提案は集団自殺して宇宙に戻るというものです。もう、地球では役目を果たせないからです。

**浅川** それはシャーマンだけでなく、部族全員で？

**ホボット** 全員です。実際、私のいた部族ではありませんが、いくつかの部族が自殺を実施しました。一部のシャーマンは（特定の役目があって）地球にやってきている存在なので、その役目が果たせないなら地球にいないほうがいいと考えたのです。

そのころ、私は光の生命体と相談したところ、「諦めないで戦いなさい。支援します」というメッセージを受け取りました。そして、その地域を守るための作戦も教えてくれたのです。それは、環境破壊というこの状況を起こした責任者のマインドに働きかけることでした。

**浅川** 石油を掘ったり、金を掘ったりする人たちのマインドに入ってその心を変えようというわけですか？

**ホボット** いいえ。光の生命体は「白人の大きな酋長《しゅうちょう》」つまり白人の政治的なトップを探しなさいと言いました。

**浅川** 採掘者ではなくて、政治家の心をコントロールしようというわけですね。

**ホボット** そうです。そこで、シャーマンたちは体外離脱してブラジルの大きな町へ行き、軍のトップにしてブラジル政府の重要メンバーでもある人物のマインドに入り込みました。

［図２－７］
（上）右はアンデスで最も有名なシャーマンの一人である、ファンピ・カマヨック（Huampi Kamayoq)。ホボット氏は彼からは古代のインディオ文明やナスカ砂漠のさまざまな秘密を教えてもらっている。
（下）意識を拡張し、体外離脱をするためにサンペドロ（サボテンから作られた薬草）を飲むシャーマン、ファンピ・カマヨック。

その人物の属するグループはジャングルに道を整備する計画を支援していましたが、その後、作っていた道は工事が中止され、金の採掘人たちは軍の攻撃を受けることになりました。そして、傷ついた森は再生したのです。そのように、軍が突然考えを変えた理由については、誰も説明できていません。

残念なことに、この戦いで部族の人数は10分の1になってしまいましたが、今は少しずつ回復しています。

**浅川**　そのヤノマモ族は、もともとどれくらいいたんですか?

**ホボット**　彼らはもともと2000人ぐらいの部族でした。その戦いの途中で私は彼らに接触し、私自身もいくつかの戦いに参加しました。戦いでは別の村からの援軍が全員殺されたこともあったのです。

ヤノマモ族のところには最初は半年間滞在し、その後も何回か訪れましたが、争いがひどくなってきたとき、シャーマンからよそへ行ったほうがいいと忠告され、そこを離れることになりました。

ちなみに、今、私がした話は後になって彼らから聞いたことも含まれています。それは当事者のインディオだけしか知らないことであり、一般には公開されていません。

**浅川**　それにしても、一部のシャーマンは特定の役目があって地球にやってきている存在だという話には驚きました。

## アナコンダを自在に操る未知の部族

**浅川**　そのヤノマモ族のもとを離れてから、新たな部族に接触したわけですね。

**ホボット**　次は、ペルーとブラジルの国境あたりで訓練が始まりました。マヨルナ族という部族ですが、彼らはこれまで白人と一度もコンタクトをとったことがないそうです。ペルー人ともコンタクトしたことがないといいます。

　私がその部族と知り合ったきっかけは、私の知人でもある一人のペルー人パイロットが偶然にその部族を発見し、部族の酋長の娘と結婚したことにあります。

**浅川**　そのペルー人パイロットとホボットさんが知り合いだった？

**ホボット**　そうです。そのペルー人はアナコンダの捕獲人でしたが、後にこの部族がアナコンダのような大蛇とコミュニケーションをとっていることを彼は知ります。たとえば、あるイニシエーション《参入》儀式では、シャーマンの弟子の波動を上げるために、大きなアナコンダがその体に巻き付くのです。

**浅川**　ホボットさんもそれを受けましたか？　怖かったでしょう。

**ホボット**　私もそのイニシエーション儀式を受けました。非常にパワフルな経験でした。

　儀式の前には師匠のシャーマンがトランス状態に誘導してくれるので、恐怖感はありません。もし仮に恐怖感を覚えてしまったなら、アナコンダはこちらを絞め殺してしまうでしょう。

4メートルの長さでも人を殺せますが、普通は6メートルほどです。中には10メートルのアナコンダもいます。

その部族ではシャーマン全員が自分のアナコンダを持っており、それを「奥さん」「家内」と呼んでいます。

**浅川** 飼っているんですか？

**ホボット** いいえ、そのアナコンダはジャングルの中を自由に動いています。しかし、アナコンダとシャーマンとの間には特別な関係があり、互いにどこにいるかを常に意識し合い、互いに守り合っています。

私の受けたアナコンダの儀式はとても興味深いものであり、それによってアナコンダとの間にエネルギー的なつながりが作られます。それ以前にも私はアナコンダとの接触の経験がありましたが、儀式を受けてからは、（儀式で関係したものではない）ほかのアナコンダであっても私に対して以前とは違う反応をするようになりました。つまり、私をかんだり締めつけたりすることは一切なくなったのです。

たとえば、今回のペルー滞在で川の近くを通ったときに、魚の網にひっかかってしまったアナコンダを見かけました。村人は網から引き出そうとしましたが、誰も近づけなかったのです。そこで、私は彼らに手を貸すことにしました。私は興奮したアナコンダを落ち着かせて、網から解放したのです。

[図2－8] ホボット氏が漁師の網から助け出した、全長3メートルぐらいの子供のアナコンダ。シャーマンの儀式を受けてからは、アナコンダともエネルギーのつながりを持てるようになったという。

このようにアナコンダと関係するシャーマンはヤヌールフ派と呼ばれます。これは「男」と「蛇」という2つの言葉を合わせた呼称です。

**浅川**　さっきはマヨルナ族と言いませんでしたか？

**ホボット**　部族の名前とは別にそのようなシャーマンの流派があるわけです。彼らヤヌールフ派のシャーマンはアナコンダのメスとつながりを持ち、先ほども言ったように、それを「奥さん」「家内」と呼んでいます。そして、そのようなアナコンダはワルミ・ボア、すなわち「女」＋「蛇」という意味の名前で呼ばれているのです。

パートナーとしてのアナコンダはシャーマンに巨大なエネルギーを与えています。たとえば、シャーマンが治療するときには、アナコンダは患者の体に触れたり、あるいは舌で触れたりします。そして、患者の体から病気を吸い出して自分の体の中で燃やすのです。これは世界中のシャーマンの伝統の中でも、とりわけユニークなものだといえます。

**浅川**　そうですね、これは驚くべき話です。

## カエルの分泌液を利用した若返りの秘術

**ホボット**　この部族のもう1つの秘密は若返りの技術です。これは、木のこずえの高いところにいる半透明で虹色をした小さなカエルを利用したものです。ある動物学者にこのカエルの写真を見せたところ、まだ発見されていない種だということでした。

その技術ではまず、シャーマンたちはこのカエルから分泌される泡状の液体を採取します。しかし、カエルを殺すようなことはせず、「泡を出してください」とお願いして採取するのです。そして、シャーマンたちはその泡を容器にしばらく置いておき、それを針につけて若返りの儀式を受ける者の体に刺します。

その儀式を受けたのが先ほどのペルー人パイロットです。彼は60歳ぐらいでしたが目の病を患っていました。目にグレーの膜ができて見えなくなっていたのです。しかし、儀式の後には目の状態はよくなっており、外見は10歳ほども若返っていました。

この儀式は本来シャーマンや酋長しか行いません。かなり複雑な手順が必要であり、危険性もあるからです。針を刺した後、儀式を受けた者は3日間ほど無意識状態となり、体温は低下して心拍もゆっくりになります。また、この儀式を成功させるには、強いシャーマン、あるいはシャーマンたちが集団で行わなければなりません。

このような若返りの儀式があるため、この地方のシャーマンたちは80歳を超えても、かなり若い体をしています。若い姿を周囲に誇示するのが誇りなのです。そして、彼らには何人かの妻がいて、その中には20歳未満の女性もいます。それは年をとっていても精力を保っていることを自慢したいからです。

しかし、この地方にも石油会社が入り込んできています。それ以前には宣教師が入り込み、水場へ毒を流してアナコンダを殺しました。そのため、マヨルナ族の一部は（白人との接触を避け

［図２－９］アメリカの石油採掘者たちによってアマゾン川やジャングルが破壊され、汚染されている実態を放送するドキュメントの撮影にマラニョン川を訪れたホボット氏（2010年）。

るため）ジャングルの奥に移動したのです。

**浅川**　あなたの話の中に何度も宣教師の話が出てきますが、彼らは私たちの知らないところで、何とも罪深いことをしてきているのですね。16世紀以降、グアテマラやメキシコに入った宣教師たちがマヤの文化を破壊し、貴重な遺産を破壊したり焚書《ふんしょ》したりしていますが、イエスも天からそれを眺めて、さぞや悲しんでいることでしょう。

## シャーマンは宇宙人「星の医者」とコンタクトし、秘伝を授かる

**浅川**　ここで改めて、南米のシャーマンと宇宙人とのかかわりについてもう少しお聞きしたいと思います。

　ホボットさんは、アマゾンのシャーマンにとって、UFOを見たり宇宙人とコンタクトしたりするのは当たり前だとおっしゃっていました。また、宇宙人のことをシャーマンたちは「星の医者」と呼んでいるとも言っていましたね。

**ホボット**　これは、南米のシャーマニズムについてまったく知られていない事実ですが、地球外生命体——いわゆる宇宙人とのコンタクトはシャーマンの訓練の大きな一部となっています。

　シャーマンの弟子は1人でジャングルに入り、厳しい食事制限を行いますが、その後、宇宙人がその弟子にコンタクトをとることが期待されます。なぜなら、シャーマンになるには、師匠のシャーマンと「星の医者」の両者から教えられる必要があるからです。そうでなければ本物のシ

ャーマンとは言えません。

シャーマンは少なくとも1回は宇宙人とのコンタクトをとるべきであり、普通は1回ではなく数回のコンタクトをとります。そして、宇宙人といったんコンタクトをとれたなら、一生の間、そのコンタクトは続きます。

訓練において宇宙人は、エネルギーセンターを使ってヒーリングを行う方法やエネルギーセンターから情報を読み取る方法などを教えてくれます。訓練中には脳の中のセンターが活性化され、その目的のために師匠のシャーマンによってアヤワスカなどの植物も用いられます。シャーマンの弟子は2日に1回のペースで半年間アヤワスカを飲むのです。すると、脳の中心にある松果体《しょうかたい》が活性化されます。このことは科学的にも証明されています。

松果体とはイメージ力に深く関係している器官であり、4歳までは成長しますが、その後は成長が止まって機能が低下します。しかし、アヤワスカを飲むことで子供のころになくしたその機能がよみがえるのです。

**浅川**　ホボットさん自身も宇宙人とコンタクトをとりながら、シャーマンの技法を使っているわけですね。

**ホボット**　はい。私自身もコンタクトをとってからは光の生命体の協力でヒーリングを行っています。それから、このような興味深い話があります。

骨盤が狭くて子供を生めない妊婦がいたのですが、シャーマンが彼女を森の中に連れていったところ、そこから出てきたときにはもう子供が生まれていました。
森で何が行われていたのかは見ていないのですが、おそらく、産道を通ることなく、お腹から直接子供を取り出したのでしょう。私はその森の上に光を見ました。それは、光の生命体のものであったと思います。

## 物質次元の宇宙人ETを超える高次元のUTと接触するシャーマン

**浅川**　用語について改めて確認しておきたいのですが、ホボットさんの言う「光の生命体」というのは、地球外生命体、すなわち宇宙人のことだと考えてよろしいですね？

**ホボット**　はい、宇宙人のことです。スペイン語をもとにした「ET（エクストラ・テレストリアル）」という言葉がよく知られていますが、これは一般に、物質的なUFOや物質的な宇宙人のことを指しています。

一方、南米にいる私の知り合いのコンタクティが考案して最近ではペルー空軍も使いはじめている言葉に、「UT（ウルトラ・テレストリアル）」というものがあります。ETが物質的な体を持つ宇宙人を指すのに対して、これは物質的な体を持たない高次元の生命体のことを指しているのです。このUTは宇宙人であると同時に光の生命体だと言えます。

成長した生命体は空間を超える技術や能力を持ちます。彼らは空間と物質を超えているので、物質的な世界にも存在できますが、主に高次元に存在しています。そして、そのような次元では物質とマインドはイコールなのです。

**浅川**　ETもUTも光の生命体も基本的には同じものと考えていいわけですね。

**ホボット**　シャーマンにとっては同じことです。そして、シャーマンたちはパラレルワールドの生命体には基本的にコンタクトをとりません。そこにいる存在からは、学べることがあまりないからです。

**浅川**　ここで、ホボットさんにぜひ聞いておきたいことがあります。『神々の指紋』（小学館文庫）などの著者として有名なグラハム・ハンコック氏は、自らアヤワスカを飲んで異次元へ行ったと書いています。それで私は、シャーマンはパラレルワールドへの旅をするものだと思っていたのですが、そうではないのですか。

**ホボット**　アヤワスカでパラレルワールドへ行くことはできます。しかし、そこは第1、第2チャクラのレベルにある世界であり、それほど進化はしていません。恐竜がいる世界もあるし、チュパカブラ（147ページ参照）のようなネガティブな生物もいます。

ただし、すべてのパラレルワールドがそうではありません。みぞおちの第3チャクラやハートの第4チャクラのレベルに存在するパラレルワールドもあり、シャーマンたちが行こうとするのはそのような高次のパラレルワールドです。

**浅川**　パラレルワールドと言っても波動の高い低いがあるわけで、それを見極めて訪ねることになるのですね。そして、基本的にはパラレルワールドの存在よりも、光の生命体たちから学ぶことのほうが多いわけですね。よく分かりました。
**ホボット** 光の生命体は4～5次元の存在であり、彼らの能力は大きなものです。
**浅川** 先ほどの話に戻りますが、UT（ウルトラ・テレストリアル）が次元を下げて3次元に現れたものがET（エクストラ・テレストリアル）であると考えればいいでしょうか。
**ホボット** その通りです。
**浅川** シャーマンがコンタクトする宇宙人は、部族によって違いますか？
**ホボット** シャーマンたちはもともと、光の生命体の世界からやってきた魂です。ですから、自分がやってきた世界の存在とコンタクトすることになります。
輪廻にはさまざまなパターンがあり、シャーマンの場合、それは特殊なものです。シャーマンたちはある惑星に飛び込んで生を享《う》け、そこでの役目を終えるとまた自分の文明に戻ります。つまり、この地球で輪廻することはありません。ある文明の代表として1回だけ地球に生まれ、死ぬと元の世界へ戻るのです。
**浅川** へーっ、そうなんですか。それは初めて知りました。
**ホボット** シャーマンたちは子供のころにひどい病気をしているものです。それは「シャーマンの病気」と呼ばれます。人間の体になかなか適応できないので、そういった病気になるのです。ただし、それはレベルの高いシャーマンに限ってのことであり、すべてのシャーマンに当てはまる話ではありません。

ただ、レベルの高いシャーマンの中には、過去生でインドのヨーガ行者などをやっていた人もいます。つまり、高位のシャーマンには、成長した文明から来た魂と、過去生に十分な成長を遂げた魂という2つのパターンがあるのです。

## シャーマンの8割はプレアデスの生命体とコンタクトしている

**浅川**　ここまでのお話を聞いていて、私は何か非常に感慨深いものを感じています。

グアテマラのマヤ族には長老と呼ばれる人々が450人ほどいるんですが、そのトップに立つ人物がドン・アレハンドロ氏です。私は、その方を2年ほど前に日本に招いたんですが、どうやらこれには大きな意味があったようです。

今年（2010年）の正月に放映されたテレビ番組で私はナビゲーターを務めることになったのですが、マヤの長期暦についてマヤ族のトップにインタビューしようとした際に、2年前の出会いが縁でスムーズにそれが実現して、マヤ暦の真実を日本の皆さんへお伝えすることができたというわけです。もし、2年前にドン・アレハンドロ氏をお招きしていなかったら、このような画期的なインタビューも実現していなかったことでしょう。

そして、ドン・アレハンドロ氏来日の1年後には、これまで何度も話に出ているマオリッツオ・カヴァーロ氏と日本で対談することになり、さらに、その1年後にはホボットさんとこのようにお話しすることになりました。もうすべてがつながっているなと、感じています。

アセンションを知らせるべくつながった縁

［図２－10］
（上）マヤ族の長老ドン・アレハンドロ氏と浅川氏。（写真提供：浅川嘉富）
（下）クラリオン星人とコンタクトしたマオリッツオ・カヴァーロ氏と浅川氏。（写真撮影：石本馨）

**ホボット**　似たもの同士が引き寄せ合うということです。浅川さんの無意識がどのような人と出会うのかを選んでいます。

**浅川**　魂の波動がつながっている人同士は会えるんですね。

**ホボット**　魂がその出会いを遠隔的にアレンジしているのです。

**浅川**　ところで、ドン・アレハンドロ氏によると、「自分たちマヤ人は昔、プレアデスから来た人にいろいろ教えられ、文明開化を果たした」と語っています。マヤの長期暦も彼らが残していったものなんだと言っていました。

そうなると、マヤ族はプレアデスの人々と縁がある、あるいはプレアデスから来た魂そのものということになりそうです。そしてこれは、部族ごとに特定の星に関係があることを示しているように思われます。同じように、ブラジルやペルーのシャーマンがほかの星から直接来ているというのも、特定の部族と特定の星との関係を示唆《しさ》しているように思えますが。

**ホボット**　シャーマンの約80パーセントはプレアデスの生命体とコンタクトしています。

**浅川**　ああ、やはりプレアデスが多いんですか。どうやらマヤ族だけでなく南米全体の民族のスタートがプレアデス人によってもたらされたようですね。

**ホボット**　私がシャーマンとともにプレアデスの生命体につながったときに、あるいはシャーマンたちからの情報として教えられたのは、プレアデス人たちは3次元におけるプレアデス星団を使っているということです。しかし、彼らは主に4次元に存在し、一部は5次元で活動していま

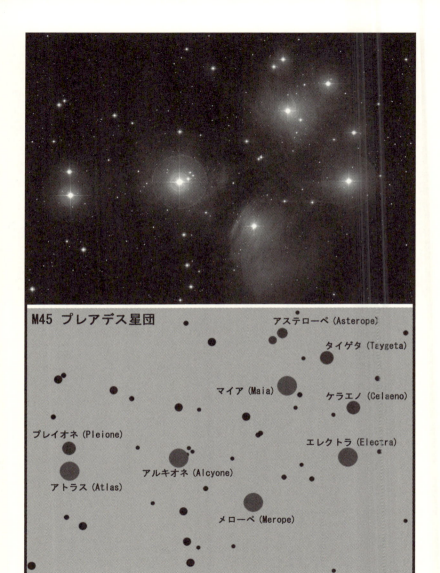


[図２－11]
（上）プレアデス星団（写真：NASA, ESA, AURA/Caltech, Palomar Observatory）。マヤ族だけでなく、南米全体の民族と深いかかわりを持つという。
（下）メローペとマイアの星は特にシャーマンとつながりが深いとホボット氏は語る。

す。

プレアデス星団は広大な領域でありたくさんの星がありますが、彼らが主に使っているのはメローペ、マイアという星です。それはシャーマンによる呼び名ではなく天文学的な名称です。

## みぞおちの第3チャクラが開いた日本人とインカ族は太陽からのエネルギーを受けている

**浅川**　ところで、私もペルーへの関心が強く何度も訪ねているところを見ると、ペルーとは関係があったんでしょうか？

**ホボット**　間違いなく過去生の影響です。浅川さんは南米で6回の過去生を送っており、うち4回はかなり重要な立場についていました。

**浅川**　6回も南米で転生しているんですか？

**ホボット**　そうです。しかし、中米でも生を享けたことがあります。浅川さんが南米で体験した過去生は快適なものであり、深い洞察と深い意識レベルを達成していたので、南米に行くと快適に感じるのです。そうでなければペルーに行っても楽しくありません。

**浅川**　それはそうでしょうね。ところで私が南米で生きていたのは、先史文明のころでしょうか？　それとも、歴史に登場する世界の中の古い時代なのでしょうか？

**ホボット**　最初の転生は1万2000年前です。それは現在知られていない文明です。

**浅川**　ということは先史文明……滅びてしまった文明ですね。

［図２－12］
（上）ペルーのアマゾンジャングルのインディオの村に向かうボートの上で。
（下）ペルーアマゾンの源流で化石化したアンモナイトを持つペトル・ホボット氏。カフアパナス（Cahuapanas）と呼ばれるこの地域にはインディオ以外の人間はそれまで入ることができなかった。

**ホボット**　そうです。オルメカ文明やアステカ文明、マヤ文明よりもずっと前の文明です。その文明は一度滅びて、その後に私たちの知る中南米の文明が出てきました。

そして、浅川さんが南米で過ごした6つの人生はすべてスピリチュアルなことに関係していました。なぜそれが分かるのかというと、浅川さんの第3チャクラにすべての過去生が保存されているからです。その過去生の1つはアマゾンのシャーマンでした。

**浅川**　先ほど触れたように、私の守護霊の一体はケツァルコアトルだそうですが、その神はプレアデスから来ている存在だと言われています。そうなると、私が南米でシャーマンをやっていたときにも、プレアデスから来た存在とコンタクトをとっていたということになるのでしょうか。

**ホボット**　はい。浅川さんはプレアデス星団のマイアの近くに存在するアストラル界の惑星に長くいたことがあり、その後、地球にやってきました。そのため浅川さんがシャーマンだったときにはプレアデスの存在とコンタクトしており、その協力は今でも続いています。

浅川さんは強くエネルギー情報とつながっているので、今生《こんじょう》においてもペルーに引き寄せられたのです。ちなみに、浅川さんの過去生の1つではアンデスにいて、近くのナスカでも活動していました。そのように、同じ人の過去生は似ています。浅川さんはどの過去生でも同じようなことをしていたのです。

**浅川**　これまでペルーに作ってきた学校はペルー・アマゾン川流域が多かったんですが、いま建設中の学校は標高が4500メートルもあるアンデスの高地なんです。それも、そうした過去生が導いてくれた縁かもしれませんね。

ところで、ホボットさんのお母さんは過去生で日本に住んでいたそうですが、ホボットさん自身の前世はインカではないですか？

**ホボット**　南米にはとても深い関係がありました。ただし、この人生の直前の記憶は地球にはあまり関係のない思い出です。

**浅川**　地球にはいなかったわけですね。そうですか。

ここで1つお聞きしたいのが、インカと日本の共通点についてです。ホボットさんはペルーに長く滞在してインカの人々と接していると思いますが、インカ族と日本人との間に何か共通点のようなものを感じたことはありますか？

**ホボット**　知覚者として見ると、インカ族と日本人との間には明らかな共通点があります。日本人はインカ族と同じくみぞおちの第3チャクラが開いており、ほかの民族と比べて太陽からエネルギーを受け取ることが容易です。

**浅川**　日本人の使命や日本のパワースポットについても後ほど詳しく伺いますが、もう少し南米のことについてお話をお聞きしたいと思います。

次は、南米に残された先史文明の痕跡について触れていくことにしましょう。

# 第3章

# すべての謎はパラレルワールドから解明できる！

——ナスカの地上絵、恐竜、カブレラストーン、地球空洞説……

Parallel World

## 次元間ゲートとしてのナスカの地上絵にはミステリーサークルと似た機能がある

**浅川**　まず、南米の代表的なパワースポットであるナスカについて伺いたいと思います。

**ホボット**　ナスカには主に3種類の地上絵があります。すべてではありませんが、ある種類の地上絵は地球外生命体が作りました。その目的はエネルギーの移動です。つまり、高次元からエネルギーが入ってくる通路として作ったのです。

地上絵の3つのうち一番古いのは三角形や針の形のものです。それらは約1万年前に作られました。次に、約2000年前に作られたハチドリなどの地上絵があります。シャーマンによるとハチドリとは宇宙の知性の象徴です。たとえば、あるカブレラストーンではシャーマンの耳にハチドリが向いていますが、これは宇宙の知性＝宇宙人とのコミュニケーションを意味しています。

このハチドリの地上絵【図3―1】は人間には作れないほどに完璧な放射物（エネルギーを放射する物体）であり、宇宙人がミステリーサークルを作っているのと同じようにして作られたものです。これらの地上絵はいずれも、この次元とほかの次元とのゲート（扉）のようなものです。

**浅川**　古い時代に作られたものも、新しいものもそうですか？

**ホボット**　はい。ただし、古いもののほうが強いエネルギーを放射しています。ミステリーサークルの役割もこれらの地上絵に似ています。宇宙人からのメッセージという役割もありますが、主な役割はほかの次元からのエネルギーの移動です。

**浅川**　3種類の地上絵があると言いましたが、もう1種類の地上絵はどんなものですか？

**ホボット**　もう1種類は各部族のシャーマンが作ったものであり、いわば部族の家紋のようなものです。たとえば、クジラの地上絵などがこれに当たります。

**ホボット**　シャーマンたちによると、三角形の地上絵は横になったピラミッドのようなものだということです。ナスカはこの地域自体が高次元のエネルギーを放射するパワースポットとなっていますが、特に地上絵には高次元のエネルギーが集積されています。

**浅川**　3本の直線状の地上絵の写真［図3－2］は、山があってもそれを気にもかけずにまっすぐ延びていますね。

**ホボット**　この3つの地上絵をペルーでは針と呼んでます。これは平面に描かれたアンテナのようなものであり、3つともエネルギーを集積しています。

**浅川**　なぜ、いろいろな線を描くんでしょう？　幅が広かったり狭かったり……。1本ではなく、どうして何本もいろんな線を？

**ホボット**　地上絵を作った人々はそのゾーンからできるだけ多くのエネルギーを得たかったので、いろいろな角度や形で作りました。私は人を地上絵の中に連れていってワークした経験があるので、それぞれの地上絵でエネルギーの質や量が違うことが分かります。

**浅川**　地上絵によって受けるエネルギーが違うわけですね。

**ホボット**　また、時間の経過によってエネルギーの流れが変わることもあります。その場合、新

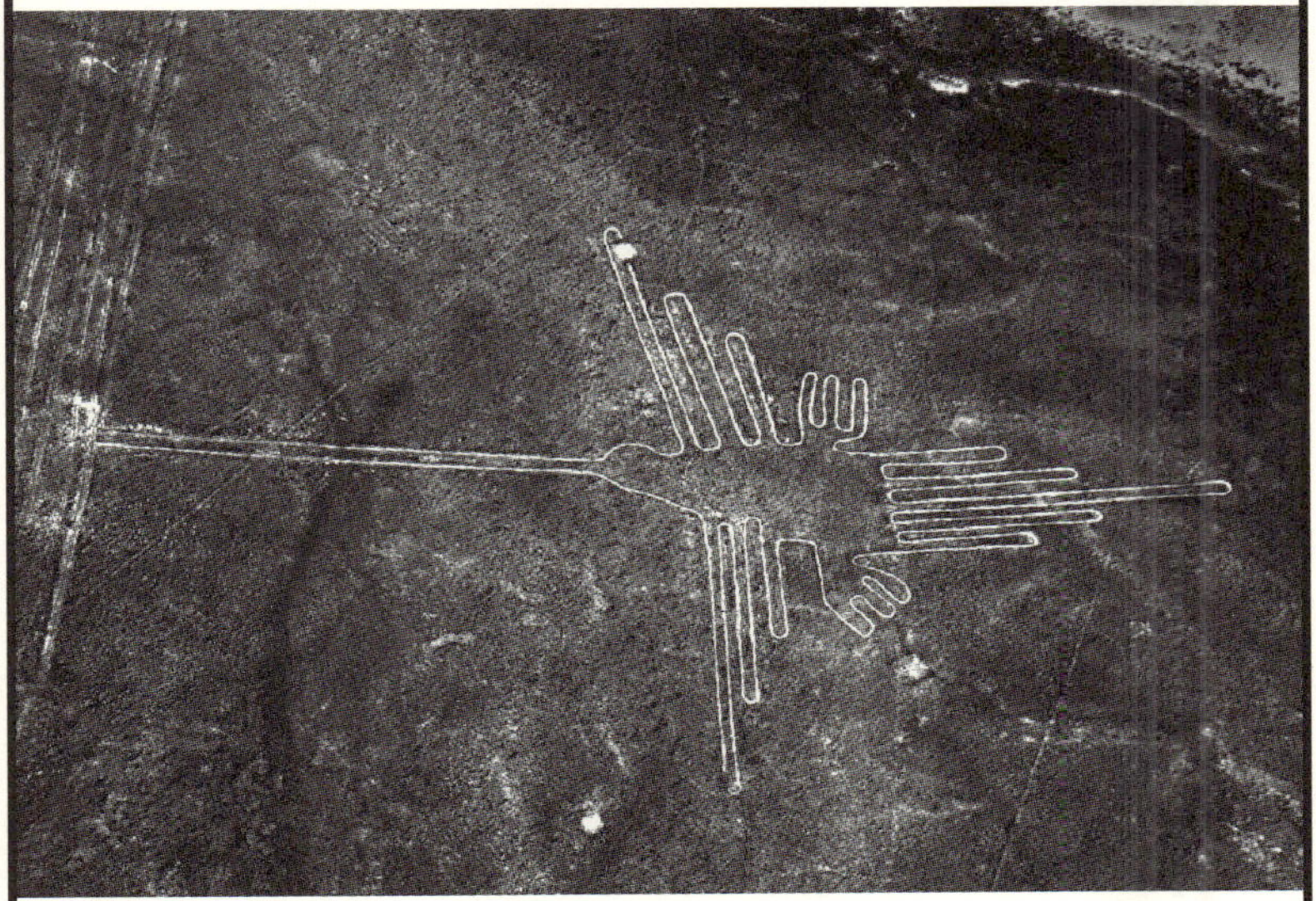

［図３－１］ハチドリの地上絵

[図3－2] ナスカに隣接するパルパに作られた地上絵。三角形や針状の直線が何本も描かれており、丘の上に延びているものもある。この地上絵のある場所は一般には知られていないため、日本人で撮影したのは浅川氏が初めてである。また、地上絵はパワースポットからエネルギーを引き出すために作られたという意見も、ホボット氏が初めて述べた説である。

[図3－3] ナスカのはずれにある岩山の上に作られた滑走路状の巨大な地上絵。岩石を削って作ったこの巨大な地上絵は、シャーマンたちだけの力で作ることは不可能だ。ホボット氏はこれらの地上絵は、主にプレアデスの生命体の協力で作られたと述べている。

たに地上絵を作るので、結果的にいろいろな地上絵が描かれることになるわけです。

いくつかの地上絵の中には宇宙人が図面だけを地上に描き、後の作業をシャーマンが行ったものもあります。宇宙人が自分たちの技術を使って描いたことには違いありませんが、シャーマンもそれに協力しているということです。

参考までにこんな話をしてみましょう。ある場所で私が瞑想をしたところ、近くに粉塵《ふんじん》で簡単な絵が描かれていたことがありました。サークルと六芒星《ろくぼうせい》による簡単な図形です。これを、ある種のミステリーサークルと考えてもいいでしょう。

**浅川** その図形は、ホボットさんのエネルギーを使って作られたというわけですか?

**ホボット** 私を通して光の生命体がエネルギーを流して作りました。地上絵を描くときにも似た方法でシャーマンたちを使ったのです。

## 地上絵が壊されても復元されるわけは、別次元にあるマスターのコピーだから

**浅川** 2009年の6月21日から23日にかけて、成長するミステリーサークルというものがイギリスで出現しています。日を追うごとにサークルが大きくなったというのです。

21日に最初のサークルが現れたときにみなが注目していたので、その後、誰かがここに立ち入ってサークルを作ることは不可能でした。つまり、イギリスの新聞で掲載されたそれら一連の写真は、このサークルが人によるイタズラではないことを証明しているわけです。

**ホボット**　しかし残念なことに、一部のミステリーサークルは人が作った偽物です。

**浅川**　その通りです。一般の人はその偽物を見て、すべてのサークルが偽物だと思ってしまう。

別の新聞記事では2009年の7月2日にできたハチドリのミステリーサークルもあります。

**ホボット**　このナスカの地上絵［図3－1］に似ていますね。

**浅川**　これを撮るときには私は命綱1本でヘリコプターにぶらさがって撮ったんです。もしロープが切れたら「サヨナラ」ですよ。

**ホボット**　これ［図3－3］はどこですか？

**浅川**　ナスカの隣のパルパです。これは岩山を削っているので、シャーマンが作れるものではないと思います。

**ホボット**　そうですね、これは宇宙人の技術で作られています。これらのナスカの地上絵の一部は、主にプレアデスの生命体の協力で作られました。

**浅川**　地上絵を作った宇宙人の技術とは具体的にどういうものですか？

**ホボット**　たとえば、地上絵が壊れたときに自動的に修復する仕組みがあります。地上絵は、別の次元でも同じような絵が作られており、地上で壊れたときには別次元に作られたマスター《原因》によって修復されるのです。そのため、地震などで壊れた地上絵も元の形に戻っています。パラカスの砂丘にある「カンデラブロ」（燭台《しょくだい》）の砂絵［図3－4］も同じ仕組みで修復されています。

**浅川**　カンデラブロは私も現場に行って見てきました。砂絵ですから、何らかの原因でいったん埋まってしまったらそのまま消えてしまうはずなのに、不思議なことにしばらく期間を置くと元に戻ってしまうんですね。

以前、このカンデラブロがバイクで侵入した者に荒らされたとき、カブレラ博士は「そのままにしておけば元の図形に戻るから心配ない」と助言したそうです。事実、その通りにカンデラブロの姿が自然に復元されたのをこの目で確認してきました。

**ホボット**　その図形のマスターは別次元に作られており、そこからエネルギーが流れているので形を維持できるのです。

**浅川**　なるほど、そういった仕組みがあったのですか。いやー驚きです。

## 地上絵のエネルギーにつながるシャーマンの技術

**浅川**　ナスカのサルの地上絵［図3－5］の上空でセスナが地面に近づくと、自然に機体がぐーっと上昇するという話はご存じですか？　パイロットたちは秘密にしていることですが、私はカブレラ博士のお嬢さんからこの話を聞きました。そこで、実際にそれを確かめてみようと考えたのです。私は何でも自分で確かめないと納得しない性格ですから。

カブレラ博士のお嬢さんのお力添えをいただいてパイロットに特別にお願いし、サルの絵の上空を飛行する際に地上絵に向かって突っ込んでもらったんです。私がパイロットの横に座って操縦桿《かん》を下へ向けて押さえ降下していったわけですが、ある距離まで地上絵に近づくと、操縦桿を

［図３－４］ペルーの西海岸に描かれたカンデラブロ（燭台）の前に立つ浅川氏とペルーの協力者。この絵はバイクの侵入によって一時破壊されてしまったが、いつの間にか元通りに復元された。ホボット氏によると、それは、この図形のマスターが別の次元に作られており、そこからエネルギーが流れてきたからだという。

［図３－５］サルの姿が描かれた地上絵。この地上絵の発するエネルギーは特に強く、セスナ機が地面に近づくと強力な反発力を受ける。浅川氏は自ら乗り込んだセスナ機でそれを確認している。この反発力はサルの周囲に描かれた波形、ジグザグ、コイル型の絵から発するエネルギーによるもののようだ。

押さえつけていても、それに逆らうようにぐーっと機首が持ち上がってしまうのです。これは、何らかの反発力が働いているからとしか考えられません。

**ホボット**　ある地上絵のところでコンパスが回転したり、測定器などの機械が停止したりするという話は、地質学者らから聞いて私も知っています。絵柄で言うと、波形、ジグザグ、コイル型の線のものが特にエネルギーが強いのです。

**浅川**　確かにサルの絵にはその周囲に3つの絵柄が描かれています。それで強いエネルギーが発せられているんですね。

**ホボット**　そのような地上絵のエネルギーに関する知られざる技術を1つお教えしましょう。

シャーマンたちが地上絵と同じ絵を体に描くかイメージすることで、シャーマンの意識に地上絵の力が入ります。シャーマンの弟子は聖なるサボテンであるサンペドロの飲料を飲んでイメージ力を高めてから、いずれかの地上絵をイメージします。すると、それによって地上絵のエネルギーが弟子に伝授されるのです。

これはイニシエーションの過程における試験の1つです。ただし、訓練を終えたシャーマンであれば、サンペドロを飲まなくても地上絵のエネルギーとつながることができます。

**浅川**　なるほど、そういうことに地上絵を利用するわけですね。それではここで、私が撮影した面白い写真をお見せしましょう。おそらく、これはホボットさんも見たことがないはずです。

これはブラキオサウルスの地上絵［図3－6］です。頭……足……尾……分かりますか？　これはパルパの高い岩山の斜面に描かれているものです。
次にこれはティラノサウルス［図3－7］です。こんな絵を描くには恐竜と一緒に住んでないと描けないでしょう？　インカ時代の人が描けるわけがない。恐竜の存在を知らないんですからね。

**［新解釈］カブレラストーンは、パラレルワールドの恐竜を描いたもの⁉**

**ホボット**　私がシャーマンから聞いているのは、彼らは恐竜のいるパラレルワールドへ入れるということです。彼らがそこで見た恐竜を地上絵として描いた可能性が高いと私は考えています。
**浅川**　えっ、ちょっと待ってください。そうなると、人類と恐竜がともに暮らしている状況を描いているカブレラストーンも同じ話になりますか？
**ホボット**　はい。シャーマンたちがパラレルワールドで見てきたものを描いたのです。それは何人かのシャーマンに聞いた話です。
また、（ペルーの）海の近くに住んでいる人の話では、たまに海が光るときには「首の長いクジラ」が見えると言います。パラレルワールドへのゲートが開くときにはエネルギーの移動が起きて異常な現象が見られますが、その1つはパラレルワールドから動物が移動してくることです。このようなことは全世界で起きています。
それとは別の話になりますが、シャーマンたちはカブレラストーンをパワーストーンとして使

［図３－６］ナスカに隣接するパルパ地方の岩山には太古の時代に描かれた恐竜の姿が残されている。２枚の写真は浅川氏が知人のパイロットに特別に頼んで秘密の場所に案内してもらい、撮影をしたものである。
なおブラキオサウルスの姿は摩耗が進んでいて、写真の映像が鮮明でなかったので、全体像を白線で強調し描き足したものである。

［図３－７］上の写真の近くの岩山にはティラノサウルスの姿が描かれている。

っています。私自身、カブレラストーンとワークしたときに、恐竜のいるパラレルワールドに移動したことがあります。

**浅川**　そこには人間はいましたか？

**ホボット**　恐竜しかいませんでした。おそらく、シャーマンたちは特別な伝授を受けることで、私のようにパラレルワールドへ入ることができたのでしょう。

**浅川**　ホボットさんの説――パラレルワールドで遭遇した恐竜を地上絵やカブレラストーンに描いたという話は大変興味深い説です。

うーん……しかし、カブレラストーンを見る限り、それはあまりにも現実味のある絵ではないでしょうか。私はこれを見ると、本当に人間と恐竜が一緒にいた時代があり、その記憶をもとに描いたものだと思えてならないのですが。

**ホボット**　浅川さんの考えはカブレラ博士の理論でもあります。博士ともこの件でよく話をしていましたが、私は別の意見を持っていました。それは、シャーマンから話を聞いていたからです。

1つの事実をお話ししましょう。私がさまざまな地質学者や古生物学者から得た情報では、カブレラストーンが発見された地域では、これまでに一度も恐竜が生息していた形跡が見つかっていないとのことです。地上絵の描かれたナスカやパルパ地方に関しても同じことが言えます。恐竜の地上絵が見つかった地域はパワースポットではありますが、恐竜の化石などは見つかりませんでした。

一方、現在の南米において、「生きている恐竜を見た」という話がよく聞かれます。それは常にパワースポットの近くです。たとえば、ブラジルのクルピア高原の先住民たちはたまに恐竜を目撃しており、彼らの証言を聞くと、それはティラノサウルスを思わせるものです。その生物はたまに出現して一定期間そのあたりで活動し、しばらくすると忽然《こつぜん》と消えてしまいます。

南米だけではありません。ロシアのシベリア地帯では、ある時期に恐竜の群れがオオカミを食べていたという話もあります。私はロシアのゴルキイにいたとき、その事件を調査して事実を調べる仕事をしていたことがあるのです。それはウラル山脈のパワースポットの近くで80年代半ばに起きたことでした。その恐竜はシベリアの人々に目撃されており、雪には足跡が残っていました。

また、95年にアメリカのバージニア州でUFOが何回も出現したことがありますが、調査チームはそのときにティラノサウルスを発見しています。ティラノサウルスは走り回って住民を怖がらせた後、しばらくして忽然と消えてしまったのです。

そのような恐竜出現の話が聞かれるところは、次元のゲートが開いた場所ではないかと考えられます。そのように、パワースポットの次元のゲートを通ってパラレルワールドから出現した恐竜や、あるいはシャーマンが自分からパラレルワールドへ行き、そこで遭遇した恐竜をカブレラストーンや地上絵に描いたのだと私は考えています。

また、ある種のカブレラストーンはシンボル(象徴)として恐竜を使っています。ある1人の強いシャーマンにカブレラストーンを見せたところ、人の脳には爬虫類の脳も入っていて、それは超能力に関係していると説明してくれました。

たとえば、翼竜に人が乗っている絵がありますが［図3－8］、その翼竜は爬虫類＝超能力のシンボルとして使われています。実はクンパナマー（口絵6、7ページ参照）にも恐竜の象徴が描かれており、そのそばには脳の絵も描かれているのです。この場合も、恐竜は超能力をつかさどる爬虫類脳の象徴として使われていると言えるでしょう。

## やはり人類と恐竜は共存していた！

**浅川**　ホボットさんの超感覚的知覚でも、人類が恐竜と一緒にいた時代をキャッチすることはできないのかなあ……。

**ホボット**　人類と恐竜が共存していた時代はありました。

**浅川**　何ですって？　やはり人類と恐竜は同じ時代に存在していたんですか！

**ホボット**　地球上のある地域では、現在考えられているよりもずっと後の時代まで恐竜が生きていました。そして、そこでは人類と共存していたのです。

**浅川**　では、そのときのことを描き残したものもないとは言えないわけですね。

**ホボット**　その可能性はあります。

ただ、カブレラストーンやナスカの地上絵の場合は、パラレルワールドの恐竜を描いたものと

［図３－８］翼竜に乗った姿が描かれたカブレラストーン。翼竜は「爬虫類＝超能力」のシンボルとして使われており、この絵はシャーマンが超能力をコントロールしていることを示している。

考えたほうがよさそうです。ナスカは砂漠ですから、もしそこに恐竜がいたのなら骨が化石として残っているはずです。また、それが何百万年も昔の話と考えるなら、そのころまだナスカは海でした。つまり、この地域には恐竜はいなかったのです。

**浅川**　では、地球上のどこかでは恐竜と人類が共存していたとして、それはいつごろまで続いていたのでしょうか？

**ホボット**　正確にいつとは言いにくいのです。というのは、歴史において何度も時間のスピードや濃さが変わっているからです。しかしあえて言うなら、おおよそ数十万年前から10万年前ごろのことだと言えます。そのときまで恐竜は生存していましたし、発達した文明もすでにありました。それはいわゆるアトランティスのその前の時代のことです。

**浅川**　では、三葉虫《さんようちゅう》を描いたカブレラストーン［図3－9］についてはどう考えますか？　これなどは、やはり三葉虫を実際に見て描いたのではないでしょうか。

**ホボット**　これは三葉虫ではありません。生物学を学んだ者としての意見ですが、これは三葉虫とは形態が異なると思います。どちらかと言うと、海老のような種類の生物ではないでしょうか。

**浅川**　では、望遠鏡で天体観察をしている絵［図3－10］のカブレラストーンはどうですか？　これは現実にあったことを描いていると思いますが。

**ホボット**　そうです。カブレラストーンの多くは人々の現実の姿を描いています。心臓手術を描いた絵［図3－11］もそうですね。

## チュパカブラが地上の動物の血を吸う理由

**ホボット**　カブレラストーンには（南米の未確認生物である）チュパカブラの絵［図3－12］もあります。

**浅川**　私はこれをコウモリの絵だと思っていましたが、違うんですか。

**ホボット**　この石を見たシャーマンも、チュパカブラはちょうどこの絵に描かれたような生物だと言っていました。チュパカブラはパラレルワールドからやってきた生物であり、近年ではプエルトリコのパワースポットから出現しています。

もともと、そのパワースポットからは、小さくて微細で知能の高い、美しい生命体も現れており、プエルトリコの知事は国連でそれを発表しようとしていました。ところが、そのことを知ったアメリカ軍がそれを妨げて、そのパワースポットでパラレルワールドに入る実験を行ったのです。それは回転する電磁石を使って別の次元に入ろうとする実験でしたが、そのパワースポットがつながっている次元はあまりに高い波動だったので入れませんでした。そして、結果的に低い次元の世界を開いてしまっていたのです。

**浅川**　そこからチュパカブラが現れたわけですね。

**ホボット**　そうです。「チュパ」は「吸う」、「カブラ」は「ヤギ」を意味しています。その生物はまず、ヤギの血を吸ったのでそういう名前がつきました。その後、チュパカブラは中米に広が

［図３－９］三葉虫と思われていたこの絵は、ホボット氏によると海老の一種だという。

［図３－10］望遠鏡で天体観察をしている人物が描かれている。カブレラ博物館の入り口に置かれており、入場者が一番先に目にする石である。これも間違いなく本物の石の一つである。

［図３－11］心臓摘出施術が行われている様子が精緻に描かれている。横幅は90センチメートルほどありカブレラストーンの中で、最も大きな石の一つである。これらの絵をバジリオ・ウチュヤ氏が彫ることなど絶対にできないことである。

［図３－12］コウモリに似ているが、ホボット氏によるとこれはパラレルワールドからやってきた生物であるチュパカブラを描いたものであるという。近年、プエルトリコではパワースポットを通ってたくさんのチュパカブラが出現し、ヤギが血を吸われるなどの被害が広がっており、メキシコやブラジルでも同様な事件が社会問題化してきている。

ってさまざまな動物の血を吸うことになります。彼らは動物ではありません。レビテーション（空中浮遊）やテレポーテーション（空間移動）の能力を持つ、パラレルワールドの知的生命体なのです。

**浅川**　今でもチュパカブラはいるんですか?

**ホボット**　彼らはメキシコで広がった後、ブラジルでも出現しており、あちこちの村で動物を殺すため中米では経済的問題となっています。

**浅川**　ホボットさんの話を聞いていて思い出されるのが、祈りの島と呼ばれる沖縄の久高島《くだかじま》につい最近まで出現していたというキジムナーという生命体の話です。それは小さな人間のような姿をしていて、出現したり消えたりしていたそうなんです。これもやはり、パラレルワールドとこの世界を行き来していたんだと思いますね。沖縄や久高島にパワースポットが多いこともそれを裏づけています。

**ホボット**　そう思います。チュパカブラのことで言うと、彼らは自分たちの世界で食べられるものはすべて食べ尽くしたのだとシャーマンが教えてくれました。だから、（たくさんの食物がある）こちらの世界は彼らにとって天国のようなものなのです。

ただし、物質の性質が違うので彼らはこちらの世界のものを食べることができません。そこで、血の中に含まれるプラーナ（生命エネルギー）だけを吸って、血は後で吐き出しています。もし、彼らがこの世界の物質を食べることができたなら大変なことになるでしょう。

**浅川**　なるほど。それで血を吸うのですね。

**ホボット**　ただし、チュパカブラはそう長くは存在できません。この世界の物質で作られた体ではないので、しばらく経つと消えて元の世界に戻ります。恐竜の場合も同じであり、彼らもナスカで何年か過ごしてその後に消えました。

恐竜を描いたカブレラストーンは、ここにこういう動物がいたという記録をとるために描いたものでしょう。しばらくして消えてしまったので記録に残そうと考えたのです。

**浅川**　そのように恐竜がパラレルワールドから現れていたということは、カブレラストーンを作った人々は、そこに描かれているような恐竜といろいろなかかわり方をしていたんでしょうね。

## 恐竜こそパラレルワールド実在の証拠!!

**ホボット**　私が得ているビジョンをお話しします。

昔、ナスカのシャーマンたちはパラレルワールドに入って自分の恐竜を連れてきました。そのころ、シャーマンは部族の長でもあったので、ほかの部族に力を見せつける意味でそのようなことを行ったのです。彼らは高位のエネルギーセンターが開発できていたので、マインドの力によって恐竜をコントロールできましたが、それができない人は恐竜に殺されることもあったでしょう。

また、恐竜は「生きている戦車」として戦闘にも使われました。戦いの最中に恐竜が突然消えてパラレルワールドに戻ってしまったときには、悲惨なことになったのですが……。
さらに、彼らは恐竜の飼育も行っていました。新たな恐竜が生まれた場合にそれを育てるのです。つまり、それくらいの期間は恐竜がこの世界に存在できたのです。

**浅川** 波動が地上界と近いパラレルワールドもあれば、遠いパラレルワールドもあるわけですか？ この世界に近くて出入りが比較的容易な世界は波動の差が少ないということですね。

**ホボット** そうです。波動が大きく違う場合は入りにくくなります。その場合、空間的な距離ではなく、波動的な距離の違いが問題になっているということです。

**浅川** 人類は昔からパラレルワールドとのかかわりがあり、現在でもそこから恐竜が現れている。そして、それとは別に地球にもともと恐竜がいて、それが人類とともに生きていた時代もあったということですね。

**ホボット** そうです。しかし、カブレラストーンやナスカの地上絵に描かれているのはパラレルワールドの恐竜であるということです。

**浅川** カブレラストーンはいつごろ作られていたんでしょうか？

**ホボット** ある時代に一度に作られたのではなく、いくつかの時代において段階的に作られました。カブレラ博物館ではそれぞれの時代のカブレラストーンが収集されています。

## カブレラストーンはシャーマンが活用できるパワーストーン

**浅川**　ホボットさんとカブレラストーンとの出会いはいつごろのことでしょうか。

**ホボット**　約14年前、ある人の勧めでカブレラ博士に初めて会いました。

カブレラストーンを初めて見たときの印象は、非常に力強い（エネルギーの）放射物だと気づきました。そして、大きなカブレラストーンに触ったときには、体外離脱の状態になって体に戻れなくなってしまったのです。そのままイカ（カブレラ博物館のある町）の病院に運ばれて、その後ようやく体に入ることができました。

**浅川**　それは、何が描かれている石でしたか。

**ホボット**　大きな恐竜の絵の描かれたものです。その恐竜には変わった模様があり、カブレラ博士と私はそれを染色体だと理解していました。

**浅川**　それはもしかしてこの石［図3－13］ですか？

**ホボット**　そうこの石です。私がこの石に触れたとき、突然手が温かくなって強い振動を感じ、自然に体から離れてしまったのです。そして、何をしても体に戻れなかったというわけです。そういうことは1回しかありませんでしたが……。

**浅川**　そうなると、カブレラストーンはシャーマンにとって活用できる貴重な石ということになりますね。それとも、逆に危険な石になるんですか？

**ホボット**　シャーマンにとっては有益な石ということになります。ただ、一般の人がワークなどに使おうとすると危険です。準備のできていない人がその石に頭をつけることは避けたほうがいいと思います。しかし、ほとんどのカブレラストーンには非常にポジティブな効果があります。そのため、カブレラストーンのいくつかはヒーリングに大変役に立ちます。

**浅川**　準備のできているシャーマンであればカブレラストーンを有益に使えるわけですね。

**ホボット**　その通りです。それを確かめるために、以前、私はある山のシャーマンの流派から強いシャーマンを連れてきて、2人でカブレラストーンを調査したことがあります。

**浅川**　シャーマンを連れてきてカブレラ博物館に行ったわけですね。

**ホボット**　そうです。エウヘニア（故カブレラ博士の娘［図1―1、2］）さんも一緒でした。そのときには、シャーマンが石を持ち、それぞれの石の意味、どのように使えばいいか、何のために使えばいいかを説明してくれました。そのとき、ある石から油のような液体が出てきたんです。エウヘニアさんはそれを見て、「この石ではたまにそういうことが起きるんです」と言っていました。

たくさんのシャーマンの中で、なぜそのシャーマンを選んだかということもお話ししておきましょう。彼は、1000年間の歴史があるとも言われる非常に古いアンデスのシャーマンの流派に属しており、私は以前、彼がカブレラストーンに似た石を自分のワークに使っているのを見たことがあります。また、ほかのアンデスの山のシャーマンたちのワークにも、カブレラストーンに似た石が使われているのを見ました。彼らはそれを「ピエドリト」（パワーを持った石）と呼んでいます。これもみなカブレラストーンと同じように、ある種のパワーストーンです。

［図３－13］浅川氏が撮影したカブレラストーンの中で最も精緻に描かれた石。そこには恐竜に跨がる人間の姿が描かれている。人類が恐竜と共存していたことを物語る貴重な遺物である。ホボット氏が最初に博物館を訪れた際、この石に手を触れた瞬間に幽体離脱し、病院に担ぎ込まれたというエピソードも残されている。

［図３－14］イカ市の中心アルマス広場のカブレラ博物館外観。右上は中生代の地層から発見された、人類の胸椎を調べるカブレラ博士。（『人類史をくつがえす奇跡の石』ハヴィエル・カブレラ・ダルケア著　徳間書店刊より）

## 石の専門家も認める製造年代、1万年以上前の可能性もあり

**浅川**　先ほど、カブレラストーンはいろいろな年代に分かれて作られたと言いましたね。そうなると、古いものはいつごろに作られ、新しいものはいつごろに作られたのでしょうか？

**ホボット**　カブレラストーンは非常に強くエネルギーを放射しているので、どれほど古いものか判断しにくいという問題があります。ただ言えるのは、すべてが同じときにつくられた石ではないということです。そして、それらは少なくとも数千年以上前のものなのです。

**浅川**　2004年にペルーを訪れた際、私の要請でユネスコの石の専門家であるカルロス・カノ博士がカブレラ博物館に同行してくださり、カブレラストーンの製造年代を調べてくれました。博士は、ペルーのINCと呼ばれる国家文化局の研究員でもあり信頼できる専門家ですが、石の溝の中に残された付着物を探り出し、石の彫られた年代を調べる方法で調査したところ、本物と思われる石の中には、少なくとも3000年は古いと判定できる石のあることを突き止めてくれました。

3000年というのは最低年代であり、それより古いことは確かだが、その年代までは判定しかねるというわけです。ですから、カブレラストーンの中にはかなり古い時代の石があることは間違いありません。ちなみに1万年以上前の可能性もあるか尋ねたところ、「ある」ということでした。

ただ、カノ博士は石の中にはかなりの数の偽物、つまりイカの砂漠から石が発見された1960年代以降に彫られたと思われる石もかなりあるようだと語っていました。私も何回か訪れる中で自分の目で確かめてみたところ、小さな石の多くが偽物である可能性が大きいように感じました。

**ホボット**　確かに偽物があります。

**浅川**　ご存じだと思いますが、イカに住む先住民のバジリオ・ウチュヤという男がカブレラストーンを実際に発掘してきた人物です。もともと、彼はインカのお墓を盗掘して、そこから出たものを売るということを生業《なりわい》としていました。彼は医師であるカブレラ博士の患者であったこともあり、博士の要請でたくさんの石を発掘してきて渡し、それなりの報酬を手にしていたわけですが、そのことで周囲からの嫉妬を買い、警察へ密告されてしまいます。

警察で調べられることになったときに、カブレラ博士が「それは、どこかから掘って（盗掘して）いるんじゃなく、自分で彫っているんですとうそをつきなさい。そうすれば、警察はそれ以上調べないから」と教えたものだから、警察に信用してもらうために、彼は実際に自分でも少し彫ることを習ったんです。その結果、そうした石の一部をカブレラ博士のところにも持ち込むようになってしまったんですね。そういうこともあり、カブレラ博物館には、私の目で見ても「これはバジリオ・ウチュヤが彫ったものだな」と思われる石が結構たくさんあります。

**ホボット**　そうです。偽物があるのは確かです。しかし、偽物と本物はエネルギーの放射で分かります。偽物の石であれば、体外離脱は起きないでしょう。

## カブレラストーンは90パーセントが偽物、本物にしかない特徴とは？

**浅川**　あなたが体外離脱した石はまぎれもなく本物です。私が本物だと判断するのには3つの条件があります。まず、小さいものにも本物がありますが、大きな石のほうが本物の可能性が高い。というのは、1メートル前後の大きな石に彫られている溝の全長を調べると、20メートルに達するものもあるからです。偽物作りとしてそこまでのことをやって、わずかなお金をもらっていてはとても採算に合いませんから、まずそれは本物だと思って間違いないでしょう。

**ホボット**　それは賛成できます。ほとんどの偽物は小さいですね。

**浅川**　町で売っている偽物もみんな小さいですね。

**ホボット**　ただし、小さいからといって偽物とも限りません。

**浅川**　もちろん、小さいものの中にも本物があります。そして本物と思える石の2つ目の条件は、彫ってある溝の深さが均等だということです。本物は溝の深さがずっと同じですが、偽物は浅かったり深かったりして、さらには（彫り損なって）刃物の飛び出した跡があります。

安山岩はかなり硬い石ですから、小さいものであってもバジリオ・ウチュヤはきれいに彫ることはできなかったようです。偽物は刃が飛んでしまったり、ちょっと力を緩めると浅くなったりしますから、そこを見れば、私のようにパワーを感じない者でも本物、偽物のだいたいの区別はつきます。

**ホボット**　清の深さの不均等や彫り損ないは、馬と馬車の描かれた石によく見られます。そして、そのような石からはエネルギーを感じることができません。それらはすべて偽物だと思います。

**浅川**　このカブレラストーン［図3－15］には馬が描かれていますが、これは偽物ではないでしょう？

**ホボット**　偽物ではありません。

**浅川**　これはカブレラ博士がペルー空軍に寄贈した石です。だから、普通の人は絶対見ることはできません。

**ホボット**　リマにある石ですね。

**浅川**　その石の絵柄を模写したものが［図3－16］です。専門家が石を見ながら描いたので、本来なら外には絶対出せないものですが、エウヘニアさんが「浅川さんには全部渡してくれ」と言っていただいたので、ペルー空軍の担当者から特別にいただくことができました。

**ホボット**　これは本物だと思います。

**浅川**　バジリオ・ウチュヤがこういう石を見て、この馬だけを彫ったものがある。それが偽物なんだと思います。

**ホボット**　それは考えられます。

**浅川**　バジリオ・ウチュヤは、実際に砂漠から本物の石を掘り出していましたが、博士はそれを

1個1ドル以下でしか買ってくれない。そこでもう少し金儲けしようと考えて、それらの石の中から自分が彫りやすい絵を見つけて、河原から拾ってきた安山岩に自分で彫ったんですね。そういう石がかなりの数に達している。特にカブレラ博士の体が弱くなってきてからは、ノーチェックで買い取っていたようなので、大量に偽物が持ち込まれていたことは確かなようです。

**ホボット** そのようなやり方はペルーでは普通です。カブレラストーン以外にもよく見ました。

**浅川** さて、カブレラストーンが本物である条件の第1は「大きい」ということ、第2は「彫り方が精緻」ということでした。そして、第3の条件は、「浮き彫り」になっているということです。絵柄の周囲を削りとって浮かびあがらせるというのは、すごく難しいことですから、バジリオ・ウチュヤにできたはずはありません。

**ホボット** 私は、浮き彫りであるかどうかに意識を向けたことはありません。私は自分の直感能力で判断しています。そのような能力がない場合でも、エネルギーを調べる装置によって本物と偽物の違いが分かります。そういうことをふまえて改めて言いますが、カブレラストーンの90パーセントは偽物だと私は思います。

**浅川** 私も数の比率で言うなら本物はかなり少ないのではないかと思っています。しかし、たとえ本物が10パーセントしかなかったとしても、それらの石が人類にとって歴史をくつがえす重要な石であることには変わりはありません。人類とパラレルワールドとのかかわりを示しているわけですから。

［図３－15］馬に２人の人物が跨がり、空には輝く太陽と光を失った２つの太陽が描かれている。かって太陽系には２つの太陽があったというマオリッツオ・カヴァーロ氏の語る太古の姿を物語っているのだろうか。

［図３－16］ペルー空軍が［図３－８］と［図３－15］の絵が描かれた石を模写したもの。カブレラ博士の娘エウヘニアさんの口利きで、浅川氏が空軍の幹部から特別にそのコピーを提供されたものである。

**ホボット**　私はカブレラ博物館へ定期的に人々を連れていき、そこで私の選んだ10個ほどのカブレラストーンを使って瞑想などのワークをやっています。そして、それ以外の石はあまり気にしていません。

**浅川**　この石［図3―17］を見たことがあると思うんです。入り口の近くの部屋にある石です。

**ホボット**　これは本物です。

**浅川**　その通り、これは間違いなく本物だと思います。カルロス・カノ博士も、「この石は2000〜2500年前よりは古い。本当は8000年とか1万年とか2万年というほどに古いと思うが、そこまでは自分には言えない。しかし、少なくとも2000〜2500年前よりは古い。だから、本物ですよ」と言っていました。その鑑定書もあります。

**ホボット**　どれほど古いものかはっきり判断できませんが、私も2000年前より古いものだと感じます。

**浅川**　カノ博士の発言からしてもかなり古いものだと思っています。いずれにせよ、本物の石が1つあればいいんです。たくさんは要らない。もちろん偽物もあります。ここで私が「偽物がある」と言っておかないと、調べに行った人が偽物1つをとって、「みんな偽物じゃないか」と騒ぎ立てることもあり得ますので、「偽物もありますよ」とあらかじめ言っておくんです。

**ホボット**　確かにそれは大事なことですね。

[図３－17] 恐竜の成長過程が描かれたカブレラストーン。

## ホボット氏による「カブレラストーン・ヒーリング」

**浅川**　私が初めてカブレラ博物館に行ったときは、カブレラ博士が亡くなってからすでに2年経っていました。

**ホボット**　会ったことはないんですね。

**浅川**　残念ながら私は会うことができませんでした。しかし、お嬢さんが、「あなたは、考え方が私のパパに非常に似ている。あなただったら、信頼できるので必要ならカブレラストーンを日本に持ち帰ってもいい。世界中のどんな人が来てもあげないけれども、あなたならいい」と言われました。とはいえ、重すぎてとても持って帰れません。そうしたら、「バジリオ・ウチュヤが案内するから、一度砂漠の発掘場所へ一緒に行って掘ってみたらどうですか」と提案されたんです。

ところが再訪を前にしてバジリオ・ウチュヤが病気で急拠入院してしまい、それからすぐ亡くなってしまったんです。その連絡が来たので、ペルー行きをやめようと思っていたら、「渡すものがありますからぜひ来てください」とお嬢さんからメッセージが届いたんです。実は、バジリオ・ウチュヤは亡くなる直前に、「これは本物だから、日本から来る浅川パパに渡してくれ」と言って、石をエウヘニアさんに渡していたんですね。なにしろ死に際に渡された石ですから間違いなく本物だと思います。それがこの石［図3－18］です。

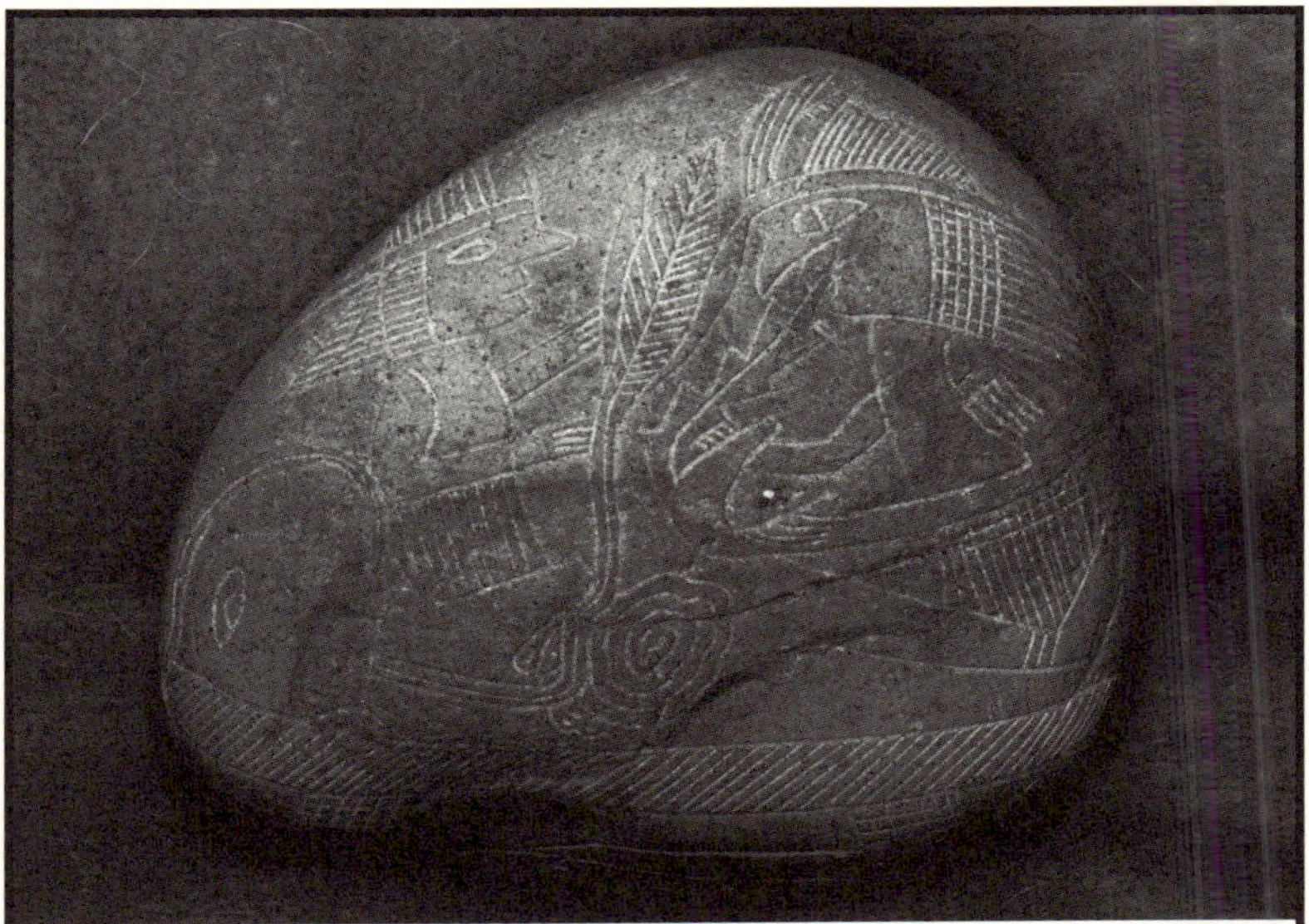

[図3 −18] バジリオ・ウチュヤ氏から浅川氏にプレゼントされたカブレラストーン。対談の合間にホボット氏が手にしたところ、すごいパワーの放射が感じられ、かつてシャーマンたちによってヒーリングに用いられた石であることが確認された。中央に見える葉は、命の象徴で、下の渦巻きはエネルギーだという。

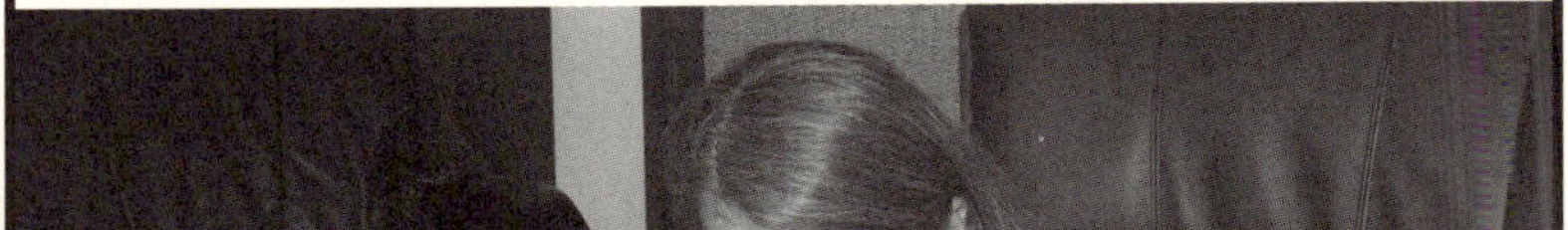

[図3 −19] バジリオ・ウチュヤ氏からプレゼントされた石のパワーを確認するホボット氏。

［図３－20］カブレラストーンが発するエネルギーを使って浅川氏をヒーリングするホボット氏。

ドクターと患者。腹部から何かを取り出しているように見えますね。
**ホボット** これは本物であり、非常に強くエネルギーを放射しています。
**浅川** やはりエネルギーが出ていますか。
**ホボット** 目の前の机から私の座るソファーまで石のオーラが届いています。本当に強いです。響いています。これはヒーリングに使われた石です。
**スタッフ** それでは、この石を使って浅川さんをヒーリングしてみてはいかがですか。
**ホボット** いい考えですね。やってみましょう。
**浅川** 縁のある石ですからね。
**ホボット** とても強いエネルギーで手がしびれてきます……その時代の映像が見えます。この石は非常にたくさんの人を助けた石です。強いシャーマンたちは、自分のワークに使いました。ここに描かれている植物（長い葉）は命の象徴です。
**浅川** カブレラ先生もそういうことを言っていますね。
**ホボット** この石はヒーリングのために使われました。手術をしたとき、患者の上にこの石を置いて、そのエネルギーで患者の生存を助けました。手術といっても現在の手術のようなものではありません。彼らは、オブシディアン（黒曜石）などの硬い石で作られたナイフを使って体を開き、それと同時に患者へ強くエネルギーを流して内臓を復活させました。……これは非常にめずらしい絵柄の石ですね。

浅川さんどうぞ、側に座ってください。何千年間も使われなかった石です……今、石のエネルギーを浅川さんに流しています……強すぎて手がしびれます。でも、それはエネルギーが流れている証拠です。

……エネルギーが私の周囲を電流のように流れています……今、私の右手から浅川さんに流れ出しています。

（およそ7〜8分ヒーリングした後）これで十分だと思います。

## エネルギーの異なる石によって使い方が変わる

**浅川**　ありがとうございました。お聞きしたいんですが、こういうエネルギーに接することで、ホボットさんは自分のエネルギーそのものも高められるんですか。

**ホボット**　石のエネルギーを使って自分のエネルギーを高めることはできますが、エネルギーをたくさん使うと、頭が回りはじめて体を離れる可能性もあります。

この石［図3－18］について何点か説明します。患者の腹部に描かれた渦巻きの図柄は一見すると大腸に見えますが、実は内臓を囲むエネルギーの渦巻きです。また、先ほど、患者の上に置いて使うと言いましたが、そのほかに、患者が横になっている真下の砂に石を埋めて、そのエネルギーを下から受け取るという方法もありました。

**浅川**　医者らしき人が手に持っているのは何でしょうか。

**ホボット**　ナイフではありません。これもまたエネルギーを放射するものです。

**浅川**　この人は医者ですか。

**ホボット**　シャーマンです。

**浅川**　そしてこの植物が生命エネルギーですね。

**ホボット**　実はこの植物はシャーマンも表しています。彼は生命エネルギーを管理しているので生命エネルギーの象徴として植物の形で描かれているのです。

**浅川**　（別のカブレラストーンを取り出す）こちらのカブレラストーン【図3－21】も浮き彫り式です。これは空飛ぶ模型飛行機のような感じでもあるし、恐竜のようでもある。

**ホボット**　これも強い放射物であり、超感覚的知覚を開発するためものです。この石を使うときには砂に埋めて、その上に脳と脊髄の間のポイント、あるいは頭が来るようにして横たわります。パラレルワールドやほかの次元へ行くために使われた石であり、いくつかの時代に跨《また》がってシャーマンたちに使われてきました。

そこに描かれた動物はマインド（想念）で作られた動物のような生命体です。シャーマンはこれに乗ってパラレルワールドやほかの次元へ移動することができます。チベットでは自分を守るためにこれと同じものが使われ、「トゥルク（ツルク）」と呼ばれていました。

**浅川**　シャーマンがパラレルワールドへ行くときに乗る乗り物の象徴ですか。

**ホボット**　物質化した象徴であり実際に存在しました。

**浅川**　シャーマンたちが自分たちでそういう乗り物を作った。

**ホボット**　そうです。非常に優秀なシャーマンたちによって人工的に作られた生き物です。

**浅川**　物質的に作ったということですか？

**ホボット**　マインドが物質化したものです。つまり想念によって作られた物質というわけです。それには普通に肉眼で見えるものもあったし、見えないものもありました。先ほど言ったチベットのトゥルクで言うと、それは自分を守るためのものでしたから、恐ろしい姿のものが作られたわけです。

ちなみにこの石は、頭蓋骨の真ん中のエネルギーセンターとみぞおちを強化するためのものです。

**浅川**　みぞおちというのは第3チャクラのこと？

**ホボット**　第3チャクラの一部と言ったほうが正確でしょう。第3チャクラはお腹の真ん中から少し上です。この石は自分の意思を強めるためにも使います。そうすると、その意思は実現しやすくなります。浅川さんは本当にすごい宝物を持っていますね。大変驚いています。

**浅川**　すべてエウヘニアさんからいただきました。カブレラストーンでペルー国外へ出たものには、ノルウェー王家とスペイン王家へ渡ったものが1個ずつありますが、それ以外にはないそうです。

[図３－21] エウヘニアさんから浅川氏にプレゼントされた浮き彫り式のカブレラストーン。

## かつてパラレルワールドへの往来は容易だった

**浅川**　（カブレラストーンとは違う別の彫刻を持ってくる）この恐竜をかたどった石［図3－22］はどういうふうに感じますか。

**ホボット**　これはそれほど（エネルギーが）強くないですね。

**浅川**　そうでしょうね。これはカブレラストーンとは全然違う時代だと思うので、後から、カブレラストーンに描かれた恐竜などを参考に作ったものではないかと思います。

**ホボット**　これは約2000年前のものだと思います。

**浅川**　それでもそんなに古いんですか。

**ホボット**　少なくとも最近のものではありません。

**浅川**　エウヘニアさんがこれを大事にしていましたが、私は「これは偽物だと思うよ。カブレラストーンを見て、後からお金欲しさで作ったものだから、こんなもの持っていても意味ないよ」と言ったんです。それで彼女が、「それなら浅川パパにプレゼントするから飾り物に使ってください」とくれたんです。それは、悪いことを言ってしまいましたね（笑い）。

**ホボット**　これはシャーマンの道具であり、シャーマンが身につけていたものです。ナスカの地上絵と同じように、絵による形態共振でナスカからのエネルギーを受け取ったのです。

**浅川**　形態共振？

［図３－22］浅川氏が偽物だと思っていたカブレラストーン。ホボット氏によれば、昔のシャーマンが身につけていたものだという。

**ホボット**　同じ形が持つ波動を利用した形態共振の技術です。大きな地上絵にたくさんのエネルギーが集まりますから、それと同じような絵を描いたプレートを作って体の近くに置くことで、その地上絵からエネルギーを移すことができます。そのために、シャーマンの各流派が自分たちの地上絵を作ったのです。

彼らは同じような絵を自分の手元に置き、それと同時にその絵をイメージします。それによってたくさんエネルギーが集積された地上絵との間にエネルギーの架け橋が作られて、エネルギーがシャーマンへ流れるのです。これは、シャーマンがたくさんのエネルギーを集めるための１つの方法でした。

**浅川**　この彫刻は恐竜ですよね。２０００年前に作られたということになると、例のパラレルワールドへ行って見てきたものですか。

**ホボット**　そうです。地球の波動は、２０００年前と現在では違っており、当時、南米のパワースポットではパラレルワールドがこの世界に浸透していました。だから、普通に入ることができたのです。しかし、後に条件が変わって簡単に行けなくなりました。ある種の能力を持つ人々は行くことができましたが、それほど簡単なことではなくなったのです。

そのようにパラレルワールドがこの現実に浸透する現象は20世紀ごろまで起きていました。大西洋側のアメリカ大陸の海岸からそれほど離れてない海上に、実際に存在していない大陸や島が目撃されており、実際に一部の地図にはその島が載っています。それは後に目撃されなくなりましたが、実はパラレルワールドの大陸の一部でした。そのようにパラレルワールドが浸透してくることがあるのです。

## パラレルワールドの視点から古代文明を読み解く

**浅川**　そうすると、シャーマンのレベルがそれほど高くなくても昔は行き来ができた。だから、向こうで見てきたものをこうやって作ったということですね。カブレラストーンもまた、そのようにして作られたと。

**ホボット**　カブレラストーンが作られていた時代のある時期までは、普通の人もパラレルワールドへ簡単に入れました。霧の中に入ったら、もう向こうはパラレルワールドだった……ということが普通に起きていたのです。その後、条件が変わってからはシャーマンしか行けなくなりました。

**浅川**　霧があって入れたというのは、ホボットさんが体験したんですか。

**ホボット**　昔そうであったということをビジョンで見ました。

**浅川**　いつごろまでそういう状態だったんでしょうか？

**ホボット**　約4000〜6000年前まで、あるいはそれより以前のことです。

**浅川**　先史文明と呼ばれる未知の文明がかつて存在し、それが大きなカタストロフィで滅んだと私は考えていますが、その先史文明の時代ですか？　それともカタストロフィ後のことでしょうか？

**ホボット**　その時代の文明は技術的にはそれほど高いレベルではありませんでした。その前の文明は技術的に高いレベルにありましたが、大きなカタストロフィが起こって滅んでいます。

**浅川**　そうすると、ホボットさんがここで言う文明というのは、先史文明と現在の文明との間に位置するものですね。

**ホボット**　はい。その文明は技術的に発展した前の文明の影響を受けていました。それは、約40000~6000年前まで存在した文明です。

**浅川**　そのころに1つの文明があったが、それは前の文明ほど技術的なレベルは高くなかった。しかし、前の文明の影響を少し受けていたから、ある程度高い文明であったと。

**ホボット**　その通りです。彼らは望遠鏡などの機械を使っていましたが、飛行機で飛ぶための技術はすでに失われていました。

　しかし、パラレルワールドへ行くのは普通のことであり、それが可能な時代はかなり長く続きました。その後、パラレルワールドへ行けなくなり、それに頼れなくなったことで、その文明が消えてしまいます。それから、ほかのところから違う民族が来て新たな文明を築きました。パラカス、ナスカ、モチカ、チャビンなど私たちに知られている文化がそれです。

**浅川**　パラカスやナスカよりも以前に文明があって、それはパラレルワールドとの行き来ができたので、ちょっと特別な文化を持っていたということですね。

**ホボット**　パワースポットにパラレルワールドが重なっていたことが、彼らにとって有利に働きました。

**浅川**　パラレルワールドで彼らは何を得たんですか？　知識的なものでしょうか？

**ホボット**　彼らが行っていたパラレルワールドには人はいません。いるのは、恐竜やほかの動物であり、しかも彼らはただ1つのパラレルワールドにしか行けなかったのです。

**浅川**　そんなところへ行って何を得たんですか。

**ホボット**　いろいろな動物がいたので、それらの動物を飼って食べたり、恐竜は乗り物や兵器として使いました。

**浅川**　それらをこちらの世界へ連れてきて？

**ホボット**　それは簡単にできました。パラレルワールドに行くことは彼らにとって普通のことです。だから、それをパラレルワールドだとは特に意識しませんでした。彼らは不思議なことだと思わなかったのです。

**浅川**　行けなくなったのは、この世界の波動に変化が生じたからですか。

**ホボット**　そのパワースポットはエネルギー的にそれほど活発ではなかったので、その2つの世界が離れてきました。それはよくあることです。パラレルワールドはそのように近づいたり離れたりしています。

**浅川**　パワースポットの力が衰えてきたので、行き来ができなくなったということ？

**ホボット**　その通りです。

## パワースポットは、宇宙からのエネルギーが注がれ、地球のエネルギーを外へと出す場所

**浅川**　先ほどの話に出てきた形態共振とはどういうことなのか、改めて説明していただけますか。

**ホボット**　それはエネルギーと情報を移動するための方法であり、距離は問題になりません。共振アンテナとなる2つの図形の形態が似ていると、情報とエネルギーを持つ成分がその図形間で流れます。

たとえば、ナスカの地上絵が1つのアンテナだとすれば、誰かが持つそれと同じ絵はもう1つのアンテナになります。そして、その間にエネルギーと情報を持つ成分が流れるのです。

**浅川**　そうすると、ナスカの地上絵として描かれたクモのエネルギーと情報を得るには、小さいクモの絵を身につければいいということですか。

**ホボット**　そうです。私はシャーマンたちから、彼らがそれを使っている過程の説明を受けました。それは、現在でも使われている技術です。

**浅川**　ナスカに行って地上絵の中に入ればエネルギーや情報を得られるけれども、アンデス山中にいる人たちはナスカまで行けないから、同じ絵を身につけて情報とエネルギーを得ていたというわけですね。

**ホボット**　そうです。そのために使われていたのです。また、エネルギー移動の過程を強化する

ために、シャーマンたちはナスカの地上絵をイメージすることもします。それらの絵は幾何学的に簡単な絵で覚えやすいのでイメージしやすいのです。

**浅川**　クモやハチドリの絵を描いたものと三角形や針のような幾何学的な絵の違いについて、改めて説明してください。

**ホボット**　針のような幾何学的な絵は変性された土で作られています。それはたとえば、レーザーのような技術を使って……。

**浅川**　地上絵の描かれた岩石や砂の成分を変えている。

**ホボット**　そうです。針などの幾何学的な模様は、次元の間のエネルギーゲートのような役目を持っており、ほかの次元からこちらの世界にエネルギーを流しています。ある程度はこちらから向こうにも流れていますが、こちらへと流れているほうが多いと感じています。

**浅川**　クモやハチドリといった動物はどうですか。

**ホボット**　それはシャーマンのそれぞれの流派の紋章であり、あるシャーマンの流派は現在まで存在しています。幾何学的な絵はエネルギーの移動のために使われましたが、動物の絵はシャーマンのそれぞれの流派のトーテムのようなものでした。このような動物の絵もエネルギーの移動のために使われますが、それはこの世界とほかの次元との間での移動ではなく、ナスカからシャーマン個人への移動が目的です。

**浅川**　ナスカはエネルギースポットですよね。エネルギースポットというのは、地球そのもののエネルギーを強く持っている場所だと思っていましたが、実はそうではなくて、ほかの次元からエネルギーが流れてくる単なる通路なんですか。

**ホボット**　地球のエネルギー全体がほかの次元から流れてくるエネルギーです。それは電磁力ではありません。地球の電磁フィールドに影響を及ぼしてはいますが、別の種類のエネルギーです。

**浅川**　では、いずれにせよ、ほかの次元から来ているものなんですね。

**ホボット**　それは、地球の中心が銀河の中心から受け取っているエネルギーと同じものです。ただし、パワースポットにはほかの場所よりも大量のエネルギーが集まっています。

**浅川**　パワースポットというのは、銀河の中心から地球の中心に注がれるエネルギーの流れの通路ということですか？

**ホボット**　これはとても難しい質問であり、なかなか答えにくいです。

たとえば、あるパワースポットには上からエネルギーが流れてきており、そのようなパワースポットをシャーマンたちは「宇宙のパワースポット」と呼んでいます。それとは別に、地球の中心からエネルギーが流れてくるパワースポットもあり、そちらは「地球のパワースポット」と呼ばれています。

地球は生き物のようなものです。地球にはエネルギーのラインがあり、それは動脈のようなもの。そこにはエネルギーが流れています。そして、宇宙からのエネルギーと地球の中心からのエネルギーの両方があるのは、地球のバランスを保つためなのです。

［図３－23］針形のナスカの地上絵の前に立つホボット氏。

［図３－24］幾何学模様のナスカの地上絵から発するエネルギーを使って、エネルギーセンターを活性化しているホボット氏。

私の考えでは、地球の中心から宇宙のほうへ流れているエネルギーは、地球がもともと銀河の中心から受け取っていて余った分です。すべてをため込んでいると爆発するので、自然なエネルギーの放出として宇宙へと流れているのです。

**浅川**　そういう意味では、パワースポットというのは、宇宙からのエネルギーが注がれるところでもあるし、地球の蓄えたエネルギーを外へ出すところでもある。つまり、2つの意味があるということですね。

**ホボット**　そうです。銀河の中心からパワースポットに注がれるエネルギーは高い波動のエネルギーです。これから全地球で行われるであろう波動上昇の過程はすでに昔から存在しています。パワースポットは銀河の中心から波動の高いエネルギーがたくさん通るところですから、これからの数年間のうちに可能となるトランスフォーミング（変容）、つまり人間の波動の変更は、パワースポットに行けば今でも引き起こせます。

**浅川**　パワースポットの中に入ると、体外離脱や波動の上昇が可能になるということですが、実際にあなた自身が中に入ってみて、どのような感覚を体験しましたか？

**ホボット**　手足がしびれる、手の平と足の底が暖まる、体全体がしびれる、空気が動いているような風の音を感じる、雷のような音や笛の音などが聞こえる……このような体験をしています。

**浅川**　私などはその種の感覚を味わったことがありませんが、あなたのような人が入ると感じられるんですね。

**ホボット**　昔からパワースポットにはピラミッドが建っていたりしました。たとえばメキシコのピラミッド、テオティワカンは「人が神になるところ」という意味です。それはまさに私の言うトランスフォーミング（変容）のことです。

興味深いことに、宇宙から流れてくるエネルギーのパワースポットで開発できるエネルギーセンター（人間の体の中にあるチャクラ）と、地球の中心から流れてくるエネルギーのパワースポットで開発できるエネルギーセンターは、それぞれ異なっています。

宇宙のパワースポットでは、超感覚的知覚力、あるいは予見力といった能力が開発され、地球のパワースポットでは、私たちの意図を実現する能力やヒーリング能力が強められることになるでしょう。

## ペルーで2人の大統領を生み出したシンベ湖のパワー

**ホボット**　たとえば、地球のパワースポットの1つがペルーのエクアドルとの国境近くにあるシンベ湖にあります。そこには地球のエネルギーが放射される通路が通っており、シャーマンたちはその地球のエネルギーの通路を「竜の線」と呼んでいます。そして、そこはペルーのシャーマンにとって非常に大切なゾーンであり、「魅力のゾーン」、あるいは「望みを達成するゾーン」と呼ばれています。その周辺には48個の湖があり、すべての湖に強いエネルギーが集積されているのです。

その地域には、シャーマンやシャーマンの弟子しか入れないというルールがあり、この条件をペルー政府も守っています。どうしてそのようなルールがあるのかというと、強いエネルギーに慣れていない一般の人がこのゾーンに入ると、気分が悪くなったり、意識がなくなったり、震えてきたりするからです。一方、シャーマンたちは、そのゾーンでどうやって動けばいいか、どこへ行けばいいかということが分かっているので、そういうことにはなりません。

このゾーンには強いヒーリング効果があり、また望みがかなう効果もあります。私もこれまで10年ほどの間、そこに人を連れて行ってワークしていますが、本当に望みがかなうのです。

**浅川**　望みがかなうというのは、どのチャクラと関係しているのですか。

**ホボット**　みぞおちです。

**浅川**　第3チャクラですか？　第2チャクラですか？

**ホボット**　それは、スピリチュアルシステムの種類によります。第3チャクラの一部と考えているシステムもありますし、独立のエネルギーセンターと考えているシステムもあるのです。いずれにせよ、みぞおちのエネルギーセンターを活性化すればするほど、私たちは人生の望みや意図を簡単に達成できるようになります。

シャーマンたちはそのゾーンで、「メサ」と呼ばれるアンデス・シャーマニズムの古代から伝わる特別な儀式をやっています。地面に刀を刺すのですが、そこはちょうど地球のエネルギーの線が流れるところです。儀式中に望みを想像すればそこにエネルギーが入り、その望みはかないます。

**浅川**　その実例を話していただけますか。

**ホボット**　このゾーンはペルーの歴史にも影響を与えました。なぜなら、2人の政治家がこのゾーンで儀式を受けて大統領になったからです。その1人がアルベルト・フジモリ氏です。かつて彼はシャーマンたちと良好な協力関係にありました。

彼はシンベ湖で儀式を受けた後、大統領になる可能性がそれほど高くなかったのに大統領になりました。そして、それ以降も何か大切なことを達成したいときにはシンベ湖で儀式を受けたのです。

**浅川**　ペルーのテロ組織ですね。

浅川さんはセンデロ・ルミノソをご存じですか？

**ホボット**　はい。センデロ・ルミノソはペルーの半分ほどをコントロールした時期もありました。彼らは中国からの支援を受けていたので非常に強かったのですが、フジモリ氏はシンベ湖の儀式を受けた何週間か後に、センデロ・ルミノソを攻めて壊滅状態にまで追い込んだのです。

それまでペルー政府はセンデロ・ルミノソの軍長であったアビマエル・グスマンという人物をなかなか見つけられずペルー中を探していました。そのときもフジモリ氏は儀式を受け、シャーマンたちはグスマンが潜伏している場所をビジョンで見せてくれました。それは大統領宮殿のすぐ近くだったのです。それは、誰も考えなかったところでした。そこで捕まったのです。

それがセンデロ・ルミノソの運動が壊滅状態となった理由の1つです。その後、フジモリ氏が大統領に3選される可能性は低かったのですが、どうしても大統領になりたかったので、またシンベ湖に行きました。そのときシャーマンたちは、彼が持っている考え、何がやりたいのかを見て、その心が汚くなっていたので、「もう大統領にならないほうがいい」と説得しました。しかし、彼は結局、その儀式を通して再び大統領になったのです。

そのときシャーマンたちは、彼は自分の権力を悪用したので、その結果が自分自身に返ってくるだろうと警告しました。そこで、フジモリ氏はそのシャーマンの予言が実現しないように、ペルー国のお金を盗んで日本へ亡命したのです。しかし、その後チリに移住し、そこからペルーへ強制送還されて今はペルーの刑務所にいます。シャーマンたちの予言から逃れようとしたのに、結局はその通りになってしまいました。

**浅川**　シンベ湖で儀式を受けて大統領になったもう1人というのは誰ですか。

**ホボット**　もう1人はフジモリ氏の次に大統領となったアレハンドロ・トレド大統領です。彼はもともと靴磨きの仕事をしていましたが、大統領になりたくてシンベ湖で儀式を受けました。それから、フジモリ氏の娘のケイコさんも、最近、次の大統領になるためにシンベ湖に儀式を受けに行ったので、本当にそれが実現できるかどうか見守りたいと思います。

**浅川**　シャーマンは彼女に協力したわけですね。

**ホボット**　そうです。彼女は現職のアラン・ガルシア大統領よりいいと思います。彼は平気でインディオたちをマシンガンで殺していますから。かつてのフジモリ氏も自分の権力に酔ってインディオたちを追害しはじめたので、結局、シャーマンたちは彼を見切ったのです。

**浅川**　なるほど、ペルーの政変にはそういう背景があったんですね。いや～びっくりしました。

## 神様は人間の欲望をかなえて楽しんでいます

**浅川**　ところで、シンベ湖の望みをかなえる力について、身近な例も何かありますか？

**ホボット**　私が連れていったある女性はすごく太っていて、ずっとやせたいと思っていたのですが、なかなかやせられませんでした。しかし、ペルーから戻って20キロほどやせて、今はとてもスリムになっています。

もう1人はお金のない男性で、経済的な問題をどうしても解決したいと思っていました。ペルーに行くにもお金を借りなければなりませんでしたが、帰国後、商売を始めたら何もかもうまくいって今はかなりのお金持ちになっています。

**浅川**　どちらかというと欲望に近いことですね。神様はそんなことは助けてくれないような気もしますが、その種のことでもかなうんですね。

**ホボット**　神様は人間の欲望をかなえて楽しんでいます。

**浅川**　要するに、神様の一つの遊びなんですかねぇ……。

**ホボット**　今、少し軽い感じで言ってしまいましたが、それには高次の意味があります。つまり、この地球ではマインドやエネルギーによって何でも変えられる、達成できるということを、願望がかなうという体験から理解してほしいということです。その儀式は簡単なものではなく、成長したレベルの高いシャーマンがやらないとそのような効果はありません。

そのような儀式について1つ興味深いことがあります。シャーマンたちは刀で地球に流れているエネルギーのライン、脈を刺します。おそらくこれは、シャーマンあるいはドルイド（ケルト人の祭司）たちが地球に流れているエネルギーのラインを刺して、いろいろな能力を得たことに関係しているのではないでしょうか。シャーマンたちはそれを「竜の線」あるいは「竜の動脈」と呼んでいます。

ヨーロッパの童話にも、騎士が竜を刺し殺してプリンセスや宝を得るという話がよくありますが、この場合、プリンセスは魂の解放の象徴、あるいはエネルギーの解放の象徴なのでしょう。そして、宝を得ることは能力を得るという意味だと思います。これはペルーのシャーマンたちによる儀式と似たものです。

**浅川**　地球からエネルギーが出てくるスポットとして今の例を挙げてもらいましたが、反対に宇宙から注ぎ込む代表的なスポットがメキシコにあるテオティワカンだと思っていいですか。

**ホボット**　そうです。ペルーで言えばナスカがそうです。

## 鞍馬山、富士山、戸隠神社、三十三間堂、伏見稲荷……日本のパワースポットで感じたこと

**浅川**　日本にもありますか？

**ホボット**　私が行ったところでは鞍馬山《くらまやま》がそうです。富士山もそのような宇宙のパワースポットだと思います。

また、去年（２００９年）の11月の来日時に、私は長野の戸隠《とがくし》神社に行きました。奥社のそばの九頭竜《くずりゅう》社は地球からのエネルギーが出てくるところですが、そこにも「竜」という名がついています。これは大変興味深いことです。竜というキーワードが共通している。なお、戸隠神社の奥社は（エネルギーの）渦巻きの中心であり、すごく純粋なエネルギーが存在しています。

私が日本に来て感じたのは、神道のシステムは素晴らしいものだということです。それぞれの神社は光の生命体につながっており、私の感じるそのエネルギーの効果と、神社に伝わるご利益《りやく》とはほとんど同じものだと感じられました。そして、神社の置かれている場所は、エネルギーセンターでもあり、非常に有効なパワーが感じられます。

また、初来日時に神社の鳥居を見たときに、あるビジョンが飛び込んできました。それは、メソポタミアで使われていたサークルに羽根をつけたメソポタミアのシンボルマークが、鳥居の元になっているというものです。これはメソポタミアの遺跡などに見られるシンボルです。そのシンボルからサークルを外して羽根の部分だけを使ったものが鳥居になりました。この羽根の角度が重要で、鳥居はそれによってとてもポジティブなエネルギーを発することができます。

**浅川**　日本でほかに気になるパワースポットはありますか？

**ホボット**　まだそれほど日本を回っていないので多くを挙げることはできませんが、京都の三十三間堂には仏教系の強いエネルギーがあり、伏見稲荷には太陽のエネルギーがあると感じました。キツネ（霊狐《りょうこ》）は太陽の象徴であり、伏見稲荷でそのエネルギーをみぞおちに吸収すると願望が実現しやすいでしょう。私がパワースポットに行くと、このような興味深い情報を得ることができます。

## 宇宙からのエネルギーを受けているピラミッド

**浅川**　エジプトのピラミッドは宇宙のパワースポットですか？　それとも地球のパワースポットですか？

**ホボット**　一般的に、すべてのピラミッドは永続的に宇宙からエネルギーを受けており、その形状のおかげで全方向からエネルギーを受け取っています。ただ、たまにピラミッドから宇宙にエネルギーが放射されていることもあります。おそらくそれは余剰なエネルギーでしょう。

**浅川**　エネルギーの量を調整しているわけですね。

**ホボット**　その通りです。

**浅川**　クラリオン星人とコンタクトしているカヴァーロ氏が言うには、エジプトのピラミッドは磁場発生装置として作られたものであり、地球に大異変が起きたときにも壊れてしまわないように周囲をドーム状のバリアで囲って守っていたそうです。

また、ピラミッドの地下には必ず逆向きのピラミッドもあって、そうした上下が揃ったものが本当のピラミッドだということです。ホボットさんはそのような情報を得ていますか。

**ホボット**　エネルギーフィールドやバリアといったものは各ピラミッドに存在します。それはピラミッドの放射で自動的に作られるのです。そして、ピラミッドの下には空間があり、その空間は本当にこのような形（ピラミッド型）をしています。

## 人体は地球外文明から遺伝子修正が行われて作られた完璧な作品

**浅川**　ここまで、先史文明の残したナスカの地上絵やカブレラストーンについてお話を伺ってきましたが、ここで人類の創成にまで一気に時代をさかのぼりたいと思います。

最初、地球という星には人間はいなかったと思うのです。人間以外の動物や水棲動物、恐竜などがいて、そこへ人間の魂がやってきて地球での輪廻転生を始めた。それらの魂は3次元世界で学ぶためにいろいろな星々からやってきたのだろうと私は思っていますが、その点はどう思いますか。

**ホボット**　はい、その通りです。

**浅川**　マオリッツオ・カヴァーロ氏は、人類が地球に現れる以前の太陽系には太陽が2つあったと言っています。そのころは、太陽とは別に木星が太陽のように輝いており、次第に木星の力が弱まっていったと。

**ホボット**　確かに太陽系には2つ太陽がありましたが、それはものすごく昔の話です。

**浅川**　2億年とか3億年も前の話のようですが、木星が衰えて惑星のようになったころ、地球にもようやく生物が発生して、その数を増す時代に入ったということのようです。

**ホボット**　2つの太陽があった時代の地球には生命はなく、太陽系の別のいくつかの惑星に生命がありました。今は、それらの惑星には生命がないか、惑星それ自体がすでに存在していないケースもあります。

そして、木星が惑星になってから、生命を発生させる役目は地球に移りました。生命は地球に自動的、自発的に発生したのではなく人工的に作られたのです。

**浅川**　その場合、まず人類の肉体を作らないと魂が入れませんね。私たちは学校で、この肉体はサルから進化したと教わっていますが、カヴァーロ氏によるとそれはまったくのうそであり、彼は水の中に棲んでいる爬虫類や両生類に近い生物を遺伝子操作して人類を作ったと言っています。そして、そのときの失敗作がサルやゴリラだというのです。

**ホボット**　私が感じているのは、人間が先であり、その次にさまざまなサルの種類が出てきたということです。人類の肉体を作るために、さまざまな文明（の宇宙人）が協力しています。人類の肉体の形状パターンは宇宙全体に広がっているものであり、そのような肉体を作るノウハウを持ってきて、地球上の生物の一番いい遺伝子の素材を使って人類の体を作りました。

浅川さんの今おっしゃったような、水棲の爬虫類から作られたということに関しては、私はコメントを差し控えたいと思います。ともかく、全地球の生物から一番いい遺伝子の素材が使われたということです。

ただし、こういう興味深い現象があります。通常、私たちの魂は、地球では人間にしか転生しませんが、珍しい例として、クジラのような水中の哺乳類に転生することがあります。それを考えると、人類の肉体の素材には水棲の動物からの遺伝子がたくさん使われたということになります。

いずれにせよ、爬虫類という言葉はあまり使わないほうがいいでしょう。なぜなら、恐竜なども実際には爬虫類ではないからです。恐竜は自分の体温を調節できる恒温《こうおん》動物です。

**浅川**　爬虫類というよりは両生類と言ったほうがいいでしょうかね。確かに爬虫類という言葉にはワニやトカゲといったウロコや甲羅で覆われた恐ろしいイメージがありますから。

ただ、カヴァーロ氏が説明してくれた水棲動物はそういった姿とはまったく違っていましたので、私たちが知っている爬虫類とは異なると思います。

**ホボット**　その種を示す適切な言葉はありません。しかし、カヴァーロ氏の考え自体は事実に近いものであり、人間は水棲の動物に近い存在です。たとえば、皮膚の下に脂肪が集まっているのは哺乳類にはない特徴だと言えるでしょう。

人体は高度な技術で作られた完璧な作品であり、私たちの魂がこの空間で動くための器です。

**浅川**　いずれにしろ、人類の肉体を作るに当たって、基本になった生物があったことは間違いないんでしょう。

**ホボット**　人間の肉体は、ほかの星に住む人間型生命体をモデルに作られました。そのために、彼らの遺伝子が使われましたが、元となったのは当時地球に棲息していた生物たちだったようです。そうでないと地球で生きていくことができなかったからです。いずれにしろ、長い歳月は要しましたが、人間の身体は最初から完成品として作られたので、私たちは肉体的には進化を遂げる必要はなかったのです。

ただし、現代の人間の体は、たとえば10万年前とは同じではないということに留意してください。それは、しばしば地球外の文明から体（遺伝子）の修正が行われるからです。

**浅川**　要するに、サルからアウストラロピテクスになって、クロマニョン人を経て人間になったというような過程はなかったということですね。

**ホボット**　そうです。アウストラロピテクスもクロマニョン人も、人類と同時に存在していました。

**浅川**　人間の脳の一部に爬虫類の脳が入っているという説がありますが、それについてはどう思いますか。

**ホボット**　私たちのＤＮＡには地球上のすべての動物の遺伝子が入っています。ですから、脳の中には爬虫類の脳もあるし、哺乳類の脳もある。実際に、私たちの下の３つのエネルギーセンターには、地球上のすべての動物のデータが入っています。

**浅川**　どこにですか？

**ホボット**　第1チャクラ、第2チャクラ、第3チャクラです。

**浅川**　そこにデータが入っているわけですね。

それで先ほどのカヴァーロ氏の話に戻りますが、彼は、それが爬虫類かどうか分からないけれど、自分には人間のもとになった水棲生物が見えたと言っていました。

**ホボット**　では、爬虫類とは言わなかったわけですね。

**浅川**　とにかく水の中にいる生物であり、あえて言うなら爬虫類や両生類に近い生物だそうです。魚ではないと。

**ホボット**　人間の体の原本は宇宙のほかのところにたくさんあり、そのノウハウを持ってきて地球の遺伝子を使わなければならなかったのです。ですから、どんな遺伝子を使ったのかはそれほど重要ではないと思います。大切なのは、ほかの星で使われているものとまったく同じような人間の体であるということです。

実験としてカヴァーロ氏が語るような生き物も作られて、そこから一部の遺伝子は使われたかもしれませんが、これがそのまま私たちの体のもとであるとは言えません。

人体を作るときにはいろいろな実験が行われ、たとえば水中に棲む人間も作られました。現在の人間の体に魂が入る前に、実験的にそのような生き物に入ることも可能だったでしょう。地球に人間型生命体を作ることを目的とした、そのような実験がたくさん行われたのです。

## エジプトのピラミッドはプレアデスにつながっている

**浅川**　さて、私は、この地球では文明が栄えては滅び、滅びては栄えるということを何回も何回も繰り返してきていると考えています。そして、その滅びの直接的要因として、地球規模の自然災害が一番多かったのではないかと思っています。そのつど、人類を絶滅させない程度のわずかな人間が生き残った——そういうことがあったと考えていいのでしょうか。

**ホボット**　その通りだと思います。太陽系はある種のサイクルで動いており、文明は太陽系のサイクルにシンクロ（同調）しています。太陽系のサイクルが始まるときに文明は1人の人間のように生まれ、成長して年をとる、そのような過程で進んでいくわけです。

**浅川**　人類が栄えては滅び、滅びては栄えるというのは、太陽系のある種のサイクルにシンクロしているということですか。

**ホボット**　そうですね。サイクルあるいはリズムと言っていいでしょう。それと精密にシンクロしています。

**浅川**　それは、おおよそどのくらいの周期でしょうか。

**ホボット**　短いサイクルもあるし、長いサイクルもあります。長いサイクルは1万〜1万2000年ぐらいです。

**浅川**　そのような太陽系のサイクルにシンクロして大きな自然災害が起きたとき、人類はどのようにして生き延びたのでしょう。地下に避難した、高い山へ避難した、宇宙へ逃れた……など、そいろな説がありますが、災害のつど、その生き残り策は違ったのでしょうか。

**ホボット**　毎回、少しずつ違っていました。いずれにせよ、（災害後にも）魂が転生できるために十分な人数が生き残るよう、地球外の生命体たちが配慮していたのです。そのため、地球全体の自然災害が起きたときにも、どこかのある地域だけは必ず安全が守られていました。

**浅川**　そういうことがあったんですね。ところで、ぜひお聞きしたいのはエジプトの大ピラミッドの建造年代のことです。これらのピラミッドは現在一般に言われている説よりも、ずっと古いものだと私は思うのですが、どうでしょうか。

**ホボット**　私の判断では、1万年以上は前のものだと思います。

**浅川**　人間が作ったものですか。それとも、宇宙からの力を借りて作ったものですか。

**ホボット**　宇宙人とコンタクトをとっていた文明が作りました。地球のためのものだったので、ナスカの地上絵のように、人々と宇宙人と協力し合って作られたのです。その文明では、ある種のイニシエーション（儀式）を受けたグループだけが宇宙人と直接コンタクトをとることができました。

**浅川**　ピラミッドは何のために作ったんですか。

**ホボット**　地球のエネルギーをバランスさせるためです。エジプトのピラミッドはプレアデスにつながっています。プレアデスと地球とのエネルギー交換が1つの目的です。

その時代、地球にはエジプト以外にもピラミッドが作られました。しかし、それらは山のように見えるのでそれほど目立ちません。自然の山と勘違いされてしまうのです。中国にもピラミッドが存在していますが、それもそれほど有名ではなく目立ちません。

## 南米の地下トンネルも宇宙人が作った

**浅川**　もう1つ伺いたいのはペルーの地下トンネルのことです。ペルーにはアンデス山脈に沿って南北7000キロほどにわたる地下トンネルがあるとよく言われますが、それは事実でしょうか。

**ホボット**　そのトンネルは南米の海岸やアンデス山脈を通って、北アメリカのアラスカまでつながっています。もしかすると、それは南極まで通っているかもしれません。南米にはさまざまなトンネルの出口がありますが、その出口はエネルギーの壁などに強く守られています。

**浅川**　私は、自然を壊すことなく移動するために地下にトンネルを掘った、と聞いたことがありますが、そういう目的のものでしょうか。

**ホボット**　作られた理由はよく分かりませんが、リモートビューアー（遠隔透視能力者）として、ある研究プロジェクトに参加したときに、いろいろなところでそのようなトンネルを見ました。実際のところ全地球が地下トンネルで結ばれています。そしてそれは人間が作ったものではありません。地球外の……。

**浅川**　星から来た宇宙人たちが作った。

**ホボット**　そうです。それは人間が移動するためのものではないと思います。それにしてはあまりにも長いのです。それは数千キロにも達する長大なトンネルであり、丸い形をしています。

**浅川**　完全な丸い形をしている。

**ホボット**　完全な丸い形をしていて、ガラスのような壁で、空気のないところです。だから、そこでは人間は移動できません。何か乗り物を使えば可能かもしれませんが。

**浅川**　それほど長い距離のものを掘るということは、何か大きな目的があったんでしょうね。

**ホボット**　宇宙人が自分の技術で作るなら、このようなトンネルは短時間で作れます。サブクォーク（物質を構成する最小単位と想定されている未発見の素粒子）のレベルでエネルギーフィールドを使うことで空間を編成できるのです。

　このトンネルの目的として1つ考えられるのは、地球のいろいろな地域で突発的に発生したエネルギー、あるいは太陽のエネルギーをそこに流して、エネルギー的に地球のバランスをとるということです。私がそう考える理由は、そのトンネルを光のボールが雷鳴のような音をたてて通っている様子をたまに目撃したからです。

**浅川**　つまり、エネルギーの通路として作ったということですか。

**ホボット**　そのようなものとして作った可能性は大きいでしょう。

**浅川**　それはいつごろ作られましたか。先史文明、あるいはもっと古い時代に作られたものですか。

**ホボット**　10万～数十万年前、あるいはそれよりもっと過去の非常に古いものだと感じます。

## 地球空洞説は真実ではありません。パラレルワールドのことなんです！

**浅川**　あと、ぜひお聞きしたいのが、地球空洞説に関することです。1つの考えとして、地球の内部が空洞であり、その中に太陽のようなものがあって、そこでは穏やかな気候のもとに人間と同じような生命体が暮らしているという話がありますね。

まず、それが事実かどうかということ。そして、それがあるとしたら、パラレルワールドとして存在するのか、同じ3次元の世界にあるのかどうかをお聞きしたいと思います。

**ホボット**　地球の中に太陽は存在できないし、人も存在できません。地球の中は高温高圧でマグマもありますから人が存在するとは考えられないのです。

私がロシアのゴルキイという町でリモートビューアーとして地質的な研究調査をしていたとき、新人の試練として1つのジョーク（悪ふざけ）がありました。地球の中心の（座標）データをその新人に渡して、そこへ行くように指示を出すのです。結果、その新人は突如、地球の中心に現れることになり一瞬に燃えるというつらい体験をすることになります。体が傷つくわけではありませんが、地球の中心はすごい圧力のある場所ですから、もしそこでパニックになればショックが体に残ってしまう可能性もあります。

**浅川**　3次元ではもちろんそうでしょう。しかし、パラレルワールドとして地球の中に別の世界が存在する可能性はありませんか。

**ホボット**　そのような考え方（地球空洞説）が説かれるのにはシンプルな理由があります。深い洞穴や南極、北極には非常に強いエネルギーがあるため、そこに立ち入る人物の第1チャクラの働きがそのエネルギーによって変化し、その人はパラレルワールドに現れることになるのです。

そのパラレルワールドには景色があるし太陽もあります。そして、その人は地球の内部に入り込んだと思い込みます。

**浅川**　ということは、地球空洞説は正しい考え方ではないということですか。

**ホボット**　それは真実ではありません。たとえば19世紀のヨーロッパ人がパラレルワールドに入ったとき、それをうまく説明できなかったのです。そして、地球が空洞であるという説が出てきました。

最後にヨーロッパでこの理論がポピュラーだったのはナチス時代のことです。ナチスがそれが本当かどうか研究調査をした結果、彼らはパラレルワールドに入ることができました。そして、地球空洞説がどういうことなのかを理解したのです。アドルフ・ヒトラーもまた地球空洞説の真相を確認していました。

**浅川**　そうすると、アメリカ空軍のリチャード・バード少将やノルウェーの猟師であるヤンセン親子が見たという地球内部の様子はパラレルワールドの世界であったということになりそうですね。分かりました。

ところで、シャーマニズムを語るにしても、先史文明を語るにしても、アストラル界などのほかの次元や、パラレルワールドについての正確な知識が欠かせないようですね。

そこで、次はそのあたりについても詳しく伺っていくことにしましょう。

# 第4章

# 「光の生命体」が教えてくれた全宇宙のしくみ

——パラレルワールド、アストラル界、輪廻転生《死は錯覚》、12次元《すべての源》

Universe

## 太陽系で生命体がずっと住んでいるのは地球だけです

**浅川**　ホボットさんのお話を聞くと、次元の違いということを理解せずして、先史文明や宇宙のことは本当には分からないのだなと改めて思います。

さて、少し前に日本で話題になったのが、前総理大臣鳩山由紀夫氏の夫人が、「肉体が眠っている間に、魂が三角形のUFOに乗って金星に行って来た」「(金星は) ものすごくきれいなところで、緑がいっぱいだった」と語ったことです。そして、それは世界中に配信されました。日本の記者たちは端《はな》からバカにしていましたが、外国の記者はきちんとした記事にして配信しました。おそらく、鳩山夫人は、金星といっても3次元ではなく、4次元あるいは5次元の金星へ行ったのではないかと私は考えています。

そこでお聞きしたいのですが、ホボットさんは太陽系内の地球以外の惑星へ行ったことがありますか？

**ホボット**　興味深い質問です。惑星にはいくつかの層があり、意識を変えることでその各層へつながることができます。そのとき、望遠鏡で見るものとは違う姿が見えるでしょう。

子供のころのある時期に、木星の衛星であるガニメデやカリストによくつながっていました。そのときは理解できませんでしたが、私はそれらの衛星のパラレルワールドの層につながっていたのです。

そこでは生物の存在も知覚されました。ガニメデやカリストに住む生命体はほかの星から来た生命体であり、そこに基地を作っていました。私の知る限り、太陽系において生命体がずっと住んでいるのは地球だけです。

**浅川**　では、地球以外の惑星や衛星は、ほかの星から来た生命体の基地でしかない。

**ホボット**　その通りです。ガニメデやカリストにいる生命体たちは、太陽系を守護している存在です。

**浅川**　それは、木星本体にいるとされる生命体とは別ですか？

**ホボット**　木星では物質的な生命体は見たことがありません。ただし、非物質的な生命体はいます。そのような非物質的な生命体の中には太陽に存在するものもいます。

**浅川**　マオリッツオ・カヴァーロ氏は、現在、木星には恐竜が住んでいると私に話してくれました。また、例の超能力を持つ子供も木星に恐竜がいる［図4－1］と言っています。それは3次元ではなく、ほかの次元の話かもしれませんが。

**ホボット**　木星の表面に恐竜がいるということですか？

**浅川**　そうです。

**ホボット**　私は木星を詳しく調査したことはありませんが、恐竜がいるのだとすればそれはパラレルワールドしか考えられません。私が木星をリモートヴューイングで見たときには、固形物は何もありませんでした。

超能力を持った少年が木星のアストラル界と思われる世界で見た恐竜

[図４－１]

ただし、木星には4つの大きな衛星があり、その中に生命活動のできる層もあります。ですから、誰かが木星の話をしているとき、それは木星の衛星の話をしているのかもしれません。私はこれまで、太陽系の中をリモートヴューイングで見に行ったことがあります。まだ、それほど詳しくは見ていませんが、それぞれの惑星に層があるのを見て驚いたものです。

**浅川**　カヴァーロ氏が見たのは、私たちが望遠鏡などで見る木星の3次元的な世界ではなく、いくつかの層の1つなんでしょう。そして、カヴァーロ氏はアセンションできなかった魂が木星へ行き、そこで生活することになるとも言っています。3次元ではないかもしれませんが、3次元に近いパラレルワールドに、恐竜や非人間型生命体がいるのではないでしょうか。

**ホボット**　木星の衛星には生命の可能性があるので、そこに魂が生まれ変わる可能性があります。実は、いくつかの天体は、そこへ地球人が生まれ変わるための目的で準備されているのです。これから地球の波動が上がってきたときに、それ（高い波動）が嫌だと感じる魂……つまり次元の低い魂がそのような星に生まれる可能性は高いでしょう。あるいはそれは太陽系外の星かもしれません。

ただし、木星に関して言うと、直接木星に生まれるのではなく、その衛星に生まれる可能性のほうが高いと思います。

## アストラル界は地球のすぐ隣にある非物質的なパラレルワールド

**浅川** なるほど、ホボットさんのお考えは分かりました。ここで用語を整理しておきたいのですが、アストラル界という言葉や、パラレルワールドという言葉について、ホボットさんの定義はどのようになりますか？

**ホボット** アストラル界は地球の現実のすぐ隣にある一番近いパラレルワールドです。

**浅川** ちょっと待ってください。ホボットさんの言うパラレルワールドとは、日本語で「幽界」などと呼ばれるアストラル界のことですか？

**ホボット** 物質的なパラレルワールドと非物質的なパラレルワールドがあり、私は後者をアストラル界と呼んでいます。

**浅川** 物質的なパラレルワールドもある。

**ホボット** 物質的なパラレルワールドはこの現実に似た3次元の世界ですが、非物質的なパラレルワールドは固定した現実ではなく、もっと微細な世界です。

**浅川** では、これまでの話で「パラレルワールド」と呼ばれていたのは、主に物質的なパラレルワールドのことですね。それにしても、3次元のパラレルワールドというのは、イメージをつかみにくい概念です。

**ホボット** 奇妙に聞こえるかもしれませんが、私は意識を3次元のパラレルワールドに合わせることによる経験を多く持っています。そのような物質的なパラレルワールドはたくさん存在しており、そこからやってくるＵＦＯもいます。

**浅川**　アストラル界の場合、波動が違うのでこの3次元世界と重なって存在できるでしょう。しかし、同じ3次元の世界同士では重なって存在することができないはずですが、そこはどう考えればよいのでしょうか。

**ホボット**　その秘密は物質的な世界を作っているサブクォークにあります。この世界のサブクォークとパラレルワールドのサブクォークは多少異なっているので、同じ空間に違う現実が同居できるのです。つまり、同じ空間にいても邪魔にならないということです。

私たちが認識している現実はエネルギーセンターに関係しています。第1チャクラの働き方を変えれば、その人の前には一瞬でパラレルワールドが現れるでしょう。

**浅川**　サブクォークというのは物質を構成する最小単位の存在と考えていいかと思いますが、そのサブクォークが、私たちのいる世界とパラレルワールドの世界とでは多少異なるということですね？　そうなると、その世界は私たちの住む地球の波動よりは多少は高いが、3次元にきわめて近い物質的な世界と考えていいのでしょうか？

**ホボット**　はい、その通りです。3・2次元とか、3・3次元的世界だと考えていいと思います。

**浅川**　その3次元に近いパラレルワールドはたくさんあるわけですね。

**ホボット**　そうです。世界中で急に人が消えてしまう事件がありますが、その人の第1チャクラの働きが変わって、そのままパラレルワールドへ行ってしまったケースも少なくありません。

## パラレルワールドとはパワースポットでつながっているから、人体消滅などが時として起きる

**浅川**　ホボットさんがパラレルワールドの世界に行くことになったきっかけは何ですか？

**ホボット**　体外離脱状態で3次元の物体を動かす訓練をしていたとき、突然、パラレルワールドへ移行したんです。そのとき最初に体験したパラレルワールドは素晴らしい自然に満ちた世界でしたが、人間はまったく住んでいませんでした。

パラレルワールドの中には、地球に似ている世界もありますが、まったく異なる自然を持つ世界や、人間がまったくいない世界もあります。あるいはまったく異なる文明を築いている世界もあるのです。そして、私たちの世界は、それらの世界とある程度のつながりを持っています。つまり、エネルギー的な交換があり、それらのパラレルワールドとはパワースポットでつながっているのです。

パワースポットでたまに人が消えるのはそのためです。その人はパラレルワールドに移動したということです。

**浅川**　そういうパラレルワールドは3次元的世界ですから、やはり、ものを食べたりして生活しているんでしょうね。

**ホボット**　そうです。その点はとてもよく似ています。

**浅川**　（地球の中の空洞世界へ行ったという）バード少将やヤンセン親子が見てきた世界はまさ

にそういう3次元のパラレルワールドだったというわけですね。

それにしても、私たちの住む世界を構成するサブクォークとパラレルワールドのサブクォークの波動が多少異なることによって、同じ空間に同居できるという話は初めて耳にしました。

**ホボット** サブクォークの波動が近ければ近いほど移動は容易になります。そして、パワースポットではそれが起きやすいのです。

浅川さんのお話にあった日本の沖縄に住むヒジムナーやキジムナーのような生き物がいる世界へも行ったことがありますが、その世界はやや暗い世界でした。

## アストラル界と現実の境は薄い――セティI世の恋愛の例

**浅川** ところで、非物質的なパラレルワールドであるアストラル界についてですが――。

**ホボット** アストラル界は非常に複雑な世界であり、さまざまな層があるので、ある階層には物質的な世界にとてもよく似た世界が作られています。

たとえば、その最初の段階は亡くなったばかりの人が行くところであり、アストラル界に慣れるための場所なので、亡くなった人々の魂のために物質的な世界に似た環境が作られているのです。ですからそこは、とても物質的に感じられるでしょう。

**浅川** なるほど。ところで、有名な話ですが、エジプトのセティI世というファラオ（皇帝）のことはご存じですか？

**ホボット**　はい。

**浅川**　そのセティI世が生きていたとき、彼が恋をした女性がいました。その女性はイシス神に仕える巫女《みこ》だったので、本来なら肉体的な交わりをしてはならない立場でしたが、相手はセティというファラオでしたので、その戒を破って交わったわけです。

その後、亡くなったセティI世は、アストラル界に自分の想念で現実にあった王朝にそっくりの世界を作り上げ、そこで、自分に仕えていたしもべたちの魂に囲まれて暮らすようになります。しかし、彼が恋をした女性はそこではなく、アストラル界の別の階層へ行ってしまう。彼女は戒を破ったために少し低い階層に行ったのかもしれません。時代はセティI世のいたころですから、今から約3300年前のことです。

この2人は会いたくても住む世界、階層が違うのでまったく会えませんでした。ところが、その女性は1900年代の初めにイギリス人ドロシー・イーディーとして生まれ、エジプトの遺跡を管理するエジプト考古庁で初めての女性職員になりました。そして、まさに彼女がセティI世の葬祭殿を発掘したのです。過去生からの縁があって掘り出したわけですね。

その後、セティI世はアストラル界から降りてきて、彼女と生活をともにします。普通であれば、セティI世はアストラル界の存在であり、彼女は物質世界の存在ですから、セティI世を幽霊のような姿で見ることはできたとしても生活をともにすることなどできません。

ところが、セティI世はファラオだったときに魔術に通じていたので、物質的な肉体として降りてきて、彼女と一緒に一時を過ごすことができたというわけです。セティI世は体を切って血を出して見せたり、彼女とセックスまでしたりしているところを見ると、彼が普通の肉体と変わらない姿で現れていたことは間違いありません。

これらのことは、別名で「オンム・セティ」とも呼ばれるこの女性がすべて日記に書き記していました。彼女はすごく立派な考古学者であり、エジプトの考古学界では多くの人から尊敬されている人物ですから、みんな彼女の話を信じています。

**ホボット**　（瞑想して）その話についての情報を受け取りました……アストラル界と現実の物質世界はそれほど遠くありません。セティI世の行ったような物質化は珍しい現象ではありますが、アストラル界の成分の波動を少し変えれば可能です。たとえば、遠い星から地球に来ているUFOも同じ技術を使っています。

彼女、ドロシー・イーディーはパワーがありポジティブな人物です。強い生命力を持っており、セティI世の一部が彼女に入っていると感じられます。彼女の話は事実です。その映像も私に来ています。セティI世の体は普通の物質的な体でした。このことは、物質世界とアストラル界の層の境はとても薄いという一例です。

セティI世の使った技法は第3チャクラと第1チャクラをつなぐ技法でした。第3チャクラはアストラル界と同じ波動を持っています。その第3チャクラを第1チャクラにつないで波動を遅くしていくと第1チャクラに下りることになり、その生命体はこの世界に現れます。これはアストラル界の住人がこの世界に現れた一例ですが、そのような例はほかにもたくさんあるのです。

**死は存在しません。死は錯覚です！**

**浅川**　本来、人間は死んだら高い世界へ行って、そこから再び地上へ生まれるという形で輪廻転生を繰り返すわけですが、セティI世の場合はこの地上に強い執着心があったので、その高い世界まで上がることができず、アストラル界の高いところで自分たちの世界を作って3000年以上もずっとそこにいたのでしょう。

**ホボット**　3000年以上そこにいたというのはめずらしいことですが、それもあり得ます。私は今、映像で彼らのことを見ており、浅川さんの話の通りだと思います。

セティI世は物質化のために彼女のエネルギーをある程度使いました。そのエネルギーがないと物質化できないからです。そのため、彼女が死んだことで、その体は再び非物質化しました。

**浅川**　オンム・セティの死後、2人は一緒に高い世界に上がりましたか？

**ホボット**　現在、彼らは互いにコミュニケーションをとりながらアストラル界の上の層におり、そこで集中して学んでいます。それは彼が作った世界よりも高い階層です。ずっと高い世界です。

**浅川**　それはよかった。私はそれがずっと気になっていたんです。

**ホボット**　私は知りませんでしたが、これはとても興味深い話ですね。

**浅川**　この話はオンム・セティが人に話しても信じないだろうということで、自分で書き残したのです。ただ、エジプトのハニー・エル・ゼイニという人物だけにこの話をしていたので、彼女が亡くなった後、そのゼイニ氏が残された資料をまとめて出版（『転生者オンム・セティと古代エジプトの謎』田中真知訳　学習研究社刊）したのです。そういうことですから、これはうその話ではないと信じていましたが、今あなたにお聞きして確認できたので大変嬉しく思っています。

このエピソードは、死後世界の存在を示すものとして、そして、この世にあまり強い未練や執着心を残すと、戻るべき霊的世界へ帰還できずに想念で作られた世界に途中下車してしまうこともありますよ、ということを教える上で一番いい話だと思い、時々、私の講演会でも話しているんです。

**ホボット**　それはいいことですね。確かに死は存在しません。死は錯覚です。私の知人のうち亡くなった人とはみな、コンタクトがとれています。

## 人間の想念が生み出した悪神はアストラル界の寄生虫！　人の苦しみ悲しみをエネルギーとしている!!

**浅川**　今のことに関係する話だと思いますが、ホボットさんはロシアのゴルキイという町にあるサイキックの研究所にいたとき、物質化した「キリスト」を名乗る存在と出会ったそうですね。それについて詳しくお聞かせください。

**ホボット**　数十人の人が一緒に見ました。それはアストラル的なビジョンではありません。その生命体は完全に物質化していました。そして、その場にいた私の仲間たちはその存在を「キリスト」と認識しました。そこにいた人々の意識にそういう情報が流れてきたのです。
　それに「2000年前に生きてキリストの役目をした」というものでした。

**浅川**　2000年前にキリストとして現れて、今また、ここにいるという意味ですね。

**ホボット**　その通りです。

**浅川**　それは、何かの実験の過程で起きたものですか？

**ホボット**　誰に呼ばれたわけでもなく自然に現れました。私がその存在を見たとき、体の一部は金色の光で、一部は私たちが想像するようなキリストの姿……男性の姿でした。目の色は一定ではなく、青になったり金色になったりしていました。
　私には、ほかの人に来たようなメッセージは伝えられませんでしたが、私がこの惑星で何らかの役割を持っており、それを助けるために宇宙が支えると言われました。

**浅川**　宇宙が支える？　宇宙人が支えるということ？

**ホボット**　はっきり分かりませんが、そういう意味だと思います。その役目は彼らにとっても大切だから支援するということなのでしょう。
　メッセージはもう1つあります。それは、それまでの仕事（ロシア政府に関係したサイキックの仕事）を辞めて、スピリチュアル的な面で人々を導く仕事を始めたほうがいいというものでした。

**浅川**　ちょうど、その研究所に残った人や辞めた人がいたりしたという、そのタイミングに現れたわけですね。

**ホボット**　そうです、その時期でした。そこで、私は研究所を辞めて自分の道を進むことを決めました。私はそのときも現在も、いかなる宗教も信じていません。キリスト教も含めてです。しかし、私以外の人には、その存在はそのように（自らをキリストと）自己紹介していたようです。

私はどんな宗教も信じていません。今も昔も宗教には興味がありません。

**浅川**　多神教的な考え方はどう思いますか。

**ホボット**　さまざまなエネルギーの層があり、そこにさまざまな生命体がいるのは事実です。それとは別に、人間によって人工的に作られた考えそのものが生命体と化していることもあります。人の考えには力があるので、それはすぐにはなくなりません。

**浅川**　つまり、人の想念がある種の神のように振る舞うケースがある。

**ホボット**　あるエネルギーの層には人間によって作られた神も実際に存在します。そのように、人に作られた神の中には、人にいい影響を及ぼす神もいれば、悪い影響を及ぼす神もいます。

その点で日本人は恵まれていると言えるでしょう。神道は人に対してとてもいい影響があると私は感じています。神道の神を知覚するとそれが進化した生命体であることが分かります。それは間違いなく高いレベルの生命体であり、彼らは日本列島を守護する役目を持っています。

しかし、それとは逆に、ある地域では人に作られた想念が神として崇拝されています。その中で一番悪い想念はアストラル界の寄生虫のような存在となり、人々からエネルギーを吸い取っているのです。

**浅川**　それはアストラル界の生命体なんですか？

**ホボット**　そうです。アストラル界において一番低いレベルの生命体です。それはエネルギーの寄生虫とも言える存在であり、神の姿をして人をだまし、戦争を引き起こしたり、別の苦痛を引き起こしたりして自分のエネルギーを得ています。人が苦しみや悲しみを感じるとき、その人からはエネルギーが流出するのです。

**浅川**　苦しんでいる人間からはエネルギーを奪いやすいということですね。彼らはそのような感情と同じレベルにいるから。

**ホボット**　彼らはそのような低い波動のエネルギーしか使えないのです。逆に、よいエネルギーは彼らにとってマイナスとなるでしょう。だから、そのような生命体につながっている宗教は人間から喜びを奪おうとしてきました。

**浅川**　例えば、どのような宗教ですか？

**ホボット**　現在のキリスト教は人間に作られた想念の神であり、エネルギーの寄生虫の1つです。イスラム教やユダヤ教もそうです。これら3つの宗教は、人からエネルギーを吸い取る宗教の代表的なものです。これらの宗教を信じている方はそのような話を信じたくないと思いますが、私はそれ（それらの宗教の背後で起きていること）を知覚することができます。

私が子供のころに力が現れはじめたとき、周囲の人々は無宗教であり、輪廻転生という現象について聞いたことがありませんでした。しかし、宗教の教えとは関係なく、私は自分自身でそのしくみを知覚したのです。

**浅川**　キリスト教では輪廻転生を認めていませんが、それは完全に間違っていますね。

**ホボット**　4世紀ごろにキリスト教は変えられてしまい、本来の教えは消え去ってしまいました。

**浅川**　仏教はその点では、より正しい教えだと言えるでしょうか。

**ホボット**　ただ、私が体外離脱してアストラル界で多くの時間を過ごした経験から言うと、（仏教で説くように）人が犬などの動物に生まれ変わることはないと思います。輪廻転生では人は必ず人に生まれ変わるのです。もし、人が動物に生まれ変わるようなことがあるなら、それはとてもめずらしいことでしょう。

## 私（浅川）の前世は赤い鳥だった!?

**浅川**　私は鳥に生まれたことがあると、ある霊能者に言われたのですが。

**ホボット**　実際に鳥に生まれたのではなく、浅川さんは鳥が好きだったので、死んでアストラル界に入ったときに鳥の体に入ったことがあるのです。そのときには物質世界におけるいくつかの鳥の種類に入りました。

**浅川**　その霊能者は、「あなたが入ったのは赤い鳥だ」と言うんですね。

**ホボット**　そのように鳥の体に入るようなことは、浅川さんのように成長した魂にしかできません。ただし、ただ1羽の鳥の中に入ったのではなく、特定の種類の鳥の集合的意識に入ったのです。

**浅川**　私はペルー・アマゾン流域のマヌーという地域に何回か足を運び、鳥の写真を撮影してきました。その記録がこの写真集（『最後の楽園ＰＥＲÚ』あおば出版刊、ヒカルランドより再刊）です。ちょっとこれを見てみてください……。

この表紙にも使ったのが、まさに霊能者の言うアンデスイワドリという赤い鳥なんです。

**ホボット**　素晴らしい写真集ですね。

浅川さんの写真はとても気に入りました。撮られた場所や動物たちとエネルギー的に強くつながっている写真です。マドレ・デ・ディオス川の写真がありますが、そこに写っている場所の近くに私は小さなベース（拠点）を持っており、今回のペルーの旅はそこで終えました。これはある種のシンクロニシティですね。

浅川さんは過去生で、このマヌーにおいて強いシャーマンとして生きていました。それは19世紀ごろの話であり、浅川さんに強い影響を及ぼした過去生の1つです。

**浅川**　そうですか、そうした縁があって何回もペルー・アマゾン流域を訪れたわけですね。ところで、先ほどの話に戻りますが、どうして私は鳥の集合的意識に入ったんですか？

**ホボット**　人の魂はただ1羽の鳥の中に入ることはできません。ある程度、神経システムが進化した体でなければ、そこに人の魂は入れないからです。そして、浅川さんのように進歩した魂は、

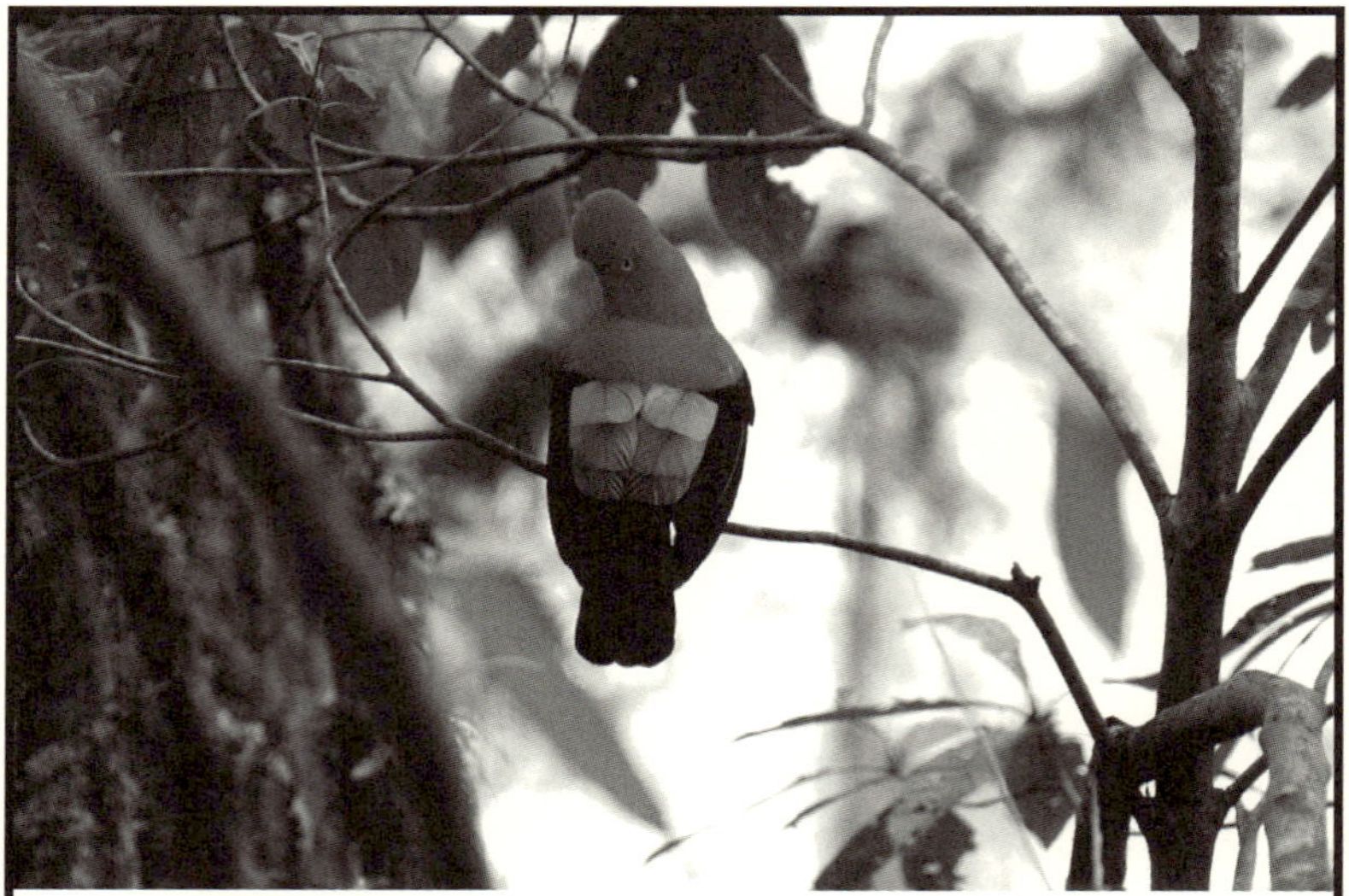

［図４－２］ペルーの国鳥……アンデスイワドリのメス。「浅川氏はアストラル界で鳥の集合的意識の中に入り、鳥の成長を手助けしていたことがあった」と、ホボット氏は語っている。

［図４－３］ペルー・アマゾン川流域のマヌー国立公園で野鳥を撮影する浅川嘉富氏。氏はこの地で４年間にわたって３回の撮影を敢行している。ペトル・ホボット氏もまたこのエリアでしばしばワークを行っており、奇しくも２人はこの地で結ばれていたようである。

死んでから次に生まれ変わるまでの間にいろいろな役割を与えられます。つまり、浅川さんには、いくつかの鳥の種類をケアする役目があったのです。

**浅川**　そうすると私の場合は、死んで向こうの世界に行って生まれ変わってくるまでの間に、地球の鳥の集合的意識の中に一時的に入ったということですね。鳥に生まれ変わったのではなく。

**ホボット**　浅川さんには何回もそのような体験があります。

## 人は輪廻転生を繰り返して魂の学びを深めていく

**浅川**　この［図４－４、５］は、私が本に書いた霊的世界――人間が死んでから行く世界の全体像です。

はるか遠い昔、人間の魂は地球で学ぶために遠くの星からやってきたわけですね。そしてまず、地球のフォーカス35という領域に到着する。ここは5次元（霊界）の上層、あるいは6次元（神界）の下層と言ってもいい霊的階層です。

この魂たちは地球の3次元（物質世界）で肉体を持とうとしますが、たくさんの経験を積むために、分魂といって、1つの魂を複数の魂に分割することを行う。そして、その個々の魂が地球での輪廻転生を始めて、何度も生まれ変わりながら学びを深めていくわけです。

その輪廻転生では地上の3次元とフォーカス27という領域との間で行き来することになります。このフォーカス27という領域は、4次元（アストラル界・幽界）と5次元（霊界）の境にある霊

### フォーカス(F)27.35と信念体系領域の構成図

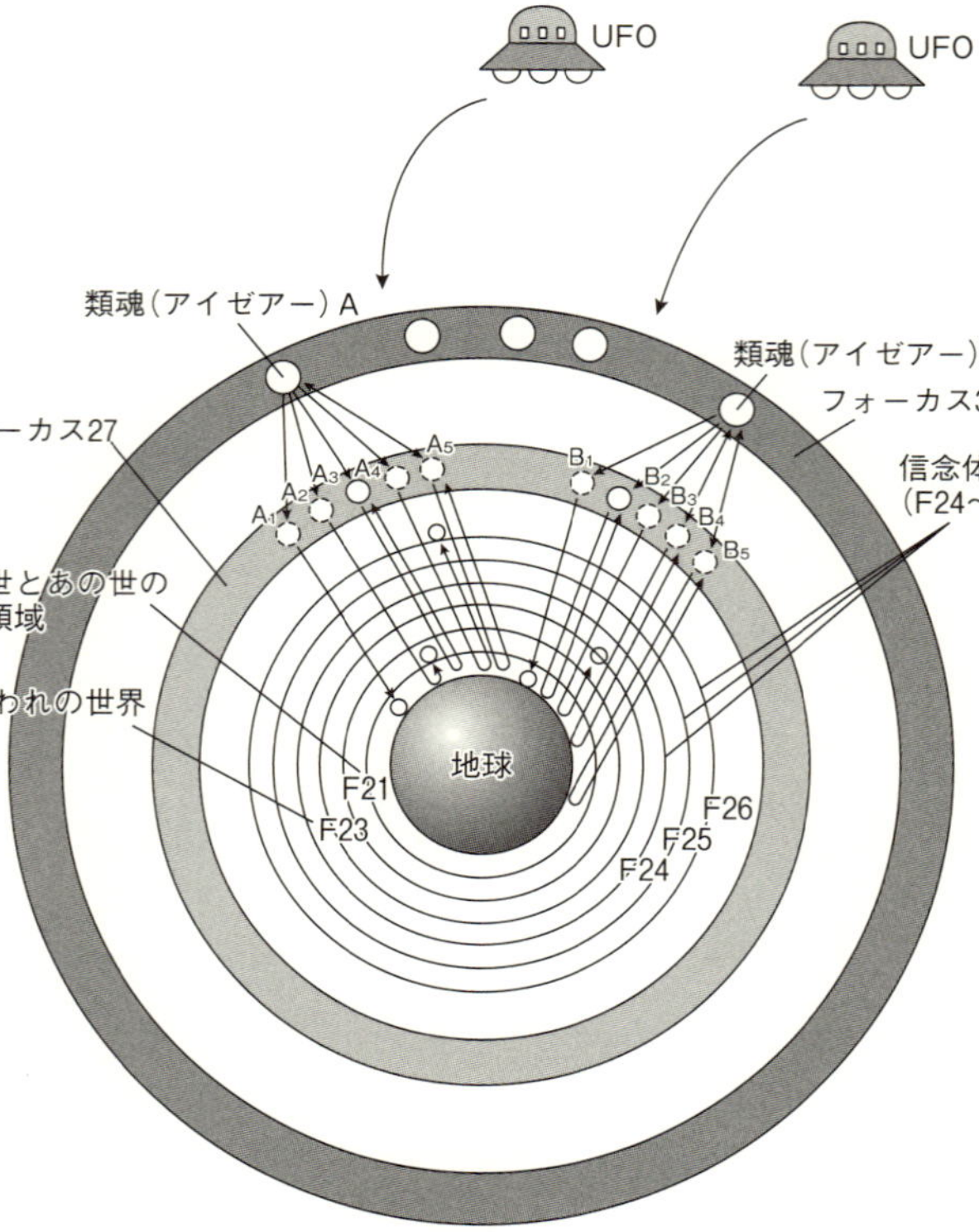


[図4－4] $A_1$と$B_1$は、現在地上界で生活している。$A_2$は、この世とあの世との境界領域で自縛《じばく》霊《れい》としてさまよっている。$A_3$、$B_2$はF(フォーカス)27に戻っている。$A_4$は、F26の信念体系領域、$B_3$はF23の囚《とら》われの世界にとどまっている。$A_5$、$B_4$、$B_5$は輪廻転生を終えてF35に戻り、類魂と合体を果たしている。(『2012年アセンション最後の真実』学研パブリッシング刊より)

## 霊的世界と次元

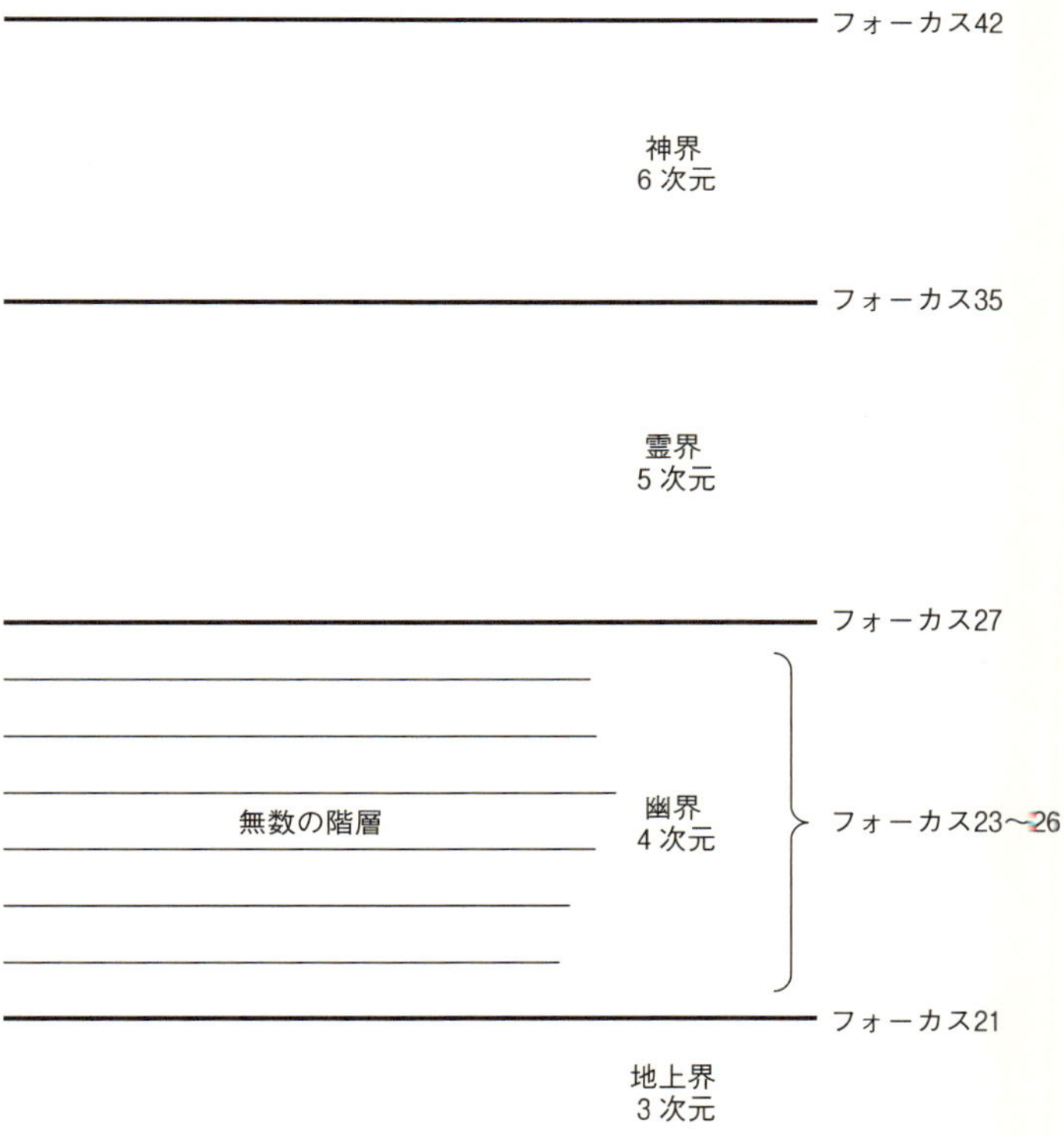


［図4－5］霊的世界の階層は、次元と一致している。そしてその次元特有の振動数《しんどうすう》に体が一致しないかぎり、その世界を見ることはできない。ただし、上位の次元から下位の次元を見ることは可能である。それゆえ、高次元の星からやってきた生命体には地球が見えるのに、私たちには彼らを見ることができない、という現象も発生するのである。（『2012年アセンション最後の真実』学研パブリッシング刊より）

的階層だと言えるでしょう。魂は3次元で肉体として生まれ、死ぬとフォーカス27に上昇し、再び肉体として生まれ変わるわけです。

そして、繰り返される輪廻転生によって十分に学んだ魂は、フォーカス35にまで上昇して類魂——分魂する前のもともとの魂に帰還します。その後、魂は自分がやってきた星へ戻るか、あるいはいまだ輪廻転生を繰り返している魂の指導を行うことになります。

こういう考え方があるわけですが、これについてホボットさんはどう思いますか。

**ホボット**　その考え方はどこから来たものですか？

**浅川**　ヨーロッパや日本におけるスピリチュアリズムの考え方や、ヘミシンク法による体外離脱を教えているモンロー研究所の考え方を私なりにまとめたものです。

**ホボット**　それは、私の経験とおおよそ合っていますが、実際にはそのシステムはもっと複雑です。

**浅川**　そうでしょうね。その話をしていただく前にもう少し説明させてください。

人が死んでフォーカス27へ上昇するときに、みながスムーズに戻れるわけではありません。4次元（アストラル界・幽界）のフォーカス23からフォーカス26の領域には想念で作った世界がたくさんあって、先ほどのセティI世みたいにフォーカス27に戻る途中で、その世界にとどまってしまうことが多いのです。

あるいは、「もっとお金が欲しかった」「あの女性と一緒になりたかった」というようなこの世に対する執着心が強くて、地上（3次元）を離れられない魂もいる。それから、「地獄」と言われるような低いアストラル界もあるわけです。そういう構造になっているのだと私は思っています。

**ホボット**　そうです。そういうしくみになっています。途中で自分のイメージにこだわった魂は、上へ上がらずに途中で止まっています。

**浅川**　そういう世界が何層も何層もあるんでしょう？

**ホボット**　そうです。たくさんあります。

**浅川**　たとえば、戦争が好きな人は「戦争をしたい」という思いで世界を作り上げて同じような魂同士でそこに集まり、戦争をみなで続けている。あるいは、お金を貯めたいと思う人は、そういう人だけが想念で作り上げた世界に行ってしまう。そのように、似た者同士で集まる。

**ホボット**　そのほかに、前の人生を繰り返している層もありますし、集中的に学んでいる層もあります。アストラル界を上がっていくと、そのような各層の違いや体験の違いを感じ取ることができるのです。

## 輪廻転生はもちろんあります

**浅川**　再確認したいのですが、ホボットさんは輪廻転生はあるとお考えですね。

**ホボット**　もちろんです。

**浅川**　生まれ変わるには、死んだ後、ある程度まで高い世界に行かないといけないのではないですか？　想念で作った世界にとどまると輪廻転生できないのでは？

**ホボット**　魂の波動が上がっていくと学びを得られる層に到達します。

**浅川**　私の今の説明にあるフォーカス27が学びを得られる層だと思いますが。

**ホボット**　そうですね。そこから生まれ変わります。

**浅川**　しかし、そこまで上昇せず、自分たちの想念で作った世界にとどまってしまうことも少なくない。

たとえば、ある宗教の信者は、その教義で説かれた通りの天国をそこに作ってしまう。そうなると、死んだ人がフォーカス27に向かって上昇していく途中で、ふと横を見るとそこに教えられた通りの天国があるから、ついそこで下りてしまいますね。そして、そこには同じ宗教の仲間がいて居心地がいいから、ずっととどまってしまう。しかし、それではいつまでも転生することはできません。

私はそう考えているのですが、どうでしょうか。

**ホボット**　その通りです。想念で作られた層はたくさんあり、私はこれまでにその基本的な層をすべて見てきたと思います。その世界はアストラルの物質で作られています。学びを得られる層もそうです。

**浅川**　4次元（幽界）のことをアストラル界と呼ぶんだと思いますが、この層（フォーカス27）

もアストラル界の一部でしょうか。

**ホボット**　そうです。ただし、この層の方のマインドの波動は断然早く、振動しています。高い波動ということです。そしてそこでは、4次元の（想念で作り上げた世界ではない）現実を認識しはじめます。

**浅川**　ホボットさんはいろんな層を見てきたようですが——。

**ホボット**　どの層についても説明できますが、その一つ一つを説明していくといつまでも話が終わりません。そこで、私の経験からその全体像を示したいと思います。

## アストラル界の3つの段階——①死んだ人がまず行く領域

**ホボット**　私はアストラル界を3つの段階に分けています。その第1の段階は死んだ人がまず行く領域であり主観的な段階です。ここはアストラル界に慣れるためのところであり、その中にもたくさんの層があります。

それらは想念の世界であり、ある世界は天国のようですが、別の世界は地獄のようです。それがどういう世界であるのかは、その人の考え方によります。それはある意味で夢に似ており、人は自分で作り出す環境に囲まれるのです。

基本的にはみな、生きていたときの姿にこだわるので、この段階では生前（死んだ直後）と同じ姿をしています。しかし、波動の層を上がっていくにつれ体が若返っていき、最終的には30歳ぐらいの姿になるでしょう。

**浅川**　だんだんと若くなっていくんですね。たとえば、私が死んだら最初はこの格好のままだけど、上に上がっていくにつれ若返っていく。

**ホボット**　身近な例を挙げましょう。

私は知人や友人ですでに亡くなっている人に何人か会っています。亡くなった私の祖父の場合、生きていたときに好きだった環境をアストラル界に作り上げていました。それは30年代のウィーンです。一般的には、その人の人生において一番楽しかった時期を過ごしたときの環境をマインドが作り上げることが多いと言えます。

私はそこで祖父と会い、彼は「カフェで一緒にビリヤードをやろう」と言いました。しかし、最初に会ったときには祖父だと分からなかったのです。それは彼が35歳ほどの姿で現れたからです。

**浅川**　おじいさんがいたのはどのあたりの層ですか。

**ホボット**　第1の段階の下から3分の1のところまでは、魂は自分が死んだことを自覚できておらず、それが問題となります。その3分の1までの領域でとどまっているのは、たとえば殺された魂などです。そこは物質界とアストラル界の中間領域と言えるでしょう。

そこには上の階層から生命体が助けに来ていますが、波動が違いすぎるため、そこにいる魂には彼らが見えません。なお、私のアストラル界での役割りの1つは、そのような領域にとどまっている魂を上の段階へ行かせることでした。

その次の層では、魂は自分が死んだことを自覚していますが、そのことはあまり考えたくありません。そのため、主観的な環境（自分が好む環境）を作り出します。その場合、集団で1つの環境を作り出すのは一番危険なことだと言えるでしょう。それによって、そこにとどまりやすくなってしまうからです。

そのような環境は宗教の教義に沿って作られていることもあります。先ほど浅川さんの説明にあったような世界です。しかし、上の階層から来た生命体はそれを壊していきます。

**浅川**　それは最近になっていよいよ壊しはじめたということですか？

**ホボット**　アストラル界は変わってきており、現在は10年前とは違っています。光の生命体には新しい活動計画があるのです。なぜなら、人類はいわゆるアセンションの準備に入っているからです。

さて、アストラル界の第2段階で魂は自分自身に集中します。

浅川さんの先ほどの質問ですが、私の祖父は亡くなって20年以上経っており、現在、第1段階にいて第2段階へ入る準備をしています。ただし、アストラル界は個人の必要性に応じて調整されているので、一般的な話をすることは難しいと言えるでしょう。

## アストラル界の3つの段階――②生前の自分自身を見せられる

**浅川**　そのアストラル界の第2段階とはどういう領域ですか？

**ホボット**　ここはとても大切な段階です。この段階には、アストラル界を超えた次元からたくさんアシスタントが来ています。強く（エネルギーを）放射しているその生命体は、見る人によっては天使だと思える存在です。しかし、天使というよりは波動の高い生命体と言ったほうがいいでしょう。

この段階で魂は、自分自身の生前の人生を詳しく見ることになります。また、そのようにアシスタントが促します。人生をさまざまな面から見ていくのです。具体的には映画を見るようにして人生を再体験します。そのとき、アシスタントたちにいろいろ教えてもらうことになるでしょう。魂は自分を外から見るような感じで、まずはサーッと人生を見るのです。

**浅川**　アシスタントから、「お前はここのところでこういう間違いをしたよ」というように教えられるわけですね。

**ホボット**　最初の回想体験の後、もう一度人生を見ますが、そのときには重要なポイントで一時停止したり、巻き戻ししたり、指導を受けたりして見ることになります。

**浅川**　ポイントごとに学びながら見ていく。

**ホボット**　その次は、人生において関係した人や動物の立場から、その人生を見ることになります。その人がまわりの人や動物に引き起こした反応や感情を体験するのです。つまり、かかわった相手の気持ちを体験するということです。

**浅川** たとえば、私が友人を助けたとすれば、その友人の立場で「ああ、助けてくれてありがとう」という気持ちを感じながら回想体験するわけですね。

**ホボット** そうです。かかわったすべての生き物の気持ちを感じます。そこでは、小さな虫から間接的に影響を与えた人に至るまで、すべての存在の経験を体験し、その相手の考え方や感情を感じます。また、その相手の人生がどれくらい変わったかも感じるのです。

たとえば、人を殺した人は、殺された人やその家族の気持ちを感じることになるでしょう。そのため、(政治家という立場で)戦争を起こした人は、かなりの時間をそこで過ごすことになります。

**浅川** 影響を与えた数多くの人や動物たちの気持ちを体験することになるんですね。それはまさに、臨死体験者が伝えている走馬灯体験そのものです。まるでレイモンド・ムーディー博士の話を聞いているようです。

**ホボット** その体験をしているときにはアシスタントもいます。そして、人を殺したような魂であっても、そのことを非難することなく最大限の支援を行うのです。すべては宇宙の実験であるということをその魂が理解するまで支援を行います。これらの階層全体は宇宙の研究所であり、生命のさまざまな形を研究する場なのです。

なお、人生の再体験の仕方として別の方法もあります。それは、離れたところから見るのではなく、物質的な環境の中で人生をもう一度生きるということです。その場合、「すでに死んでいる」という記憶はブロックされ、本人は現実だと思ってその人生を再体験することになります。

また、人生の再体験においては、人生のさまざまなバージョンを見ることができます。つまり、実際とは別の判断をした場合にその人生がどのように進んでいたのかを見ることができるのです。別の選択肢を選んだときの別の人生です。それはアシスタントが見せてくれます。

なぜ見せてくれるのかというと、次に生まれ変わったときに、これまでの人生よりもいい判断をするためです。ただし、アシスタントには「いい／悪い」の判断はありません。

この第2段階になると、前の人生で何を学んだかを理解できるようになります。そして、前の人生を客観的な立場から見るように教えられるのです。

## アストラル界の3つの段階——③過去生も含めたすべてを学ぶ

第2段階を超えるとアストラル界の3番目の段階に達します。これは学びの段階であり、そのための学校のようなところがあります。ここでは前の人生の体の形態に魂はそれほどこだわっていません。そして、魂は前の人生以外のすべての過去生を見せられることになります。

この層には学校のようなホールに画面がたくさんあり、魂は3D映像でさまざまな人生を見ることができます。ほかの形式で見ることもできますが、魂にとっては画面のほうが受け取りやすいのです。とても広い図書館もたくさんあり、そこには地球の過去についての情報があります。また、この層では次の転生へ向けての準備も行われます。その魂に可能な次の転生を見せられますが、それは人生のすべてではなく大切な要点となる一部分だけです。

これら3つの段階がアストラル界の全構造です。この3つの段階を数日で通過する人もいれば、数百年かかる人もいます。なお、アストラル界では裁判のようなことはありません。地獄があるとすれば、それはその人が自ら作ったものです。

**浅川**　アストラル界の世界を整理してみましょう。アストラル界は3つの段階に分かれており、第1段階では自分の死を自覚し心を癒したあとで上に進む。第2段階では人生を振り返り、前世のさまざまな場面を見せられて反省し、次なる人生の糧《かて》とする。最後の第3段階では前世以外のすべての過去生や地球の歴史などを見ながら勉強をする。そして、次なる人生の一部を見せられ、転生に備えて準備をする。

**ホボット**　その通りです。

## 前世の記憶を持つ子供たちはなぜ生まれるか

**ホボット**　アストラル空間は3次元の地球よりも断然広い領域です。たくさんの波動で成り立っているので、同じ空間であっても重なって存在することができ、広く見えるのはそのためです。私はアストラル界のすべての階層を見に行きましたが、主に訪問したのは第1段階と第3段階でした。第2段階では魂は自分自身に集中しているので、私が行くと彼らはそれを邪魔に感じるのです。

**浅川**　第2段階や第3段階にやってくるアシスタントという存在は、輪廻を超えた次元であるフォーカス35、あるいはそれ以上の領域から来るのだと私は考えています。つまり、輪廻をする必要のない、すでに学び終えた魂がやってきて教えてくれるのだと。

**ホボット**　確かに、アシスタントたちは主にアストラル界を超えた高次元からやってきます。しかし、アストラル界の第3段階で成長を遂げた魂が、第2段階に下りてきてアシスタントとして活動することもあります。

また、特別な役割のアシスタントもいます。たとえば、子供のうちに死んだ魂には特別なケアが必要です。第1段階と第2段階との間には特別なスペースがあり、子供のうちに死んだ魂はそこに達すると、上の段階へ向かうことなくすぐに適切な胎児に宿ります。死んだときの子供と似た環境へ生まれるのです。

時にそれは同じ両親であることもめずらしくありません。その場合、アシスタントは両親へテレパシーで子供を作るように勧め、魂にはそこへ入るように指導します。

何らかの理由で同じ両親に子供ができない場合には、遺伝的に似た家族を探します。また、地理的に近いところに生まれるケースも多いのです。このような転生の場合、前の人生の影響が残ることがあります。たとえば、体の特定の場所にできたアザなどを引き継いだりするのです。

**浅川**　通常であれば、前の人生の記憶は消されますね。覚えていては問題がありますから。しかし、このような場合にに記憶が残る可能性もありそうですね。

**ホボット**　その通りです。前の人生を覚えている可能性が高いと言えます。アシスタントたちは、そのような問題が起きないようにサポートしていますが、通常の輪廻転生よりは記憶が残りやすいと言えます。

また、殺されたような人が第1段階の3分の1のところまで来て、そこから生まれ変わることがまれにあります。その場合も過去の人生を覚えているので、やはりそれが問題となるでしょう。

**浅川**　そうなると、理由もなしに殺されたような人が、憎しみのあまり殺した相手の近くへ生まれ変わったりすることもあり得ますね。

**ホボット**　その可能性はあります。ただし、非常にめずらしい異常な現象です。

**浅川**　幼少で亡くなった子供は第1階層と第2階層の間の層にとどまり、そこから輪廻転生してくるというのは、初めて知りました。アストラル界の第2段階以上の層へ行くケースはまったくないのですか？

**ホボット**　14～16歳以上であれば上へ行くこともあります。

**浅川**　もっと小さいと？　3～4歳では？

**ホボット**　その場合、上へ行くことはありません。

**浅川**　そういう子供たちはすぐ生まれ変わるんですか？　2～3年で生まれ変わる？

**ホボット**　そうです。とても短い期間です。アシスタントはその時間をできるだけ短くしようとしています。アストラル界では（時間の流れ方が違うので）時間の話は難しいのですが、おおよそ数年後にはその魂は戻ってきます。

**浅川**　では、子供を除けば、輪廻転生の平均サイクルはどれくらいでしょう？　私はおよそ200年ぐらいと考えていましたが、最近読んだ本では約100年と書いてある本もありました。

**ホボット**　そのサイクルを平均するのは難しいですね。数日というケースもあれば、数千年というケースもありますから。しかし、あえて平均するとすれば、現在は約15年から20年というところだと思います。

**浅川**　えっ！　そんなに短い期間で戻ってくるんですか？　アストラル界で学び、癒されて戻ってくるのに、たったそれくらいの時間でいいんですか？

**ホボット**　それで十分です。アストラル界の時間は（3次元の）地球の時間とは違います。アストラル界で数百年過ごしても地球では数日しか経っていないということがあり得るのです。そのため、15～20年であっても十分な時間をアストラル界で過ごすことができます。

私が知っている人々の中で20年ほど前に亡くなった人は、現在、アストラル界の上のほうにいます。さすがに半年間で転生する人はめずらしいのですが、その逆に100年以上もかかって転生する人もめずらしいと言えます。

昔は生まれ変わるために時間がかかっていましたが、それは、地球に人が少なかったので転生するための肉体を用意するのに時間がかかっていたということです。

## 胎児の成長と魂の宿り方

**ホボット**　魂が胎児につながる過程は大変興味深いものです。生まれ変わる前、魂はアシスタントたちと未来（次の生）の両親候補を見ることになります。候補となる家族はいくつかあり、それぞれが遺伝的に似ているのです。そして、どの胎児に生まれるか決まったら、魂はその胎児のまわりにやってきて胎内における成長の様子を見守ります。

もちろん、そのときにはアシスタントも一緒に見守っています。これは、自分が入るのに適切な体かどうかを調べる過程ですから、ある程度の時間がかかります。なお、1人の胎児のまわりに複数の魂が漂っていることもまれにあります。

魂が胎児の体に入れるようになるのは、妊娠5ヵ月の初めごろからです。それまで、胎児は子宮の中で動いてはいますが、ロボットのような存在でしかなく、そこに魂は宿っていません。

非常にまれなケースとして、いったん魂が胎児の体に入った後で、その魂が出ていって別の魂が入ることもあります。妊娠5ヵ月の終わりまでにそれが起きることがありますが、それ以降はいったん魂が入ったらもう出ることはありません。

**浅川**　魂としての自分の性質に適合する肉体かどうかを、その時期に吟味するわけですね。

**ホボット**　魂が体に入った後、魂の性質と（遺伝的に）体の持つ性質との組み合わせによってその人の性格が作られていきます。つまり、各人の性格の一部は魂から来ているだけでなく、一部は体の遺伝的特質からも来ているのです。

ある魂はわざとコントロールしにくい体を選ぶでしょう。輪廻転生のプロセスはロデオのようなものです。ロデオとは暴れ馬を乗りこなす競技ですね。ちょうどそのように魂が肉体とその欲望をコントロールすることが、輪廻転生で学ぶべきテーマの1つだと言えます。

そして、どの魂がどの肉体に入るのかは主にアシスタントが決めます。なお、まれにアストラル界の第3段階で未来生を見ているときに、その魂を宿すことになる胎児がすでに存在しているケースもあります。

さて、魂は5ヵ月の初めごろに脳と脊髄の境目に接続します。まず、魂から腕のようなものが伸びてその箇所につながって脳へ入り、その後、脊髄へ入ります。そして、魂が神経システムを自分の目的に合うように修正した後、コードがロックされ、ほかの魂はその肉体に入れなくなります。

いったんそのようにロックされてからは、ほかの魂がその体に入ることはできません。ほかの魂がその魂に影響することはありますが、体に入ることはできないのです。

## 「憑依《ひょうい》現象」で実際に起きていること

**浅川**　今の話によると、ほかの魂は妊娠6ヵ月以上になると入れないということですね。しかし、大人になってから悪いことをする人がたくさんいます。その中には、別の魂が入って（憑依《ひょうい》して）悪いことをしているとしか思えないケースもあります。それはやはり、特別なケースとして、その人の中に別の魂が入っているんでしょうか。

**ホボット**　肉体の中には、もともといる魂以外の魂は入れません。もし、ほかの魂が入り込んだなら、その体はすぐに死んでしまうでしょう。

おそらく、浅川さんのおっしゃっているケースは、ほかの魂が肉体に入っているのではなく、その人に付着して強い影響を及ぼしている状態のことだと思います。そのようなとき、たとえばその付着した魂は「誰かを殺せ」といったイメージを入れてきます。

ただし、そのようなことは普通の元気な人に対しては行えません。オーラの弱った人、麻薬やアルコールの中毒者などでなければ、ほかの魂が強い影響を及ぼすことはできないのです。

たとえば、ジョン・レノンは精神的に病んでいる人に殺されましたが、その犯人は別の魂からのコントロールを受けていました。遠隔的にコード（エネルギー的なプログラム）を入れられたのです。もしそれがなければ、ジョン・レノンが殺されることはなかったでしょう。

私もベネズエラで、ある女性から拳銃で撃たれたことがあります。幸い弾ははずれました。実は、その女性は直前に強い麻薬を摂取しており、私を殺すようにコントロールを受けていたのです。そのように、遠隔的にマインドコントロールを施すことは可能です。

## 魂の故郷（5次元・6次元）、そしてすべての源《ソース》（12次元）

**浅川**　先ほど私が話した分魂ということについて聞いたことはありますか？　1つの魂だけで輪廻を繰り返していてもそれほど多くを学べないので、たくさんの魂に分かれていろいろな国や時代で人生を送り、再び1つの魂（類魂）に融合する。そういうことを多くのスピリチュアルな人が言っていますが、それについてのホボットさんの体験はどうでしょうか。

**ホボット**　ほかの理論のことはあまり知りません。私は自分の経験からのみ話しています。いろいろな理論があると思いますが、そのような理論は主に臨死体験、前世催眠、リモートヴューイングに基づいているのでしょう。一方、私は体外離脱と高次元の生命体とのコミュニケーションから情報をまとめました。

さて、アストラル界を説明するのはわりに簡単です。波動的には（3次元の）地球に近いからです。しかし、アストラル界を超える世界を説明するのは難しい。それは、私たちの言葉が時間と空間に縛られているからです。

魂が4次元や5次元を知覚しているときの体験は言葉にしにくいものとなります。たとえば、魂が5次元から輪廻転生におけるそれぞれの人生を見るとき、すべての過去生が同時に起きているように見え、そのすべてが1つの魂として融合しているように体験されるでしょう。

私は5次元や6次元のことを「魂の故郷」と呼んでいます。それは物質的世界ではなく、ずっ

分魂の図

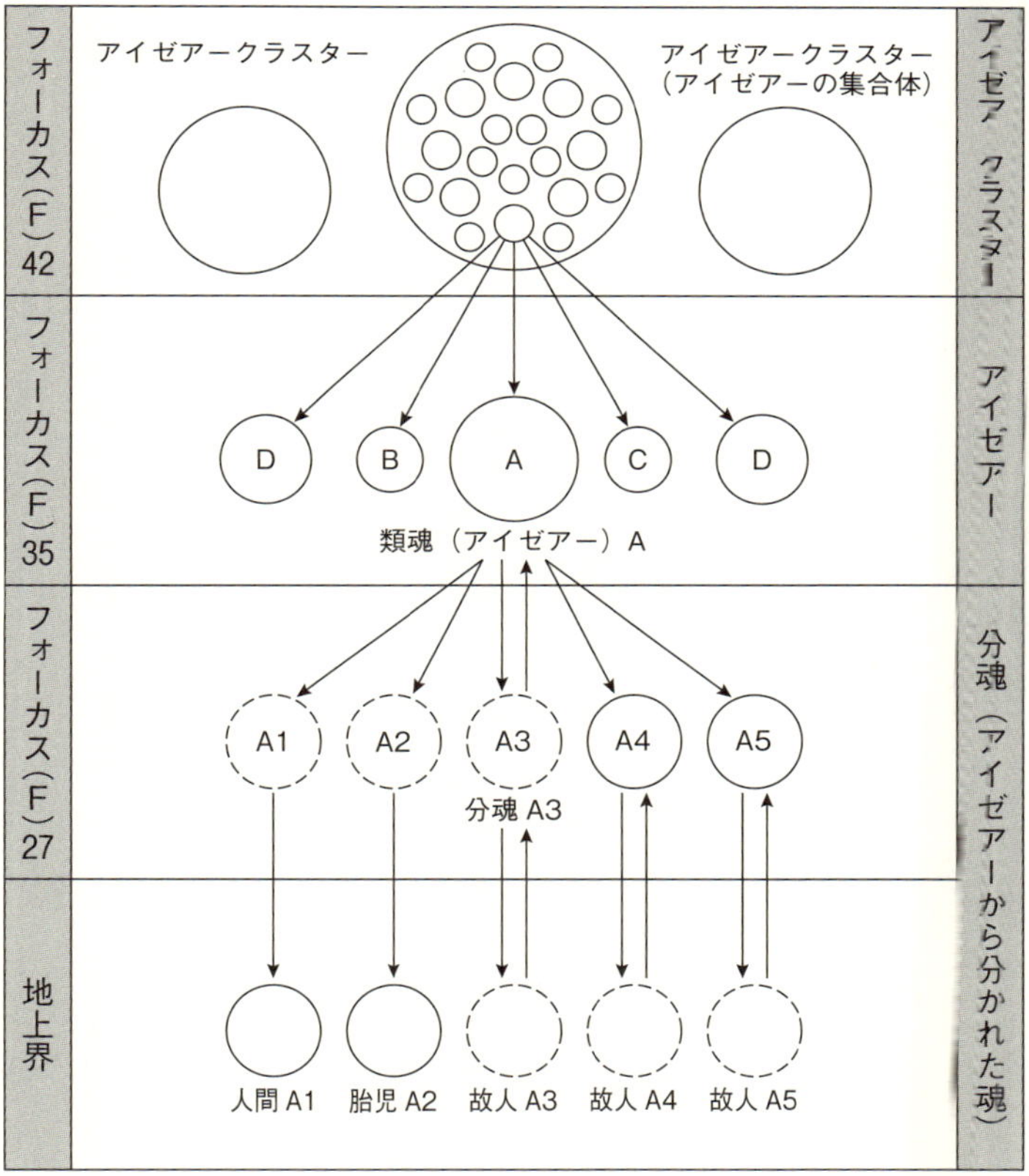


［図4－6］分魂の図。分魂《ぶんこん》A３は輪廻転生《りんねてんせい》を終えてフォーカス35に戻り、類魂《るいこん》Aに合流してA１～A５の守護霊（ガイド）となっている。分魂A１は現在地上界で生活しており、間もなくフォーカス27に戻る。分魂A２は母親の胎内《たいない》におり、ほどなくして赤子《あかご》として誕生する。（『2012年アセンション最後の真実』学研パブリッシング刊より）

と高いレベルの世界です。それはまったく違う現実なので、おおよその説明になってしまいます。そこは波動的には物質世界とまったく違うので、そこへ行くとなかなか肉体へ戻ることができません。それに比べると、体を離れてアストラル世界へ行くことは簡単なことだと言えます。

**浅川**　魂の故郷というのは、私の言うフォーカス35よりもさらに高い領域ですね。

**ホボット**　はい、もっと高いところです。魂の故郷には物質世界とはまったく違う法則があります。そこには巨大なシステムがあり、それぞれのシステムの中に数億もの魂がいます。

12次元にいる存在である源《ソース》——これが魂を作っています。といっても1つずつ作るのではなく、まず巨大な塊《かたまり》として作り、その塊の中では魂ははっきりと分かれていません。つまり、個人化していないのです。

個々の魂はとても速いスピードでコミュニケーションしているので、私たちから見ると1つの存在として見えます。そして、その次の段階から、ステップを経ながら魂は一つ一つに分かれて個人化していきます。

源《ソース》が作った塊は分割されクラスターとなります。ここで魂は個人的な生命体として存在しており、1つのクラスターには数千の魂が入っています。しかし、その魂同士のコミュニケーションは非常に速いので、やはり私たちからは1つの生命体のように見えるでしょう。

さて、5次元にまで下りてきた魂は、ここで物質的次元に輪廻するかどうかを選択します。ある魂はまったく輪廻しないことを選ぶでしょう。輪廻転生は訓練の1つですが、輪廻しないこと

ホボット氏による全宇宙のしくみ

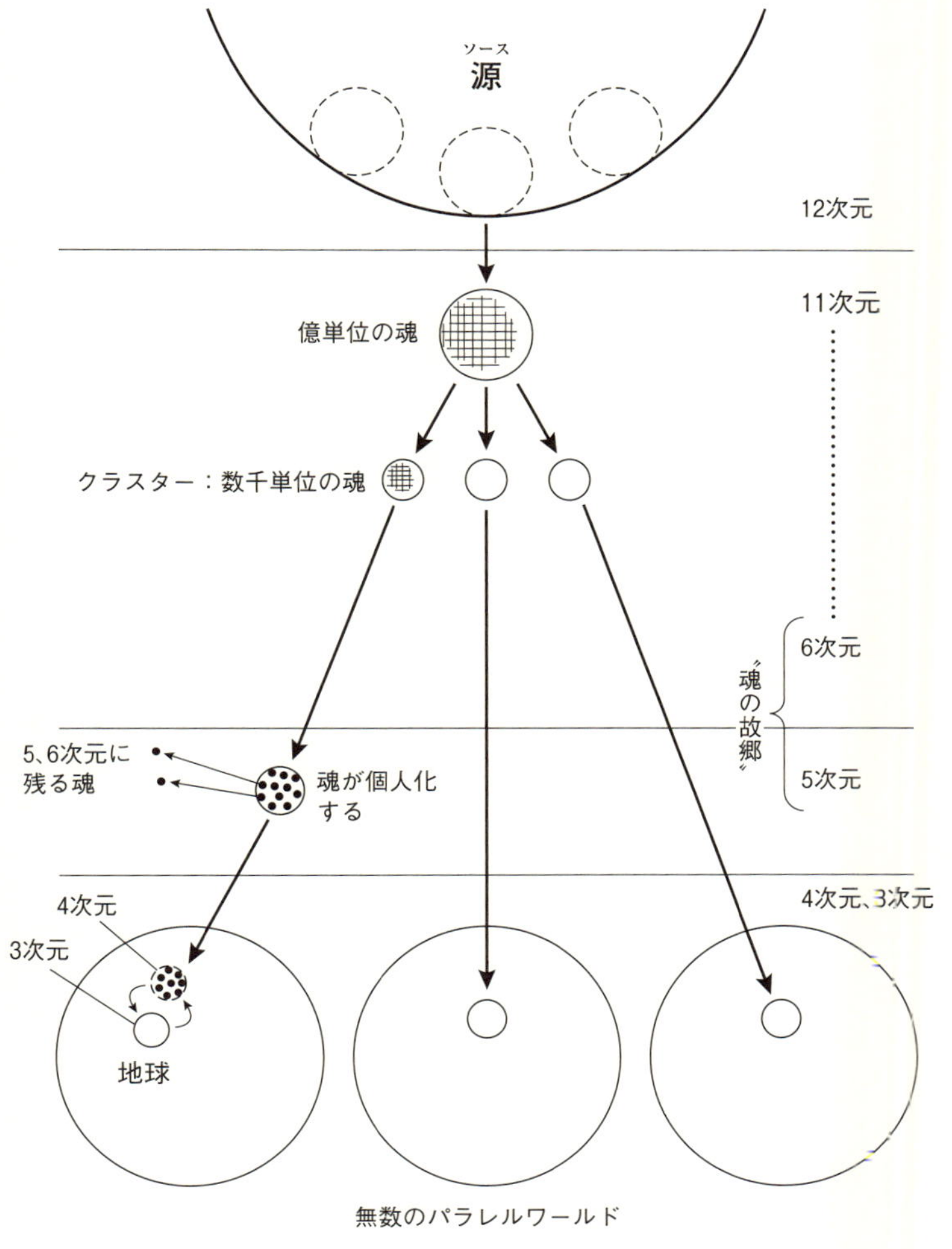


[図4－7]

を選択した魂は転生することなく数億年かけて別の訓練を受けることになります。たとえば、5次元や6次元で訓練を受けて、物質宇宙を作る方法を学ぶのです。

クラスターは輪廻転生をするために各惑星へ送り込まれます。どの宇宙のどの惑星に行くのかはクラスターごとに違っています。そして、そのような宇宙は無数にあるのです。

**浅川**　私たちが住んでいるような宇宙が無数に存在している。

## 地球上に存在する酸素分子の数ほどにたくさんの宇宙がある

**ホボット**　「どれくらいの数の宇宙が存在しているのか」と（光の生命体に）聞いたことがあります。その答えは、「地球上に存在する酸素分子の数ほどにたくさんの宇宙がある」というものでした。つまり、源《ソース》から発した生命システムの全体像は想像もできないほどに巨大であり、人の意識では理解できる範疇を越えているものなのでしょう。

**浅川**　その無数に存在する宇宙とは（物質的な）パラレルワールドのことですか？

**ホボット**　そうです。つまり、魂にはたくさんのパラレルワールドとたくさんの惑星という無数の選択肢が用意されているのです。

**浅川**　同じ塊から出てきたクラスターが違う宇宙へ行くこともあるんですか？

**ホボット**　そのクラスターがどの塊から出てきたかに関係なく、個々のクラスターは自分が行く宇宙を選んでいます。そして、あるクラスターが、ある銀河のある惑星を選んだら、その惑星でしか輪廻しません。何回、輪廻するのかはその惑星へ行く前に決めています。

**浅川**　同じ塊から出てきたクラスター同士はどこか似ているわけですか？

**ホボット**　何らかの形で波動的に似ていると言えます。

**浅川**　それでは、クラスターの中で魂が個人化するのはどの段階でしょうか。

**ホボット**　それは宇宙によって異なりますが、少なくともこの宇宙においては、地球に来る前の時点で魂の個人化を行っています。それは5次元のあたりで行われますが、「どこで」個人化するかは表現しにくいのです。時空の概念がまったく違うので、その場所をはっきり言うことはできません。

ただ、私がクラスターを見るときには、それは銀河に流れてくる光の流れのように知覚されます。我々の住む銀河とは違う銀河からクラスターが近づいてくるように見えるのです。1つのクラスターは1つの惑星を選びます。そして、その選択時にはたくさんの高次元の生命体が手伝ってくれています。その存在を宇宙人と言ってもいいでしょう。

なお、クラスターの中で個人化した魂のうち、そのいくつかは地上に生まれることなく途中で残ることがあります。4次元＝アストラル界で残るのです。

**浅川**　そうですか、4次元世界にとどまってほかの魂の活動を支援する魂もいるわけですね。そしてほかの魂は5次元で個人化したあと4次元へ入り、3次元との輪廻転生を繰り返すわけですね。

**ホボット**　そうです。これは実際のプロセスに近い説明ですが、より簡単に述べたものでしかないということに留意してください。

重要なのは、魂はある1つの惑星で輪廻転生を一定回数繰り返したら、再び魂の故郷へ戻るということです。地球では肉体の寿命が短いので何度も輪廻することになりますが、別の惑星では、ただ1度の人生で十分ということもあります。

**浅川**　魂が十分に学び終えたら、今説明していただいたものと逆の経路で戻っていくわけですね。

**ホボット**　輪廻して学びを終えた魂はクラスターにまとまり、魂の故郷へ戻ります。そして、そこからまた別の宇宙へ行くのです。これはクラスター単位での輪廻転生と言ってもいいでしょう。

**浅川**　ホボットさんの言う「クラスター」を「類魂」に置き換えれば、私がまとめた霊的世界の構造とほとんど同じしくみになっていることがよく分かります。体験の仕方は違ったとしても、やはりみな、霊的世界で同じものを見てきているんですね。

どうやら私が『2012年アセンション最後の真実』で書いた、宇宙と霊的世界を舞台にした魂の流れについても大きな間違いはなかったようで、安心しました。

霊的世界の構造を確認した上で、次は、これから起きると言われているアセンション（次元上昇）という現象はいったいどのようなものか、そして、2012年の前後には世界に何が起きてくるのかという点ついて、ホボットさんの受け取っているビジョンを分かち合っていただきたいと思います。

# 第5章

# すでに宇宙規模の大変化は起きている！

――「アセンション」（浅川説）＝「変容《トランスフォーメーション》、波動的な移動」（ホボット説）

Transformation

## アセンションは起こりますが、それには3000年くらいかかります

**浅川**　地球へやってきた類魂、あるいはクラスターと呼ばれる魂の集団は、一定回数の輪廻転生を終えると高次元の「魂の故郷」へ戻る、とホボットさんから先ほど説明していただきました。そうなると、私たちが今後迎えると言われるアセンション（次元上昇）という現象によって、魂はどの段階へ戻るのでしょうか？

**ホボット**　浅川さんの言う「アセンション」とはどういうことを指していますか。

**浅川**　これまで地球は3次元の星として存在し、そこに住む人類も3次元の存在として生きてきました。しかし、地球もかなり長大な歳月を経たので、波動が上がって5次元の波動に変わるときが来た。それがアセンションということではないかと考えています。

そうなれば、3次元の人間が5次元の地球に住むわけにはいかないので、3次元世界で十分に学んで波動を上げる準備ができた人とそうでない人は別々の世界で暮らすことになる。前者は生まれ変わった地球か別の5次元の星へ、後者は地球に代わる別の3次元の星へ行くことになる。そして、そのアセンションのときはまもなくやってくる――そのように私は考えています。

**ホボット**　そのような出来事はこれから3000年以内には起こりません。

**浅川**　えー！　5次元に移行しないんですか？　アセンションは起こらない？

**ホボット**　私の情報ではアセンションは起こりますが、一気に起きるのではなく、さまざまな段

階を経て徐々に起こります。そして、それには3000年くらいかかるということです。

**浅川**　ちょっと待ってください。今ですら世の中はこんなに悪くなっています。子が親を殺し、親が子を殺し、世界中でテロや殺戮《さつりく》が蔓延している……という時代になっているのに、あと3000年も待ったなら、この地球は人殺しの星になってしまいませんか!?

**ホボット**　地球では1万2000年もの間、人が人を殺してきていますが、何とかまだ続いています。だからというわけではありませんが、あと3000年は持つのではないでしょうか。

宇宙は実用的に動いており成長しています。もし今、地球が5次元に移行したなら、一緒に上へついていけるのは100人くらいです。ですから、もっと実用的なやり方といえるのは、この地球は3次元にそのまま置いておき、5次元に移行できる魂には移行してもらうというものです。

人は自分自身の力で進化しなければなりません。(現在期待されているアセンションのように)外の力で変わるようなことはない、ということを自分で理解して次のステップへ行かなければならないのです。

## もし、地球の波動が十分に上がったらアストラル界と融合します

**ホボット**　今、いきなり人の魂が5次元へ移行すれば、5次元に汚染を生じることになるでしょう。それに、5次元は普通の人が行って耐えられる場所ではありません。5次元で存在しようとすれば、人の知能は5000倍も拡大しなければならないからです。

**浅川**　しかし、人が死ぬと少なくとも4次元（アストラル界・幽界）へは行くでしょう。

**ホボット**　確かにアストラル界は4次元ですが、そこにいる魂はアストラル界を3次元として知覚しています。魂はアストラル界で3次元のコピーを作るからです。しかし本来、4次元はもう生まれなくていいほど成長した魂のいるレベルなのです。

それからもう1つ重要なポイントがあります。それは、惑星は5次元には移行できないということです。惑星は球形をしており、それは3次元の幾何学に基づく物質です。

**浅川**　用語の部分で少し行き違いがあるようです。私が言っている4次元、あるいは5次元というのは学者が言う幾何学的な4次元、5次元ではなく今より波動が高くなることを意味しています。まったく違う世界のことではなく、3次元よりも高い波動のことを4次元、もっと高い波動のことを5次元と呼んでいるのです。

**ホボット**　5次元の幾何学は3次元の幾何学とは違っています。

**浅川**　ホボットさんの言う次元というのは、線が1次元で、平面が2次元で、立体が3次元……という意味での次元でしょう？　私の言っているのはそういうことではありません。

たとえば、氷に熱を加えると水になり、さらに熱を加えると水蒸気になります。しかし、それは同じ$H_2O$であり、ただ原子の波動の状態が違うために見え方が違うわけでしょう。そういう違いのことを「次元」と私は呼んでいるのです。

そういうことで考えれば、4次元に住む存在の体を構成する物質の素粒子――サブクォークは小さくて波動も高いから、3次元の物質と重なって存在できる。そして、3次元からは4次元が見えない……というような説明が可能になるでしょう。

**ホボット**　分かりました。浅川さんが言っているのは物質の波動の変更の話ですね。

**浅川**　その通りです。

**ホボット**　もし、地球の波動が十分に上がったらアストラル界と融合します。

**浅川**　聞き方を変えましょう。たとえば、ホボットさんのコンタクトされているアルクトゥルスの生命体は地球人よりも高い存在でしょう。では、彼らは4次元の存在ですか？　5次元の存在ですか？

**ホボット**　私の考え方では、アルクトゥルスからの生命体たちはマインドとして3次元、4次元、5次元で活動しています。ただし、彼らのマインドの基礎は4次元に置いています。彼らのマインドが3次元に入ってきている場所に星としてのアルクトゥルスがあるので、私は「彼らはアルクトゥルスから来ている」と表現しています。

**浅川**　彼らはアルクトゥルスという星に住んでいると考えていいわけですか？

**ホボット**　アルクトゥルスに体を持ってそこで活動しています。しかし、それは彼らの活動の一部でしかありません。ほとんどは4次元で活動しています。

**浅川**　それはアルクトゥルスの4次元ですか？

**ホボット**　4次元はマインドにあるので、ある星にあるとか、別の星にあるとは言えません。ただし、彼らが3次元に下りてきたときにアルクトゥルスに現れるのは確かです。そこで、彼らのいる4次元領域を「アルクトゥルスのアストラル界」と言っても差し支えないでしょう。

**浅川**　私が5次元へ移行すると言っているのは、地球がアルクトゥルスのような星のレベルに上がるという意味です。

**ホボット**　4次元や5次元への移行は個人個人に起きることです。個人の波動が上がればその世界が上の次元に上がることになります。

**浅川**　(アルクトゥルスでは)一人一人の波動が上がっていって、結果的に多くの存在が移行していたということですか?

**ホボット**　その通りです。

## すべては絶対的存在の懐の内にある……

**ホボット**　次元について少し説明させてください。たとえば5次元とは、惑星の上に住んでいると同時に惑星を手の内に見る、あるいは、目の前にミカンがあるとして、それを外から見ていると同時に中からも見ている……というように(3次元とは)まったく違う現実です。

4次元には精妙な物質があり、ある意味で3次元に近い世界ですが、5次元は空間を超えているので、位置や距離といった概念が意味を成しません。そこは光と意識だけがある世界です。ですから、これを今の人間のマインドが理解するには大変困難です。

**浅川**　確かに、5次元的世界を頭で理解するのは難しいでしょうね。

**ホボット**　そのため、人間が今突然に5次元に現れたなら、マインドはすぐに3次元の現実を作るでしょう。上の次元にいると下の次元の現実を創造できるのです。4次元であるアストラル界に3次元の現実が作られているのもそのためです。

そして、こういう言い方もできます。実際のところ私たちはすでに5次元にいる。そして、12次元にもいる。しかし、私たちは3次元の現実を作ってもいる。

だから、私たちが上のエネルギーセンター（体の中にあるチャクラ）を十分に開発すれば、上の次元が分かるようになります。アルクトゥルスの生命体たちと私たちとの違いは、彼らのエネルギーセンターは私たちよりずっと活性化しているということです。そこで、もっと私たちが進化したら、私たちはすでに4次元や5次元にいるということを理解できる意識状態になります。

**浅川**　すべての次元にいるけれど、3次元にフォーカスしているから物質世界しか見えないというわけですね。

**ホボット**　そうです。

**浅川**　それはモンロー研究所でいう「フォーカス」の考え方と同じですね。意識の焦点（フォーカス）がどの次元にあるかによって、体験される霊的階層の段階が異なるという考え方から、モンロー研究所ではフォーカスの段階が、そのまま霊的階層の段階とほぼ同じ概念として理解されています。私が先ほどから言っているフォーカス27やフォーカス35というのもそのことです。

**ホボット**　その意味で、源《ソース》から始まるすべての進化プロセスは、絶対的存在＝源《ソース》の中に包まれていると考えることもできます。つまり、私たちは絶対的存在から外に出てにいないのです。これは非常に成長した生命体たちの視点であり、仏教にはこれと似た考え方があります。この視点から見ると、何も生まれてはおらず、絶対的存在だけが存在しています。

では、絶対的存在とは何でしょうか。それは、時間のないところです。時間がないので私たちは絶対的存在の一部として存在しています。個としての私たちは存在していないと言ってもいいでしょう。しかし、時間の存在を認めるときには、私たちは存在しているように見えます。そのように2つの見方があるわけです。これと同じことを神秘主義者やヨーガ行者などが経験しています。

私が先ほど描いたもの【図4―7】は説明のためのツールです。それは（魂としての）自分自身を研究するツールです。絶対的存在は自分自身を研究するための特別な状況を自分の中に作りました。私たちは絶対的存在の中におり、それと離れてはいません。

## 波動的な移動は起きる。ただし、宇宙はタダでは何もしてくれません！

**浅川**　そこのところは私が仮に理解できたとしても、言葉でどれだけ伝えられるかという話になりそうです。そこで、話を元に戻したいと思います。

次元という言葉についての解釈は別として、今地球が大きく変わろうとしているのは確かではないですか？　そのことについて、ホボットさんはどう考えているでしょうか。

**ホボット**　その通りです。近いうちに波動的な移動が行われます。

**浅川**　それを、私はアセンションと呼んでいるんです。

**ホボット**　これまでの世界が変わって新しい世界が作られます。それは違う現実です。マヤ暦はその変化をよく表示しています。約5000年周期の周期が今終わろうとしている。

**浅川**　そのような変化は今までに何度もあったと思います。栄えては滅び、滅びては栄えというようにです。そして、今までは何回文明が生まれ変わっても、地球もそこに住む人類もみな3次元の波動体として存在しつづけてきたわけです。しかし、これから始まる世界は、これまでとはまったく違う世界、つまり波動が一段上がった世界で私たちは暮らすことになるのではないか、という期待感を私は持っているのです。

**ホボット**　その通りです。

**浅川**　そうですか！　では、やはり私たちは同じことを言っていることになるんじゃないでしょうか。

**ホボット**　ただ、宇宙は人間にタダでは何もしてくれないということを理解してください。宇宙は人間にいろいろな経験をしてほしいのです。今から言うことで誰をも失望させたくありませんが、うそを言ってはいけないと思っています。

確かに波動的な移動が起こる可能性がありますが、今は分岐点にいるような状況であり、何も確実ではありません。また、人によってそのプロセスも違います。何でも未来のことが分かったなら、それは死んだシステムになるということを理解してください。

## フリーエネルギーとハートチャクラ、地球の波動を上げるミステリーサークル

**浅川**　波動が上がるとどういう世界になるんでしょうか。

**ホボット**　たとえば100年くらい前からすでに、宇宙からエネルギーを受け取って発電できるフリーエネルギー装置が存在しています。ニコラ・テスラという科学者がそれを作りましたが、その技術はずっと隠されています。

そして、光の生命体たちが言うには、私たちがそのフリーエネルギー装置を（公に）使いはじめたなら、彼らは人類をコミュニケーション相手としてとらえはじめるそうです。

**浅川**　仲間として認めるということですね。

**ホボット**　そうです、仲間として私たちとコミュニケーションを始めます。フリーエネルギー装置を使いはじめたなら、すごく大きな変化が起きてくるでしょう。それとともに私たちはエネルギーセンターの波動、特にハートのチャクラの波動を上げなければいけません。

**浅川**　その波動が上がるとどうなりますか？

**ホボット**　私たちは「人間」ではなく「魂」であるということ、特定の宗教の信者や、特定の民族の一員ではなく、ただ単に「魂」なんだと理解できるでしょう。そうすれば、互いに殺し合う

ようなことはなくなります。その状態に達しないと、人類は宇宙の仲間に入れてもらうことはできません。今の状態で人類が宇宙に入ることは非常に危険だからです。
そのように波動が上がるプロセスはすでに始まっています。たとえば、ミステリーサークルの1つの効果は波動を上げるということです。

**浅川**　ミステリーサークルが作られているのは地球の波動を上げるため？

**ホボット**　はい。ミステリーサークルが作られたところはすごく波動が上がっています。私は知覚者として、特にミステリーサークルの放射に興味があります。そこへ入ると拡張した意識になり、体を構成する分子が変化していくのが感じられるのです。その場所自体も変化していると感じられます。

また、周期的にミステリーサークルから大きなエネルギーが放射されることがあります。そのときには何キロも離れたところへエネルギーが飛んでいくのです。それから、ミステリーサークルのエネルギーが水に入ったり、その畑の麦を食べた人の波動が上がったりします。ナスカの地上絵にも同じことが言えます。

## 波動の変化によって時間も物質も別のものになる

**浅川**　そのように波動が上がるというのは、地球にとって大きな変化だと思いますが、これまでもそういうことはありましたか。それとも、それは地球、あるいは人類が今回初めて体験することなんでしょうか。

**ホボット**　地球では周期的にそのようなことが起きており、そのときには時間の濃さが変わったり太陽の活動も変わったりしています。さらに、量子の成分の量も変わるので、物質の性質も変わってしまうのです。

**浅川**　それは波動が変わることによる変化ですか。

**ホボット**　まず太陽の活動が変わり、波動も変わってきます。時間は引力に関係があるので、物質が変わると時間の流れや時間の濃さも変わります。そして、太陽のリズムは銀河の中心からの影響を受けて変わります。そのように、物質的な宇宙は徐々に変わってきているのです。

**浅川**　今回の波動の変化について私はこう考えています。銀河の中心から強い生命エネルギーが注がれはじめ、それによって太陽の活動が変わりはじめた。そのように太陽の活動が変わると、当然その影響は地球にも及ぶ。

　そして、地球は銀河の中心から直接生命エネルギーを受けると同時に、変化した太陽からも新たな影響を受けて、結果的にかなりのスピードで波動が上がりはじめた……こういうふうに思っていますが、正しいでしょうか。

**ホボット**　はい、そのような波動の変化は、物質を構成するサブクォークの成分が変わるサイクルでもあります。現時点は新しいサイクルが始まるところであり、時間の濃さや物質の組成や性質の大きな変更がまもなく行われる可能性があります。

**浅川**　太陽系全体が新しいサイクルに入ろうとしているとして、それは、どれくらいの年数のサイクルなんですか。

**ホボット**　1万2000年間です。先ほども話をしましたが、太陽の活動のサイクルがあり、それは1万2000年周期です。それとは別により短いサイクルもあり、それは約5000年です。そして、その約5000年のサイクルも今ちょうど終わろうとしています。

**浅川**　しかし、そんなに短いサイクルであれば、人類の歴史の中で何十回も地球の波動が上がったことになります。今回の変化はかつて人類が体験したことのない、あるいは地球が体験したことのないほどの体験だと私は思うのですが、どうでしょうか。

**ホボット**　これまでに存在した1万2000年サイクルと5000年サイクルはそのまま続くでしょう。しかし、それと同時に、私たちは銀河の新しいサイクルに入ることになると、光の生命体から聞いています。そのサイクルは50万年間のサイクルです。ですから、今回は同時に3つの新しいサイクルが始まることになります。

## 50万年間に1度の大変化が起きつつある！

**ホボット**　その新しい銀河のサイクルにおいて、これまでの1万2000年と5000年のサイクルが少し変わる可能性もあるでしょう。同時に3つのサイクルが始まるということは、大切なポイントであると思います。

**浅川**　そうなると、私たちがこれから体験しようという変化は、50万年に1度の大きな変化だということになるわけですね。

**ホボット**　それは全地球の進化にとって大切な変化だろうと私も感じています。

**浅川**　それは単に人間の波動が上がるということだけではなくて、地球の波動そのものも上がる。地球の波動が上がるのだから、人間の中でも十分に波動が上がらない人はついていけないぐらいの変化ということになりそうですね。

**ホボット**　それはすでに起きています。もうすでに、ある人たちは自分の人生が精神的に耐えがたいものとなってきているでしょう。そうなっているのは、すでに地球の波動が上がってきているからです。

**浅川**　もう始まっているんですか。では、これが何年か先にさらに上がってくれば、そこでついていけない人が出てくることになりますね。たとえば、100ワットの明かりがちょうどいいという人が、1000ワットの明かりになると「明るすぎてかなわない。勘弁してくれ」となる。ちょうど、そのような形でふるい分けが行われるのではないですか。

**ホボット**　非常に成長した生命体たちは銀河全体の状態をよく観察しており、この惑星の状況もよく把握しています。（必要があれば）彼らは地球で起きているプロセスを修正するでしょう。具体的には、波動が上がる過程で地球がこの機会を最も有益に使える方法は何なのかを彼らは判断し、銀河の中心からのエネルギーの放射を修正します。

もし彼らが、地球にいる人間のために波動をそれほど強くしないほうがいい、弱くして、たくさんの人が耐えられるほうがいいと判断すればその波動を低くするはずです。しかし、もし逆の判断をしたなら、その波動はそのままにしておくでしょう。いずれにせよ、その生命体たちは強い慈悲を持つ生命体です。彼らは人を殺すようなことはしたくないのです。

## 人間は魂であり、ポジティブな生命体だから、変容《トランスフォーメーション》を達成できるはず！

**ホボット**　未来はまったく決まっておらず、さまざまな可能性があります。だから、波動が上がるプロセスがどのように進むかということについて、確実なことは誰も言えません。それは、私たちが人間として決めることです。この惑星を観察している非常に成長した生命体たちも、人類の未来についてははっきり分からないのです。もし分かるのなら、この惑星を観察する必要がなくなります。

人間は何か確かなものが好きです。それで安心できるからです。しかし、未来はこのようになると主張している理論は正しくありません。ただ私が言えるのは、私たちは今、大きなサイクルが始まる地点にいるということです。そして、何か大きな変化が起こります。私にはそれしか言えません。

**浅川**　未来は私たち人類の考え方や心の持ち方によって変わる——それはよく分かります。しかし、その変化のピークがもう近づいていることは事実でしょう。今から1万年あるいは10万年も先の話であれば、今ここでこんな話をする必要はまったくありません。やはり、そのときはもうかなり近づいていると思うのです。
しかし、もうそこまで近づいているというのに、残念なことに、多くの人はその変化に気づかないまま相変わらず、「自分さえよければ」「今さえよければ」「お金さえあれば」……そういう考えを持ちつづけています。

**ホボット** 変化は起きています。人間の考え方は変わってきています。20世紀の間にさまざまな事件が起きて人々のマインドは大きく変わりました。20世紀の初めごろには数千人しか波動が上がることに準備ができていませんでしたが、現在では数百万人が準備できています。

私は人間を信頼しています。なぜなら人間は魂であるからです。本来、人間は非常にポジティブな生命体であり、非常にポジティブな源《ソース》から来ています。私は、これから起きる変化をトランスフォーメーション（変容）と呼んでいます。そして、人間はそのトランスフォーメーションをうまく達成できると信じています。

すべてのことがうまくいけば、これからの数年間で、波動の上昇に備えて準備のできている人たちは、3次元と同時にアストラル界に存在できるまでに波動が上がります。彼らは自分の体を非物質化させたり再び物質化させたりして、好きなときにアストラル界に出入りできるようになるでしょう。それは不可能ではありません。

たとえば、私は体を非物質化させることを3回経験しています。最初は約15年前、最後に経験したのは2年前のことであり、3回ともすべてシャーマンの訓練中に体験しました。それは、体が魂に吸い込まれる現象です。体はマインドの1つの形態であり、物質は実際には存在していません。サブクォークの成分はエネルギーと情報だけであり、それを最小単位として物質が成り立っています。

その非物質化の体験では、私はマインドとなってアストラル界へ行きました。ただし、私はそのプロセスをコントロールできなかったのです。意識的にコントロールできたほうがいいのですが、私の場合、それは突発的に起こりました。

非物質化のプロセスでは、まるで自分の肉体が溶けてしまうような感覚に襲われ、しばらくすると透明になり消えてしまいました。その状態でアストラル界に行ったのです。なお、非物質化したときには自分の体の形を意識で自由に変え、老人や若者になることもできます。

ブラジルで起きた非物質化の体験中、アストラル界から戻って再び物質化したときにはチェコのプラハに現れていました。そして、そこには私の知人がいたのです。この状況を作ったマインドやある種の力でそのようなシンクロニシティが作られたのでしょう。しばらくしてから再び私は非物質化して、元いたブラジルで再物質化しました。

そしてその後しばらくして、ブラジルからチェコに帰ったとき、私はその知人から、「前からプラハに帰っているのに何で連絡してくれなかったの」と問われました。つまり、その人はプラハで物質化した私の姿を3次元的存在として、その目で確認していたのです。それを言われたとき、あの非物質化の体験は主観的な私の想像ではなく、本当に起きたことなのだと理解しました。

**浅川**　つまりそのときの体験に、体外離脱してアストラル界に行った体験とは違うということですね。

**ホボット**　違います。今ある肉体を非物質化してアストラル界に移行し、再び戻ってきて物質化したのです。これから波動が上がる人々も私と同じような体験をすると思います。予期しない体験に驚く人も多いと思いますが、各自の潜在意識が正しい導きとなってくれるでしょう。そして、次第に自らの意思でコントロールできるようになってきます。

**浅川**　それはまさに私の言う「アセンション」ではないですか！　あなたはすでに波動上昇をすることができるレベルに達しているんですね。

　私は今、すでにアセンションを体験した人物を目前にしている事実に、大変驚いています。本当にびっくりです！　これで、人間が肉体を持ったままアセンションすることができることに確信が持てました。

## アセンションを体験した長南年恵

**浅川**　ところで1つお聞きしたいんですが、ホボットさんの行ったアストラル界というのは、死んだ人の行くアストラル界、つまり地球上のアストラル界ですか？　それとも宇宙のアストラル界ですか？

**ホボット**　死んだ後に魂が行くアストラル界です。それとは別に地球のアストラル界と離れて宇宙に存在するアストラル界もあります。そこは宇宙の生命体たちが作った基地であり、私はそこへ行くこともできます。ただし、そのときにはその領域の波動に自分を調節する必要があります。

**浅川**　ホボットさんの体験を聞いて思い出したのですが、日本でも同じような体験をした人がいました。それは今から140年ほど前に生まれた長南年恵《おさなみとしえ》という山形県の藩士の娘さんで、超能力を持った人です。

彼女は時々、姿を消していなくなることがあったようですが、ある大雪の日に突然家の中から姿が見えなくなったので家族や友人がみなで探していたところ、夜中の3時ごろに、縁側にドシンという音がした。みなが駆けつけると、彼女が雪よけのため四方を囲った縁側のそばにニコニコ笑いながら立っていたというのです。それで、みながどこへ行っていたのかと尋ねると、「神様が妙な山へ連れていったものだから、凍えてしまったよ」と笑いながら答えたそうです。

つまり、彼女も肉体の波動を上げてアストラル体となって移動し、再び物質化して戻ってきたというわけです。そういう話がありますから、ホボットさんが言っていることは本当であり、それだけ高いレベルにすでにあなたは達しているということだろうと思います。

## 波動上昇に耐えられない人は原始的惑星へ？——それはキリスト教的世界観に由来する誤りです！

**浅川**　さて、波動の上昇に準備のできている人は、これからそのように4次元へ自由に出入りできるようになるということですが、それ以外の人々はどうなるんでしょうか?

**ホボット**　一方、それ以外の人々はそのまま死んでしまうのではなく、彼らも何かある程度のトランスフォーメーションを進められるように、光の生命体たちが何か計画すると信じています。

彼らにも生き残るチャンスを与えるはずです。なぜなら、宇宙は非常に高い知性を持つ存在であり、理にかなわないことをしないからです。そういったことから、波動の変化はハリウッド映画などのような形では起きないと言えます。

**浅川**　それほど劇的なものではないということですか。

**ホボット**　誰もが気づくほどの劇的な変化は起こらないと思います。

**浅川**　しかし、数百万人の人はすでに準備ができているということですから、時が来れば、3次元でも4次元でも生活できるような人間も一部は誕生するということですね。そして、残りの人たちはまだそれはできない。

**ホボット**　特別な能力を得た人たちは、普通の生活に戻ってほかの人たちと同じように生活することもできます。これまでと変わらず3次元の体を持つからです。ただ、自分の波動を上げて3次元の体を消し、アストラル界に行くこともできる。そして、また3次元に戻って物質化するという能力を持つことになります。

そのほかの人々は、そもそもこのような急なトランスフォーメーションに興味があるかどうかも分かりません。もしかすると、それは激しすぎる変化であるため彼らは必要としないかもしれない。そのように準備ができていない人において波動を上げる障害となっているのは、（財産など）安心を得るために依存しているものをなくす恐れ、そして、もう1つは人と争う気持ちです。とはいえ、これから起きてくるプロセスでは、これまでより多くのエネルギーが宇宙の源《ソース》から来て波動が上がり、進化が加速されます。その結果、たくさんの可能性が広がり、できることが多くなります。しかし、それは可能性でしかなく確実なものではありません。あくまで可能性であり、それが実現できるかどうかは各個人によります。

そのプロセスはもう始まっており、これから3000年間かかります。それは人間が高い波動に慣れるための期間です。今すぐそこまで波動が上がらないとしても、3000年間でできます。それは長い時間と思えますが、宇宙から見れば、あるいは輪廻転生から考えたなら数時間ほどの短い期間です。そのプロセスを追求できない魂は、今と同じ波動のほかの惑星へ行って、そこで転生を始めます。そのため、結果的にはこの3000年間で地球の人口は減ることになるでしょう。

**浅川**　人口はどれくらい減るんですか？

**ホボット**　未来は誰にも分かりません。だから、どれくらいとは言えません。また、それを言うと未来についてネガティブなプログラミングをしてしまうことになるでしょう。

今の話を波動の上がった地球に転生できない人たちが、原始的な惑星へ転生させられるというように受け取らないでください。私はそういうことは言いたくありません。

そのようなとらえ方はキリスト教的な世界観に由来しています。善人は天国へ行かせて、悪人は地獄へ行かせるというのはキリスト教の考え方です。しかし、宇宙は知性的であり、進化を大切にしています。そして、シャーマンたちも同じような考え方を持っています。

人は急速な変化の話が好きであり、いつもそのような話に引きつけられますが、宇宙は継続的でゆっくりとした進化を好みます。確かに、この数年間で急に波動が上がるのは確かなことです。それは波動のジャンプと言えるほどのものでしょう。しかし、その後のプロセスは継続的でゆっくりとした変化となります。

そして、これから3000年後の地球はとてもきれいになっているでしょう。地球にいる人間は自分の体を好きなように非物質化し、再び物質化できます。体の形を好きなように自分の意思で変えられて、自らの過去生のすべての形態を再現することができます。

## 波動が上がると、心を隠してうそをつくことができなくなる

**浅川**　ホボットさんが言われるようなことを世に広めるのは非常に大切なことだと思います。しかし、まだ3000年あるということになると、慌てなくてもいい、自分の生き方を正すのは来世でも間に合うだろうということに、多くの人がなってしまいそうです。

**ホボット**　そういうことを考える人も出てくるかもしれませんが、そのためにうそをつくことは私にはできません。

焦って何かしないと殺される、あるいは死んでからもっといいところに行けない……そういう考え方を持ってしまうと、「宇宙は恐ろしい場所だ」「宇宙が悪い」と誤解してしまう可能性があります。これは一種の被害者意識です。そして、そのように宇宙が自分にひどいことをしていると思った人は、私もほかの人間にひどいことをしてもいいんだと考えるようになります。

また、これから数年ですごい変化が起きてくると考えている人は、外から来る変化にうまく対応すればそれでいいと思ってしまう可能性があります。しかし、それは違います。人類の代わりに誰かが何をするわけではありません。それをやらないといけないのは人類であり自分自身です。

確かに3000年は長く聞こえますが、私から見るとそれは決して長いものではありません。

**浅川**　なるほど、自分自身の努力なしでは決して波動を上げることはできない。決して誰かが上げてくれるものではない。私もそのように考えています。そのためには3000年が必要だというわけですね。

**ホボット**　3000年間で、それほど高い波動レベルに魂が対応できたなら、実際それはすごいことだと思います。

**浅川**　しかしそうなると、3000年の間、自分さえよければいいというような3次元的な人と、波動が上がった人がこの地球上で一緒に生活するということになります。はたして、それほど波動の違う人同士が一緒に生活できるものでしょうか。

**ホボット**　いい指摘です。確かに、この惑星を見ている光の生命体たちは、そのことをとても心配しています。

**浅川**　霊的世界においては、同じ考え方の人、同じ波動の人たちだけが同じ層に住んでいますね。つまり、泥棒と善人とは一緒に暮らしてはいない。ところが、地球は3次元だから、善人も人殺しも、正直者もうそつきも、みなが一緒に暮らしている。

なぜ一緒に暮らせるのかというと心を隠すことができるから。悪人でもうそつきでも心を隠し通すことができたから、善人や正直者と同じ世界で暮らすことができた。しかし、これから波動が上がってくると、そのように心を隠すことができなくなるわけですから、とても一緒に生活することなど無理になってくるんじゃないですか？

**ホボット**　浅川さんが言っていることはすごく大事なことです。今でも地球には、マインドのレベルが大きく異なっている人々がいて、一緒に暮らさなければいけません。多くの人にとっては今の状態でもとても大変です。

そこで私は、よくコンタクトをとっている生命体たちとこの件で相談してきました。彼らの一つの案は、この能力（3次元と4次元に跨がって存在する能力）に至る人が、光の生命体たちから守護を受けるというものです。

中にはずっと4次元に存在して、地球の波動を上げる目的のために、たまに3次元に物質化するという人も出てくるでしょう。つまり、彼らは地球に来ている宇宙人のような指導的な存在になるわけです。これからの10年間、数十年間、あるいは数百年間かけて大勢の人が4次元に存在する方法を学び、大勢の人がそのレベルになればいいと彼らは考えています。
彼ら（3次元と4次元に跨がって存在する能力者）は時々3次元に現れて、ほかの人にその方法を教えます。ある時点までは隠れたところで教えますが、たくさんの人がそれを学ぼうとするようになれば、世間に出て正式に教えはじめるでしょう。もちろん、それは一つの案でしかありません。

**浅川**　いろいろな計画がある中の1つとしてそういうことも考えている。

**ホボット**　彼らはこれを、最も多くの人々がチャンスをもらえる計画だと考えています。もし、進化の準備ができていない人たちを（波動の変更プロセスから脱落させて）今の地球と同じような波動の惑星に行かせたなら、彼らは学ぶチャンス、進化するチャンスをなくすでしょう。
いずれにせよ、方向と目標が決まっているのは確かなことです。しかし、その目標にどうやって行くかは決まっておらず、これからどうなるかは誰にも確かなことは言えません。もちろん、私は完璧な世界のビジョンができるだけ早く実現することを望んでいます。しかし、私が得ている情報では、実際には急激な進化とゆっくりした継続的な進化とを妥協させたものとなるように見えます。

## 急進派の宇宙人と穏健派の宇宙人の存在

**浅川**　私が聞いている情報の中にこういうものがあります。宇宙人の中には2通りの考え方がある。つまり、急進派と穏健派があって、穏健派は人類の創成にかかわった人たちで愛情が非常に豊かだから、多くの人に気づいてもらえるように時間をもう少しかけようと考えている。
しかし、急進派の人たちは銀河系の外の星の人たちであり、そんなに待つことはない、あまり待っていると地球人のことだから、核戦争を起こす可能性もゼロではない。そうしたら、進化どころか、地球そのものがなくなってしまう事態もあり得る。だから急がないといけない。
そのような2つの意見があると私は聞いています。

**ホボット**　その通りです。浅川さんがそれほどの情報を持っていることに驚いています。成長した文明の中にもこのような意見の違いがあるのは事実です。そのことで人を怖がらせるようなことはしたくなかったので、その話はあえてしませんでしたけれど。しかし、浅川さんが言っている通りです。

**浅川**　もう1つ聞いているのは、急進派の人たちは、「今、銀河の中心から進化のための生命エネルギーが注がれているが、これがいつまで続くか自分たちにも分からない。だから、照射が続いているうちに早く進化を遂げて変わってしまわないといけない。長い間待っていてエネルギーが途絶えてしまったら、それこそ大変なことになりはしないか」と、言っているということです。

**ホボット**　その通りです。浅川さんは非常に質のいい情報を持っていますね。

**浅川**　私が聞いている情報のように、遠くない未来にタイムリミットが来て地球と人類に急激な変化が起きるという見方と、あなたが言われたように3000年近い時間をかけて少しずつ変化を遂げていくという見方……どちらもあり得る未来ではないかと思います。
ただ、時の流れがこれだけ速くなっていることを考えると、最終的な完了時期は先だとしても、私は近いうちに、自らの行動力で肉体の波動を高め、高次元へと消えていく人が次々と出てくるのではないかと思っています。長南年恵やホボットさんのような方が現に存在しているのですから、それは決して夢物語ではないはずです。

**ホボット**　そうですね。そうした可能性はあり得ると思います。浅川さんが時の変化が近いと考えている背景にはどんなことがあるのですか？

**浅川**　1つは今言ったように、「時の流れ」、「時間の経過」があまりに速く感じられるようになってきていることです。直線的な志向で考えれば、何百年、何千年先のことも、放物線状に事態が進めば数年、数十年で達成することになりますよね。
人類は長大な年月をこの地球で暮らしてきた中で、ようやく波動を上げるチャンスをものにできるのではないかと考えていますが、いずれにしろ、そのときに向かって時間の流れは放物線状に加速するのではないでしょうか。とすると、その変化はこれから先、そんなに時間がかからずやってくるのではないかと思うのです。

**ホボット**　なるほど。

## 相次ぐUFO目撃情報、覚醒した子供たちは時代の到来を告げている

**浅川**　それとあと2点ほど、そのときの到来が早いことを知らせることがあるんです。

その1つは、今、地球のあちこちでUFOの目撃報告が相次いでいるということです。現に、最初にお話ししたように、私の住む町の上空に巨大母船が出現(口絵1ページ参照)してその姿が写真に撮られたり、小型UFOが乱舞したりする現象が起きています。

こうした動きは、地球の変化に備えてやってきている宇宙人たちが、私たちに変化の近づいていることを知らしめようとしているのではないかと思われるのです。それがこれから何百年も何千年も先のことであれば、そんなに急いで宇宙や宇宙人の存在に目覚めさせる行動に出ることはないように思われます。

それともう1つは、最近私のもとに小学生以下の小さな子供たちから、地球の変化がそれほど遠くない未来に起きるということを告げる情報が届いていることです。

幼稚園に通うある女の子は、自分は土星のアストラル界から転生してきたことをお母さんに告げ、それは、地球で大異変が起きたとき、魂のつながりのあるお母さんをUFOに乗せるためだと語ったというのです。その子のお母さんは40歳前後ですから、そのときが50年も60年も先ではないことは確かです。

また、別の小学生の女の子はお母さんに向かって、「地球はもう少ししたら水晶のような透明の星になるんだよ」と語っています。おそらくそれは、地球自体の波動が変わることを告げているのではないでしょうか。

さらに、もう1人の小学生は男の子で、すでに何度かお話しした超能力を持つ子供です。その子は天界の相当高い世界からやってきているようですが、やはり、それほど遠くないうちに、3次元に残る人々と高次元に進む人との二手に分かれることになると語っています。

こうしたことはいずれも邪念や思い込みのない無心な子供たちが伝える言葉ですから、心を開いて聞く必要があると思うのです。

**ホボット**　最後に登場する子供さんの写真を見させていただきましたが、確かに高い波動を持っていますね。浅川さんが言われるように、この子が高次元の世界から来ていることは確かだと思います。

**浅川**　いずれにしろ、ホボットさんの耳には、これから先、近づく一大変化に対するより確かな情報が入ってくることと思いますので、そのときにはぜひお知らせください。

また、読者のみなさんは、アセンション、アセンションと無用に騒ぎ立てることなく、またその時期をいつかいつかとあまり気にすることなく、平常心で明るく暮らしながら少しでも波動を上げることができるよう、他人に対する思いやり、つまり利他心を持って徳積みに励まれたらいかがでしょうか。

宇宙からの生命エネルギーの照射によって、すべての魂に大きな変化が起きてきていることは間違いありません。それだけにこのチャンスを逃す手はないと思います。

Forecast

# 第6章

# ［近未来予測］迫りくる戦争の危機

――ポジティブな未来を作るのはすべて私たちの選択！

## 【ホボット近未来予測】２０１０年経済危機、２０１３年戦争勃発

**ホボット**　近い未来について大切な話があります。それは、もしかすると、近い将来に戦争が起きるかもしれないということです。それを起こさないためには、みなが力を合わせて瞑想しなければなりません。私たちは自分自身の未来をマインドの力で作っていきます。だから、瞑想はとても有効な手段だと言えます。

過去、パキスタンで危険な状況が発生したとき、そのようなやり方で解決できたと私は考えています。また、１９９８年に大きな自然災害が起きるという予言もありました。著名な予言者であるエドガー・ケイシーは「１９９８年に日本が沈没する」と予言していましたが、それは起きませんでしたね。これらのことについては、後で詳しくお話ししましょう。

**浅川**　予言というお話が出たので、本題に入る前にお聞きしておきたいことがあります。ジュセリーノというブラジルの予言者がいますが、その予言が以前はよく当たっていたのに、ここ2年ほどはほとんど当たらなくなっています。どういう理由ではずれるようになったのか、彼の写真を見ていただいてその理由が分かったら教えてください。

**ホボット**　（写真に手をかざす）彼のオーラは非常に弱っており、何か攻撃を受けているようです。また、彼は能力の使い方に問題があり、そのために能力が弱くなってきています。

**浅川**　彼の能力の使い方に問題があるという点はよく理解できます。私も彼は道を踏みはずした

のではないかと思っています。来日して、テレビ出演していた時の話を聞いてそう感じました。「9・11テロ事件」は捏造の自作自演劇だから、アルカイダなど搭乗しているはずがない。それなのにアルカイダを霊視したと語っていたからです。

**ホボット**　2010年は経済的な危険性が高まります。しかし、一気に崩壊するのではなく、連鎖的な危機に見舞われます。アメリカ合衆国はその解決法を探しますが、それは世界にとっては好ましくない方法です。

**浅川**　それは、米ドルの切り下げですか？

**ホボット**　いいえ、戦争です。先ほど言った話です。現在アメリカは戦争を起こさなければ危機から脱却できないところまできています。

最近、ペルーのチュルカナスで光の生命体に警告されたのは、2010年の後半には戦争が始まる可能性が高まるということでした。しかし、一番危険なのは2013年です。そのとき、アメリカと中国との間に戦争が起きる危険性があります。光の生命体はそれが起きることを恐れており、そうならないよう、私に協力を依頼してきました。

光の生命体が見せてくれたのは、戦争を計画している人々のマインドです。その計画はすでに存在しており、非常に詳細なものでした。もしアメリカが深刻な経済危機に陥ったなら、2015年には大国の座からドロップアウトするでしょう。しかし、戦争に勝てば、中国に借金を返さなくて済みますので、彼らは戦争をしたいと思っているのです。

ともかく、戦争のシナリオが作られて準備が進んでいることは確かです。しかし、それは必ず起こるわけではありません。戦争をやるかどうかは人類全員が決めることです。だから、みなが地球の明るい未来を瞑想してほしい（巻末附録参照）のです。

## CIAやFBIでさえコントロールできない権力が未来のシナリオを作っています！

**浅川**　近未来のアメリカの行動を推し量る上で気になるのが次の大統領選挙です。オバマ大統領は2012年に選挙を迎えますが、再選はあるでしょうか。

**ホボット**　それについては光の生命体に聞いてみます……（瞑想）。そうですね、オバマの再選はないでしょう。何らかの事件——経済関係のスキャンダルによってオバマの信用は落とされると思います。

ビル・クリントンのときにもそういうことが起きました。彼の女性スキャンダルはしくまれたものです。彼はUFOの情報を少しだけ知らされていましたが、その情報をもっと求めており、またそれを公表したいとさえ思っていました。

**浅川**　ああ、そういうことがあったんですか！

**ホボット**　彼は多くの情報を知っていたわけではありません。しかし、自分が知っていることを発表すれば、CIAの持っている情報をもっと引き出せると考えたのです。しかし、それを止めるために、警告としてモニカ・ルインスキー事件がしくまれました。もし、その警告を無視したなら、彼自身か家族が殺されたでしょう。

**浅川**　それはジョン・F・ケネディが殺されたのと同じ理由ですね。

**ホボット**　そうです。ケネディの愛人であるマリリン・モンローもまたその情報を知っており、それを公表したいと考えたため殺されました。このことは私が知覚力で過去につながって知った情報ですが、アメリカのあるサイキックもこの情報を知っていました。

そのように、アメリカは複雑な状況にあります。議会や政府は実は力を持たない人形のようなものであり、別のグループが実際には権力を握っています。それはCIAやFBIですらもコントロールできない部署です。それはCIAなどの組織の一部であり、公式には高い権限を持つ部署ではありませんが、実質的な権力を持つのは彼らです。彼らが政治を動かし、未来のシナリオを作っており、そのシナリオの1つが戦争なのです。

**浅川**　2010年、あるいは2013年に起きる可能性のある戦争は、イランとイスラエルが戦うものですか？

**ホボット**　はい。イランが関係します。アメリカはロシアと密接に協力して、ロシア経由で新しいモデルのミサイルを渡そうとしました。それはロシア製の「トポル」というミサイルです。ロシアの諜報機関FSB（旧KGB）にはさまざまな部署がありますが、その1つにアメリカと協力し合っている部署があり、そこが具体的な計画を立てました。

その計画では、ミサイルの密輸が発覚したときに備えて、ロシアンマフィアが海賊船（盗難船）でイランへ密輸を図ったように見せかける予定でした。もちろん、ロシアンマフィアも海賊もかかわってはいません。実際にはFSBがすべてやることです。

かくして、ミサイルを載せた船はロシアを出航しましたが、FSBの別の部署がこの計画に反対してその船を拿捕《だほ》したため、結局、ミサイルがイランに渡ることはありませんでした。これは新聞でも報道された話です。もちろん、その報道ではロシアンマフィアがやったことになっています。

## 「ノルウェーの怪光」はアルクトゥルスからの警告メッセージだった

**ホボット**　また、今から少し前には、それに関係した別の出来事も起きました。それは、ロシアが「ブラヴァ」という新しいミサイルの所持を発表したことに関係します。これはレーダーに写りにくい特殊なミサイルであり、プーチンが一緒に記念撮影を行って国内外へアピールされました。

そのとき試射も行われましたが、実はそれはUFOに撃墜されたのです。これはロシアのサイキックからも聞いた確実な情報です。

それと同じ日、モスクワの赤の広場には巨大な三角形のUFOが物質化して出現し、このとき、ロシア政府のサイキックたちが同じメッセージを受けています。それは、「宇宙人はロシアにこのミサイルを作ってほしくない」という内容です。宇宙人たちはロシアがこれを使うことを心配しているのではなく、イランがイスラエルに対してこれを使い、戦争になる可能性が高いと考えているのです。

そして、イスラエルが攻撃を受けた場合、中国がアラブ諸国に武器を渡しているという情報が問題となるでしょう。それは事実でないかもしれませんが、結果的に中国も戦争に巻き込まれることになるはずです。

**浅川**　そこから、アメリカと中国の戦争に発展するわけですね。

**ホボット**　はい。さらに、ロシアの赤の広場にUFOが現れたのと時を同じくして、ちょうどノルウェーをオバマ大統領が訪問する前夜、オスロ（ノルウェーの首都）に光の渦が現れる［図6－1］という出来事が起きました。

これは光の生命体たちによる、「アメリカとロシアの諜報機関が協力して戦争を起こそうとしていることを私たちは知っている」という警告です。そして、そのメッセージは、全世界の知覚者やシャーマンたちが受け取りました。

**浅川**　ペルーのシャーマンなどもそれを受け取ったのですか？

**ホボット**　そう思います。

**浅川**　そのノルウェーの怪光（光の渦）は、結局のところどういう現象だったんですか？

**ホボット**　アルクトゥルスからやってきた宇宙人の活動です。ほかの文明の宇宙人もそれに協力していますが、主にアルクトゥルスの活動です。自然現象ではなく人工的に作り出されたものであり、戦争が起こらないように警告することが目的でした。

**浅川**　ああ……そういうことですか。

**ホボット**　その渦巻きの目的はミステリーサークルに似ています。つまり、このときにはほとんど同時に3つの活動が行われました。1つはUFOによるミサイル撃墜、1つは巨大な三角形のUFO［図6－2］の出現。これはユーチューブ（http://www.youtube.com/）でも見る（Pyramid UFO Kremlin Moscowのキーワードで検索）ことができます。そして、もう1つはノルウェーに出現した光の渦です。

この光の渦は2回現れました。私が宇宙人の基地に行った話（第1章参照）の中でお話ししたエネルギーのボールと同じようなものです。

プロセスとしてはまず、高次元からエネルギーが時空間トンネルを通ってやってきます。それはエネルギーボールとして集積され、その後、ボールからエネルギーが地面へ向けて流れます。そして、そのポジティブなエネルギーによって地球を浄化するのです。

**浅川**　ボールからエネルギーが流れ出ているわけですね。

**ホボット**　ただし、ボールの中のエネルギーはすべて流れ出るわけではなく、その一部はボールに残ります。なぜなら、エネルギーが強すぎると逆効果になるからです。そして、そのエネルギーの残りは高次元へ戻ります。これが全体のプロセスです。地上へ向けてエネルギーを流していく過程でどんどん（ボールの）光が消えていく［図6－1①→②→③］のです。

## ノルウェーの怪光はアルクトゥルスからロシアへの警告

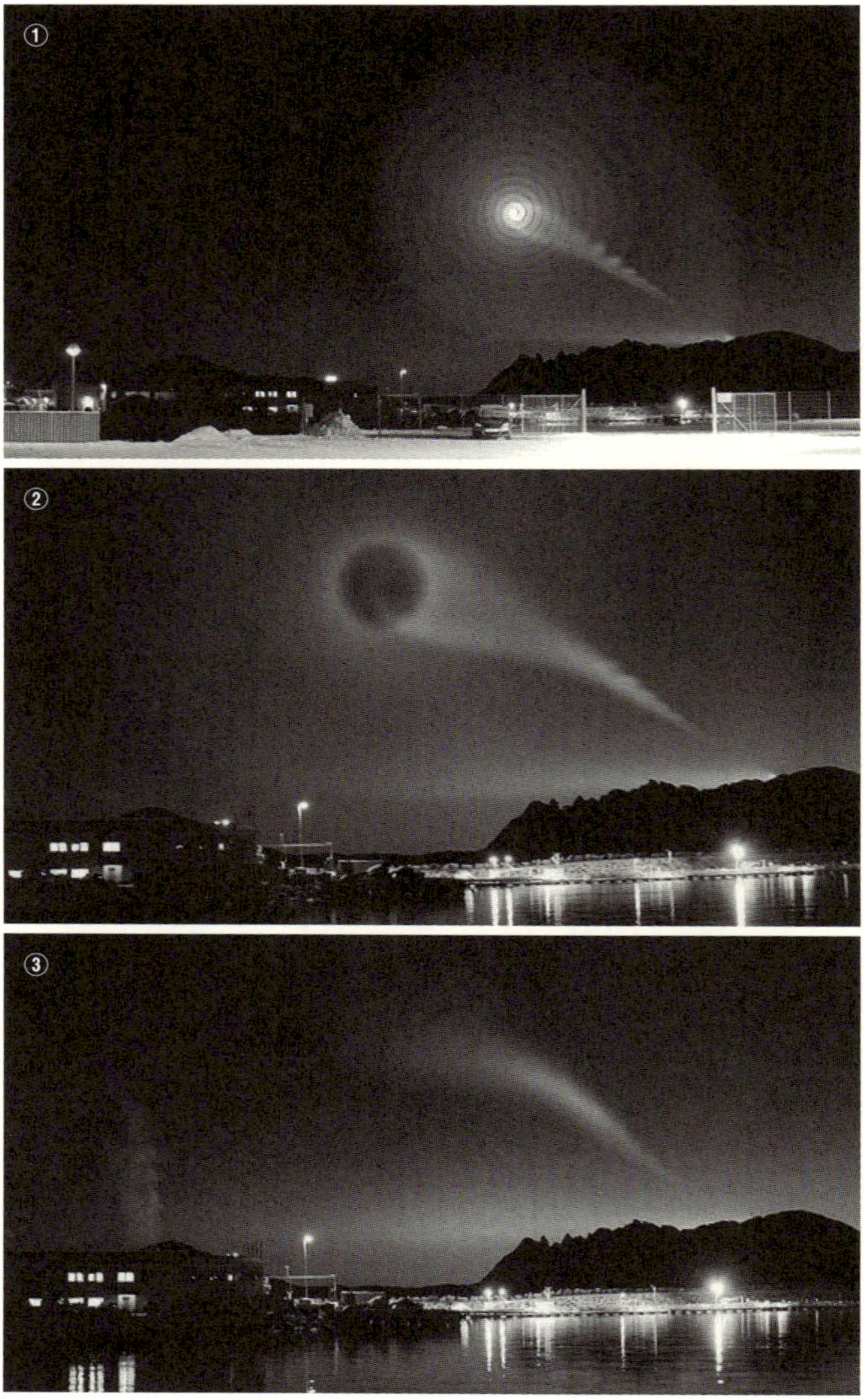


［図６－１］2009年12月にノルウェーの首都オスロで見られた怪光。ホボット氏はアルクトゥルスからのロシアに対する警告だという。高次元から時空間トンネルを通ってやってきたエネルギーがボール状に集積され、再び警告を込めた浄化のエネルギーとして地面に向けて発せられた。エネルギーはポジティブだが、警告的な意味合いがあるので、ネガティブに感じられた人もいたようだ。

ロシアに出現した巨大な三角形のＵＦＯ

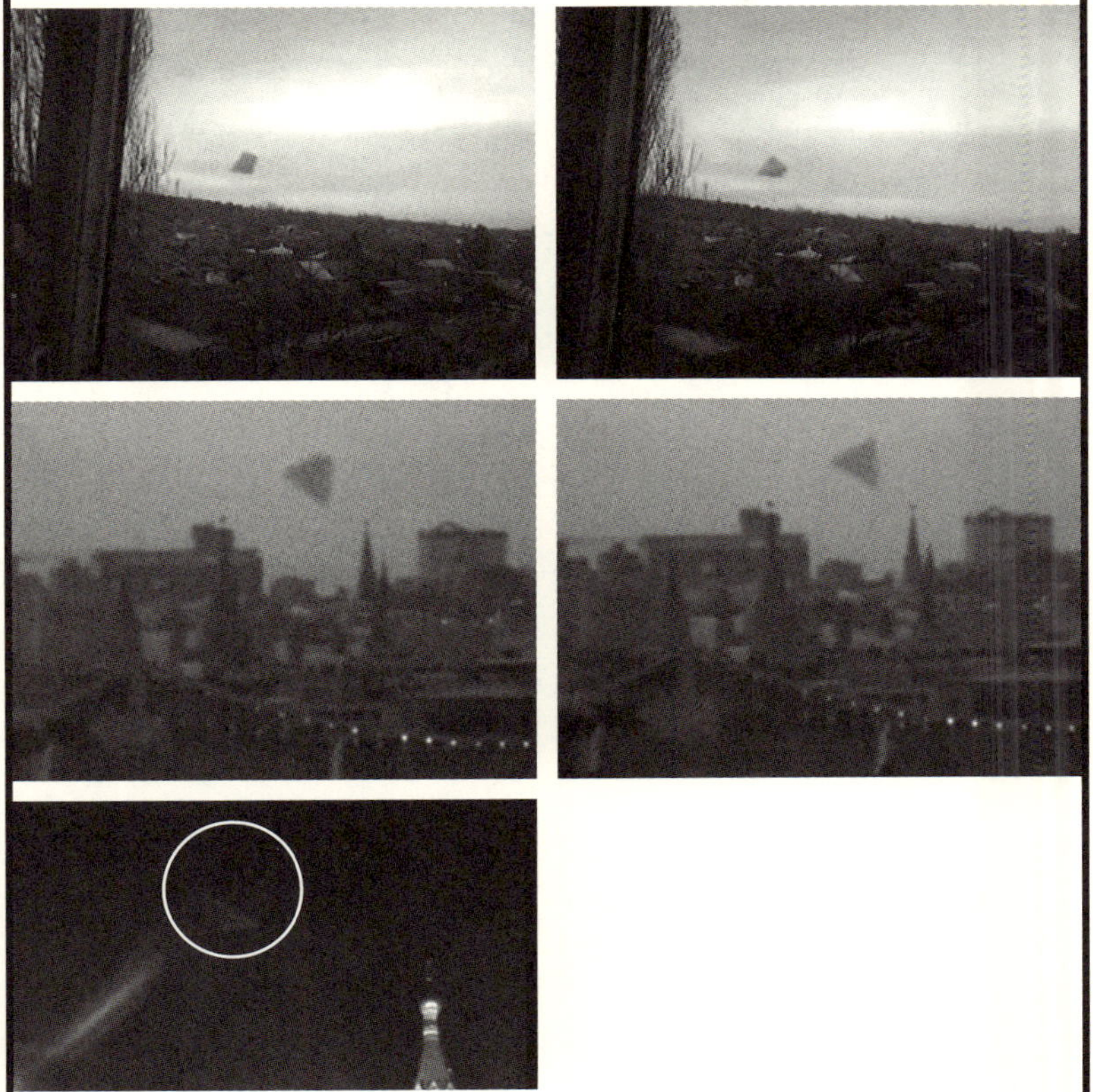

［図６－２］このＵＦＯの出現は、戦争を起こそうとしているアメリカとロシアに対する「光の生命体」たちからの警告であるという。動画サイト YouTube より。

**浅川**　写真の右側からやってきたんだと思っていましたが……そうではない。

**ホボット**　そのようにも見えますが逆です（エネルギーが右側へ放射されている）。

**浅川**　なるほど、それについてはよく分かりました。ただ、私のウェブサイトにも書いたように、この怪光の写真を見て非常にネガティブな印象を受けた人が多いようですが、それはなぜでしょうか？

**ホボット**　これはとても強いエネルギーであり、多くの人はそれに用意ができていませんでした。そのため、この写真が不安な気持ちを引き起こしたのかもしれません。また、戦争に関する警告として出現したものなので、それをネガティブに受け取った人もいたでしょう。

**浅川**　当初、この怪光は、オスロでノーベル平和賞を受賞するオバマ大統領を宇宙人が祝福したものだという情報が流れました。ところが、私の周囲の人々は、「これはお祝いするようなポジティブなものではなく、ネガティブなものだ」と感じていたわけです。そこで、私はそのことをウェブサイトに書きました。

**ホボット**　そこに込められたメッセージは戦争に関係しているので、その点ではネガティブなものだと言えます。

**浅川**　エネルギーそれ自体はポジティブだけれど、警告がネガティブだからそういうふうに受ける人がいたということですね。

**ホボット**　これは間違いなくポジティブなエネルギーです。しかし、大きな危険に結びついているので潜在意識のレベルでは不安を感じたのでしょう。

**浅川**　興味深い話があります。50歳前後の日本人の女性でマヤ人の前世を持つ人がいて、彼女は強いサイキック的な感受性の持ち主でもあります。ノルウェーで怪光が出現したとき、彼女は就寝中に突然、首をねじられるような衝撃を感じ、首を回せなくなってしまった。失神寸前の状態にまでなったそうです。朝になって鏡を見ると、顔が変色して異様に膨らんでいました。

病院でも原因が分からないというので、ある整体師の女性から治療を受けることになったのですが、実はその人もサイキックな人で、「あなたが何かすごい勢いで向かってくる光の束（邪気）のようなものを、体を張って止めている姿が見える」「それは、強烈な衝撃波のようなもの」と言うわけです。そう言われて彼女は、睡眠中にすごい光の束が来るのを受け止め、首がねじ曲げられるような衝撃に襲われたことを思い出したそうです。

**ホボット**　人が大量のエネルギーを受けると、そのように腫《は》れることがあります。そのような状態を見たことがあります。

**浅川**　それで、その女性が思い出したのは、以前にある超能力者に会ったとき、「あなたは『次元の交差点の守り手』『時の回廊の守り手』なのよ」と言われたことでした。そのときには何のことを言っているのか分からなかったそうですが、整体師の女性にそれを言われて、自分は時空間の光を本能的に止めたのではないかと思うようになったそうです。

**ホボット**　このエネルギーには警告が結びつけられており、また、かなり大きなエネルギーなのでそれを受け取る人には大きな影響があります。もし時空間のトンネルを流れてきたエネルギーを彼女が本能的に受け止めたとしたら、その衝撃はさぞかし大きかったことでしょう。ただ、星から流れてくるエネルギーは究極的にはネガティブなものではありません。

## 瞑想によって戦争も自然災害も止めることができる。ポジティブな未来のイメージを！

**浅川**　それでは改めて、今年起きるかもしれない戦争についてお聞きしたいと思います。

**ホボット**　イランとイスラエルの間のトラブルが年末ごろに本格化する可能性があります。それは衝突か政治的圧力の形となるでしょう。もしそうなったら、本格的な争いは2013年に起きることになるでしょう。

**浅川**　今年は大きな問題にはならず、2013年に持ち越されるということですか？

**ホボット**　はい。今は小さなトラブルにとどまり、大きな問題は2013年に起きることになるでしょう。しかし、絶対に起きるわけではなく人類の姿勢によります。未来は決定されてはいません。

私が光の生命体から受けたメッセージは、戦争が起きないように人々がポジティブな未来をイメージしたほうがいいということです。具体的には満月の前の3日間、決まった時間に30分瞑想を行います。これにできるだけ多くの人が参加してほしいのです。それによって戦争の可能性を下げられると私は信じています。

マインドには非常に強い力があり、たとえば、100万人の人口の町で100人がこのような考えを持って瞑想すれば、その町では犯罪や交通事故が少なくなり、病気の人も減るでしょう。それは事実として起きています。犯罪も自然災害もそのような方向で回避できると私は信じています。

だから、光の生命体たちは、多くの人々が今回の波動の移行を自然災害なしで行えるというイメージで瞑想することを提案しています。そうすれば、実際にそのようになるからです（瞑想法については巻末附録を参照）。

このようなネガティブな計画は過去にもありました。たとえば、1998年のことです。そのとき、たくさんのサイキックたちが「大きな災害が起きる」「たくさんの火山が爆発したり広い地域が海へ沈んだりする」と予言しており、日本は海に沈む可能性がありました。先ほども言ったように、有名な予言者であるエドガー・ケイシーもこのことを予言していましたが、彼はほとんど間違っていなかったのです。

しかし、たくさんのサイキックたちが、光の生命体たちと協力し合ってその災害を未然に止めたのです。その計画が実際に起きないよう私も努力しました。そして、これから起きる波動の移行もまた、大きな自然災害なしで行えると私は信じています。

**浅川**　戦争だけでなく自然災害も祈りによって抑えられるわけですね。

**ホボット**　多くの人々のマインドが地球とコンタクトしており、さまざまなシグナルを送っています。そのため、自然災害はある程度まで人々のマインドの状態に関係していると言えるでしょう。

私たちは98年にネガティブな未来を変えられることを体験しましたが、それには大量のエネルギーが必要です。そのころ私はアメリカ合衆国にいました。そしてある夜、光の生命体たちに起こされてベッドから引きずり出され、コスタリカへ行くように言われました。コスタリカにある火山で瞑想するように指示をされ、そこで3日間過ごしたのです。それは、瞑想によって地球の中心を落ち着かせるためでした。

## 与那国島海底遺跡は1万2000年以上前のもの

**浅川**　同じようなことを日本の祈り人もやっています。沖縄に住む比嘉良丸《ひがよしまる》という方です。彼は祈りの活動をずっと続けており、体はもうガタガタになっているのに、時には海の中に数時間も入って祈っている。日本は地震の国ですから、それが起きるのを必死になって抑えているわけです。

またあなたと同様、神の指示を受けて、時には祈りの旅として外国へも行っています。『祈りの島「沖縄・久高島」――沖縄のシャーマンが語る地球と人類の危機』（浅川氏の自費出版）でも紹介しました。

**ホボット**　比嘉さんの写真［図6－3、5］を見ると、とても強い人だと分かります。光の生命

［図6－3］2002年、沖縄本島の安田ヶ島《あだかじま》で祈る比嘉良丸氏（『祈りの島「沖縄・久高島」』より）

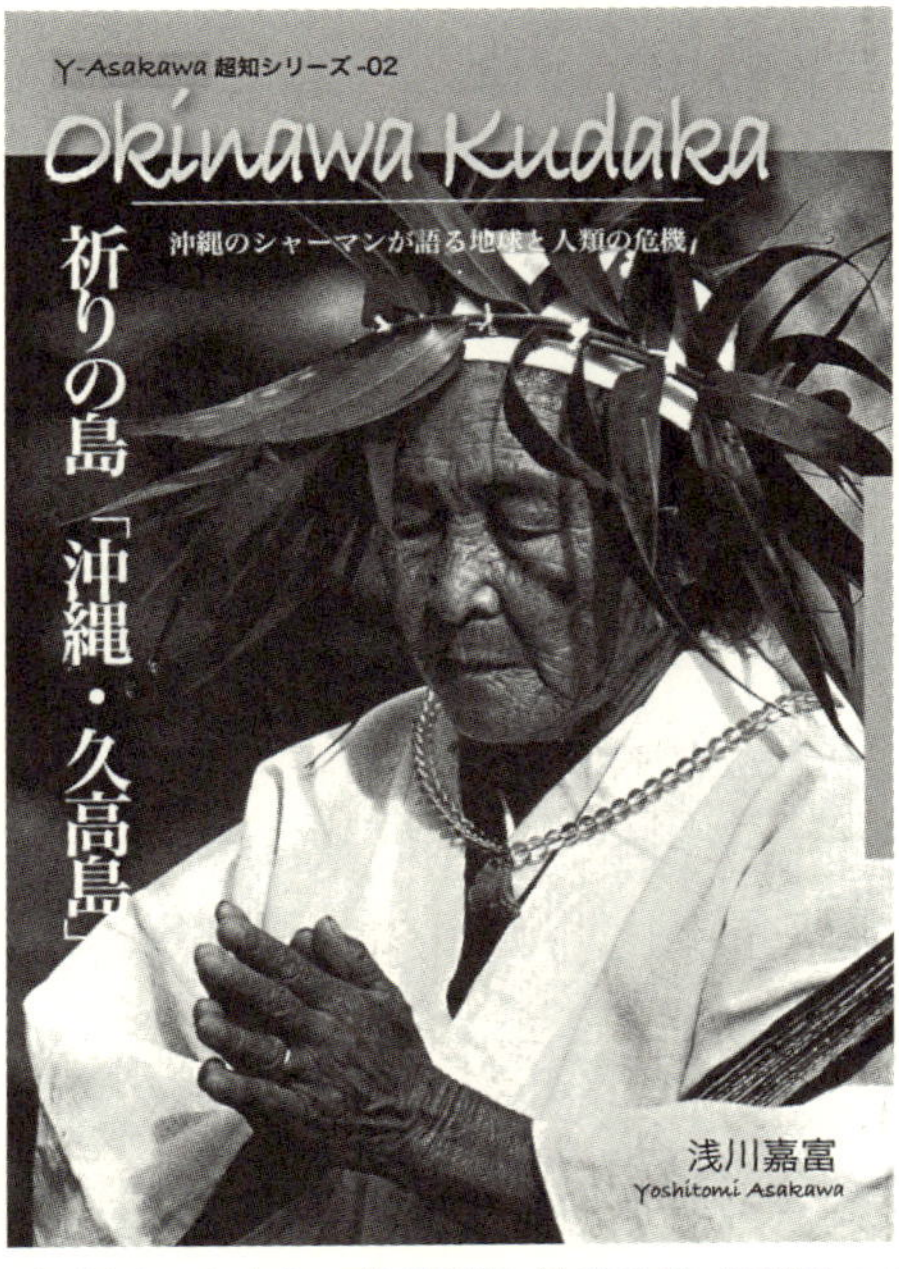


［図6－4］『祈りの島「沖縄・久高島」』浅川嘉富（自費出版、浅川氏のホームページ www.y-asakawa.com から入取可）

体に強くつながっています。また本に紹介されている与那国島海底遺跡の写真からも、とても強いエネルギーが放射されています。

**浅川**　沖縄の海底に沈む古代都市跡ですね。

**ホボット**　これは最低でも1万2000年以上前のものです。

**浅川**　自然にできたものだという説もありますが、やはり都市の跡ですか？

**ホボット**　これはエネルギーを集めるために作られた建物の跡です。ピラミッドのようなものだと考えればいいでしょう。非常に成長した文明のものです。

**浅川**　これは俗に言うムー文明の一部だと言われています。

**ホボット**　「ムー」という名前は後から（近世に）付けられたものであり、その時代に付けられたものではないので、それについてはっきりしたことは言えません。

**浅川**　そうでしょうね。

**ホボット**　ここで言えるのは、これが1万2000年以上前のものだということ。そして、これはほかの建物の一部であり、現在でもエネルギーを集めつづけているということです。

**浅川**　比嘉氏と、マヤ族の長老のドン・アレハンドロ氏の両者で、一緒に平和を祈ってもらいました。

**ホボット**　それはとても大切な活動です。こういった人々が一緒になると、ある種の相乗効果を発揮します。

［図６－５］マヤの長老ドン・アレハンドロ氏は浅川嘉富氏の招きで2008年３月に来日され、各地で沖縄のカミンチュ・比嘉良丸氏との祈りのセレモニーを行った。写真前列がアレハンドロ夫妻、後列が浅川氏を挟んで比嘉氏夫妻。

**浅川**　ああ、ドン・アレハンドロ氏を日本に招聘《しょうへい》したのにはやはり意味があったんですね。

**ホボット**　大きな意味がありました。もしかすると、それによってネガティブな事故が避けられたかもしれません。

ここで話していることのポイントは、「未来は変えられる」ということです。それにはエネルギーを集中しなければならないので、その手段として私は瞑想を強調しています。以前も、そのような目的で多くの人々による瞑想を行いました。そのときには、タリバンが核兵器を手にする危険性があり、ヒラリー・クリントンは、「それは地球上で一番危険なことだ」と考えていました。しかし、それは瞑想で止めることができたのです。少なくとも私はそう考えています。

**浅川**　ヒラリー・クリントンにもそんな考えがあるとは意外です。

**ホボット**　彼女にはそういう考えもあります。

**浅川**　それで、タリバンが核兵器を手にするというのはどういうことですか。

**ホボット**　タリバンは現在パキスタンで活動しており、去年（2009年）にはパキスタン北西部の1つの地域を支配下に置いてタリバンの法律を施行しました。そして、政権を握るべくパキスタンの首都へ向かったのです。もし、タリバンが政権を握ったなら、パキスタンはインドへ核を打ち込んだでしょう。

しかし、タリバンが首都まで50キロの地点に来たとき、それまでタリバンを支援していた一般のパキスタン人の考えが変わりました。同時にパキスタン軍の姿勢も変わり、タリバンが政権を

［図６－６］BS-TBS 開局10周年特別番組『2012年12月21日マヤ暦の真実』で番組ナビゲーターを務める浅川氏が、アレハンドロ長老に取材中の撮影シーン。同番組では、ドンがいま世界で騒がれている2012年問題といにしえより伝わるマヤの長期暦について語っている。（BS-TBS 局で再放送が予定されている）

握る可能性はなくなったのです。

**人間は間違える権利がある。間違えながら学ぶのです！**

**浅川** 2010年の年末にイランとイスラエルとの間で小規模な軍事的問題が発生する可能性がある。そして、それが起きると2013年にはアメリカと中国との間で戦争になる可能性が大きくなる。しかし、それは多くの人が平和を願う瞑想をすることで回避できる。

そこまでは分かりました。しかし、これから地球が大きく波動を上げていこうというときに、はたして何事もなく事態が進んでいくものでしょうか。

**ホボット** 太陽の波動をいきなり上げるような計画を持っている地球外生命体たちも実際にはいます。しかし彼らは少数派であり、もしその計画を実行しようとすれば、ほかの宇宙人たちに止められます。少なくとも私の感覚では、この宇宙のゲームにおいては愛の生命体たち、愛の力のほうが強いといえます。

十分な速さで進化していないからといって、地球の人々を殺す権利を持つ存在はこの宇宙にはいません。そして、人間は間違ってもいい権利を持っています。間違えながら学ぶからです。

**浅川** 自由意思があるから間違って人を殺すのもＯＫ、人を助けるのもＯＫ。それはあなたの自由意思ですよ、と。

**ホボット** その通りです。

**浅川**　当然、それには結果はついてくるでしょう。カルマの報いは当然やってくる。しかし、そうだとしてしてもあなたの好きなようにしなさいということですか？

**ホボット**　はい。宇宙は私たちの進化をスピードアップすることはできません。地球のまわりにたくさんのＵＦＯがいますが、地球の進化には手を加えてはならない。それは、学生の代わりに誰か（先生など）が宿題をやるのと同じことです。

## 最もポジティブなシナリオはフリーエネルギーの解禁

**ホボット**　ここで、最もポジティブな未来の可能性をお話ししましょう。

その未来では２０１８年ごろに中国でフリーエネルギー装置を使いはじめます。実は、すでにフリーエネルギー装置は存在していますが、どの国もそれを使いたがりません。それを使うと個人がより独立的になってしまい、国家の統制力が弱まることを恐れているからです。しかし、中国はまもなく石油を確保できなくなり、仕方なくフリーエネルギー装置を使いはじめます。

フリーエネルギー装置が解禁されてその使用が広がっていくと、飢餓《きが》がなくなり、人々の生活レベルは１００倍にも向上するでしょう。たとえば、アフリカの広大な土地を麦畑にするなど、全地球のためにフリーエネルギー装置を使うことができます。

そして、それによって暮らしのレベルが上がれば、余暇ができて、自分のスピリチュアルのレベルを上げるために十分な時間をとれるようになります。そうなると、次の世代は今の世代とはまったく違う世代になるでしょう。

人間はもともと悪い存在ではありません。人間は非常に優良な生命体です。ただ、恐れから暴力が始まります。食べ物がなくなることや、温かさを保つエネルギーがなくなることを恐れなくなれば人の考え方は変わるでしょう。それが、私と協力し合っている光の生命体たちの意見です。私は今、最もポジティブな計画を言いましたが、その一方で、戦争が起こる可能性や自然災害が起きる可能性もあります。しかし、なるべくならそれは言いたくありません。戦争のことも、どのように言えばいいか考えました。もし、アメリカと中国の戦争が起きたなら、最もポジティブなフリーエネルギーを使う計画は起こり得ないでしょう。だから、戦争が起こらないよう、できるだけ頑張らなければならないのです。

**浅川**　もちろん、戦争を起こしてはいけません。それは分かります。ただ現状を見ると、そう楽観的になれないものがあります。

私が思うに、アメリカと中国との戦争の件で最も可能性の強いのは、まず中国経済の崩壊がきっかけとなるシナリオです。経済の崩壊は暴動を誘発する可能性が大です。北京オリンピックや上海万博で民衆を徹底的に抑圧してきており、多くの国民の間に不満がたくさんたまっているからです。

そうなれば、中国共産党による独裁政権そのものが危うくなるでしょう。

その結果、彼らは大量に抱え込んだアメリカの国債を売りはじめ、連鎖的にアメリカ経済もダメになる。また、国民の不満を外に向けようとして、アメリカだけでなく台湾や韓国、それにわが国との間に、トラブルを計画するかもしれません。北朝鮮による韓国哨戒艦への魚雷発射事件も格好の材料として使うことになるかもしれません。

——そういう背景があるので、戦争のきっかけとして考えられるのは、中国経済の崩壊ではないかと思います。

**ホボット** 浅川さんの言われたシナリオも十分可能性があります。いずれにしろ、アメリカは中国に対して借金を返したくないから、戦争を起こしたくて仕方ないのです。そのとき、実際に相手を刺激するのは中国ではなくアメリカです。借金を返したくないというのが戦争の真の理由ですが、それは公には言えない。だから、うその説明をする。

**浅川** アメリカのその動きを抑えられたとしても、中国の経済の崩壊が自然発生的に起きてくる可能性は大きいと思います。というのは、中国は今すごいバブルになっているからです。

北京や上海などの大都市や海南島などのリゾート地ではドバイ並みのバブルが起きている。土地の値段、家の値段、株価も高騰しており、もはやいつ破裂してもおかしくないほどのバブル状態です。それは必ず破裂しますから、経済の崩壊は間違いなく起きると思います。

## 「あと数年で、人類の一部に波動の移動が起きる」と2人の女性超能力者は予知した

**ホボット** 残念なことにその通りです。ただ、それはそれとして、アメリカには中国と戦争する

ための理由が必要です。

**浅川**　アメリカは自分たちの借金を返したくないので戦争を起こしたい。中国はこれまで国民を抑圧してきた結果として、バブル崩壊と同時に国内で混乱が起きる。そして米国債を手放そうとして結局アメリカと対立関係となる……。残念なことですが、いずれにしても戦争に近づく可能性が高いことは確かです。

**ホボット**　私が光の生命体たちに言われたのは、２０１０年の秋に、もしロシアがイランにロケットを渡したなら、イランとイスラエルの間に何か起きるということです。そのときに大きな戦争が始まるわけではありませんが、何かが起きる。そして、２０１３年に中国がそれに参加して戦争になる――そのような可能性があります。

**浅川**　ロシアがイランにロケットを持っていく計画は一度はストップされたけれど、そのまま計画がなくなることはないでしょうね。

**ホボット**　その通りです。ただし、ロシア政府は宇宙人に強く警告されており、そのことを分かっています。そして、少なくともロシアのサイキックたちは、そのことをロシアの一般人に何らかの方法で伝えることを希望しています。たとえば新聞やインターネットを介して広げるといったことです。１９９８年に大きな自然災害を避けることができたのだから、今回も避けられるのではないかと考えています。

**浅川**　戦争の危険性のほかに、大きな自然災害の起きる可能性については、宇宙人から知らされていないんですか？

**ホボット**　自然災害の可能性はありますが、最も早く起きる大きな損害として可能性の高いのは戦争です。そこで、イランやイスラエル、アメリカ、中国の人々をネガティブな考え方から守ることを私は計画しています。具体的には、ブラジル産の大きなクリスタルにエネルギーを充塡《じゅうてん》してそれらの国へ持っていき、特定の場所の土に埋めるということを行います。光の生命体たちからの指示があり次第、それを行うでしょう。すでに、その準備はできています。

そして、それと同時に多くの人々の協力をあおいで平和のための瞑想も実施します。

1989年にルーマニアで内戦が起きたとき、私は大きなブラジル産のクリスタルに愛を充塡してルーマニアのある場所にそれを設置しました。そのためかどうか分かりませんが、その内戦は予想されたよりもずっと少ない死者で済んだのです。

**浅川**　そういう力は大きいと思います。やはり、そうした行動が被害を小さく抑えているんでしょうね。

**ホボット**　今回、確実な情報をお伝えするために2人の予知能力者からも情報を得てきました。

1人はチェコ在住の女性マリア・ウルバン氏で、チェコ政府に雇われたことのあるサイキックとして90パーセントの的中率を誇る存在です。彼女はチェコとスロバキアが分離する日付や、チェコがNATOやEUに加盟する日付もすべて当てています。そして、もう1人はイタリア在住の女性ルイザ・モリトリ氏です。彼女もまた優れた予知能力者です。

彼女たちはいずれも私と同じビジョンを得ており、それによると、これからの数年間で人類の一部に波動の移動が起き、それ以外のたくさんの人は波動のことなど気にせず、戦争などほかの物事に集中することになるというものでした。また、火山活動が活発化することも警告しています。

## アイスランドにおける火山の噴火の意味——宇宙のゲームに偶然はありません！

**浅川**　今、アイスランドで火山の噴火が起きていて、そのすぐ近くのカトラ火山が大規模噴火を起こす可能性も過去の歴史から見て決して小さくないようです。火山活動の活発化というのは、それに関係してくるでしょうか。

**ホボット**　そのことについては彼女たちに聞いてはいません。しかし、私の感じとして、この2年以内にアイスランドの火山が噴火すると感じています。それには深い意味があります。たとえば、18世紀末にもアイスランドで大規模な火山の噴火があり、それによって食糧危機が起きたことがきっかけでフランスでは革命が起きました。

そのときは、新しい麦が採れないので人々は古い麦を食べることを強いられましたが、そのとき、麦に生じたカビの一種である麦角菌《ばっかくきん》によって、多くの人々が意識の拡張を体験しました。麦角菌には幻覚剤に関係する成分が含まれていたからです。

そのような意識の拡張やフランス革命は、ヨーロッパ人がそれまで持っていた集合意識を崩壊させて、そこへ新たな精神を吹き込むことになりました。ここでポイントなのが、それらの変化が火山の噴火によって引き起こされたということです。

宇宙のゲームには偶然はありません。18世紀にアイスランドで起きた火山の噴火は、人類文明の跳躍的進化と明らかな関係があります。今回もそれと同じことです。もし、アイスランドの大きな火山が爆発したなら、地球全体で飛行機が飛べなくなり、結果、戦争が起きたとしてもそれは大きなものにはならないでしょう。

もし、そのような噴火が起きたなら、それは光の生命体たちが地球の進化に大きく介入してきたことを意味します。もし、十分に波動が上がらず、人類全体の「争う気持ち」が50パーセント以上残っていれば、火山は噴火するでしょう。すべては私たちの選択です。もちろん、理想的なのは戦争も噴火も起こらないことですが。

## ロックフェラー家もロスチャイルド家も「影の政府」の使い走りにすぎない

**浅川**　経済の問題に話を戻しますが、戦争に結びつかないのであれば、私は経済の崩壊は起きたほうがいいと思っています。

2008年のリーマン・ショック以来、各国がたくさんのお金を配って景気を持ち直させていますが、こんな「にせ景気」がいつまでも続くはずもなく、時が至れば本格的な経済崩壊が必ず起きる。すでにギリシャを始めとしたヨーロッパでその兆候が見えはじめており、この本が出版されるころには、中国より先にユーロ圏の危機がさらに進んでいるかもしれません。
こうした経済の混乱は、貨幣制度や資本主義制度そのものが崩れるところまで行くでしょう。しかし、そのほうが人間の価値観や考え方が変わるという意味ではいい――そう私は思っています。

今はお金がすべての世の中ですが、お金が通用しなくなれば、人間の考え方も変わるでしょう。ただし、それが戦争に結びついてしまうと困りますが。

**ホボット** 私もそう思いますが、その代わりとしてもっとひどい制度が出てこないように気をつけないといけない。たとえば、独裁が起きる可能性もあるので、それは気をつけないといけません。

また、現在の国際金融を握っているグループは貨幣制度の崩壊を絶対に許さないでしょう。なぜなら、そうなれば彼らにはパワーがなくなるからです。しかし、彼らはそうなってしまう可能性を知っているから、その前に戦争を起こそうとします。

**浅川** その点はまったく同感です。先ほどホボットさんが言ったようなフリーエネルギー装置の使用は、石油や原子力で儲けている人々は許さないでしょうね。だから、彼らは必死にフリーエネルギー装置の存在をもみ消そうとしている。日本でもそのような装置の存在が公開されていますが、それを使わせまいとする勢力が暗躍しているようです。

**ホボット** それはひどい話です。少なくとも、そのような装置の存在は、世間に広く知らせなければいけません。

**浅川**　そうですね。そして、ホボットさんの言う戦争の計画の存在もまた大勢の人に知らせなければならない。

　宇宙にはたくさんの宇宙人がいることや、人間は死んだ後にも魂となって存在すること、さらに、現在知られているエジプト文明やメソポタミア文明の前にも高度に発達した文明があったこと……そういった、長い間、隠されてきた真実を知らしめたなら、多くの人々の考え方が変わってくると思います。今、私が講演会でそうしたことを伝えているのは、そういう思いがあるからです。

**ホボット**　浅川さんは非常に大切な使命を持っています。そのため、浅川さんの魂は生まれる前に、その使命を果たすための準備をしてきています。

**浅川**　大切な使命とは何ですか？

**ホボット**　浅川さんの使命は人類をいい方向に導くことです。それは、非常に大切な目標です。

**浅川**　私が一生懸命やっても、そういう話を聞いて人生観や価値観を変える人は少ないというのが現実です。しかし、何も話さなかったなら、何もしなかったらただの1人も変えられませんから、精いっぱい自分がやれる範囲で頑張ればいいんだと思ってやっています。

**ホボット**　それは最善の考え方だと思います。もちろん、その情報が広がらないように、特に教育現場へ情報が行かないように邪魔をするエネルギーが存在しています。しかし、日本には強い影響力を持つ宗教がないので、少なくともそれはいい状況です。
一方、アメリカ合衆国には大金を集めている宗教のセクトがあり、彼らはそのお金を正しい情報を止めるために使っています。彼らは北米で最も力を持つ宗教セクトであり、軍隊にも多数の信者がいるほか、メディアをコントロールするためにすべての新聞社を買収しようとしています。

**浅川**　ちなみに、世界の経済を支配しているとされるロックフェラー家やロスチャイルド家はどういう系統の人々ですか。

**ホボット**　彼らは見えない組織によって結ばれている人々です。アメリカの影の政府の道具として使われており、そこにはブッシュ家も属しています。なお、ブッシュ・ジュニアの祖父がアドルフ・ヒトラーを支援して彼に権力を持たせたことはよく知られています。

**浅川**　彼らはフリーメイソンやイルミナティのような組織に属しているのですか?

**ホボット**　そのようなグループを指導しています。しかし、イルミナティやフリーメイソンはそれほど危険なグループではありません。最も危険なのは見えないグループです。

**浅川**　影の政府ですね。では、ロックフェラー家もロスチャイルド家も、影の政府からすればただの使い走りでしかないんですか?

**ホボット**　彼らは影の政府に利用されており、本当の権力を持っているわけではありません。影の政府は彼らをいつでも殺せます。しかし、このままの状態が影の政府にとっても便利で都合がいいのでそのままにしています。

**浅川**　影の政府には名前はないんでしょうね。

**ホボット**　自分たちの間で使っている名前はあります。しかし、いずれにしても彼らは隠れているグループであり、ほかの誰もコントロールできません。FBIやCIAのトップでもコントロールできません。そして、たとえばフリーエネルギー装置を研究しているような人々も、このようなグループからの脅威にさらされています。

## 海外ではUFOについて真実を語ると殺される例は数知れず……日本はまだ例外的に安全です

**浅川**　彼らは何と結びついているんですか。アストラル界の低い層の存在ですか？　それともある種の宇宙人と関係しているのですか？

**ホボット**　彼らはネガティブなパラレルワールドやアストラル界の低いレベルの生命体と結びついています。それがなければ、それほどの権力を持ち得なかったでしょう。しかし、そのような世界と関係していることは、そのグループのトップクラスの人々しか知りません。

ちなみに、パラレルワールドから来た低いレベルの生命体は牛の血を吸うので、彼らは牛を提供しています。ヘリコプターで決まった場所に牛を運んでそこへ落とす。しかし、彼らはたくさん血を吸うので、まわりの牧場の牛を勝手に殺したりもしています。

**浅川**　それはアメリカで数多く起きているキャトル・ミューティレーションですね。よく言われるのは、UFOがやってきて牛を引き上げ、血を取ってから落とすということですが……。

**ホボット**　それは宇宙人ではなくパラレルワールドからの生命体の仕業です。南米のチュパカブラのような生き物ですが、もっと知能の高い生命体です。

**浅川**　キャトル・ミューティレーションがそれほど大きな問題にならないのは、影の政府が抑えているからなんですね。

**ホボット**　影の政府は、UFOコンタクティやUFOについて本当のことを書いているジャーナリストや科学者たちを殺しています。スカラーという波動を使った武器によって科学者たちを遠隔的に殺しているのです。その点で私たちがヨーロッパや日本にいるのは幸運です。なぜならアメリカより安全だからです。私はアメリカで講演活動をしていたときには、いつも誰かに見られている感じがして不快でした。それはロシアでも似ています。

**浅川**　ロシアもそうなんですか。

**ホボット**　似ています。現在のところ、ある程度まで本当のことを発表できる国は非常に少ないと言えるでしょう。ヨーロッパや日本はその数少ない国の一例です。もしかするとオーストラリアもそうかもしれません。一方、ロシアやアメリカは実際には民主主義ですらありません。誰かが国にとって都合の悪い真実を口にすると簡単に殺してしまいます。

最近、ブルガリア科学アカデミー宇宙科学研究所のフィリポフ博士は、地球外生命体とのコンタクトを行っていることを明らかにしていますが、彼らが生きていることのほうが不思議です。この件についてブルガリア政府はアメリカ政府から強い圧力をかけられており、ブルガリアの大統領はその研究所を閉鎖することを検討しています。しかし、もしこれが数年前のことであれば、彼らは殺されていたでしょう。

**浅川**　そういえば、ロシアに接するカルムイキア共和国のキルサン・イリュムジーノフ大統領が宇宙人と接触したというニュースも流れていました。やはり世界は変わってきているということですね。

**ホボット**　現在は、宇宙人の存在を発表しようとする人は、光の生命体たちによって強く守られています。浅川さんもそうです。

**浅川**　そうですか。私のウェブサイトでもかなり突っ込んだ内容を書いていますが、お陰様で今のところサイバー攻撃を受けずにすんでいます。確かに、守られていることを時々感じることがあります。それと同時に、時代が変わったことも確かでしょうね。

**ホボット**　日本は比較的安全な国ですし、また、日本全体が光の生命体によって強く守られています。

**浅川**　本当のことを言えないという点では中国も同じでしょうね。

**ホボット**　中国の独裁ははっきり見えますが、ロシアやアメリカは……。

**浅川**　見えないようにやっている。

**ホボット**　見せかけの民主主義に隠されています。

**浅川**　プーチンもやはりダメですか。

**ホボット**　プーチンはKGBのエージェントです。そして、ブッシュ・シニア（前大統領ブッシュ・ジュニアの父親）はCIA長官でした。そんな人たちに何を期待できるというんでしょう。

**浅川**　それはそうですね。では、今の質問に関連してもう1つ聞きたいのですが、カヴァーロ氏はブッシュ・ジュニアの肉体は憑依した霊に操られていると述べています。ホボットさんから見て彼の今の状態はどうなっていますか？

**ホボット**　彼にはレベルの高いプロのサイキックが数人ついていて、さまざまなケアを行っています。もし、それがなければボロボロでしょう。そのように、彼の体をケアしているサイキックがいる一方で、彼の心を操っているサイキックもいます。

**浅川**　結局操られているわけですか。すると当然、そのほかの政治家の周囲にもそういうサイキックがいるんでしょうね。

**ホボット**　私たちは比較的自由な国に転生できてよかったと思います。たとえば、私と同じようなことをしているアメリカの仲間たちは非常に危険な状態にさらされています。彼らは信用を落とされるか、あるいは殺されてしまうという危険性に直面しているのです。

私は生まれる前、生地に関して2つの選択肢がありました。1つはチェコで、もう1つはアメリカのカリフォルニアです。今にして思うとチェコにして正解でした。

18歳のころは、チェコの経済状況が悪かったり、自分の英語がなまったりすることを気にして、「ああ、カリフォルニアに生まれていればよかった」と思っていましたが……。

**浅川**　今になって思えばその逆でしたね。

## 悪人にこそ愛情を注いで波動を上げてあげましょう

**浅川**　ところでカリフォルニアといえばこういう話があります。それは、沖縄の比嘉良丸氏のビジョンでは、アメリカで最初に起きる大きな自然災害はカリフォルニアの大地震になるということです。しかし、それを彼は一生懸命に抑えているのです。

**ホボット**　それは素晴らしい人です。できれば、その方にいつか会いたいですね。

**浅川**　会えると思います。彼はドン・アレハンドロ氏とも一緒に祈っていますし、先ほど話をした仏界から来た女性にも会っています。だから、必ずいつかホボットさんも会えると思います。必要なら手配をしますから言ってください。

**ホボット**　その女性はとても純粋な生命体であり、たくさんの人を世話する存在です。

**浅川**　その通りです。その女性は、あまりにも人の面倒をみすぎて自分の体を壊してしまうぐらいです。ですから、あまり度を越さないように、時々ご注意申し上げることがあるほどです。そして、比嘉氏もいったん祈りに入ると、自分の体調などかまわなくなってしまうようなので、度を越さないようにと注意しているんです。

2人に共通する点は、相手が善人であれ悪人であれ、心から愛情を注ぐことです。善人を救うのはいいとしても、私のような凡人は、悪人まで救うために自分を犠牲にすることはないだろうと思ってしまうのですが……。

**ホボット**　悪人には逆に愛情をかけないといけません。彼らはある種の病人ですから。彼らに愛情を送ると波動が上がって反省の気持ちが起きてきます。

**浅川**　比嘉氏の場合、ビジョンを見せられるだけではなく、まさにその現場に立たされたような状況になるんだそうです。戦争のビジョンであれば戦場に立ち、目の前を弾が飛びかう中で撃たれた人の肉片が飛んできたりする。それをビジョンとして見るのではなく、実際にそこにいるように体験するのだそうです。

**ホボット**　私もそのような状況を強く体感することがあります。たまに、そのビジョンの中にいる人々の感情に耳を傾けると、言葉にしにくいような気持ちが感じられます。

## ハイチ地震はＨＡＡＲＰによる人工地震、化学兵器ケムトレイルも戦争準備のため

**浅川**　ところで、ハイチで地震が起きたとき、ホボットさんはどこにいましたか?

**ホボット**　そのとき私はペルーにいました。地震のことは知りませんでしたが、私は意識を失うくらい強いショックを受けたのです。ちなみに、それは自然に起きた地震ではなく、地震兵器であるＨＡＡＲＰ《ハープ》システムを試すためにアメリカが起こしたものでした。それは光の生命体たちに教えられたことです。

**浅川**　日本の神戸で起きた阪神・淡路大震災もＨＡＡＲＰシステムによるものだと言われていま

すよね。

**ホボット**　いつのことですか。

**浅川**　15年ほど前に神戸で起きた大きな地震です。

**ホボット**　そのことは知りませんでした。ただ、HAARPシステムはこれまでに何回も使われており、それによる地震の特徴は、震源で数回地震が起きるということです。

**浅川**　HAARPによる地震は自然の地震と特徴が違うんですね。

**ホボット**　そうです。そして、またどこかで使われる可能性があります。なぜなら、アメリカは中国との戦争の準備をしているので、持っているさまざまな武器を試用したいのです。私はその件について、今年中にどこかで使われると聞いています。

**浅川**　ハイチ地震がHAARPシステムの実験だったということは、そのシステムをどこかで意図的に実行しようとしているということですね。ひどい話ですね。

**ホボット**　具体的な試験項目は、選択した位置できちんと地震が起こるかどうかということです。今回のことで言えば、ハイチは地震で壊滅的被害に遭いましたが、同じ島にあるドミニカ共和国では大きな被害はありませんでした。あとは、HAARPシステムの使用による地球の反応を知りたいというのも実験の理由の1つです。

**浅川**　アメリカは経済的に苦しくなってきているから、いろいろなことをやろうとしているんでしょうね。戦争を起こしたい。それには地震も利用したい。

**ホボット**　その地震は戦争の準備です。彼らは地震を武器のように使いたいのです。

**浅川**　たとえば、中国で起こせば暴動を誘発することにつながり、それは即、戦争の火種となるので使う可能性はありますね。現に四川省の大地震はＨＡＡＲＰシステムによるものだという説が流布《るふ》しましたからね。

**ホボット**　その通りです。しかし、それは実現しないかもしれません。

**浅川**　そう願いたいところです。ＨＡＡＲＰとは別の話ですが、航空機が化学物質を散布するケムトレイルをご存じですか？　それもまた、世界中でかなり行われているようですが。

**ホボット**　それもまた戦争の準備としての実験です。彼らはどのような方法で人を弱めればいいか、さまざまな実験を行っています。

**浅川**　あれを行っているのはアメリカの航空機ですか？

**ホボット**　私有の大きな飛行機です。ケムトレイルで散布されているものと似た化学物質をロシア人はアフガニスタン紛争のときに使いました。しかし、ロシアはまだまともでした。ロシア人に対しては散布しなかったからです。しかし……。

**浅川**　アメリカ人は自分の国にも散布している。

**ホボット**　そうです。カリフォルニアで散布しています。それは偶然ではありません。カリフォルニアには波動の高い人たちがたくさんいて、その中にはＵＦＯを研究している科学者などもいます。そのような人々は、彼ら（影の政府）にとって非常に都合が悪いのです。

カリフォルニアはその全体がパワースポットになっており、そのおかげでカリフォルニアの人々は波動的に高いレベルの人が多いのです。ただし、エネルギーが強すぎておかしくなる人もいますけれど。たとえば、サンフランシスコを歩くと、いわゆる変人の姿も少なくありません。

**浅川**　それにしても、彼らは次々と悪いことをよく考えつくものですね……。

## 銀河中心のエネルギーが太陽活動に与える影響

**浅川**　ところで、ちょうど今日の新聞（朝日新聞、2010年3月19日）に、太陽の活動が弱くなってきており、冬眠の準備に入ったようだと書いてありました。

太陽の活動のサイクルは約11年周期で活発になったり、弱くなったりしているけれど、そのサイクルが2割ほど延びており、表面の磁場も観測史上最大レベルを記録している。実はそれは弱くなる前兆で、そのためにヨーロッパでは大雪が降ったり、ワシントンでも100年ぶりの雪が降ったりしているのではないか、と書いてあります。

そこでお聞きしたいのは、銀河の中心からエネルギーが注がれているのであれば、太陽活動は活発になるのではないかと思うのですが、この新聞記事にはその反対のことが書かれている。そのところをちょっと教えていただけますか。

**ホボット**　人間の作った設備で観測できる太陽の活動は、私の述べているものとは別種のエネルギーであり、銀河の中心から来ているエネルギーとはまったく種類が違います。科学者たちの測定した太陽の温度は、私の話には関係ありません。

**浅川**　そうすると、銀河の中心からのエネルギーによって起きている太陽の変化は、目に見える3次元的な世界には現れないということですか。

**ホボット**　その反応は3次元でも現れると思います。たとえば太陽の表面の爆発が増えるとか、黒点が減るといったことに反映されるでしょう。しかし、太陽の温度とは関係ありません。銀河の中心からのエネルギーは直接地球の中心で受け取れます。また、太陽からも受け取れるし、太陽系のほかの惑星からも受け取れます。

**浅川**　科学者の観測では、太陽の活動はどうも静かになりはじめている。たとえばフレアがすごく減ってきているというようなことは、ホボットさんの今のお話と反対のような感じがしますが。

**ホボット**　今、活動は減っていますが、長期的には続きません。その活動は亢進《こうしん》したり減退したりするでしょう。その1つの理由として、これから起きる波動の変化に関して、急速な変化が起きてほしくない宇宙人のグループがいることがあげられます。つまり、穏健派の生命体たちが意図的に太陽の活動を調整しているのではないかと思います。

**浅川**　急に活性化して地球に大きな影響を及ぼさないようにしている。

**ホボット**　そうです。急に活性化すれば自然災害が起きる可能性があります。ですから、そうならないようにうまく調整していると思います。これは私の推測ですが。

**浅川**　ヨーロッパも今年は雪がかなり多かったようですね。

**ホボット**　そうです。ただし、ヨーロッパの気温が下がったのには太陽の活動とは関係ありません。地球の温暖化で氷山が溶けて海流の流れがなくなったからです。

**浅川**　私も自分のウェブサイトにそのように書いています。それで、その温暖化の原因についてですが、アル・ゴアは、「$CO_2$がたくさん出るから石油燃料を使わないで原子力へ移行しよう」と、主張してノーベル賞をもらいました。ブッシュがイラク戦争を起こして石油メジャーを儲けさせたのと同じことをしているわけです。

しかし、本当にそれは正しいでしょうか？　$CO_2$も1つの理由だと思いますが、何かもっと別の理由があるように私には思われてなりません。

**ホボット**　浅川さんが考えている通りです。現在、太陽系のすべての惑星の温度が上がっていますが、それは銀河の中心からの強いエネルギーの流れのためです。

**浅川**　やっぱりそちらのほうですか。

**ホボット**　そして、その銀河の中心からのエネルギーは、個人が意識的に、あるいは無意識的にブロックすることもできます。しかし、ブロックすることでその人は、そのエネルギーを不快なやり方で感じることになり、精神的におかしくなったり、争いの気持ちが強くなったりするでしょう。

**浅川**　先ほど説明のあったように、財産など安心を与えてくれるものに依存したり、争いの気持ちを持ったりすることがブロックになるわけですね。

## 光の生命体たちから日本人に託された使命とは

**浅川**　最後に、せっかく日本に来られて対談本を出すわけですから、私たち日本人の持っている使命のようなものについて簡単に語っていただけますか。

**ホボット**　すでにお話ししてきたように、これから地球では戦争や自然災害など大きな変化が起きる可能性があります。そして、それにはたくさんの国がかかわることになるので、そこに巻き込まれることなく、高次の世界へ向かう国が大切な存在となるでしょう。

私は、日本がその1つになると思っています。しかし、それにはある条件をクリアしなければいけません。それは、絶対にほかの国の争いに手を貸してはならないということです。

**浅川**　戦争に参画したり仲間になったりしてはならないということですね。

**ホボット**　そうです、絶対に。日本は高いレベルの世界像を持ち、そこへ向けて努力しつづけることができる数少ない国の一つです。そういう国はあまりありません。日本とあとはヨーロッパの一部の国くらいでしょう。

これからの未来において、日本の方々は自然災害を怖がらなくていいと思います。なぜなら、強く守られているからです。日本列島のまわりに日本を保護しているエネルギーフィールドが感じられます。現在、日本はたくさんの光の生命体たちに守られているのです。

たとえば、1998年にたくさんの火山が爆発して日本が海に沈む可能性が高かったのですが、未来の地球のトランスフォーミング（変容）の過程に日本が重要な役目を持っていたので、そうならないよう守られました。

**浅川**　これまで1998年の話がよく出てきましたが、それは1999年のノストラダムス予言と同じことですか。

**ホボット**　はい。同じことです。

**浅川**　ということは、日本人はある意味で特別の使命を持っているし、また守られてもいるので、戦争に加わったり、アメリカやロシアや中国のやろうとしていることに変に力を貸したりなどせず、高い波動に向かって進みなさいということですね。

**ホボット**　その通りです。

## 危機を伝える情報を知らせるべきか否か

**浅川**　分かりました。では、最後に1つお伺いします。

私はウェブサイトで、今地球が直面している危機的な状況を書いてできるだけ多くの人に知ってもらおうと努力しているわけですが、ホボットさんに会ってから、それがよいことなのか悪いことなのか迷いはじめています。

たとえば今、中国では水不足が非常に深刻になってきています。長江と黄河という2つの大きな川があって、黄河に流れ込む湖は300個ほどありますが、今そのうちの200個近くが涸《か》れて砂漠化してきています。そのため、黄河が海まで流れつかないで途中で消えてしまうという断流現象が起きています。当然、黄河周辺の住民は水を使えず野菜も作れない、羊や牛も育てられない、ということで非常に苦しんでいるわけです。

そこで、あと2年か3年もすると、彼らはそこには住めなくなって大都市へ流れ込んで生活していくことになるのではないかと心配されています。しかし、そのころには大都市といえども、オリンピックも万博も終わってしまっているので、流入してくる大勢の人々を雇うほどの仕事がない。そうなると、必然的に暴動が起きる可能性が高くなる。

そういう情報を私はこれまで自分のウェブサイトで発信してきたわけです。

しかし、このような情報を発信することで、かえってそれを促すことになるのであれば、そうした発信は控えたほうがいいのではないかと考えてしまいます。

とはいえ、中国で大きな問題が起きれば、それは日本にも影響を及ぼすことは必至ですから、警告としてそういう可能性もあるということを知らしめたい気もする。そのためにはウェブサイトに掲載することは必要にも思えてきます。そこのところについてホボットさんはどう考えますか？

**ホボット**　私にも同じ問題があり、情報を知らせすぎるのはよくないと思っています。人々がその情報にたくさんのエネルギーを注ぐことで、結局、実現してしまうからです。

そこで私は、危険性を警告する情報を発信すると同時に、それを回避する方法も説明しています。それはマインドを使って最善の地球の未来をイメージするということです。マインドの力は至上のものです。ですから、私は多くの人が瞑想に参加することを勧めているのです。

**浅川**　たとえば、中国で大きな問題が起きたときには、たくさんの人たちが日本にもなだれ込んでくるでしょう。そのときに騒いでも遅いわけですから、「そういう可能性もあるので、それなりの心の準備はしておいてください。しかし、そうならないようみなで日々祈りましょう」と、その両方を伝えるようにしているつもりですが。

**ホボット**　それは一番いいやり方だと思います。

**浅川**　私もなるべくなら、そういう情報は書きたくないし、講演でも話したくありません。しかし、書いたり話したりしないでいると、公開を促すように第2、第3弾の情報が飛び込んでくるんです。

スイフト・タットル彗星を知っていますか？　ずっと以前に発見されていたこの彗星は当初推定されていた周期が間違っていたために行方不明になっていました。ところが、木内鶴彦氏という彗星捜索家が小さな望遠鏡でそれを再発見します。彼は臨死体験をした後にその彗星を見つけたんです。

私の著書（『謎多き惑星地球』徳間書店刊）にも掲載したその臨死体験の内容は非常に興味深いもので、私の先史文明研究にも大変役に立ったんですが、それについては長くなるのでここでは割愛します。

なぜこの話を出したのかというと、その木内氏が昨年（２００９年）、再び臨死体験に遭遇し、中国の経済崩壊と暴動の様子をビジョンとして見せられたからです。そういう具合に、あるところで得た情報がまた別のところから思わぬ形で私のもとに入ってくると、やはり、それには何か意味があるから話さないといけないのかなと思うわけです。

**ホボット**　そのように、いろいろな方向から情報が確認された場合、やはり話したほうがいいと思います。

**浅川**　そういうふうに受けとらざるを得ませんよね。臨死体験を2度も経験した人は、私の知る限りほかに例がありません。ましてそれが私の知り合いであり、私にそういった情報を伝えてくるということは、上（高次元の存在）が「知らせろ」と言っているような気がしてならないのです。

**ホボット**　私もそう思います。

**浅川**　ホボットさんと話していると、ネガティブな話はあまりしないほうがいいようにも思えてくるのですが、ただ、現実にはネガティブな出来事もたくさん起きてくると思いますから、ある程度はみなさんに心の準備をしていただいたほうがいいのかなとも思うわけです。

**ホボット**　私も浅川さんのやり方でいいと思います。すべて本当のことを言うべきでしょう。もちろん、未来の危険性について話すだけでなく、それを変える方法も説明すべきですが。

## この対談は必然の縁

**浅川**　よく、分かりました。ホボットさんの話をお聞きして心が安らいできたような気がします。ありがとうございました。

いま改めてこの長い対談を振り返ると、ホボットさんとのご縁はまさに必然であったと感じています。また、ホボットさんのさまざまな活動にも大変共感できるものがありました。私もこの日本の地で自分にできることに精一杯取り組んでいくつもりです。

これから地球にやってくる大きな変化を乗り越えるべくお互いに頑張りましょう!

**ホボット**　浅川さんに出会えたことは、私にとっても貴重な体験となりました。また、今回の対談に関していろいろと配慮していただき本当に感謝しております。

天の与えてくださったこのよき出会いに心から感謝いたします。ありがとうございました。

［巻末附録］

# 戦争を回避するための瞑想法

## この瞑想に関するペトル・ホボット氏のコメント

この瞑想法によって人類の意識が変化すれば、もはや戦争の必要はなくなります。つまり戦争は起こらないのです。精神エネルギーレベルでたくさんの人々が距離を超えて同時に結びつき、同じ瞬間に同じことを思えば、自然に1つの結びつきが生じ、スピリチュアル世界と物質世界の両方で計り知れない実現力を持つことになります。このような試みはすでに、数回にわたって成功を収めてきました。

この惑星において、これ以上、人類の苦しみを生み出す必要はありません。今回の変化は、転生する魂としての私たちが通るべき集団レッスンの一部なのです。節目となる期間（おおよそ2010年から2018年にかけて）には、私たちの古い世界が実際に崩壊し、根本的に新しい現実が生まれることになるでしょう。そして、その現実は私たちの精神が作り出しています。

思考の波は、今のところその姿を知られていないエネルギーです。物理的にはごく微細であっても、このエネルギーは計り知れない力を秘めています。そこで、何百万もの人々が今までと違うメンタルな波動を起こしはじめれば地球全体が変化します。そしてこれによって、地球の進化の新しい章が幕を開けるのです。

今、まさにこの瞑想を行うべきときです。このような瞑想によって、主要各国および各大陸、さらには人類そのものの意識の波動が高まっていくでしょう。地球上のあらゆる人々の心の声、すなわち「良心」と「共感する心」を集団的に目覚めさせることがその課題となります。この瞑想はまた、戦争を避けるだけでなく、参加者の波動の移行を促すものとなるでしょう。

## 瞑想の具体的な方法

①いつ行うか？
毎回の満月の3日前から満月の日まで。

②開始時間
日本時間の朝6時から毎回30分間（ヨーロッパで瞑想を開始する日本時間の朝5時から参加することも可能）。

③体の姿勢
柔らかいマットのようなものに横になり、目隠しをし、楽な衣服をまとうか裸に上掛けを羽織ります。部屋を暖かくして、心が完全に落ち着く環境を作ること。横になることは必須ではなく、心の中で決められたテーマに波長を合わせることができさえすれば、ほかのことをしながら瞑想することも可能です。

④瞑想の方法
次の3つの方法から1つを選ぶか、好みに合わせて組み合わせてください。

［第1の方法］

地球のこれからの数年間が、災厄と戦争のないものであることをただ思ってください。30分間ずっと意識を集中させる必要はありません。時間内であればいつでも、心の中でこのイメージもしくは思いに波長を合わせることができます。

［第2の方法］

さらにうまく波長を合わせるには、ヘミシンク音やトランスフォーミング・サウンド（ペトル・ホボットのウェブサイトを参照）などの瞑想音楽を使用してください。

［第3の方法］

以下の「ゴールデンホワイトの光」のテクニックを用います。

自分の息に意識を集中させ、静かに呼吸してください……。

力を完全に抜いて、自分の体が温かい砂の詰まった袋のように重たいというイメージを描いてください……。

自分のまぶたが、鉄のふたのように重たいとイメージしてください……。

何回か息を吐くうちに、あなたの体から緊張が完全に抜けていくとイメージしてください……。

何回か息を吐くうちに、あなたの精神からも完全に緊張が抜けていくとイメージしてください……。

深い静寂と宇宙からの解放のエネルギーを吸い込んでください……。この恵みのエネルギーがあなたの中へ入り込み、あなたの内臓、脳、顔、指へと浸みわたっていくのをイメージしてください……。

あなたの上に、温かいゴールデンホワイトの光が差していると意識してみてください。その光が、愛と静寂の源であると知覚してください。その源から息を吸い込み、そこから温かいエネルギーがあなたの肺に流れ込んでくるとイメージしてみてください……。

さらに呼吸しながら、この生の恵みにあふれた温かい光で肺を満たしてください……。そして、あなたの胸がこの世のものとは思われない軽さで満たされ輝くまで、この光をゆっくり、静かに繰り返し吸い込んでください……。

次に息を吐きながら、温かい光を胸から自分の存在すべてに流れ込ませ、指先や鼻の先、頭頂部、足の裏にもそれが感じられるようにしてください……。無重力に近いような、驚くほどの軽さを感じるはずです……。この解放感と自由を楽しみ、自分の精神に集中してください。

次に、自分が本当は「誰なのか」を認識してください。息を吸い、吐くときに心の中で次のように唱えると、うまくいくでしょう。

「私は神聖で……（息を吸う）……強力な魂（息を吐く）」

または、

「私は強力な（息を吸う）……光の生命体（息を吐く）」

自分が、すべての力と生命の源である、万物の神の根源につながっていることを意識してください。心の中で次のように唱えると、うまくいくでしょう。

「私はつながっている……（息を吸う）……最も高い根源と（息を吐く）」

または、

「神の根源が（息を吸う）……私を支えている……（息を吐く）」

あなたは永遠の命を持った、力ある魂であり、現実と世界を作り出す存在であることを意識してください。そして神の根源が、あなたにあらゆる能力を与え、創造する力、どんな距離にあるどんなものをも動かす力を与えたことを意識してください……。

あなたは、精神の力で物質を変化させたり、ほかの生物や物体に力を及ぼしたりすることができるのです……。心の中で次のように唱えると、うまくいくでしょう。

「私には能力がある……（息を吸う）……どんなものでも変える力が……（息を吐く）」

または、

「私は変える……（息を吸う）……現実を……（息を吐く）」

息を吐きながら、自分が地球全体に送り出している温かいゴールデンホワイトの光のビジョンに、意識を集中させてください。その光は地球全体を満たし、浸み込み、あふれます……。息を吸うときには「愛、静寂、幸福が……」、息を吐くときには「……地球にあふれる」と心の中で唱えてみましょう。

その際、静寂と幸福、愛の神のエネルギーが地球を完全に満たし、アフリカ、アジア、北米、南米、ヨーロッパのあらゆる村や町の、あらゆる人々の脳に浸み込んでいく様子を、強く念じてください……。

このエネルギーが、地球上のどんな町外れにも、どんな貯水池にも、どんな一握りの土にも浸みわたっていくことをイメージし、知覚してください……。

この恵みにあふれたエネルギーが、地球上のあらゆる食物に浸透していく様子を観察してください……。

このエネルギーが地球全体を完全に浄化し、今この瞬間に戦争を引き起こそうとしているすべての闇の力を取り去っているのを、注意深く落ち着いて、光に満たされたほほえみを浮かべて感じてください。

地球の汚染や人々の計り知れない苦しみ、人・動物・植物の絶滅を引き起こす、機械や人の無意味な蛮行が、消し去られていきます……。

神の根源と宇宙が差し伸べてくれた、計り知れない力に感謝し、地球が苦しみと汚染から解放され、これからの年月、美しく強い、命あふれる惑星として、正しい方向へと進化していくことに対して感謝してください……。

［注意事項］

○瞑想開始8時間前からは肉食を避け、アルコールも控えてください。また、2時間前からはコーヒー、お茶などカフェインを含むものを飲まないようにしてください。また、瞑想終了後2時間が経過するまでは、肉とアルコールの摂取を控えてください。

○この瞑想により、あなたと「光の生命体」との直接の連結が予想されます。その副次的効果として起きる生物的・エネルギー的な治癒によって、超感覚的知覚と治癒能力が開発される可能性があります。それと同時に、瞑想終了後は空間感覚がやや鈍ることがあるでしょう。ただしそれは、長くても5分以内で元に戻ります。

○「ゴールデンホワイトの光」のテクニックにおいて、あなたがイメージする光がゴールデンホワイトとは違う色に変わった場合は、無理に元に戻そうとしないでください。スペクトルの変化はよいものである可能性があり、時には瞑想を成功させる助けになることもあります。瞑想中は自分自身と宇宙、神の根源を信じてください。

# あとがき——人類の夜明けは近い

## 封じられた世界の真実

会社役員から身を引き、人類がたどってきた真実の歴史を求め、世界各地に残された先史文明の遺跡を探索しはじめてから、はや10年が過ぎようとしている。

その間、訪ねた遺跡は数知れず、訪問回数もマチュピチュやナスカに至っては十指に余る。その結果、歴史学者や考古学者が唱える歴史が、いかにうそで塗り固められたものであるかを実感するところとなった。

たとえば、エジプトのギザ台地に立つ三大ピラミッドは、有史以前の太古の時代に、驚異的なテクノロジーを用いて作られたものであること。またペルーのマチュピチュに残された都市跡や、広大なナスカ平原に描かれた地上絵も、人類が記憶の彼方に忘れ去ってしまった先史文明の遺物であること。

さらには、メキシコのオルメカ遺跡に残された黒人人頭像、これもコロンブスのアメリカ大陸発見のはるか以前から、中央アメリカとアフリカ大陸、またヨーロッパ諸国との間に人的交流があったことを示す遺物であること。

——こうした事実を、幾多の困難に出合いながらも自分自身の目と肌で確かめることができたのは幸いであった。

また、そういった発見を伝える講演活動を日本各地で続ける中で、幼い子供から年配者に至るまで、多くの人たちから宇宙船の目撃情報や宇宙と人類のかかわりに関する話、またアセンションに関する重要情報を聞かせていただいた。それらはみな、地球と人類が新たな時代に向かって加速度的に進んでいることを伝えているものであった。

こうした自分自身の体験や、虚言を述べることなど決してあり得ない確かな人物たちから聞かされた多くの情報は、いかに私たちが闇の世界の支配者たちから目隠しをされ、真実の世界を知らされずにきているかを実感する上で、重要な手掛りとなるものであった。

## アレハンドロとカヴァーロ、そしてホボット……出会いの縁

そうした探索の旅が続く中、2年ほど前からさらなる貴重な情報を与えてくれる世にもまれな人々との出会いが始まりだした。その第1弾が、２００８年の春にお会いした、悠久の歴史を持つマヤの精神的な指導者であるドン・アレハンドロ長老であった。

先史文明の謎を探る旅は続く……

（上）古代インカ帝国の都市マチュピチュ（浅川嘉富撮影）。
（下）オルメカの人頭像。石のない土地に作られた巨大な石像は、黒色人種の顔立ちが再現されている。オルメカ人の指導者たちを記念した肖像だと言われている（浅川嘉富撮影）。

ドンからは、世に出ている歴史書や教科書では絶対に知ることのできない真実をお聞きすることができた。それは、歴史のサイクルを伝える長期暦と呼ばれるマヤカレンダーの秘密、またかつて地球規模の大カタストロフィによってマヤ文明が崩壊した後、荒野をかけずり回る原始的な生活に戻った彼らに、新たな文明をもたらしてくれたのがプレアデスからやってきた人々であったことなどである。

それから半年ほどして出会ったのが、イタリア人のマオリッツオ・カヴァーロ氏。すでに読者はご存じのことと思うが、カヴァーロ氏は30年にわたって、銀河系外のはるか彼方にあるクラリオン星からやってきた宇宙人とコンタクトを続けている希有《けう》な人物である。

彼が伝えた地球と人類の歴史はまさに驚異的なものであった。私との対談の中で、彼は人類が誕生する以前の太陽系には2つの太陽が存在したことや、太古、アルクトゥルスやプレアデスなどからやってきた人々によって人類が誕生したことなど、世の科学者や知識人と称する人々の口からは決して語られることのない驚愕《きょうがく》の事実を語ってくれた。

それらは対談本『超次元スターピープルの叡智』や『クラリオン星人はすべてを知っていた』（いずれも徳間書店刊）などに記されているので、ぜひ読んでいただきたいものである。

そのカヴァーロ氏から1年半後に巡り会ったのが、今回対談することになったチェコ出身の超能力者（知覚者）でシャーマンでもあるペトル・ホボット氏である。

彼もまた、たぐいまれな超能力と信じがたいほどの行動力を持つ希有な人物であり、その体験がいかに驚異的な出来事の連続であったかは、本書を読まれた読者には十分に分かっていただけたはずである。

## 「闇の勢力」から脱するときに起こる変化

アメリカの諜報機関CIAの下で、ホボット氏と同じような諜報活動をしていた人物にアメリカ人のジョー・マクモニーグル氏がいる。彼については読者もご存じのことと思われるが、両氏の大きな違いは、ホボット氏の場合、諜報機関を離れて以降もペルーやブラジルで、シャーマニズムの訓練と研究を長年続けてきている点である。

実は今回の対談まで、私はホボット氏の存在をまったく知ることはなかった。そんな彼との縁を結んでくれたのは、かねてから親交のあったライターの方であった。

その方のお陰で、ホボット氏との対談が八ヶ岳山麓のわが家で実現するところとなったわけであるが、延6日間にわたる50時間を超すインタビューはまさに驚きの連続であった。

これまでにも、霊的世界や先史文明など一般には知られていない分野に数多く接してきた私であるが、彼の語る話には、想像すらしたことのない事柄が次々と登場して、対談を終えた後はまさに茫然自失。しばらく頭の整理がつかない状態が続いたほどである。本書を読み終えた読者も私と同様な気持ちを味わわれたに違いない。

本書では、宇宙からスピリチュアルに至るまでのさまざまな分野における話が語られている。

そうした驚異的な真実を、われわれは遠からずして実際に目にし、耳にすることになるようである。昨今、宇宙船の目撃や宇宙人とのコンタクトが頻繁に行われるようになってきている事実が、彼の話を裏付けており、そうした出来事は人類が彼らと本格的なコンタクトを行うための計画の一部のようである。

宇宙人たちが人類と正式にコンタクトを取りはじめる第1ステップは、心が開かれた科学者たちと接触し、彼らに宇宙の真実を伝えることから始まるようだ。また第2ステップでは、医療従事者たちに現代医学を凌駕《りょうが》する高度なテクノロジーを提供することが計画されているようである。

彼の話を聞いていて思わず笑ってしまったのは、宇宙人たちは政治家や宗教人にはまったく興味を持っておらず、これから先もコンタクトする意思など毛頭ないという点であった。現今の政治家や宗教的指導者を眺めていれば、誰もが「さもありなん」と思えてくるに違いない。

ホボット氏によると、宇宙人たちが人類とコンタクトをとり始めるのは、われわれがフリーエネルギーの利用に関心を向け、実際にそれが使われるようになるときであるという。

どうやらそれは、すでに実用段階とも言われる水や太陽光を使うフリーエネルギーを封印しつづけている「闇の勢力」の影響下から、われわれが脱するときを意味しているようだ。

いずれにしろ、「そのとき」が刻一刻と近づいてきていることは間違いない。本書で語られた内容が世に出ること自体、人類の夜明けが間近に迫っていることを如実に物語っていると言えよう。

浅川氏の自宅で行われた今回の対談。後ろに見えるのは南アルプス連峰の甲斐駒ヶ岳。すがすがしい空気が流れる山梨県北杜市《ほくとし》一帯。ホボット氏によれば、このあたりもまたパワースポット地帯であり、UFO が頻繁に出現するのは、そのエネルギーを利用するためだという。

## 天から計画されていた、本書の対談

私が最も衝撃を受けたのは、今回の彼との対談が、天の存在たちによってすでに何年か前から計画されたものであったということだ。ホボット氏は、肉体を離れたアストラル界で、数年前すでに私と一度会っており、そのときの私の姿を記憶しておられたというのである。これには、びっくりさせられた。

彼は、ペルー・アマゾン流域やアンデスの山中において、十数年にわたってシャーマニズムの訓練を受けているわけだが、その地が私にとっても長年の活動拠点であったのは、何とも奇妙なシンクロニシティ《共時性》であった。

しかも、あまり知る人の少ない、人類の歴史をくつがえす石「カブレラストーン」については、私自身、何度かペルーのカブレラ博物館に足を運んで調査・研究してきているが、ホボット氏もしばしばそこを訪れ、シャーマニズム的な見地から研究を続けてきていた。これもまた驚きのシンクロニシティの1つである。

同様なことは地上絵で有名なナスカ平原についても言える。対話を続けていると、まるで一緒にその場に立って探索しているような感覚に襲われることがしばしばであった。

長時間の対談を終えて2人がともに思ったことは、私たちは何か強い縁《えにし》で結ばれており、それが今回の対談の原動力となったという点であった。

今このときに二人が出会い、本書の出版が時宜《じぎ》を得て実現したということは、私がかねてから語ってきた、地球と人類の新たな出発のときが間近に迫ってきていることを物語っているような気がしてならない。もしかすると、人類の夜明けはすぐそこまで近づいてきているのかもしれない。

読者は最後のページまで一気に読み進まれたに違いないが、その後も何度も読み返していただき、彼と私が伝えようとしている意図を十分にくみ取ってもらいたい。迫りくるときの到来までに、一人でも多くの方が覚醒されんことを願ってやまない。

地球・先史文明研究家　浅川嘉富

浅川嘉富　あさかわ よしとみ
地球・先史文明研究家。1941年生まれ。東京理科大学理学部卒業。大手損害保険会社の重役職をなげうって、勇躍、世界のミステリースポットに向け、探求の旅に出る。その成果は、『謎多き惑星地球《このほし》（上／下巻）』や『恐竜と共に滅びた文明』（共に徳間書店刊）、『2012年アセンション最後の真実』（学習研究社）などにまとめられている。

ペトル・ホボットについては、10〜11ページを参照下さい。
本書は2010年７月に出版された『［UFO宇宙人アセンション］真実への完全ガイド』の新装版です。

新装版［UFO宇宙人アセンション］真実への完全ガイド

第一刷　2018年11月30日

著者　浅川嘉富
ペトル・ホボット

発行人　石井健資
発行所　株式会社ヒカルランド
〒162-0821 東京都新宿区津久戸町3-11 TH1ビル6F
電話 03-6265-0852 ファックス 03-6265-0853
http://www.hikaruland.co.jp info@hikaruland.co.jp
振替　00180-8-496587

本文・カバー・製本　中央精版印刷株式会社
DTP　株式会社キャップス
編集担当　小暮周吾

ISBN978-4-86471-705-2

を理想的に向上させます。体内の環境を整えて、本来の生命力の働きを高めます。疲れ、むくみ、おなか、お肌が気になる方にご活用ください。

- ●含有マグネシウムが電解質のバランスをとってエネルギー代謝を調整し、疲労回復の手助けとなります。
- ●体内神経系の働きをあるべき状態にして精神的な安定を促します。
- ●タンパク質の合成を助け筋肉機能を促進します。
- ●骨格と歯の健康を維持させる働きを発揮します。
- ●適切な細胞分裂のプロセスをサポートします。

**【ハイパートニックとアイソトニックの違い】**

ハイパートニックは、海水と同じ濃度（3.3%）で、主にミネラルの栄養補給として使われてきました。アイソトニックは、海水を珪素がふんだんに含まれた湧き水で生理食塩水と同じ濃度（0.9%）で希釈したものです。主に、注射や服用など薬品として利用されてきました。（木村一相歯学博士談）

**【キントン水ご利用方法】**

キントン水は、アイソトニック、ハイパートニックともに、1箱にアンプル（10㎖/本）が30本入っています。ご利用の際は、以下の指示に従ってください。

①ガラス製アンプルの両先端を、付属の円形のリムーバーではさみ、ひねるようにして折り、本体から外します。
②両端の一方を外し終えたら、本体を容器の上に持ってきた上で、逆さにして、もう一方の先端を外し中身が流れ出るようにしてご利用ください。

※開封後は速やかにご利用ください。アンプル先端でケガをしないよう必ずリムーバーを使用して外すようにお願いいたします。
※30本入り1箱は基本的にお一人様1か月分となりますが、用途などに応じてご利用ください。ご利用の目安としては1〜4本程度／日となります。
※当製品は栄養補助食品であり、医薬品ではありませんので、適用量は明確に定められているものではありません。
※ミネラル成分のため、塩分摂取制限されている方でも安心してお飲みいただけます。禁忌項目はありません。

## ルネ・カントン博士の伝説のマリンセラピー《海水療法》！
## 太古の叡智が記憶された キントン《QUINTON》水

◉78種類のミネラルがバランス良く含有。

◉100%イオン化されており高い吸収効率。

◉スパイラル（らせん渦）な海流を生む特定海域から採取。生命維持に必要なエネルギーが豊富。

奇跡を起こす
【キントン海水療法】のすべて
著者：木村一相
協力：マリンテラピー海水療法研究所
四六ハード　本体2,500円+税

### 「キントン・ハイパートニック」（海水100%）

■ 8,900円（税込）

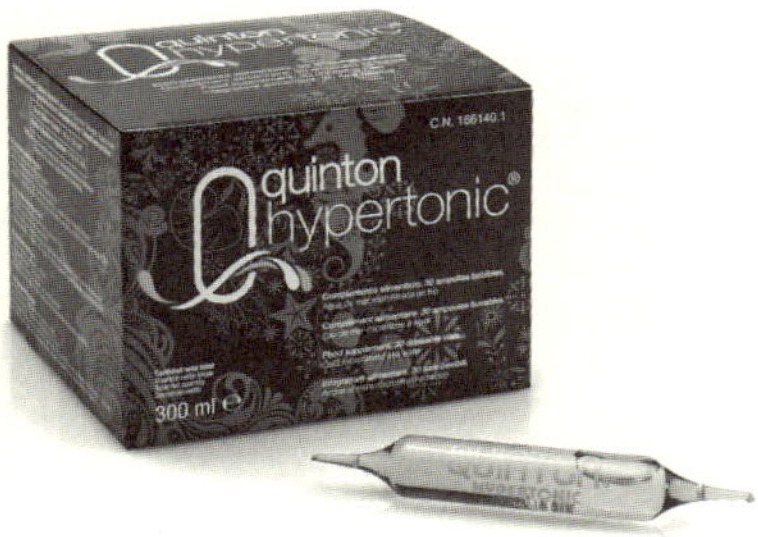


アンプル10mℓ×30本／箱
アンプル素材：ガラス リムーバー付
《1ℓあたりの栄養成分》マグネシウム… 1.400mg　カルシウム… 360mg　ナトリウム…10.200mg　カリウム… 395mg 鉄…0.003mg 亜鉛…0.015mg

激しい消耗時などのエネルギー補給に。重い悩みがあるとき、肉体的な疲れを感じたときに活力を与えます。毎日の疲れがとれない人に、スポーツの試合や肉体労働の前後に、妊娠中のミネラルサポートなどに活用ください。

● 胃酸の分泌を促進し胃の消化を助けます。
● 理想的な体液のミネラルバランスに寄与します。

### 「キントン・アイソトニック」（体液に等しい濃度）

■ 8,900円（税込）

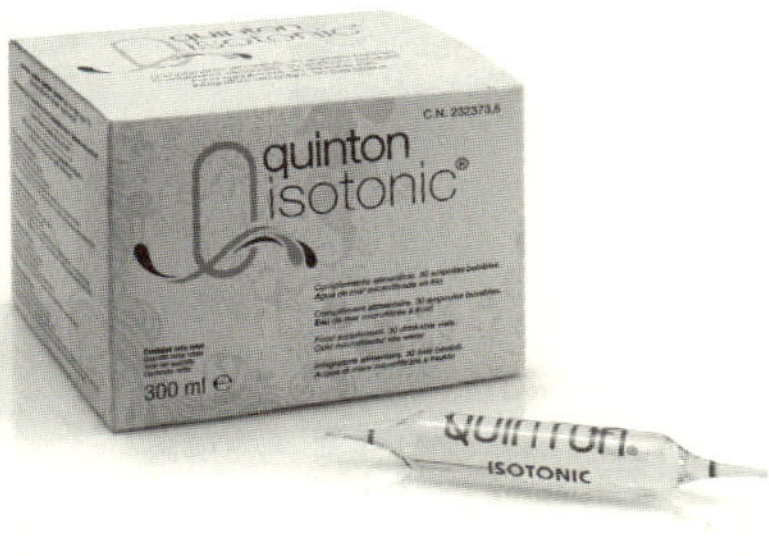


アンプル10mℓ×30本／箱
アンプル素材：ガラス リムーバー付
《1ℓあたりの栄養成分》
マグネシウム… 255mg　カルシウム… 75mg　ナトリウム… 2.000mg　カリウム…80mg　鉄…0.0005mg　亜鉛…0.143mg

海水を体液に等しい濃度に希釈調整した飲用水。全ての必須ミネラル＋微量栄養素の補給により、細胞代謝

家庭内の電磁波対策に、手に持って瞑想に

**シュンガイト ピラミッド**
［販売価格］ 7㎝……8,500円（税込）
　　　　　　4㎝……3,000円（税込）
●サイズ：［7㎝］7×7㎝［4㎝］4×4㎝
●重量：［7㎝］220g［4㎝］50g
●有効範囲：［7㎝］4.5m［4㎝］1.6m
ピラミッドの黄金比の形状自体に強いエネルギーがあり、「シュンガイト ピラミッド」を取り囲むポジティブなバイオフィールドは、細胞の周波数にも共鳴。部屋に置けば電磁波対策はもちろん、疲れやストレス、不快感などを除去し、周囲環境のあらゆるマイナスを改善してくれます。

生命エネルギーの増強＆魂の浄化を

**シュンガイトの卵　6㎝**
［販売価格］7,800円（税込）

●サイズ：長さ6㎝　●重量：250g
生命の誕生の象徴でもある卵型のシュンガイトは、ヒーラーやチャネラーにも好評。自己ワークの中で生命エネルギーが増強されます。マッサージとしての利用もオススメです。

水の記憶をリセット！　汚染されたネガティブ情報を削除

**浄水用シュンガイト原石　150g**
［販売価格］2,000円（税込）

一度煮沸してから飲料水1リットルに対し50～100gほど入れ、40分を目安に置いてからご利用ください。浄化された水は活性酸素を除去する活性水へと変化していきます。飲用・料理にお使いください。
※シュンガイト原石は繰り返しご利用いただけますが、3～6か月を目安に交換することをオススメします。

シュンガイトグッズはロシアからの輸入のため、在庫状況により商品到着までお時間をいただく場合がございます。

【お問い合わせ先】ヒカルランドパーク

## 水の浄化に　電磁波対策に　生命エネルギー強化に
## ロシア発ヒーリングストーン「シュンガイト」

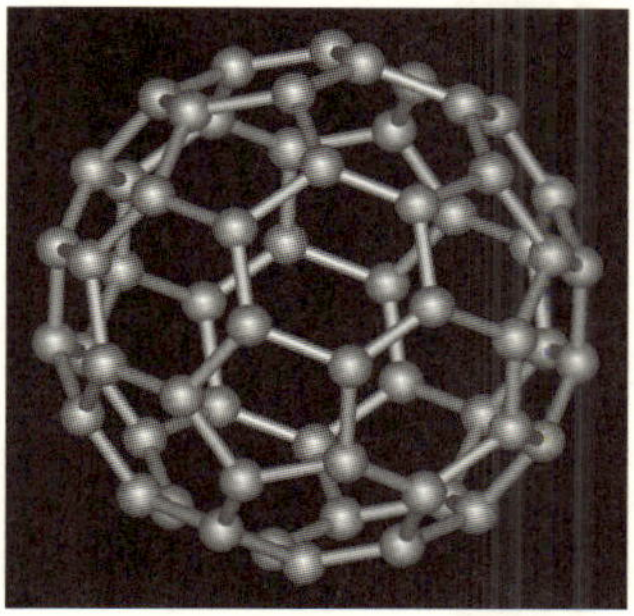
フラーレン

ロシア北西部カレリア地方にしか鉱床のない炭素鉱物「シュンガイト」。20億年前にできたとされるこの鉱石の主成分フラーレンは、炭素原子が結合したサッカーボールのような切頂十二面体の形状を持ち、炭素の新しい分子形態として注目されています。抗酸化力に優れ活性酸素を抑える働きから、現在は美容方面でも活用が進んでいます。
また、電磁波の人体への影響を軽減する働きや、地球の磁場を乱さない、有害物質を放出しない、腐食しにくく耐久性があるといった利点を兼ね備え、ロシアではシュンガイトセラピーという用語が定着するほど、「健康の石」「薬石」として人々の間でたいへん親しまれております。
このような特徴を持つ鉱石は地球上でほかに例がなく、一説では有機生命体が存在した惑星が衝突した結果、この地方にのみシュンガイトの鉱床ができたとも言われているほど。まさに、宇宙から人類への贈り物なのかもしれません。
ご家庭で気軽に使えるシュンガイトグッズで、太古の宇宙の叡智を感じながら、その波動をご自身で体感してみましょう！

### ロシアにおけるシュンガイトの活用例

- 殺菌力や抗ウイルス効果が高く、シュンガイトを使った飲料水用の濾過フィルターは数百万人の人々が愛用
- サンクトペテルブルクの火傷センターでは皮膚へのケアに活用
- シュンガイトの壁で囲まれた部屋を設置し、アレルギー対策に活用
- 古くは初代ロシア皇帝ピョートル1世が、兵士にシュンガイトを携帯させたことで疾病から守り、スウェーデンとのポルタヴァの戦いに勝利した要因となる

**シュンガイトの効果**

★水の浄化と活性化、水のエネルギー向上
★電磁波・放射線の吸収により人体のバイオフィールドへの悪影響を抑止
★環境との調和、浄化を推進
★ヒーリング効果、生体エネルギーの供給

**ソマヴェディックシリーズの最高傑作！**
**肉体と霊体の周波数をアップグレード**

## ソマヴェディック メディックウルトラ

［販売価格］146,000円（税込）

●サイズ：高さ80㎜×幅145㎜　●重さ：2.3kg
●電圧：DC3V

見た目も美しいグリーンカラーが特徴の「メディックウルトラ」は、「メディック」「クワンタム」など、これまでのソマヴェディックシリーズの各基本機能を取り入れ合わせた最上位機種となります。内蔵されたパワーストーンに電流が流れフォトンを発生させ、人体に影響を与えるウイルス、ジオパシックストレス、ネガティブエネルギーなどを軽減し、その効果はIIREC（国際電磁適合性研究協会）も検証済みです。また、チェコの核安全保障局で安全性をクリアした、霊的成長を促すとされるウランをガラス部分に加工したことで、半径50mの空間を量子レベルで浄化。肉体に限らず、物質空間の周波数を調整し、さらに水質まで向上させます。従来モデルよりも強力な「メディックウルトラ」は、一般家庭への設置はもちろん、病院やクリニック、サロン、その他大型のビル施設でも1台置くだけでポジティブな効果を発揮します。

## ソマヴェディック メディック

［販売価格］117,000円（税込）

●サイズ：高さ70㎜×幅150㎜
●重さ：1.5～2kg　●電圧：DC3V

多くの人が行き交う病院やビル、大きな建物や広い土地での使用がオススメ。感情やプレッシャーを処理し、家庭や会社での人間関係を徐々に調和していきます。

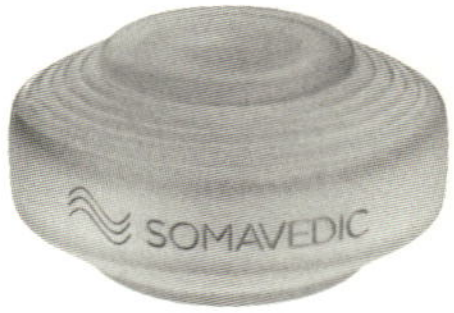


## ソマヴェディック クワンタム

［販売価格］78,000円（税込）

●サイズ：高さ55㎜×幅110㎜
●重さ：0.75～1.5kg
●電圧：DC3V

サロンや店舗はもちろん、各家庭の部屋や車内への設置がオススメです。

ヒカルランドパーク取扱い商品に関するお問い合わせ等は
メール：info@hikarulandpark.jp　URL：http://www.hikaruland.co.jp/
03-5225-2671（平日10-17時）

**本といっしょに楽しむ ハピハピ♥ Goods&Life ヒカルランド**

## ジオパシックストレス除去、場の浄化、エネルギーUP！
## チェコ発のヒーリング装置「ソマヴェディック」

ドイツの電磁波公害
研究機関 IGEF も認証

イワン・リビヤンスキー氏

チェコの超能力者、イワン・リビヤンスキー氏が15年かけて研究・開発した、空間と場の調整器です。

内部は特定の配列で宝石が散りばめられています。天然鉱石には固有のパワーがあることは知られていますが、リビヤンスキーさんはそれらの石を組み合わせることで、さらに活性化すると考えました。

ソマヴェディックは数年間に及ぶ研究とテストを経た後に設計されました。自然科学者だけでなく、TimeWaver, Bicom, Life-System, InergetixCoRe 等といった測定機器を使用して診断と治療を行う施設の技師、セラピストによってもテストされ、実証されました。

その「ソマヴェディック」が有用に働くのがジオパシックストレスです。

語源はジオ（地球）、パシック（苦痛・病）。1920年代に、ドイツのある特定地域ではガンの発症率がほかに比べてとても高かったことから、大地由来のストレスが病因となりえることが発見されました。

例えば、地下水脈が交差する地点は電荷を帯びており、人体に悪影響を及ぼします。古来中国で「風水」が重視されたように、特定の場所は人間に電気的なストレスとなるのです。

ソマヴェディックは、心とカラダを健康な状態に導き、人間関係の調和や、睡眠を改善させます。ソマヴェディックの影響は直径30m の範囲に及ぶと言われているため、社内全体、または一軒丸々で、その効果が期待できます。またその放射は、ジオパシックストレスゾーンのネガティブな影響と同じように、家の壁を通過すると言われています。

ソマヴェディックは、診療所、マッサージやビューティーサロン、店舗やビジネスに適しており、一日を通して多くの人が行き来する建物のような場所において、とてもポジティブな適用性があります。

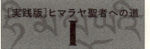

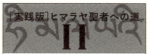

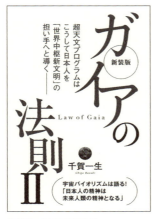

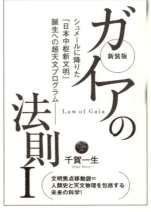

本気で取り組む

# FMEA

## 全員参加・全員議論のトラブル未然防止

上條 仁
Kamijo Hitoshi

日刊工業新聞社

# はじめに

筆者が講師をつとめる技術セミナーには「FMEAやDRBFMはやってはいるけどもうまくいかない」という受講者が少なからずいる。なぜ、うまくいかないのだろうか。問題解決には原因究明が必要だ。FMEAやDRBFMがうまくいかないのも一つの問題である。その原因は企業によってさまざまだが、そういった企業に実際にお邪魔してみると、ある典型的な特徴があることがわかる。何のために、どうしてFMEAやDRBFMをやるのか、その目的がはっきりしていないまま実施していたり、上司からの指示でとにかくやっていたり、という企業が多いのである。技術者にとっては、ただ指示された通りにやるような“やらされ仕事”ではなく、納得してできる理由が必要だ。どうせやるなら「やっていて良かった」「役に立った」と思うものをやりたいはずである。企業のゴールは利益の確保であり、そこにつながる仕事をするべきだ。FMEAを実施することで、事故や不良や故障を未然に防止できれば、余計な費用がかからずロスコスト削減につながるからである。

しかしただ漫然とFMEAを行っていては時間と労力が増える一方だ。そこで変更点・変化点に絞って行うことが重要となる。本書の前半では、FMEAの意義を確認した後、FMEAが形骸化しやすい理由を挙げながら、変更点・変化点に着目することの優位性（FMEAの実施のコツのようなもの）を説明する。また、実際にシートを作成する際は“インタビューFMEA”という手法を用いることでFMEAを簡便かつ効果的に実施できる。事実、この方法で筆者のクライアントも大きな成果を出している。“インタビューFMEA”は筆者の提唱するオリジナルの手法であるため、本書の後半ではその進め方を詳しく解説したい。

筆者は、自身が講師をつとめる公開セミナーや、指導先企業のコンサル活動を通じてさまざまなFMEAやDRBFMの実態を見てきた。この本は、そこで得られた知見をもとにFMEA・DRBFMを実施する上での数々の問題点、やりにくさをどのように改善していけばよいかをまとめたものである。実際にFMEAの導入・運用に悩んでいる企業、技術者の方々にお役に立てばという一心で執筆した。

本書は、インタビューFMEAによるシート作成方法を紹介したものだが、そこに至るまでのプロセスは通常のFMEAやDRBFMにとって役立つものであり、インタビューFMEAを実施有無に関係なく、取り入れていただければ効果が上がるものとなっている。

本書の内容は、日刊工業新聞社の月刊誌「機械設計」誌の2016年5月号から9月号まで5回に渡って「インタビューFMEAのススメ」として連載させていただいた記事を、編集し加筆したものである。同誌を読んでいただいた方々から、また、その内容をセミナー等で紹介した方々より、「ぜひ本を出版したら」という数多くの要望をいただいた。

月刊誌への記事掲載にあたっては、大阪支社出版部OBの辻總一郎氏、出版部の今堀崇弘氏および川木裕里絵氏に大変お世話になった。その後、インタビューFMEAセミナーとして、日刊工業新聞社でのセミナーにおいては、イベント事業部の野寺陽介氏にもお世話になった。

また本書の出版にあたっては、日刊工業新聞社出版局書籍編集部の天野慶悟氏にお世話になった。また、公開セミナーを実施させていただいているテックデザイン、日本テクノセンター、R＆D支援センターにも多くの支援をいただいた。特にテックデザインの井戸亮介氏・荒井洋平氏には、本書の発行にあたり貴重なアドバイスをいただいた。最後に指導を通じて実際にお邪魔させていただいた企業の方々にはあらためて感謝申し上げたい。

2018年6月

上條　仁

# 目 次

# 第2章

# FMEA・DRBFM 基本的なシート記入手順とその考え方



# 第3章

# インタビューFMEA

# 第4章

## インタビューFMEAのツボとコツ



# 第5章

## 実施例と解説

## 第6章

## インタビューFMEAの効果

# 第1章

# FMEAとデザインレビューの実態

FMEAで何がしたいの、何ができるの、どう使いたいの、などの目的をはっきりとさせることである。デザインレビューで活用できないと意味がない。FMEAがうまくいっていない実態について事例を交えて紹介しよう。

## 1.1 FMEAで何がしたいのか

製品開発において技術者の使命は、良い品質のものを納期厳守し、低コストで開発することである。さらに、開発製品が顧客のもとにわたってからも性能を維持し、かつ信頼性を確保しなければならず、事故や故障、不良などを発生しないよう未然防止を図ることが求められる。そのために使われているものにFMEA（Failure Mode and Effects Analysis：故障モード影響解析）がある。そのFMEAで何がしたいのか、そもそも何をするものなのだろうか。

### 1.1.1 製品開発と品質保証

製品開発とは、品質と信頼性を確保することである。品質を時間軸で分けると、初期品質と経年品質に分けられる。経年品質とは信頼性のことである。

信頼性とは何か。将来のある時点でその機能を発揮している確かさである。現時点では問題がないが、使っていて何か起きてしまってからでは困るだろう。自動車の故障も、購入したときは良かったのに、乗っていておかしくなったら故障となる。買ったときにすでに問題があったら、それは故障でなく不良、欠陥である。

品質を確保するということは、品質を保証することで、品質保証である。その品質保証の定義を**図表1.2**に示す。

ここで、自分が担当する製品の品質保証を考えてみてほしい。その場合の消費者

**図表1.1　時間軸で分けた品質**

品質
- 初期品質（時間軸ゼロ）
- 経年品質（信頼性）

**図表1.2　品質保証の定義**

| |
|---|
| **品質保証の定義（JIS Z 8101 より）**<br>消費者の要求する品質が十分に満足されていることを保証するために生産者が行う<u>体系的活動</u> |

とは誰だろうか。顧客である。その顧客も誰なのかが重要である（第2章の2.1.2項参照)。次に要求する品質とあるが、それは誰が確認し、どのように共有化されているだろうか。そして十分に満足とあるが、どのようにして判定しているのであろうか。そもそも要求する品質が明確になっていないと、満足しているかも判定できない。生産者とあるが、実際に製品などを作っている製造部などの担当者だけを言っているのではない。要求を把握してくる営業など、それを設計する技術者、設備担当者、製造担当者などである。そして品質保証部門を含めたそれらの関係者が体系的に実施するのが品質保証である。

品質保証というと、品質保証部の仕事だ、なんて考える人もいるようだが、品質保証部門はこの活動がうまくいっているかどうかを確認し、そのシステムに問題や課題がある場合の対応をしているのである。実際の品質保証活動は、企業全体で対応しているのであり、製品開発自体が、品質保証であり、その中のひとつが未然防止活動である。

## 1.1.2　そもそも未然防止とは

未然防止とは、クレームや不具合・トラブル・故障などが発生しないよう、あらかじめ処置することである。

・クレーム：苦情・損害賠償
・不具合：具合が良くない様子
・トラブル：心配点・欠点・悩み
・故障：そのものの内部の機能が不調になったり外部からの事情により左右されたりして、進行が止まったり正常な働きを失ったりすること
・あらかじめ：結果を見越して、その事が起こる前から、前もって

未然防止とは、FMEAが対象とする故障だけでなく、クレームや不具合なども対象としている。そして、結果を見越すのである。何か起きたら、どうなってしまうのだろうか、ということを考えるということである。

未然防止には、大きく分けて3つの活動がある。すなわち「問題解決」「再発防止」「故障予測」である[1)]（**図表1.3**）。

参考文献1)：吉村達彦「トヨタ式未然防止手法GD3―いかに問題を未然に防ぐか」日科技連出版社、2002

**図表1.3　未然防止の3分類**

**①問題解決⇒⇒⇒⇒⇒⇒⇒⇒⇒⇒⇒⇒⇒②再発防止**

| ①問題解決 | ②再発防止 |
|---|---|
| 問題は目の前にある<br>（問題の発見は不要）<br>原因の発見にエネルギーを使う<br>大切なのは、問題を解決するための<br>固有技術（専門家の知識） | 大切なのは失敗の共有化<br>高度な技術よりも、<br>管理システムの構築が重要 |

**③故障予測（新規問題の未然防止）：FMEA・DRBFM**

目に見えない問題を解決する：問題を発見すること⇒創造することである
「見つけ出す能力が必要」

未然防止のためには、これら3つを並行してかつ継続的に実施することが必要であり、また、それぞれを混同せずに行うことが求められる。これらのうち故障予測を担うのがFMEAである。

故障予測をするのがFMEAであるのだが、未然防止として、特に再発防止と混同していないだろうか。

問題解決は、問題があるときに実施するもの。問題がなければやらない。問題解決のためには原因を見つけることが重要である。対症療法ではなく、真の原因を見つけて対応することである。そのためには、専門家の知識、つまり固有技術が必要である。普通の新入社員には問題解決はできないだろう。仕事を覚えて、その製品やシステムについて十分な経験と知識を得ることによってできるものである。

問題が解決したら、それで終わりではない。二度と発生しないようにすべきである。同じ問題を再度起こすことは、企業としての恥である。再発は人間の怠慢による“悪い失敗”なのである[2)]。顧客に対して同じ問題を繰り返すことは許されることではない。

問題が解決してしまえば、その時点では解決してしまっているのであるから固有技術や専門家の知識よりも、いかに再発させないようにするかのしくみが必要である。それがシステムである。口先だけで「再発防止しろ」といっても無駄である。

---

参考文献2）：畑村洋太郎「失敗学のすすめ」講談社、2000

企業での再発事故や不良は、人に頼っているものが多い、「あの人がいたころは起きなかったのに」ということもよく聞く。担当者が変わると起きてしまう、というのはしくみ、つまりシステムができていないのである。

再発防止としてFTA（Fault Tree Analysis：不良の木解析）を活用している企業も多い。事故報告書や不良報告書もあるだろう。しかし、それらが再発防止に役立っているのだろうか。システムに対応していなければ、いくらすばらしいFTAや報告書を作成しても再発防止には活用できなくなる。

最近の日本企業での問題再発は、団塊の世代の卒業、人材の流出、海外移転などと言われるが、人にだけ頼らないシステムができていれば、そのようなことは防げたのであろう。

これらに対して、FMEAは故障予測である。新規問題に対しての未然防止であり、今までに起きたことがない問題を予測する、今後起きそうなことを創造するのである。予測であるから、過去の問題ではない。過去に起きたことは、起きたときに問題解決していて、それに対する再発防止をしているのである。今後起きそうなことを予測する未来に向けた活動なのである。

## 1.2 FMEAを含めた未然防止がうまくいっていないのは

読者の企業でも、FMEAを実施していることだろう。ISO9001の導入企業の多くがFMEAをDR（Design Review：デザインレビュー）の成立条件としてきている。自動車関連規格のIATF16949（ISO/TS16949）などを導入している企業ではDRに必須となる。FMEAをDRで活用することは未然防止活動として当然のことである。にもかかわらず、「FMEAが未然防止に役立っていない」「FMEAを実施する以前に比べて不良や故障が減少していない」といった声が聞かれるばかりか、何のためにDRでFMEAを使っているのかと疑問符がつくことがある。

技術者が本来実施したいのは未然防止であり、製品開発を効率良くやることである。教科書通りにFMEAの書式を埋めただけでは、当然のことながら効果はなく未然防止に結びつかない。

筆者は、公開セミナーでも企業内セミナーでも、次のようなセミナー受講動機を聞いている。

1. 事故や不良を低減したい
2. 大きな不良を出したころから、再発防止をしたい、未然に防ぎたい
3. DR（デザインレビュー）で使っている、必須となってきた
4. 顧客に要求されそれに対応するため
5. IATF16949の対象製品担当で対応が必要なため
6. 知らない技法のため、勉強したい
7. 従来の使い方に疑問があり、必須項目となっているため
8. 教育システムにて必須項目となっている
9. 上司に「行け」「受講してこい」と言われた

すべてがFMEA対応ではなく、9項は余計なことなのだが、1から4が多めであるが特に多いのが7である。個別に確認すると、結局は、役に立っていない、使い方がわかっていないのである。

また、2008年のことであるが、実際に筆者のホームページに問い合わせをしてきた方の質問をセミナースタート時に紹介し、受講者がその質問に対してどう考えるかを調査した（**図表1.4**）。これを見て、読者の方はどう思うだろうか。質問の文章は、実際の質問に書き込まれたものそのものであるが、右側の図表は筆者が説明用に簡略化したものを示したものである。

質問者が言いたかったこととは、「だから我が社としては、FMEAもFTAも、両方ともこれできちんとやっていると言えますよね」ということである。

しかし、果してこれで「FMEAを実施しています」と言えるだろうか。FMEAを実施している気分にはなっているのだろうけども。

## 1.3 使えないFMEAの実態

「使えない」「役に立たない」FMEAとは、どのようなものであるのだろうか。筆者がコンサルテーションやセミナーを通じて知り得た事例を示すことでFMEAの課題を述べたい。インタビューFMEA（第3章参照）を実施しても対応できないものも記載している。それはそれで問題であり、それぞれ対応すべきことがある。

**図表1.4**　筆者HPに届いたある質問（2008年6月、某社エンジニアからの問い合わせ）

**【問い合わせ内容】** 製造機械メーカーのエンジニアです。
FTAとFMEAを次のように使っているのですが、オーソドックスなものかどうか、自信がない部分があります。ご教授ください。宜しくお願いします。

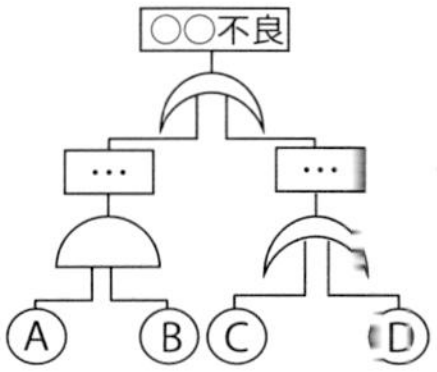


1st Step
・過去の不具合、故障事例をFTAの木の先端（トップ）にすえてそれぞれについて順次、要因に展開する操作を行い、十分単純な素因まで分解する。

2nd step
・得られた素要因をすべて、FMEAのfailure modeにして、頻度、深刻さ、検知を算出し、RPNを計算。RPN値の高いものについて、対策する。

| 故障モード | 頻度 | 影響度 | 検出度 | RPN | 対策 |
|---|---|---|---|---|---|
| A | 5 | 2 | 2 | 20 | |
| B | 4 | 2 | 3 | 24 | |
| C | 4 | 3 | 2 | 24 | |
| D | 3 | 4 | 3 | 36 | ………<br>……… |

## 1.3.1　FMEAが不良リスト化

FMEAは故障予測である。予測ゆえに本来は「未来」を考えるべきなのに、設計FMEAは部品別過去不良リストに、工程FMEAは工程別過去不良リストと化し、これに慣れている現場は、それで未然防止ができていると勘違いをしている。確かに過去不良リストは再発防止に役立つ。再発防止も未然防止活動の1つであるから、それに役立つ資料である。しかし、あくまでも過去不良リストであるため“予測”になっていない。筆者がこうした過去不良リストに出会うと、そのまま活用してもらうようにしているが、故障予測ではないためFMEAという名称は使わないよう強くお願いをしている。

**図表1.5**のような事例でよく見るのは、故障モードと記載のものも多いが、不良モードとか不良と記載しているものが見られるものである。再発防止に役に立っている場合は、名称を変えていただき、活用継続していただき、別にFMEAをやっていただくことにしている。

DRの場面でも、ベテラン技術者は過去に大きな事故や不良を経験しているた

**図表1.5　不良リスト化したFMEA事例**

| 品目 | 機能 | 要求事項 | 不良モード | 故障影響 | 影響度 | 故障原因 | 現行の設計管理 | | | 検出度 | RPN | 推奨処置 | 責任者及び目標完了期限 | 処置結果 | | | | |
|---|---|---|---|---|---|---|---|---|---|---|---|---|---|---|---|---|---|---|
| | | | | | | | 予防 | 発生頻度 | 検出 | | | | | 取られた処置及び完了日 | 影響度 | 発生頻度 | 検出度 | RPN |
| ○○ | ○○が○○する | ○○であること | 外観不良 | 廃棄処分となった | 6 | ○○が○○することで○○した | ○○規格 | 4 | ○○試験 | 3 | 72 | ○○を△△する | 上條 2012.2.10 | ○○した | 4 | 2 | 2 | 16 |
| | | | 傷不良 | 再加工になった | 5 | ○○が○○することで○○した | JIS○○ | 5 | ○○評価 | 3 | 75 | ○○を△△する | 阿部 2013.2.2 | ○○した | 3 | 2 | 2 | 12 |
| | | | | | | | | | | | | | | | | | | |

**図表1.6　FMEAではない**

~~設計FMEA~~　→　部品別過去不良リスト

め、それを踏まえて再発防止を指摘してくれる。老婆心である。それはありがたいことではあるがFMEAではない。過去不良リストがあると、再発防止をより一層徹底できるだろうが、FMEAで目指す故障予測とは異なる。

## 1.3.2　とにかくすべて実施、コピー＆ペースト

FMEAを実施している企業の多くが、設計FMEAだとすべての部品の、工程FMEAだとすべての工程のFMEAを作成している。確かに全部品、全工程を考慮することは必須であり、IATF16949では考慮することを要求しているが、すべてに対し実施する必要はない。さらに、そうしたFMEAは新規変更点に対しては故障予測になっているかもしれないが、従来と同じ個所や変更していない個所は過去の不良や事故、そしてそのシステムが持っているリスクを並べているものがほとんどである。単に似た部品や似た工程についてはコピー＆ペーストして作成しているものも多い。これこそ無駄である。考慮を要求しているのは、考慮したうえで変更点と変化点を見逃さないで対処しなさい、ということを意味しているからである。IATF16949等の認証審査において、審査員自体が本来のFMEAを理解しているのかも疑問である。審査のために作らされる技術者としても、仕事が増えるだけで納得いかないはずである。

### 1.3.3　FMEA なのに E を無視

FMEA といいながら「E（Effects）」を無視している例もある。E は影響である。故障モードのみで影響度を判定したり、**図表 1.7** に示すように故障影響欄が空欄だったり、**図表 1.8** のように影響の欄を削除してあるのも存在する。それでは、FMEA ではない。

さらには**図表 1.9** のように影響の内容が同じなのに影響度の点数が異なる FMEA、これは特に多くの企業でよく見る。

影響度は、故障影響の欄に記載した内容に対しての点数付けである。同じ外観不良でも、故障モードの違いや、故障モードが同じでも原因の違いによって、異なる

**図表 1.7　影響の欄が空欄（使っていない）事例**

| 品目 | 機能 | 要求事項 | 故障モード | 故障影響 | 影響度 | 故障原因 |
|---|---|---|---|---|---|---|
| ○○ | ○○が○○する | ○○であること | 割れ | | 8 | ○○が○○することで○○する |
| ○○ | ○○が○○する | ○○であること | 欠け | | 5 | ○○が○○することで○○する |
| | | | | | | |

**図表 1.8　影響の欄がない（削除されている）事例**

| 品目 | 機能 | 要求事項 | 故障モード | 影響度 | 故障原因 |
|---|---|---|---|---|---|
| ○○ | ○○が○○する | ○○であること | 割れ | 8 | ○○が○○することで○○する |
| ○○ | ○○が○○する | ○○であること | 欠け | 5 | ○○が○○することで○○する |
| | | | | | |

**図表1.9**　影響の内容が同じで影響度が異なる事例

| 品目 | 機能 | 要求事項 | 故障モード | 故障影響 | 影響度 | 故障原因 |
|---|---|---|---|---|---|---|
| ○○ | ○○が○○する | ○○であること | 割れ | 外観不良 | 8 | ○○が○○することで○○する |
| ○○ | ○○が○○する | ○○であること | 欠け | 外観不良 | 5 | ○○が○○することで○○する |
| | | | | | | |

場合はあるだろう。しかし、外観不良に違いがあるから影響度を変えているのである。

外観全体が不良で点数が高い、外観の一部分が不良で点数が低い、というのならば、**図表1.10**に示すように、それぞれを故障影響の欄に明記しておくことである。後々見てもわかるようにしておかないと役に立たないだろう。

影響度とは故障影響欄の内容に対する点数付であり、影響の内容が同じならば影響度の点数も同じになる。

故障モードに対する影響は、同じ故障モードだったら、常に同じ影響だろうか。そうとは限らない。製品に同じ小さな傷があっても、新品だったら、一切許されないだろうが、中古品だったらどうでもいいだろう。車の新車には傷があったら致命

**図表1.10**　影響の内容が違うのを明記すること

| 品目 | 機能 | 要求事項 | 故障モード | 故障影響 | 影響度 | 故障原因 |
|---|---|---|---|---|---|---|
| ○○ | ○○が○○する | ○○であること | 割れ | 外観全体が不良 | 8 | ○○が○○することで○○する |
| ○○ | ○○が○○する | ○○であること | 欠け | 外観の一部不良 | 5 | ○○が○○することで○○する |
| | | | | | | |

傷だが、中古車はそれなりの傷はあるものだ。影響を受ける側、顧客等の立場、要求によって、影響の度合いは異なってくるのである。

故障影響欄の内容を判定せずに原因や故障モードで影響度を判断していると、このような問題を招いてしまうし、これでは「FMA（故障モード解析）」だ。FMAというやり方もある。それで未然防止で有効ならばそれでもいいだろう。

## 1.3.4　故障モードを抽出すればいいってもんじゃない

FMEAを直訳すれば「故障モードと影響の解析」となる。英語では、ちゃんと“and”が入っている（本文の冒頭を参照）。この“と”で区切られていることに注目してほしい。FMEAを扱った書籍は多数発行されているが、ほぼ共通して書かれているのは「故障モードをいかに多く出すか、そこが重要！」である。果たして、数多く抽出したものに対して、どのように評価しているのだろうか。すべてに対し対策は必須なのだろうか。また、抽出した故障モードに対し、全項目で対策欄まで埋まっているFMEAを見ることがあるが本当にすべて必要なのだろうか。

仕事を増やすためにFMEAを実施しているのではない。特に工程FMEAの場合、特に対策を増やすと工程管理が増える傾向が大きく、そうなると結局はコストアップにつながる。影響のないものは何もしなくてもよい。**図表1.11**のように、たまに「影響度1」をつけたのに原因を追究し、対策欄まで埋めているものもあるが、これこそ無駄である。

影響度の評価表も企業によって異なるが、通常、影響度1は「影響無し」となっている。「部分的外観不良」と故障影響の欄にありながら、影響度1ということは、

**図表1.11**　影響度1の事例

| 品目 | 機能 | 要求事項 | 不良モード | 故障影響 | 影響度 | 故障原因 | 現行の設計管理 | | | 検出度 | RPN | 推奨処置 | 責任者及び目標完了期限 | 処置結果 | | | | |
|---|---|---|---|---|---|---|---|---|---|---|---|---|---|---|---|---|---|---|
| | | | | | | | 予防 | 発生頻度 | 検出 | | | | | 取られた処置及び完了日 | 影響度 | 発生頻度 | 検出度 | RPN |
| ○○ | ○○が○○する | ○○であること | 割れ | 部分的外観不良 | 1 | ○○が○○することで○○する | ○○規格 | 4 | ○○試験 | 3 | 12 | ○○を△△する | 上條<br>2016.3.2 | ○○した | 1 | 2 | 2 | 4 |
| | | | 欠け | 外観不良 | 3 | ○○が○○することで○○する | JIS○○ | 2 | ○○評価 | 3 | 18 | ○○を△△する | 阿部<br>2016.2.28 | | | | | |
| | | | | | | | | | | | | | | | | | | |

部分的な外観不良があっても影響がないということになる。それならば、故障影響の欄に、「部分的な外観不良が発生するが、(顧客には) 影響無し」とでも記載すべきであるが、本当にそのようなことがあるのか疑問である。しかしながら、影響がない故障モードならば、原因を追究する必要もないし、管理もする必要がない。さらには対策なんぞ、無駄な仕事になる。本当に有効な対策ならば、実際には何らかの影響があるからで、その場合の影響を明記し、影響度を評価すべきである。

IATF16949のFMEAリファレンスマニュアルには、「厳しさランク1の故障モードは、それ以上分析するべきではない。」と明記されている。**図表1.12**のように、影響度（厳しさ）1点については、評価表にて「影響無し：認識される影響無し」となっている。分析するべきではない、と表記されているのは、無駄である、という意味だ。

車の査定において、中古車として評価するときに、小さな傷まですべてチェックする必要があるだろうか。新車の場合は、小さな傷も許されないが、中古車を購入する人が、小さな傷までまったくないものを要求することはないだろう。新車にとっては小さな傷も影響が大きく影響度も高い、しかし中古車では小さな傷は影響なく、影響度も小さい、1なのである。

**図表1.12**　影響度表（抜粋）

| 影響 | 影響度（厳しさ） | ランク |
|---|---|---|
| 安全及び/又は規制要求事項をみたすことができない | 前兆を伴わず、潜在的故障モードが車両の安全な操作に影響を与える、及び/又は政府規制不適合となる | 10 |
| | 前兆を伴い、潜在的故障モードが車両の安全な操作に影響を与える、及び/又は、政府規制不適合となる | 9 |
| | | |
| 影響無し | 認識できる影響は無し | 1 |

## 1.3.5　使いにくい点数表・評価表

影響度と発生頻度、検出度を判定するのが一般的なFMEAである。判定するために点数表と評価表を用意している。それが使いにくいものが多い。

IATF16949のFMEAのリファレンスマニュアルに10段階の評価表があり、自動車のケースとして記載されている。筆者は半導体メーカーに在籍していたが、**図表1.13**のように、このマニュアルの発生頻度は車両（1台）当たりといったことが書かれており、半導体という部品メーカーにとっては判定が難しいものであった。

半導体は前工程と言われる製造段階の前半では、シリコンウエハを50枚とか100枚単位のロット生産をしている（**図表1.14**参照）。ダイオードやIC（集積回路）の素子は、そのウエハ1枚からウエハの大きさにもよるが1000個以上の素子が得られる。ウエハを細かく切断するのであるが、後工程では、切断したチップとなった多数のものが流れる。その1個1個のチップが一つの素子になる。

ドアロックスイッチというのを担当したとき、車1台当たり、2ドア車は2個、5ドア車は5個、半導体メーカー側としては、顧客である自動車メーカーが、どんな車種のどのタイプに搭載するかはわからないので、1台当たりの使用数は把握しようがなかった。結局は、前工程の発生頻度の表、後工程の発生頻度の表に分け、内

**図表1.13**　発生頻度の評価表（抜粋）

| 故障の確率 | 基準：原因の発生頻度（品目/車両当たりの問題発生数） | ランク |
|---|---|---|
| 非常に高い | 100以上/1000<br>1以上/10 | 10 |
| | | |
| 非常に低い | 故障は予防管理で排除されている | 1 |

**図表1.14**　半導体の前工程・後工程

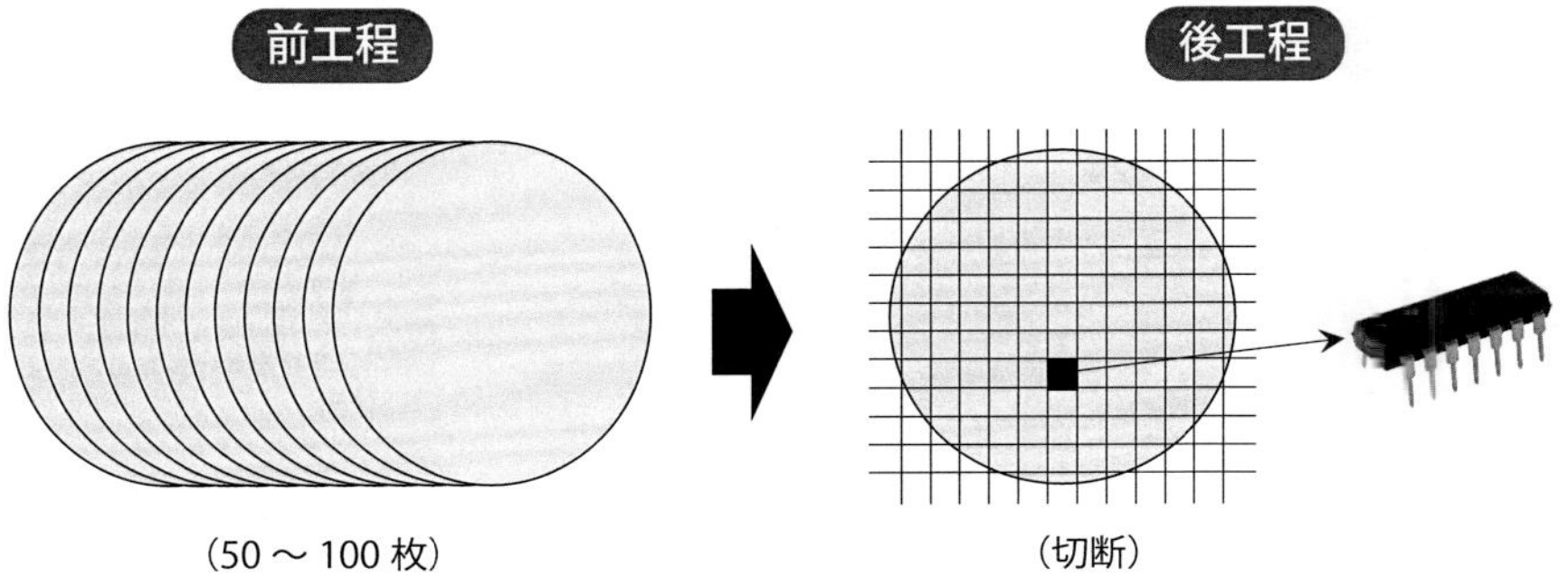

容も最終顧客対応ではなく、自社内に合わせて作成して評価に使用していた。

影響度も自動車メーカーが評価する場合の表現となっており、これがまた使いにくかった。「常に最終顧客を考慮して」とあるが、車に搭載される半導体が、直接、運転する人、同乗する人にどのように影響するのだろうか。逆に、車を利用する人にとっては、半導体の存在や働きすらわかっておらず、半導体への要求も直接的にも間接的にもないだろう。影響度の評価表も、顧客はどこか、影響先はどこにすべきかを決めて、作成対応することである。

FMEAにおける各評価の判定に悩む技術者は多く、判定のための資料およびデータの確認と議論に相当な時間を要している。FMEAは予測であるため、評価のための実験データなどが存在しないことがほとんどであり、「思う」「たぶん」「きっと」という創造の世界なので、判定に時間を要する。

よく、初めてFMEAを実施する方々に言われることがある。「故障モードをいかに多く出すか、そこが重要！」ということで、たくさん創造し、その故障モードに対応した影響をさらに多く出し、影響度を判定、原因もたくさん出すと、その次に待っているのが、発生頻度の判定である。「こんなにたくさん出したから、大変だ」そして「かなり時間がかかりました」「あまり細かくやらない方がいいと思います」となる。そのために次回、FMEAを実施する際に「評価に時間がかかるから、あまり項目を出さないようにしよう･･･」となってしまって、実際に問題が起きると、「実は事前にFMEAを実施したときに、もしかしたらと思っていたのですが、件数もある程度出たのでいいと思って出しませんでした」ともなったら本末転倒である。実際に使いやすくかつ、わかりやすい点数表にすべきである。

### 1.3.6　使われない評価欄（点数欄）

DRBFMシートでよく見られるのが、**図表1.15**に示すように、評価欄を使っていないものである。使う必要がないのだろうか。使い方がわからないのだろうか。

いくつかの企業で見たものであるが、確認してみると多いのが、そもそものDRBFMを理解していない、多少理解していても、評価方法が決まっていない、わからないのである。元祖のDRBFMは、頻度は大・中・小、重要度と優先度はA・B・Cを記入するのである。記入しないまま実施しているのを見ると、思いついた心配点、出たものすべてを帳票の右側まで展開（記入）しているのである。実際に

**図表1.15**　評価欄の未使用（未活用）

| No. | 部品名 | 変更点<br>その目的 | 機能 | 変更に関る心配点 | | 心配点はどんな場合に生じるか | | | お客様への影響 | 重要度 | 心配点を除く為にどんな設計をしたか（設計遵守事項、設計標準、チェックシート etc.） | 優先度 | 推奨する対応（DRBFM の結果） | | | | | | 対応の結果<br>実施した活動 |
|---|---|---|---|---|---|---|---|---|---|---|---|---|---|---|---|---|---|---|---|
| | | | | 変更がもたらす機能の喪失、商品性の欠如 | 他に心配点は無いか（DRBFM） | 頻度 | 要因・原因 | 他に考えるべき要因はないか（DRBFM） | | | | | DRBFM で示された設計へ反映すべき項目 | 担当期限 | DRBFM で示された評価へ反映すべき項目 | 担当期限 | DRBFM で示された製造工程へ反映すべき項目 | 担当期限 | |
| 1 | ○○ | ○○<br>○○を○○する | ○○を○○する | ○○が○○になる | | | ○○が○○で○○することによって | | ○○が○○する | | ○○を○○し○○する | | | | | | | | |
| | | | | | | | | | | | | | | | | | | | |

| No. | 部品名 | 変更点<br>その目的 | 機能 | 変更に関る心配点 | | 心配点はどんな場合に生じるか | | | お客様への影響 | 重要度 | 心配点を除く為にどんな設計をしたか（設計遵守事項、設計標準、チェックシート etc.） | 優先度 |
|---|---|---|---|---|---|---|---|---|---|---|---|---|
| | | | | 変更がもたらす機能の喪失、商品性の欠如 | 他に心配点は無いか（DRBFM） | 頻度 | 要因・原因 | 他に考えるべき要因はないか（DRBFM） | | | | |
| 1 | ○○ | ○○<br>○○を○○する | ○○を○○する | ○○が○○になる | | | ○○が○○で○○することによって | | ○○が○○する | | ○○を○○し○○する | |

評価欄

判定したら頻度（発生率）が低いと思われるもの、重要度が低いと判断されるものも、判断しないで実施するのは、ある意味無駄だと思うがどうだろうか。事実「時間ばかりかかる」というぼやきもよく聞く。

### 1.3.7 RPNの閾値のみで対策を判断

FMEAを実施している企業の多くが、故障モードの影響度（厳しさ）と発生頻度、検出度を評価し、その積（掛け算）の重要度（RPN：Risk Priority Number）をもとに対策の実施を判断している。IATF16949対応のためによく見られたのが、例えば、FMEAの社内規格で「180点以上は必ず対策すること」と明記するなど、閾値を設定し、その点になれば対策をとるというものがほとんどだった。160点から200点の企業が多かった。ところが、IATF16949のFMEAのリファレンスマニュアルが第4版となり改定されたときには、「処置の優先順位の決定にRPN閾値を使用することは推奨されない」と追加された。また「予防／是正のための推奨処置を取ることをチームが検討しますが、その際、RPNをリスクの程度を表す1つの指標として、参考的に用いることは問題ないのですが、RPNの値だけで優先準備を決定することには問題がある、という注意を促したものです」と記載されている。

**図表1.16**、**図表1.17**は、筆者のセミナー中に出題している問題である。Q1は、

**図表1.16** セミナー時の問題例（Q1）

**FMEA　対策の優先順位は？**

次のパターンにおいて、FMEAの対策をする場合、優先順位はどうなるでしょうか？

| | 項目 | … | 影響度 | … | 発生度 | … | 検出度 | RPN | 推奨の対策 |
|---|---|---|---|---|---|---|---|---|---|
| A | … | … | 10 | … | 1 | … | 1 | 10 | ？ |
| B | … | … | 8 | … | 5 | … | 2 | 80 | ？ |
| C | … | … | 1 | … | 10 | … | 10 | 100 | ？ |

**図表 1.17**　セミナー時の問題例（Q2）

**FMEA　対策の優先順位は？**

次のパターンにおいて、FMEA の対策をする場合、優先順位はどうなるでしょうか？

| | 項目 | … | 影響度 | … | 発生度 | … | 検出度 | RPN | 推奨の対策 |
|---|---|---|---|---|---|---|---|---|---|
| A | … | … | 5 | … | 1 | … | 5 | 25 | ? |
| B | … | … | 5 | … | 5 | … | 1 | 25 | ? |
| C | … | … | 1 | … | 5 | … | 5 | 25 | ? |

評価点を見て A ～ C の中でどれを優先的に推奨の対策をすべきだろうか。

また、Q2、RPN は同じ 25 点であるが、A ～ C のどれを優先的に対策すればいいだろうか、という問題である。さて？

この答は、「○○」の条件では「○」、「△△」の場合は「△」といった答えになる。その条件を考えることである。RPN だけでは判断すべきではない、という問題である。

RPN やその閾値だけで判断しているところでは、閾値に達しないように評価をしたり、閾値より低いためすべて対策は不要と判断をしたりする一方で、試作評価や実験評価、耐久試験などを FMEA の推奨処置に記入すべき項目を、事細かに実施している例が見られる。

FMEA を実施したということは、心配なこと、不安なことをさらけ出したはずである。そこで推奨処置、つまり追加事項がないということは、追加の試作や評価は一切不要だということであり、実施したとしても基本的な最低限の試作評価だけで済むはずである。

おもな原因は、「FMEA は FMEA」「試作は試作」「評価は評価」という具合に、これらがまったく連動していないからであり、さらに言えば、DR 提出書類や IATF16949 の審査対応のためだけに FMEA を実施していることにある。これでは FMEA は単なる作業であり、未然防止にはつながらない。やらされる技術者としても、仕事（作業）が増えるだけで、納得いかないはずである。

## 1.3.8　設計管理と工程管理、製造部門の仕事・管理を増やすな！

FMEAは一般的に設計FMEAと工程FMEAに分かれている。設備FMEAや試験FMEA、また、外注管理FMEAや部品FMEA、材料FMEAといったものを実施している企業もある。であるが、設計と工程は明確に分けることが基本である。なぜだろうか。設計と工程を分けるのはなぜだろうか。FMEAと対象的な技法のFTA（不良の木解析）においては、設計FTAとか工程FTAと分けてはいない。不良の原因は設計だけ、工程だけとは限らない。

FMEAの書式を見ても、**図表1.18**のように設計FMEAは「現行の設計管理」、**図表1.19**のように工程FMEAは「現行の工程管理」となっている。設計は設計管理を、工程は工程管理を記載しなさい、ということである。なぜだろうか。

IATF16949のFMEAリファレンスマニュアルの設計FMEAの検出度の点数表には**図表1.20**のように「基準：設計管理による検出の可能性」と記載されている。

**図表1.18**　設計FMEA書式は設計管理

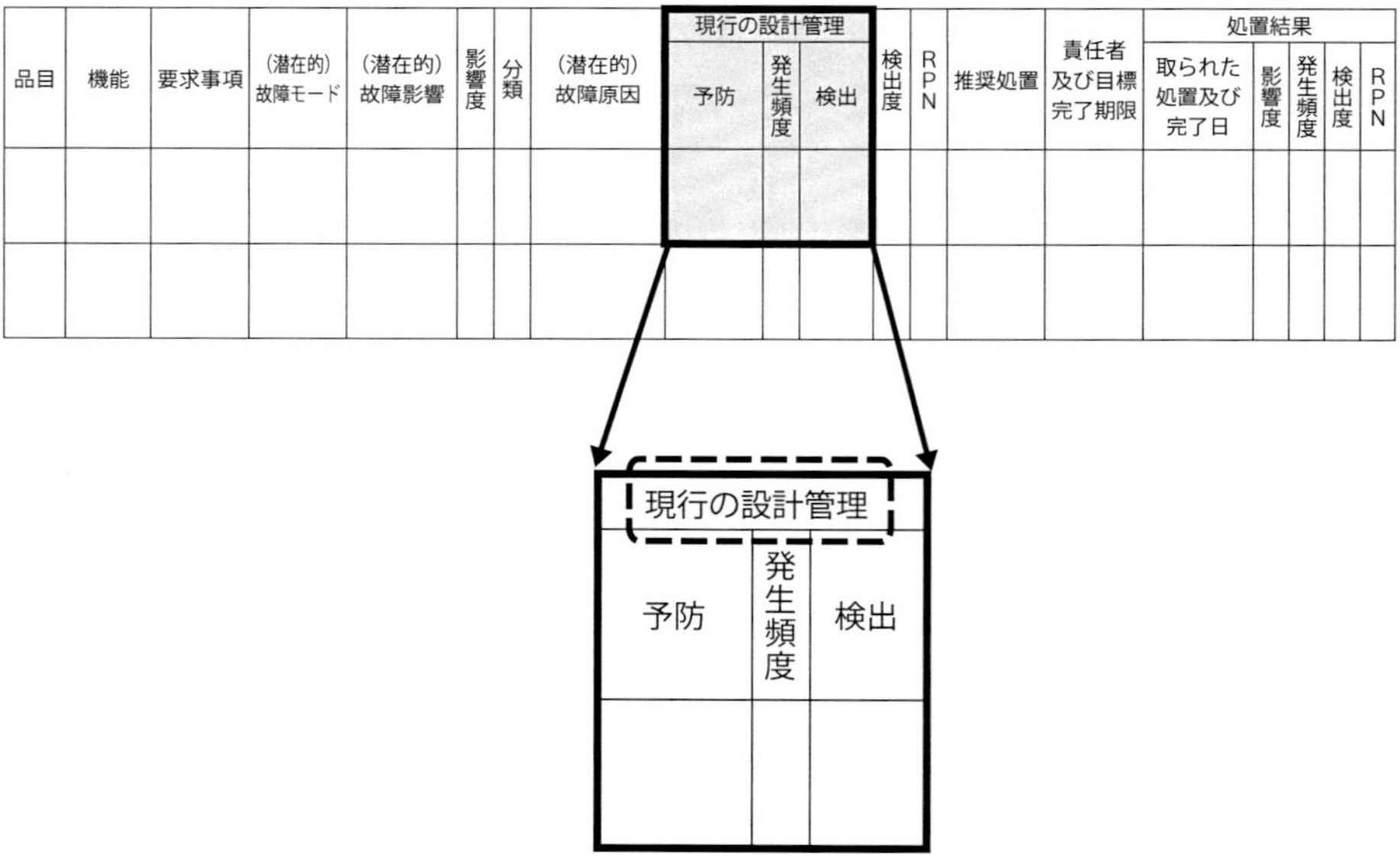

設計FMEAでは工程管理での検出の可能性を評価しないということなのである。なぜだろうか。設計の問題は設計で片づけなさい、設計の問題を工程に持ち込むべきではない、ということなのである。

しかしながら、設計FMEAなのに、設計管理の欄に工程管理を記載している事

**図表1.19**　工程FMEA書式は工程管理

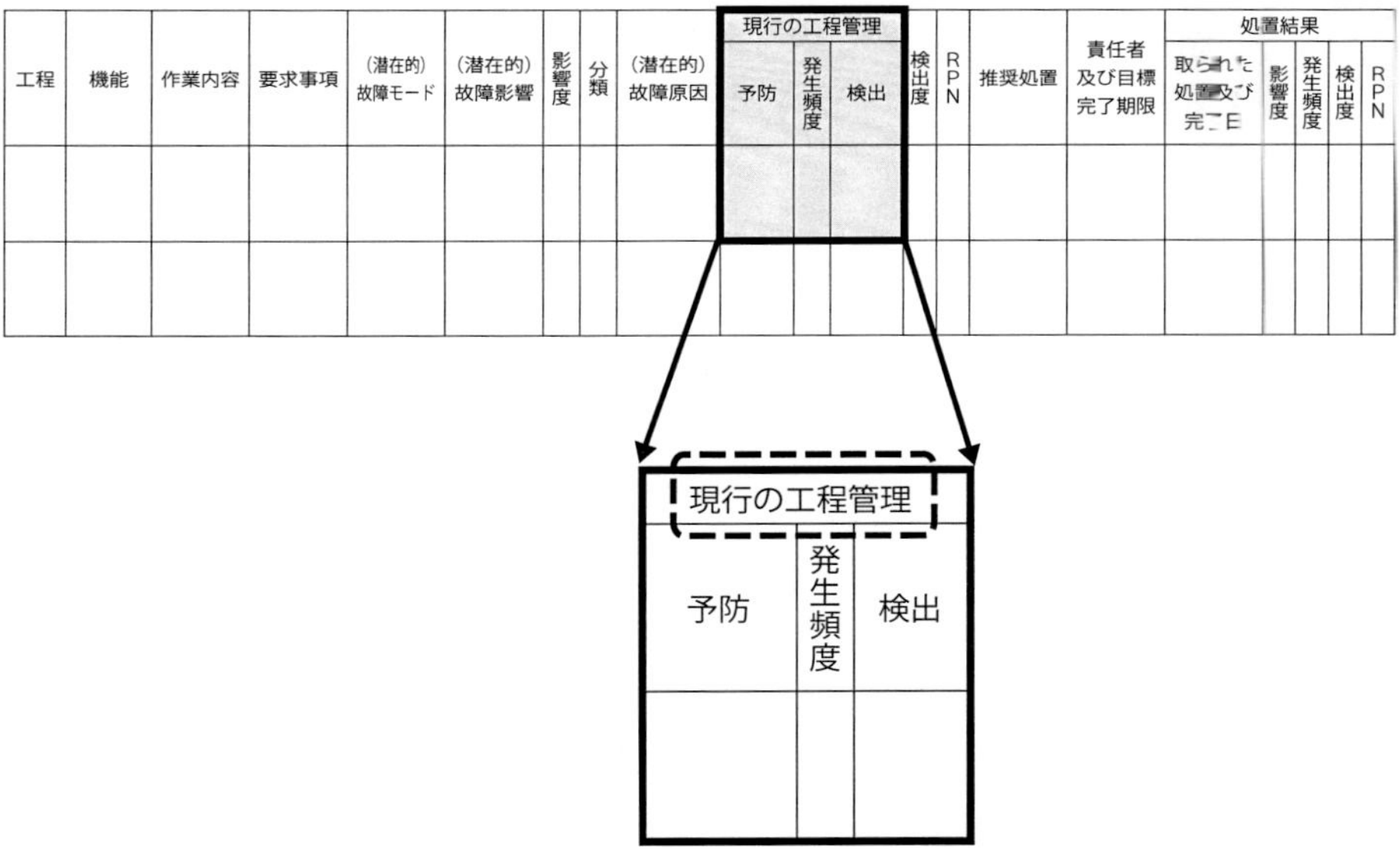


**図表1.20**　設計FMEAの検出度評価表

| 検出の機会 | 基準：設計管理による検出の可能性 | ランク | 検出 |
|---|---|---|---|
| 検出機会なし | 現行の設計管理なし。検出できない、もしくは分析できない | 10 | ほとんど不可能 |
| | | | |
| 検出は適用されない：故障予防 | 設計による解決策（例：効果の証明された設計標準、ベストプラクティス、又は共通材料等）によって完全に予防されているため、故障原因や故障モードの発生する可能性はない | 1 | ほぼ確実に検出 |

例もよく見かける（**図表1.21**）。設計FMEAであるのに、設計管理の検出の欄に、「出荷試験」とか「工程内検査」といった項目が記載されている。

このようなFMEAを見ると、筆者は、担当者にこう言う「貴社では、出荷試験のデータ、工程内検査のデータを、設計が管理しているのですか？」、すると担当者は、「私は設計なのでわかりません」「製造部が管理しています」との回答、おかしな話である。設計管理の欄に記載されているのは、設計がデータを管理しているものである。FMEAを見返すときに、「データ持ってこい」といっても設計担当者は「ここにはありません」では、設計管理ではないのである。

そのようなFMEAを実施している企業で多いのは、**図表1.22**のようにRPNが高い場合、推奨処置に、設計業務でないことを記載している。このようなことでは、工程管理がどんどん増えていく。それはコストアップにつながるのである。製造部門の方々は、このような設計FMEAを見たら、すぐ指摘してきただきたいものだ。

絶対やってはいけない、というわけではないが、時間の問題で、設計で対応できないから、工程で対応するしかない場合、たとえば、開発期間が短い、納期が迫っている、ということなら仕方ないということもあるだろう。しかしながら、設計で対応できないから工程でなんとかしてくれ、というのは設計の逃げなのである。

そもそも、この事例の場合、設計段階で、発生頻度を下げずに、検出度だけを下げていることが間違っている。不良品が発生しても、見つかればいい、検出して除外できればいい、ということであれば、確かに不良品は流出、顧客には行かないが、歩留まりが悪くなる。コストアップになる。設計段階では、検出管理で問題を

**図表1.21　設計管理の欄に工程管理を記載**

| 品目 | 機能 | 要求事項 | 故障モード | 故障影響 | 影響度 | 故障原因 | 現行の設計管理 予防 | 現行の設計管理 発生頻度 | 現行の設計管理 検出 | 検出度 | RPN |
|---|---|---|---|---|---|---|---|---|---|---|---|
| ○○ | ○○が○○する | ○○であること | ○○ | ○○○ | 6 | ○○が○○することで○○する | ○○規格 | 4 | 出荷試験 | 3 | 72 |
| ○○ | ○○が○○する | ○○であること | ○○ | ○○○ | 5 | ○○が○○することで○○する | JIS○○ | 2 | 工程内検査 | 2 | 20 |
| | | | | | | | | | | | |

**図表1.22**　工程管理を増やす対策

| 影響度 | 故障原因 | 現行の設計管理 | | | 検出度 | RPN | 推奨処置 | 責任者及び目標完了期限 | 処置結果 | | | | |
|---|---|---|---|---|---|---|---|---|---|---|---|---|---|
| | | 予防 | 発生頻度 | 検出 | | | | | 取られた処置及び完了日 | 影響度 | 発生頻度 | 検出度 | RPN |
| 6 | ○○が○○することで○○する | ○○規格 | 4 | 出荷試験 | 3 | 72 | 出荷試験に○○を追加 | 上條 2016.3.2 | 出荷試験を追加した | 6 | 4 | 1 | 24 |
| 5 | ○○が○○することで○○する | JIS○○ | 2 | 工程内検査 | 2 | 20 | | | | | | | |
| | | | | | | | | | | | | | |

除外することよりも、その問題自体が発生しないように設計する、予防することが重要なのだ。だから、設計の逃げということなる。

工程段階、つまりは製造部門に移ってしまったら、その後ろは顧客になってしまうのであり、工程、特に出荷検査等は顧客への問題流出の最後の砦であるから、検出管理の強化で対応するしかない場合もあるだろう。しかしながら、設計段階でそれらの問題等の発生自体を防止できていれば、余計な管理は不要である。もともと発生しない問題に対しての検査は不要である。発生原因をなくすことができれば、流出原因など追究する必要がないのである。

設計FMEAが重要なのだ。設計は製造よりも上流ということは、それだけ責任も重いのである。

## 1.3.9　対策結果の未記入や簡略化

FMEAシートの対策結果の欄は活用されているだろうか。**図表1.23**のように記入していないものも散見する。

FMEAを実施し、対策内容、担当者と期限まで記入したものの、対策を実施していないもの、実施したとしても記入していないものもある。

1986年1月に起きた、アメリカのスペースシャトル・チャレンジャー号で起きた爆発事故の原因となった固体燃料ロケットのシール部分は、FMEAを実施し、最も重要な箇所と指摘し、推奨処置を決めていたのに、フォローアップをしていなかったために起きたものである。そのために日系人宇宙飛行士を含めた7名の命が

**図表1.23**　対策結果欄の未記入

| 現行の設計管理 | | | 検出度 | RPN | 推奨処置 | 責任者及び目標完了期限 | 処置結果 | | | | |
|---|---|---|---|---|---|---|---|---|---|---|---|
| 予防 | 発生頻度 | 検出 | | | | | 取られた処置及び完了日 | 影響度 | 発生頻度 | 検出度 | RPN |
| ○○規格 | 4 | ○○試験 | 3 | 72 | ○○を△△する | 上條 2012.2.10 | | | | | |
| JIS○○ | 2 | ○○評価 | 2 | 20 | | | | | | | |
| | | | | | | | | | | | |

失われたのである。発射台に乗ったチャレンジャー号がエンジン点火時に煙を吹き出し、そのまま火を噴いて上昇していったのである。

FMEAの対策についてきちんとフォローすること、そして、対策実施内容を確認し、評価等を確実に実施することが必要である。

しかしながら、対策結果の処置記入欄に記入はしているものの、いい加減なもの、後で見てもわからないもの、この方が実際にはよく見かける。公開セミナーでもこのことを説明すると、必ずと言っていいほど、「実は我が社がそうなっています」といった方がいるものである。

**図表1.24**のように処置欄に「完了」とか「済」、「推奨処置通り」としか記入していないのである。IATF16949のFMEA書式には、改定により「完了日」まで記入するようになっている。確実にフォローし、対策実施の完了した日を明記しておきなさい、ということである。それも記載していないものもある。IATF16949の審査では不適合になるだろう。

実際に実施したことを、後々見ても内容がわかること、影響度やRPNの評価点が下がったことが納得できるように記入することである。

なお、IATF16949では、推奨処置の欄にも、推奨処置を実施しないのなら「無し」と記入することが要求されている（**図表1.25**）。対策する必要がないことを明記しておくこと、という意味である。空欄ではやるのかやらないのかわからないからだろう。ここまでのFMEA事例には記載していなかったが、これもまた、審査で不適合になることになる。

**図表1.24**　対策結果の欄、これでいいのか？

| 品目 | 機能 | 要求事項 | 故障モード | 故障影響 | 影響度 | 故障原因 | 現行の設計管理 | | | 検出度 | RPN | 推奨処置 | 責任者及び目標完了期限 | 処置結果 | | | | |
|---|---|---|---|---|---|---|---|---|---|---|---|---|---|---|---|---|---|---|
| | | | | | | | 予防 | 発生頻度 | 検出 | | | | | 取られた処置及び完了日 | 影響度 | 発生頻度 | 検出度 | RPN |
| ○○ | ○○が○○する | ○○であること | ○○ | ○○○ | 6 | ○○が○○することで○○する | ○○規格 | 4 | ○○試験 | 3 | 72 | ○○を△△する | 上條 2016.3.2 | 完了 | 6 | 2 | 2 | 24 |
| ○○ | ○○が○○する | ○○であること | ○○ | ○○○ | 5 | ○○が○○することで○○する | JIS○○ | 2 | ○○検査 | 2 | 20 | | | | | | | |
| | | | | | | | | | | | | | | | | | | |

**図表1.25**　推奨処置の欄に「無し」を明記

| 品目 | 機能 | 要求事項 | 故障モード | 故障影響 | 影響度 | 故障原因 | 現行の設計管理 | | | 検出度 | RPN | 推奨処置 | 責任者及び目標完了期限 | 処置結果 | | | | |
|---|---|---|---|---|---|---|---|---|---|---|---|---|---|---|---|---|---|---|
| | | | | | | | 予防 | 発生頻度 | 検出 | | | | | 取られた処置及び完了日 | 影響度 | 発生頻度 | 検出度 | RPN |
| ○○ | ○○が○○する | ○○であること | ○○ | ○○○ | 6 | ○○が○○することで○○する | ○○規格 | 4 | ○○試験 | 3 | 72 | ○○を△△する | 上條 2016.3.2 | | | | | |
| ○○ | ○○が○○する | ○○であること | ○○ | ○○○ | 5 | ○○が○○することで○○する | JIS○○ | 2 | ○○検査 | 2 | 20 | 無し | | | | | | |
| | | | | | | | | | | | | | | | | | | |

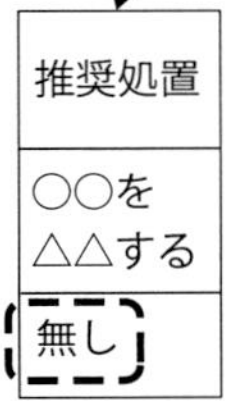


## 1.3.10　FMEAをやらなくたって

FMEAを実施しなくても出てくるような内容、そもそもFMEAを実施する前に実施しておく、確認しておくべき内容を記入してFMEAをやった気分になってい

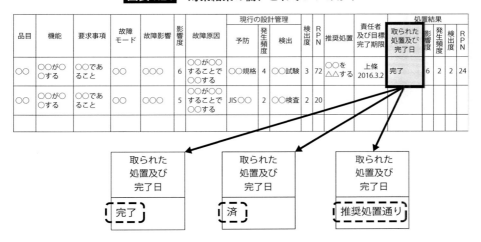

**図表1.26　部品変更の事例**

| No. | 部品名 | 変更点<br>その目的 | 機能 | 変更に関る心配点 | | 心配点はどんな場合に生じるか | | | お客様への影響 | 重要度 | 心配点を除く為にどんな設計をしたか（設計遵守事項、設計標準、チェックシート etc.） | 優先度 |
|---|---|---|---|---|---|---|---|---|---|---|---|---|
| | | | | 変更がもたらす機能の喪失商品性の欠如 | 他に心配点は無いか（DRBFM） | 頻度 | 要因・原因 | 他に考えるべき要因は無いか（DRBFM） | | | | |
| 1 | 電源回路のコンデンサーC4 | H社C004<br>X<br>↓<br>P社KA3<br><br>コスト低減のため | 直流変換時の整流作用を行う | 電源電圧不安定になる | | 大 | メーカ変更によるコンデンサーの差 | コンデンサーの製造不良 | 出力不安定になることで、画像や音質が劣化する | A | 新旧コンデンサーの仕様の確認をする | A |
| | | | | 規定寿命（保障期間）を維持できない | | 中 | メーカー変更によるコンデンサ耐久性低下 | | 製品寿命の保証が維持できなくなる | B | コンデンサーの保証期間の確認、コンデンサーの寿命評価試験を実施する | A |
| | | | | | | | | | | | | |

るものをよく見る。

**図表1.26**の事例は、DRBFMシートである。原価低減のため、プリント基板に搭載の電子部品であるコンデンサーを変更したものである。

FMEA・DRBFMは故障予測であり、「目に見えない問題を解決する：問題を発見すること」(1.1.2項) である。コンデンサーが変わると、心配点として出てくる内容はいいかもしれない。しかし、「心配点を除くためにどんな設計をしたか」の欄にある、「新旧コンデンサーの仕様の確認」「評価試験」などは、FMEAの実施有無にかかわらず、必ずやることである。わざわざDRBFMシートを作成する意味があるのだろうか。

電子部品の変更には、まず、カタログデータの確認、実際にサンプルを入手して単体評価、そして実機評価をする。**図表1.27**のようにカタログデータを比較したところ、基本仕様は同じであるが、異なるところがある段階でサンプルを入手するのかどうか判断するためにやるFMEAなのか、

「実際にサンプル入手をどうしようか」「許容差が1%違うなあ」「温度特性の範囲は狭くなっているが」ということでFMEAを実施するならいいだろう。その結果で、実際にサンプルを入手すべきか、入手したら何を評価するのか、といったことを議論するならいいだろう。

次にサンプル実際に入手して単体評価を行ってみたところ、**図表1.28**のように特性に差が出たため、その特性の差が確認できた段階でやり実機評価に入るかどう

**図表1.27　カタログデータ比較**

コンデンサー変更・カタログ値比較

| | H社C004X | P社KA3 |
|---|---|---|
| 定格電圧 | DC100V | DC100V |
| 静電容量 | 10pF | 10pF |
| 静電容量許容差 | ±5% | ±6% |
| 温度特性 | C0G, 0±30ppm/℃ | C0G, 0±20ppm/℃ |
| … | … | … |
| … | … | … |
| … | … | … |

**図表1.28　測定データ比較**

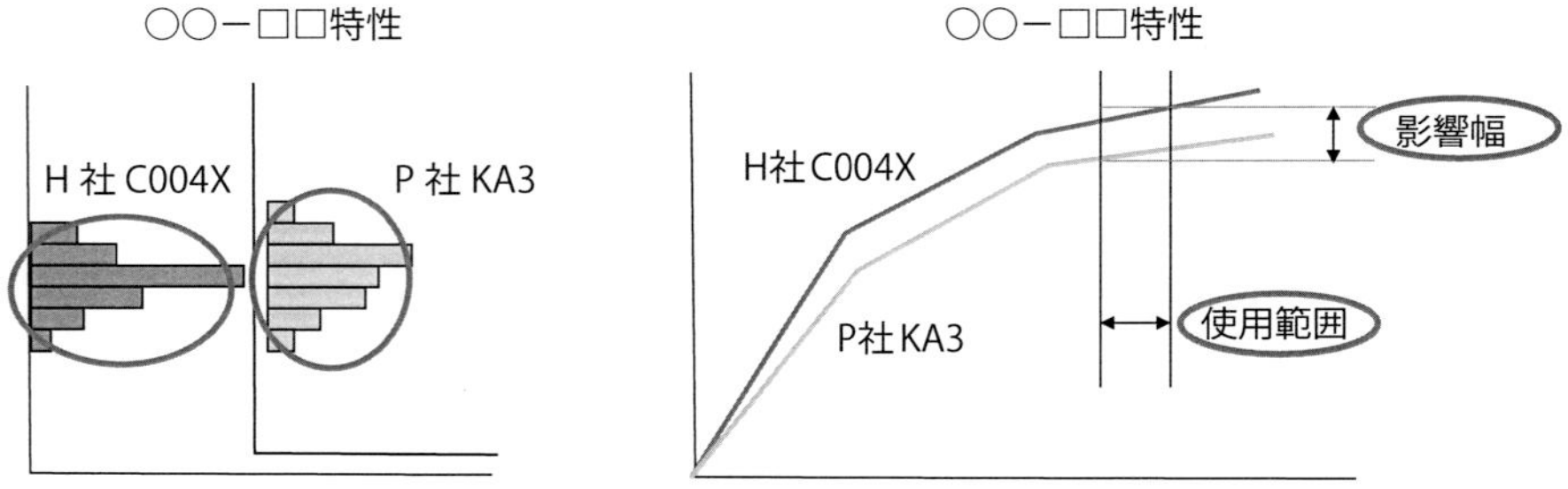


か判断する段階でやるFMEAなのか。

「P社サンプル評価したところ、現行H社よりバラツキが大きい傾向があり、中心もずれている」「特性カーブにも差が出ているがどう影響があるだろうか」ということでFMEAを実施し、実機評価に入るべきか、入った場合何を追加に評価すべきか、ということでやるのもいいだろう。

さらには、実機評価を行い、その結果を見て、実採用の判断のときにやるのか。それぞれの段階で実際に実施する前に心配なことがあるかどうかやればいいだろう。

### 1.3.11　的を射ていない、狭くて浅い実施

変更点変化点の見逃し、抜け落ちにより、本来FMEAを実施すべきところを実施していなかったために、問題が発生する[3)]。変更点として明確になっていなければ、議論会議やDRでも出席者は気が付かない。担当者も「他に基本的に変更はありません」と言う場合があるが、それはどのようなことなのか。私の基本とあなたの基本は同じだろうか。システムの関係者、DRの出席者、全員の基本は同じだろうか。そんなはずはない。しかしながら、担当者が判断した部分だけFMEAを実施し、後になって、他の部分もFMEAをやっておけば問題が発生しなかったかもしれない、といったことになる。

新製品開発において、変更点変化点をすべてさらけ出して、それからFMEAを

参考文献3)：本田陽広「FMEA辞書」日本規格協会、2011

実施すべきである。

「そんなことをしたら、膨大なFMEAをやらなくてはいけないですよね」となる。的を絞ればいい。「言うのは簡単だけど」どうすればいいか。具体的なことについては、第4章について解説する（4.5.1項参照）。

## 1.3.12　上司、管理職が理解していない

担当者がFMEAを実施しても、上司、管理職が理解していない。FMEAシートを作成し、書類の承認印をもらいにいっても、押印するだけ。

FMEAを実施し、商品化後、問題が発生してしまったら、誰の責任だろうか。承認印を押印したということは、責任を取ることである。承認印を押印しておきながら、問題が起きたときに、「君たちのやったFMEAがいいかげんだったからだろう、何をやっていたのだ、きちんとやりなさい」と言われたらたまったものではない。

企業内セミナーを実施しているが、主に受講していただくのは、実際に製品開発を担当している技術者である。設計だけでなく、製造や設備、品証担当も来る。よく出てくる言葉が「私たちが理解しても、上司が理解しないと意味ないですよね」ということ。筆者は、そのような企業へ管理職セミナーを提案している。いくつかの企業で実際に実施している。通常のセミナーは、FMEAの意味から、作成手順の説明、FMEAシートの作成演習を行うが、管理職セミナーは、FMEAの概略の後、FMEAの見方演習に入る。筆者が講師としてFMEAを理解した人には、「ふざけているのかな」とも言える部分を含めたわざとらしいFMEAシートを配布し、個人で実施後、グループで討議、発表してもらうものである。企業によっては、実際にその企業で実施したFMEAを筆者が改造したものを配布して実施している。

さて、**図表1.29**に公開セミナーで実施した管理職セミナー用のFMEAシート問題を示すが、どうだろうか。

使い捨てライターを題材に、燃料タンクを変更するにあたってFMEAを実施したということで実施したものとしている。ふざけた部分もあるが、IATF16949において不適合とされる部分も含めてある。気が付く点がいくつあるだろうか。

理解していない上司・管理職では、DRにFMEAが入っていても意味がない。

**図表1.29** 演習：FMEAの見方

## FMEA・演習問題

あなたは、この製品の設計責任者である設計部長です。自社製の使い捨てライターにおいて、設計
なり、設計試作前のデザインレビュー（DR）に向けて、FMEA シート初版（Rev.0）を部下の山元
べき立場にあります。
設計試作前の DR 前に配布するものです。本 FMEA を承認するにあたって、不合理な点、見直すべ

### 故障モードと影響解析　（設計 FMEA）

品名：　使い捨てライター

サブシステム：　ー

部品：　タンク　　　設計責任：　設計部/阿部心臓

年式／型式：　2016年式/VZ-10　　　キーデート：　2016/9/20

チームメンバー：　設計部/山元・斧寺、製造部/医師原・神藤、品証部/他煮垣

| 項目（部品名） | 機能 | 新規・変更点 | 要求事項 | 故障モード | 故障影響 | 影響度 | 分類 |
|---|---|---|---|---|---|---|---|
| タンク | ガスを貯蔵する | タンクの長さのみを20%アップする | ガスの貯蔵量を20%増やす | ラベルの貼り付け位置ずれ | ラベルの位置が安定しないことにより外観が悪く、クレームが出た | 3 | |
| | | | | やすり・発火石の摩耗 | ガスが最後まで使えなかった | 3 | |
| | | | | タンク割れ | ガス漏れがした | 4 | |
| | | | | タンク色落ち | 使用者の衣類や手などが汚れた | 3 | |
| | | | | | | | |

**参考厳禁！**
これは、演習用に作成したものです。
決して、事例として参考にはしないでください。

変更にて、ライターのタンク容量を 20%増やすことに
グループが作成し、阿蘇課長が審査してきて、承認す

き点、おかしいと思われる点等を指摘してください。

| 承認 | 審査 | 作成 |
|---|---|---|
| | (阿蘇)<br>2016.5.20 | (山元)<br>2016.5.20 |

FMEA番号：　LRT-DFM-X3　改訂 Rev. No 0

ページ：　1/1

作成者：　山元　壱多

FMEA実施日：　(初期)　2016/5/20　(改訂日)

| 故障原因／メカニズム | 現状の設計管理 予防 | 発生頻度 | 検出 | 検出度 | 重要度 | 推奨処置 | 責任者完了予定日 | 処置結果 取られた処置及び完了日 | 影響度 | 発生頻度 | 検出度 | 重要度 |
|---|---|---|---|---|---|---|---|---|---|---|---|---|
| タンクを長くしたから | | 4 | 出荷時の外観検査 | 2 | 24 | 出荷検査の強化を行った | 製造部/鈴木 2016/9/30 | 推奨通り | 2 | 2 | 1 | 4 |
| ガスの量を増やしたから | 材料選定基準 | 3 | 耐摩耗試験 | 1 | 9 | 発火石を長くした | 設計部/蓮舫 2016/9/10 | 完了 | 2 | 2 | 1 | 4 |
| タンクを長くしたから | 材料選定基準 | 3 | 耐久試験 | 2 | 24 | タンク強度を最適化した | 設計部/小澤 2016/9/18 | タンクの長さを15%アップに抑える予定である | 3 | 2 | 2 | 12 |
| 材料不良 | 材料選定基準 | 4 | 材料検査 | 1 | 12 | 無し | | | | | | |
| | | | | | | | | | | | | |

評価表
影響度発生頻度検出度

| 影響度 | 発生頻度 | 検出度 |
|---|---|---|
| 5：人命・怪我 | 5：頻発(1回/Lot) | 5：検出不可能 |
| 4：機能せず | 4：稀発生(1回/日) | 4：検出困難大 |
| 3：一部機能無(顧客有感) | 3：稀発生(1回/週) | 3：検出困難小 |
| 2：一部機能無(顧客無感) | 2：稀発生(1回/月) | 2：検出容易 |
| 1：影響無 | 1：無 | 1：検出可能100% |

**2016. 02.01　by kamijo**

DRの条件に「FMEAを添付すること」と決まっているからであり、本来の故障予測には役立っていないのである。

このセミナー問題の事例はFMEAシートであるが、セミナーではDRBFMシートの問題（図表6.9参照）、そして品質表（後述：品質機能展開）の問題（図表5.37参照）も用意しているので、参考にしていただきたい。

## 1.4 DRの場でFMEAの確認と見直しを

DRでFMEAを活用すべきである。DR資料に添付してあるだけでは意味がない。添付してあっても、DRに責任のある人が、FMEAの見方を理解していなければどうしようもないのであるが、資料としてFMEAが入っているだけでDRを通している企業も散見されるのではないか。

DRは、ISO 9001の2000年版改訂で日本語訳が「設計審査」から「設計レビュー」と変更されたように、審査ではなく設計内容の見直しと確認をする場である。レビューを翻訳しても、審査ではないのである[1)]。審査してNGを出したら、再度のDRとなり、資料等の見直しをしなければならない。ほとんどの企業の信頼性保証体系図では、DRがNGの場合、戻るルートが示してある（**図表1.30**）。しかし、実際に戻ったのでは、開発に遅れが生じ、納期遅延にもなるはずである。

DRの場ではFMEAも同様に審査ではなく、見直しと確認をされるべきである。ただし、見直しと確認を行うためには、事前に把握しておかなければならない。DRの場で初めて参照しているようではDRそのもののやり直しになり開発遅延、さらには納期遅延につながりかねない。ゆえにFMEAを含むDRの資料は、参加する各部門の責任者に事前に案内しなければならない。

同時に、DRBFMにおけるDRが議論に重点を置いているように、ISO9001におけるDRを実施する前に、案内した資料をもとに責任者の助言を受けておくべきである。あらかじめ関係者全員が確認を済ませておき、DRでは見直しと確認に徹することでFMEAの質をより一層を高められるのである。

DRBFMのDRを図表1.30のDRの中で実施すると時間がかなりかかる。このDR

---

参考文献1)：久米均「設計開発の品質マネジメント」日科技連出版社、1999

図表1.30　DRの前にFMEAや資料をきちんと作成すること

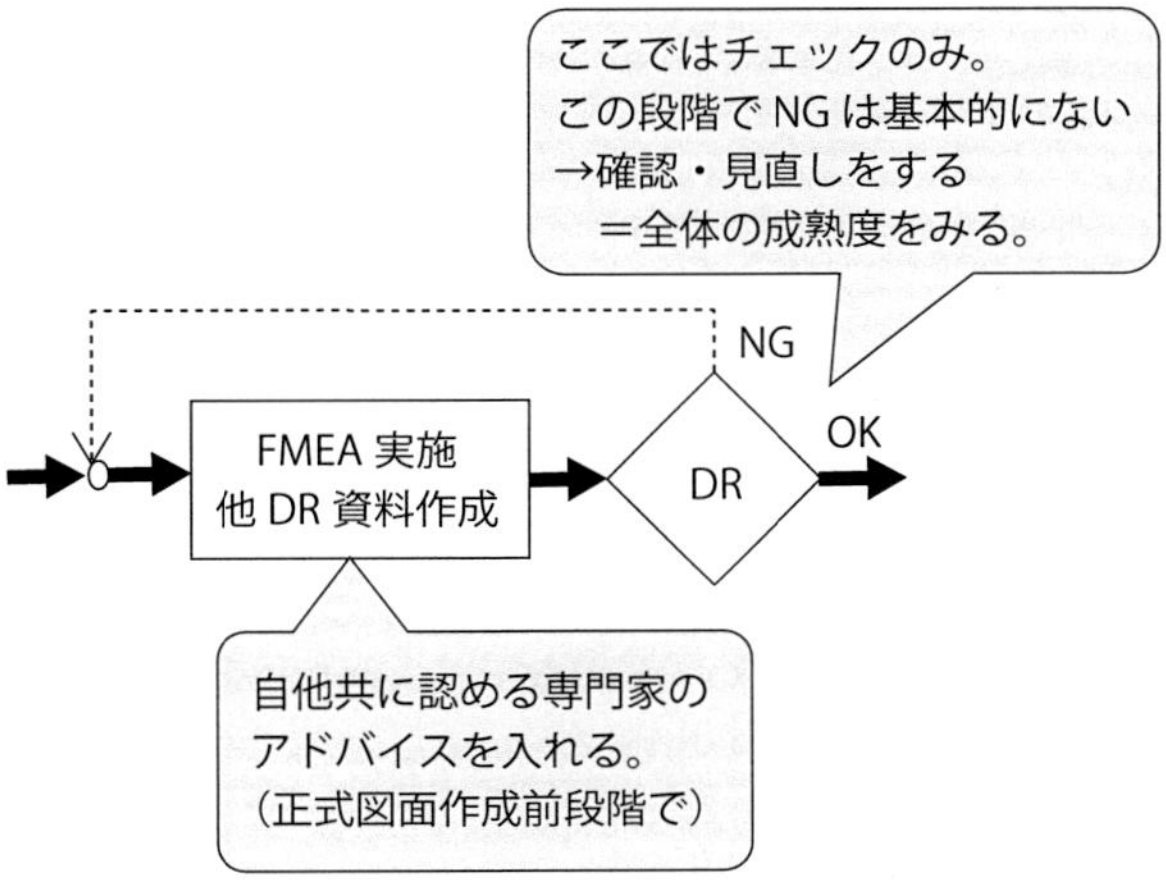


は議論会議ではなく、見直し確認が主である。議論会議であるDRBFMはこの図のDRの前にある「FMEA実施他DR資料作成」の活動の中で実施するのである。

第2章

# FMEA・DRBFM 基本的なシート記入手順とその考え方

FMEAおよびDRBFMのシート作成の手順を紹介する。シートの各欄に具体的にどのように記入していけばよいかその着目点と注意点を理解する。変更前と変更後の変化をきちんと捉えていくことが大切だ。

## 2.1 そもそもFMEAはどのように実施すべきか

システム全体を考慮するが、システム全体にFMEAは実施する必要はない。では、FMEAは何について、どの部分について実施すればいいのだろうか。どうやってやるべき部分、やらなくていい部分を判断して実施すればいいのだろうか。ここで基本的なことであるが、FMEAの書式の手順概略について確認してみる。

### 2.1.1 変更点変化点に対して実施

**図表2.1**に示したFMEAの書式として多用されているIATF16949のFMEAのリファレンスマニュアルに示された設計の一書式で説明する。

品目を記載して機能、要求事項、故障モードと左側から記入していく。

品目とあるが、設計FMEAだと、部品単位の場合が多い。サブシステム的な組立もの（モジュール）での実施の場合もある。変更点や変化点を意識して記入する欄は設けられていない。IATF16949以外の書式もほとんどその欄はない。

**図表2.2**のトヨタ式未然防止手法として知られる「DRBFM（Design Review Based on Failure Mode）」のシートでは部品名を記入し、「変更点とその目的」の欄があり、明らかに変更内容を記入する欄が設けてある。そして、機能、心配点と記入していく。故障モードにしても心配点にしても、これらを抽出するためには「変更点」に着目することが求められる。

筆者は、IATF16949に従ってFMEAを実施している企業でも、FMEAを実施する場合は、**図表2.3**に示すように「新規変更点」の欄を追加してFMEAを実施するようにお願いしている。さらに、機能や要求事項の欄を個別にしている。図表2.1のままの書式であると、「品目／機能／要求事項」となっているので、品目しか記

**図表2.1**　IATF16949設計FMEA書式の一例

| 品目/機能/要求事項 | 潜在的故障モード | 潜在的故障影響 | 厳しさ | 分類 | 潜在的故障原因 | 発生頻度 | 現行の設計管理予防 | 現行の設計管理検出 | 検出 | RPN | 推奨処置 | 責任者及び目標完了期限 | 処置結果 | | | | |
|---|---|---|---|---|---|---|---|---|---|---|---|---|---|---|---|---|---|
| | | | | | | | | | | | | | 取られた処置及び完了日 | 厳しさ | 発生頻度 | 検出 | RPN |
| | | | | | | | | | | | | | | | | | |

**図表2.2**　**DRBFMシート、設計書式の例**

| No. | 部品名 | 変更点<br>その目的 | 機能 | 変更に関る心配点 | | 心配点はどんな場合に生じるか | | | お客様への影響 | 重要度 |
|---|---|---|---|---|---|---|---|---|---|---|
| | | | | 変更がもたらす機能の喪失、商品性の欠如 | 他に心配点は無いか（DRBFM） | 頻度 | 要因・原因 | 他に考えるべき要因はないか（DRBFM） | | |
| | | | | | | | | | | |

| 心配点を除く為にどんな設計をしたか（設計遵守事項、設計標準、チェックシートetc.） | 優先度 | 推奨する対応（DRBFMの結果） | | | | | | 対応の結果実施した活動 |
|---|---|---|---|---|---|---|---|---|
| | | DRBFMで示された設計へ反映すべき項目 | 担当期限 | DRBFMで示された評価へ反映すべき項目 | 担当期限 | DRBFMで示された製造工程へ反映すべき項目 | 担当期限 | |
| | | | | | | | | |

**図表2.3**　**個別の欄、変更欄の追加**

| 品目 | 新規変更点 | 機能 | 要求事項 | （潜在的）故障モード | （潜在的）故障影響 | 影響度 | 分類 | （潜在的）故障原因 | 現行の設計管理 | | | 検出度 | RPN | 推奨処置 | 責任者及び目標完了期限 | 処置結果 | | | | |
|---|---|---|---|---|---|---|---|---|---|---|---|---|---|---|---|---|---|---|---|---|
| | | | | | | | | | 予防 | 発生頻度 | 検出 | | | | | 取られた処置及び完了日 | 影響度 | 発生頻度 | 検出度 | RPN |
| | | | | | | | | | | | | | | | | | | | | |

載しないものが多い。欄が個別にあると、空欄にせず必ず何か記入する。

変更点だけの実施では漏れ落ちができてしまう。変更点に伴う「変化点」に対してもFMEAを実施することで新規問題を予測しなければならない。例えば、メガネのレンズを厚くする場合、それに伴いフレームも変更する必要が生じることがある。レンズだけFMEAを実施したのでは、それに伴うフレームの変更に対する問題点は議論もされなくなる。部品1つの変更が周辺部品および繋ぎ部分への変化を必然的に生じさせる。単純に考えればわかることであるが、漏れ落ちがあったら、「想定外」が起きるのである。設計に限らず、工程においても同様で、ある工程の変更が他工程の変更を伴うことになる。変更点は製品化に当たり技術者自らが意志を持って加えたものであるのに対し、変化点はそれに伴って生じるものであるために、つい見落としがちになる。変化点についてまでも新たな問題点を創造してFMEAを実施することが大切である。設計ではすべての部品、工程では全工程を考慮することを要求しているのは、考慮して変更点と変化点を見逃さないでやりなさい、ということを意味しているのである。FMEAとDRBFMは別物と思っている人も多いが、基本的なことは同じである（図表3.13参照）。変更点変化点の抽出については、第4章で述べる。

## 2.1.2 E（＝影響）の範囲を定義して影響度を解析

既述の通り、FMEAは「故障モード影響解析」と訳され、故障モードの抽出と影響解析からなる。故障モードをもとにした変更点、さらには変化点の抽出に加え、影響解析を適切に行う必要がある。その際、影響の範囲を定義することが求められる。

かつて筆者は半導体メーカーに在籍し、「自動車用エンジン制御装置（ECU）の集積回路（ECU－IC）」を担当していたことがある。**図表2.4**に示すように、そのICは電装メーカーでエンジン制御装置に搭載され、完成したエンジン制御装置は自動車メーカーでエンジンまわりに設置され、完成車としてディーラーを通して一般ユーザーに販売される。このICのFMEAを実施した場合、影響先である“顧客”はどこまで考慮すべきであろうか。

一般ユーザーにしてみれば、ICを搭載していることすら知らない。エンジンが

**図表2.4**　影響の範囲、顧客とは？

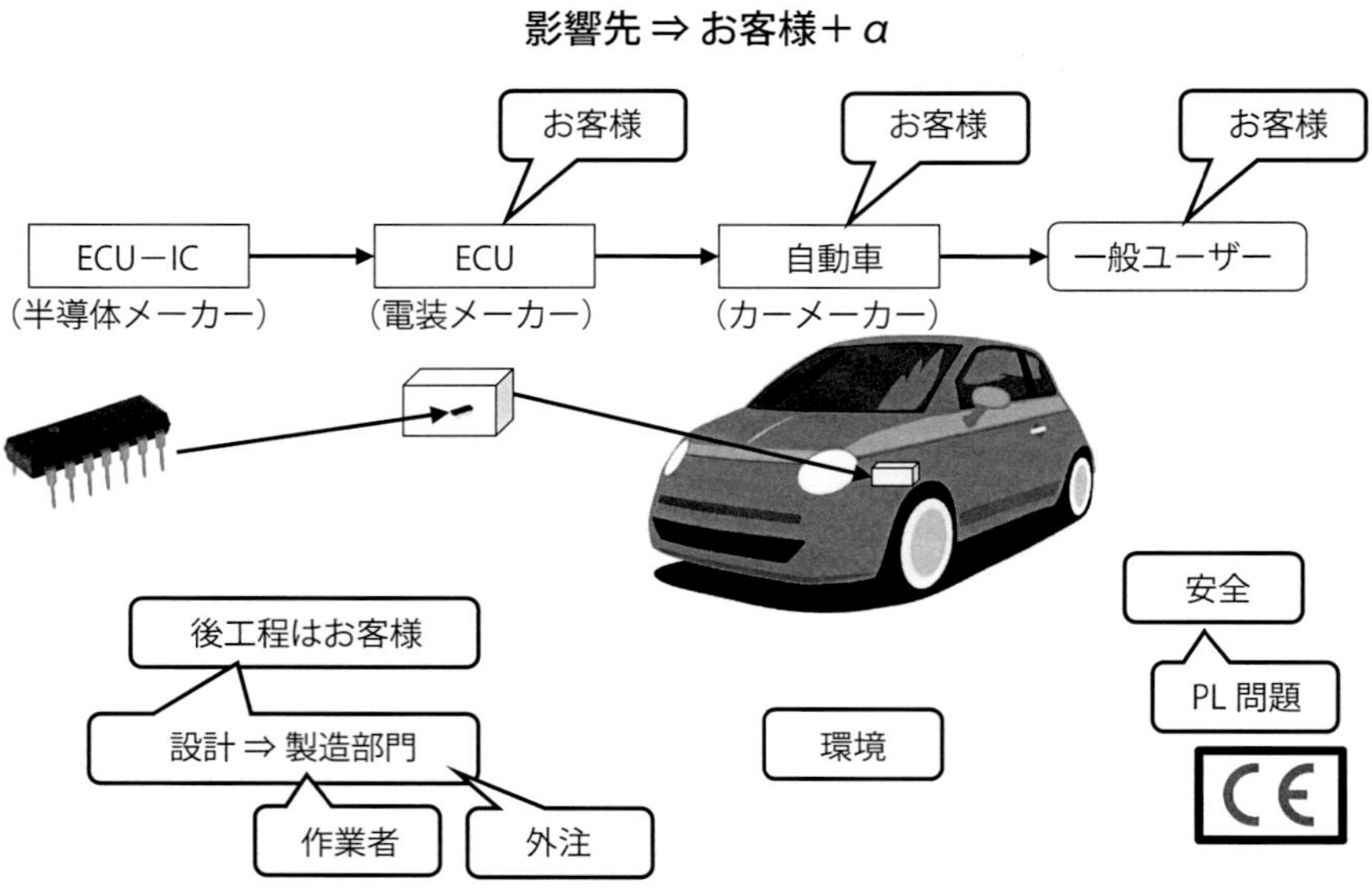

ちゃんと動いて、燃費も良く、故障しなければよいことである。また、半導体メーカーにしても、一般ユーザーの声は直接の顧客の電装メーカーからもいっさい寄せられない。これに対し、自動車メーカーの声として、燃費関連の損失低減や小型化への要求は、電装メーカーを通じて寄せられる。このように、電装メーカーとの取引における仕様書以外の要求もある。

「後工程はお客様」という言葉もご存知な人は多いはず。設計からすれば、製造工程、作業者、外注もお客となりうる。影響先としては、ISO14000でも知られる環境も入れる場合もあるだろうし、PL問題やCEマーキングといった安全などの各種規制も含まれるのである。

影響先を明確にできれば、それぞれの影響先からの要求項目を明確にする、共有化しておくことである。そして、故障モードや心配点が発生した場合、明確になった要求項目に対し、どのような支障が出るのか、または満足できないのかを判断することができ、これらが影響として把握できる。要求内容が不明なままでは影響も判断できないし、仮に要求を満足できていなければ、影響が生じている状態と判断できる。

どこまで影響を考慮すべきか、常に広く考える必要はないが、影響先から外れたものは「想定外」になってしまう。FMEAの議論の場、DRの確認の場で、その出席者たちがその認識を一致していないと話がまとまらない。DRの場になってから、「○○まで考慮しておいたのかね」なんて言われてはたまったものではない、FMEAを着手する以前の早い段階で影響先の範囲、それに伴い影響先からの要求項目を明確にしておくべきである。

影響先がさまざまな場合があるということは、1つの故障モードに対して、影響は1つとは限らないことでもある。FMEAはFailure Mode and Effects Analysisの略であるが、Effectsと複数表記になっているのは、故障モードFailure Modeに対して、影響は複数考えられるということを示している。

IATF16949のFMEAリファレンスマニュアルにおいても、**図表2.5**に示すように、工程の影響度の評価表は、左右に大きく二分されており、「顧客への影響」と「製造／組立への影響」（後工程への影響）と明記され、両方を考慮するように示されている。

工程FMEAを見ると、後工程への影響ばかり記載しているものが多い。特に納

**図表2.5** 工程FMEAの影響度評価表

| 影響 | 基準：製品に対する影響の厳しさ（顧客への影響） | ランク | 影響 | 基準：プロセスに対する影響の厳しさ（製造/組立への影響） |
|---|---|---|---|---|
| 安全及び/又は規制要求事項を満たすもとができない | 前兆を伴わず、潜在的故障モードが車両の安全な操作に影響を与える、及び/又は、政府規制不適合となる | 10 | 安全及び/又は規制要求事項を満たすもとができない | 前兆を伴わず、作業者（機械操作又は組立）を危険にさらすおそれがある |
| | 前兆を伴い、潜在的故障モードが車両の安全な操作に影響を与える、及び/又は、政府規制不適合となる | 9 | | 前兆を伴い作業者（機械操作又は組立）を危険にさらすおそれがある |
| | | | | |
| 無し | 認識できる影響はなし。 | 1 | 無し | 認識できる影響なし |

期や数量に関するものが主体になっている。顧客仕様や要求項目、品質に関する影響が抜けているものもある。製造担当者にとっては、それらが見えにくい点もあるが、それらも考慮しなくてはならないのである。この点についても第5章で解説する（5.3項参照）。

## 2.1.3 FMEAシート作成手順と各欄の相互関係

FMEAシートの基本的な作成手順と、それに伴い、各記入欄の相互関係を解説する。どの欄に何を記入すべきなのか理解されていないことから、各欄の相互関係が見えにくいものもよくある、影響度が故障モードの判定ではなく、影響の欄に記載したことに対して評価することは前述しているが、これも相互関係がわかっていないために起きていることである。設計FMEAシートについて解説するが、IATF16949の設計FMEAシートの書式例の1つに新規変更点を追加した書式である（図表2.3参照）。

筆者は、公開セミナーでも社内セミナーで、現在は100円ショップで販売している自転車ベル（**図表2.6**）を題材にFMEAの演習を実施している。ベルの鐘の部分である「ベル蓋」について実施したものである。演習では、自転車ベルの構成部品一覧（**図表2.7**）を参照し、実物を見ながら、グループ演習で信頼性ブロック図の

**図表2.6**　**自転車ベル外観**

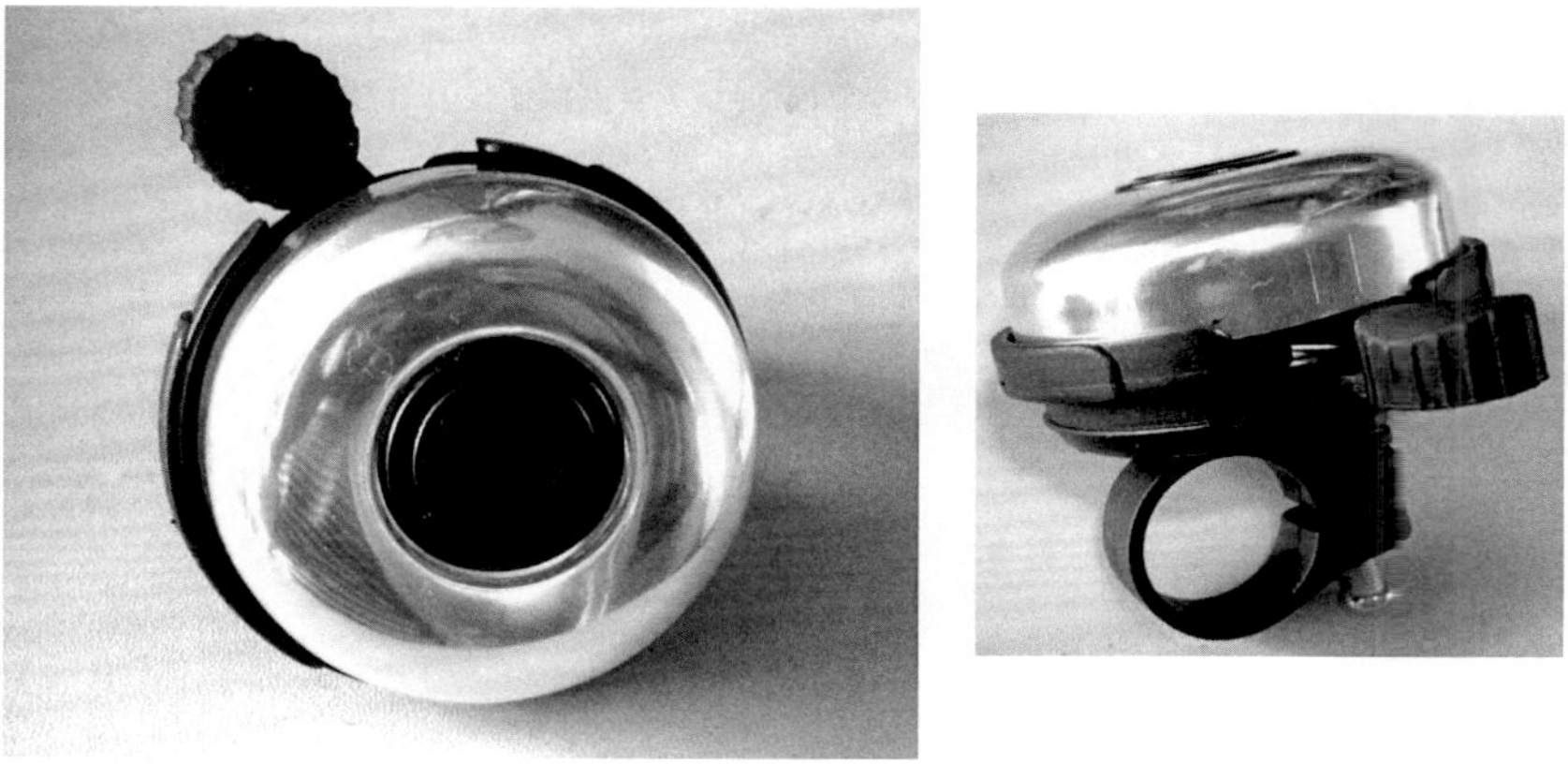

**図表2.7**　**自転車ベル構成部品一覧**

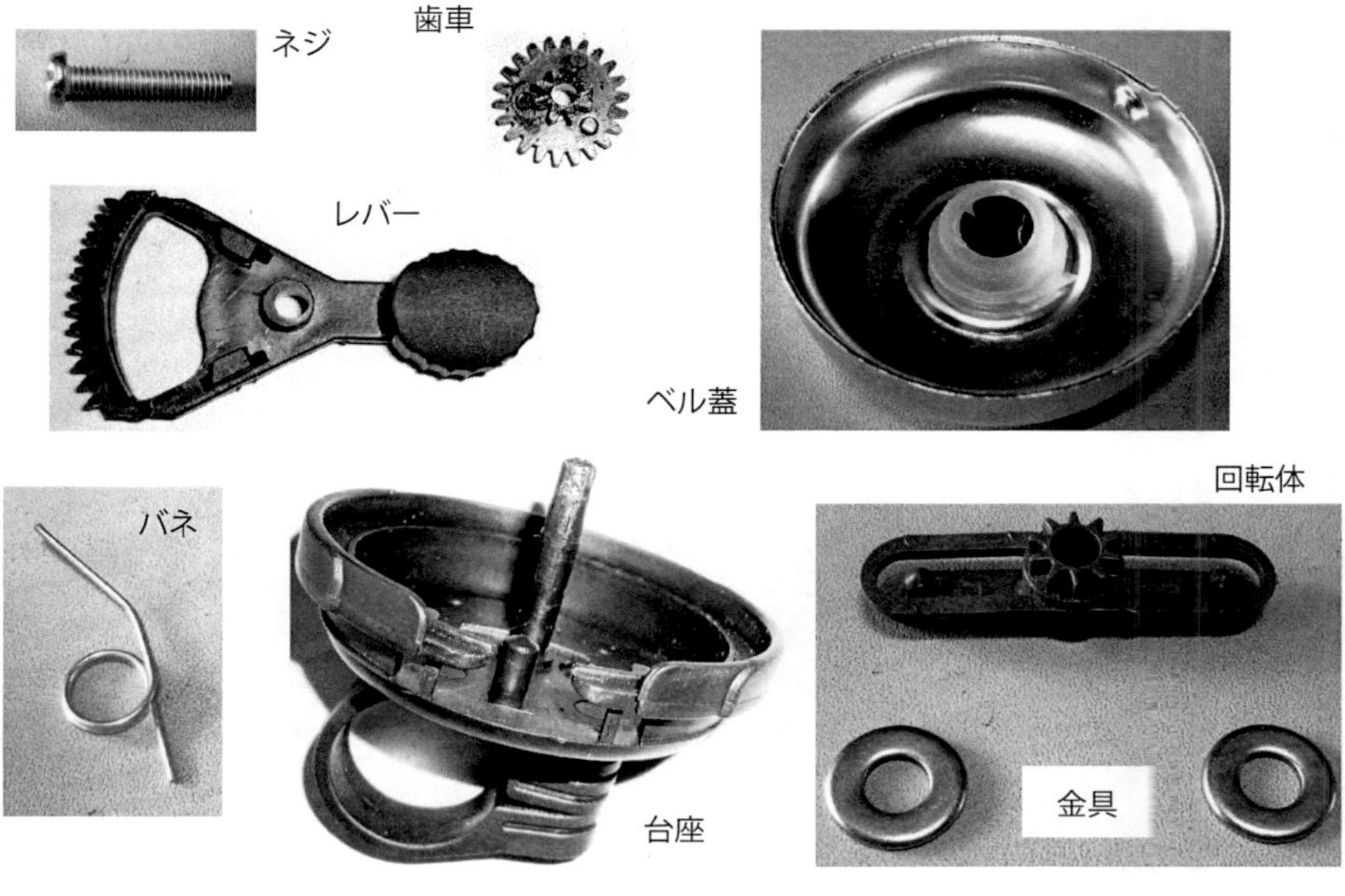

作成、品質表として機能－部品表の作成後、FMEAまたはDRBFMシートの作成演習に入る。実製品では、信頼性ブロック図と品質表は両方作成しない、関連を学ぶために両方とも実施しているが、以下は、そのFMEAシートの作成である。DRBFMシートについては、2.1.4項で説明する。

### (1) 品目の記入（図表2.8）

FMEAを実施すべき品目である部品名を記入する。システム単位の場合はシステム名である。変更点や変化点を示す他の資料（品質表や信頼性ブロック図など）と一致した名称にする。つながっていないと漏れ落ちがでる、リンクさせるのである。

**図表2.8　品目の記入**

| 品目 | 新規変更点 | 機能 | 要求事項 | （潜在的）故障モード | （潜在的）故障影響 | 影響度 |
|---|---|---|---|---|---|---|
| ベル蓋 | | | | | | |
| | | | | | | |
| | | | | | | |

### (2) 新規変更点の記入（図表2.9）

今回追加している欄である。この欄必須ではないが、あればFMEAの起点となりわかりやすい（2.1.1項参照）。今回はベルの板厚を1.0→0.9への変更としている。

### (3) 機能の記入（図表2.10）

ベル蓋の機能を記入する。機能は1つとは限らない。特に変更点に関わる機能を見逃すと、故障モードが出にくくなる。創造されなくなる。機能の抽出、漏れ落ち対応については、5.2項で解説している。

### (4) 要求事項の記入（図表2.11）

要求事項の欄はIATF16949独自である。改定により追加されたのであるが、故障モードを出すためには有効である。変更点したことによって、機能に対して、ど

**図表2.9**　新規変更点の記入

| 品目 | 新規変更点 | 機能 | 要求事項 | （潜在的）故障モード | （潜在的）故障影響 | 影響度 |
|---|---|---|---|---|---|---|
| ベル蓋 | ベル板厚 1.0→0.9 | | | | | |
| | | | | | | |
| | | | | | | |

**図表2.10**　機能の記入

| 品目 | 新規変更点 | 機能 | 要求事項 | （潜在的）故障モード | （潜在的）故障影響 | 影響度 |
|---|---|---|---|---|---|---|
| ベル蓋 | ベル板厚 1.0→0.9 | 音を出す | | | | |
| | | | | | | |
| | | | | | | |

**図表2.11**　要求事項の記入

| 品目 | 新規変更点 | 機能 | 要求事項 | （潜在的）故障モード | （潜在的）故障影響 | 影響度 |
|---|---|---|---|---|---|---|
| ベル蓋 | ベル板厚 1.0→0.9 | 音を出す | 従来通りの音色を出す | | | |
| | | | | | | |
| | | | | | | |

のような要求があるか、ということである。今回は、板厚を薄くしても音色は同じであることを要求している形にしている。原価低減で薄くすることとして演習の題材にしたものであるが、音色が変わってもいい、音色を変えるために薄くしたのなら、それを明記すればいい。

「薄くしたのに音色を変えない、それは難しいのでは？」「そもそも薄くしたら音色は変わるなあ」といったご意見が出たのなら、その時点ですでにFMEAが始まっているのである。

### (5) 故障モードの抽出、記入する（図表2.12）

ここからがFMEAの創造である。目に見えない問題を抽出する。発見するのである。目に見えない潜在的な問題だけ抽出するのは困難だろう。そして、ここでは徹底的にブレインストーミングを行う（4章参照）。だから、何でもいいから出すことである。それを記入する。

**図表2.12　故障モードの記入**

| 品目 | 新規変更点 | 機能 | 要求事項 | （潜在的）故障モード | （潜在的）故障影響 | 影響度 |
|---|---|---|---|---|---|---|
| ベル蓋 | ベル板厚 1.0→0.9 | 音を出す | 従来通りの音色を出す | 音色が変わる | | |
| | | | | ○○が○ | | |
| | | | | | | |

### (6) 故障影響の記入（図表2.13）

故障モードごとに影響を記入する。どこへの影響か、誰への影響かを考えながら記入すること（2.1.2参照）。影響先を括弧で明記している企業もある。影響先の欄を分けている企業もある（図表2.58）。技術者としてよりも影響を受ける側の立場に立って記入する。影響先が顧客の場合は、その顧客の立場に立って、故障モードが起きた場合は、どのような状態になるか、どう迷惑を受けるのかと考えてもいいだろう。

図表2.13　故障影響の記入

| 品目 | 新規変更点 | 機能 | 要求事項 | （潜在的）故障モード | （潜在的）故障影響 | 影響度 |
|---|---|---|---|---|---|---|
| ベル蓋 | ベル板厚1.0→0.9 | 音を出す | 従来通りの音色を出す | 音色が変わる | 音が○○すると○○になる | |
| | | | | ○○が○ | ○○が○○して○○する | |
| | | | | | | |

## （7）影響度の記入（図表2.14）

故障影響の欄に記載している内容に対して、影響度の評価表を見ながら点数化する。ここでも、どこへの影響か、誰への影響かを考慮することである。点数表もIATF16949対応で、そのまま評価するのか、自社用にアレンジしているのか、それとは別に実施するのかもあるだろう。IATF16949は10段階の1～10であるが、IATF16949に関係なければ独自に5段階でもいいだろう。自社に合った点数表で対応することである。それは発生頻度も検出度も同じである。

図表2.14　影響度の記入

| 品目 | 新規変更点 | 機能 | 要求事項 | （潜在的）故障モード | （潜在的）故障影響 | 影響度 |
|---|---|---|---|---|---|---|
| ベル蓋 | ベル板厚1.0→0.9 | 音を出す | 従来通りの音色を出す | 音色が変わる | 音が○○すると○○になる | 5 |
| | | | | ○○が○ | ○○が○○して○○する | 4 |
| | | | | | | |

### (8) 分類（図表2.15）

この欄は、IATF16949特有である。特殊特性に関するものはここに記号を入れる。顧客指定の場合もある。IATF16949対応でない場合は、この欄は使わず、削除してもいいが、対応している場合は削除すると不適合になる。

特殊特性とは**図表2.16**に示すが、自動車の世界ではリコールは大問題である。そのリコールの対応でもある。リコールに関する製品や部品についてIATF16949を要求してくる顧客である自動車会社や関連会社から指定されることがある。その製品や部品の関連工程へも工程FMEAでは関係してくる。

**図表2.15　分類の欄**

| 機能 | 要求事項 | (潜在的)故障モード | (潜在的)故障影響 | 影響度 | 分類 | (潜在的)故障原因 | 現行の設計管理 | | | 検出度 |
|---|---|---|---|---|---|---|---|---|---|---|
| | | | | | | | 予防 | 発生頻度 | 検出 | |
| 音を出す | 従来通りの音色を出す | 音色が変わる | 音が○○すると○○になる | 5 | | | | | | |
| | | ○○が○ | ○○が○○して○○する | 4 | | | | | | |
| | | | | | | | | | | |

**図表2.16　特殊特性**

- 製品特性または、製造工程パラメータのうち、安全もしくは法規適合性、組付け性、機能、性能、または製品の後加工に影響する可能性あるもの。
- 一般には、自動車メーカーが特定する「重要保安部品」がこれに相当する。
- 欠陥が発生した場合に、リコール対象となる部品である。
- 自動車メーカーの特定の如何に関わらず、組織において、品質リスクを考慮して特殊特性を特定し、管理することもある。

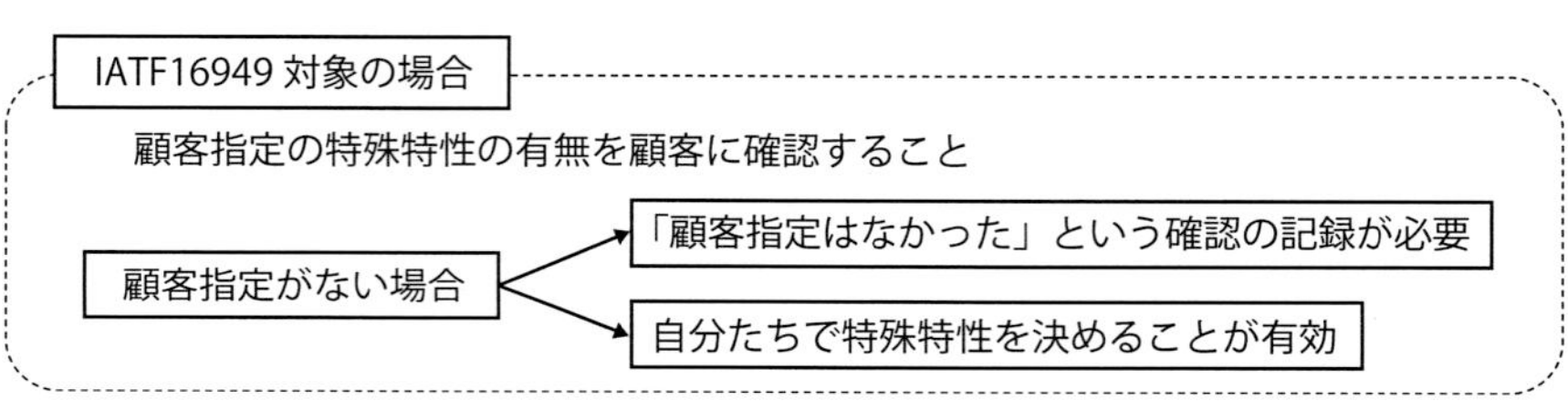

### (9) 故障原因の記入（図表2.17）

故障モードの原因である。1つの故障モードに対して、原因はいくつか考えられることもある。故障モードが同じでも、原因の違いにより影響が異なる場合もあるだろう。FMEAは故障予測で、まだ起きていないことを考えるが、技術者としてメカニズムを想定する。技術的に起きないことまで考える必要はない。

**図表2.17**　故障原因の記入

| 機能 | 要求事項 | （潜在的）故障モード | （潜在的）故障影響 | 影響度 | 分類 | （潜在的）故障原因 | 現行の設計管理 | | | 検出度 |
|---|---|---|---|---|---|---|---|---|---|---|
| 音を出す | 従来通りの音色を出す | 音色が変わる | 音が○○すると○○になる | 5 | | ○○が○○することから | | | | |
| | | ○○が○ | ○○が○○して○○する | 4 | | ○○が○○して○○になることから | | | | |
| | | | | | | | | | | |

### (10) 現行の設計管理・予防内容の記入（図表2.18）

設計FMEAは設計管理である。第1章の1.3.8項にあるように基本的には工程管理は入れない。そして「現行の」である。現時点で実施している設計管理であり、今後予定しているものではない。記載した故障原因に対して、現状ではどのような設計管理をしているか、ということ。個人として実施していることでなく、その設計部門で管理していることである。「Aさんだとやるけど、Bさんだとやらない」ということは記載しない。

故障原因に対して、予防として実施しているものである。設計規準やJIS規格等で決まっていて、それをその部署で適用していることがあれば、それを記入する。予防管理が特になければ空欄でもいい。

### (11) 発生頻度の記入（図表2.19）

設計管理の予防を考慮して、予防がなければそのままであるが、故障原因の発生頻度を評価表に基づいて記入する。

発生頻度は、故障原因の発生頻度が基本であるが、故障モードの発生頻度として

### 図表2.18　設計管理・予防内容の記入

| 機能 | 要求事項 | （潜在的）故障モード | （潜在的）故障影響 | 影響度 | 分類 | （潜在的）故障原因 | 現行の設計管理 | | | 検出度 |
|---|---|---|---|---|---|---|---|---|---|---|
| | | | | | | | 予防 | 発生頻度 | | |
| 音を出す | 従来通りの音色を出す | 音色が変わる | 音が○○すると○○になる | 5 | | ○○が○○することから | ○○規格 | | | |
| | | ○○が○ | ○○が○○して○○する | 4 | | ○○が○○して○○になることから | ○○規準 | | | |
| | | | | | | | | | | |

### 図表2.19　発生頻度の記入

| 機能 | 要求事項 | （潜在的）故障モード | （潜在的）故障影響 | 影響度 | 分類 | （潜在的）故障原因 | 現行の設計管理 | | | 検出度 |
|---|---|---|---|---|---|---|---|---|---|---|
| | | | | | | | 予防 | 発生頻度 | | |
| 音を出す | 従来通りの音色を出す | 音色が変わる | 音が○○すると○○になる | 5 | | ○○が○○することから | ○○規格 | 4 | | |
| | | ○○が○ | ○○が○○して○○する | 4 | | ○○が○○して○○になることから | ○○規準 | 3 | | |
| | | | | | | | | | | |

もいいだろう。実際のFMEAを実施するとき、故障モードの段階で一度発生頻度をFMEA実施メンバーで出すことにしている。もし、その段階で発生頻度が高そうであれば、原因をさらに追究して掘り下げる。メンバーで協議して発生頻度が低ければ、原因も深く掘り下げないで進めていく。そうでもしないと時間がいくらあっても足りなくなることが多い。もしメンバーの誰もが低いと判断して、実際に製品化したら、その部分で何か起きたら、全員の責任、そして、そのFMEAを確認した上司、さらにはDRで確認した全員の責任なのである。何か思うところがあれば、議論会議できちんと言うことである。

## (12) 現行の設計管理・検出内容の記入（図表2.20）

ここも予防管理の欄と同じく、基本的には工程管理は入れない。故障原因を検出するために実施している内容を記載する。品質記録として残るものである。設計の管理であるので、試作や評価、試験などが該当する。

**図表2.20　設計管理・検出内容の記入**

| 機能 | 要求事項 | (潜在的)故障モード | (潜在的)故障影響 | 影響度 | 分類 | (潜在的)故障原因 | 現行の設計管理 | | | 検出度 |
|---|---|---|---|---|---|---|---|---|---|---|
| | | | | | | | 予防 | 発生頻度 | 検出 | |
| 音を出す | 従来通りの音色を出す | 音色が変わる | 音が○○すると○○になる | 5 | | ○○が○○することから | ○○規格 | 4 | ○○評価 | |
| | | ○○が○ | ○○が○○して○○する | 4 | | ○○が○○して○○になることから | ○○規準 | 3 | ○○試験 | |
| | | | | | | | | | | |

「チェックリストは予防にすべきですか、検出にすべきですか？」を言われることがある。チェックリストをチェック終了後に品質記録として残してあるのならば、検出管理に入れればいい。チェックした後、廃棄してしまうのなら、品質記録として残らないので、予防に入れるべきである。目視検査やメーターのチェックも同様であろう。

工程の場合、予防も検出も、設計と同様に現在実施しているものを記載するが、特に工程の場合は、作業標準（手順書等）、あるいはその上位規準に記載されていないものは、ここに記載してはいけない。工程で厳しいのは、工程の後は顧客だからであり、ここで逃すと、顧客に問題が流出してしまうからである。

## (13) 検出度の記入（図表2.21）

故障原因の検出できる度合を評価表に基づいて記入する。通常は点数が低いほど検出できる。影響度や発生頻度、検出度を含めて、点数が高い方が安心というのも見たことがあるが。

ここも、故障原因に限らず、故障モードを含めてもいいだろう。ただしそうする

**図表2.21**　検出度の記入

| 機能 | 要求事項 | (潜在的)故障モード | (潜在的)故障影響 | 影響度 | 分類 | (潜在的)故障原因 | 現行の設計管理 | | | 検出度 |
|---|---|---|---|---|---|---|---|---|---|---|
| | | | | | | | 予防 | 発生頻度 | 検出 | |
| 音を出す | 従来通りの音色を出す | 音色が変わる | 音が○○すると○○になる | 5 | | ○○が○○することから | ○○規格 | 4 | ○○評価 | 3 |
| | | ○○が○ | ○○が○○して○○する | 4 | | ○○が○○して○○になることから | ○○規準 | 3 | ○○試験 | 2 |
| | | | | | | | | | | |

かどうかは、関係者で合意しておくべきである。

なお、発生頻度は予防の欄が空欄でも技術的見地で評価するが、検出度は検出の欄が空欄だったら、何も検出管理をしていないのであるから、最高点になる。10点法だったら10点、5点法だったら5点である。

検出の欄に記載してある内容に対する点数付けである。たまに検出の欄が空欄なのに、点数が最高点でないものを見る。根拠がわからないのである。

IATF16949のFMEAシートは管理の欄が予防と検出に分かれているので、発生頻度は予防管理の欄を考慮して評価し、検出度の欄は検出管理の内容に対して評価するのでわかりやすい。しかし、単に設計管理や工程FMEAの場合に工程管理としているFMEAシートを見ると、検出度の点数が記載してあるのに、管理の欄に検出内容が記載されていない。後々みても、何を根拠に評価したのかわからないのである。対策実施後、再度点数評価するが、対策前の評価の根拠がわからなければ、対策後の評価もしにくいだろう。それよりも、対策内容を検討するときにも、具体的対策を考えるときに、現時点の予防として実施していること、検出管理として実施していることが分かった方が検討しやすいはずである。

### (14) RPNの算出、記入（図表2.22）

重要度（RPN：Risk Priority Number）である。単純に影響度と発生頻度、検出度の積である。

RPNの一番高い項目が、一番心配なものになっているだろうか。その項目がなぜ高いのか、影響度が高いからか、発生頻度か、検出度か、内容を確認して、

**図表2.22　RPNの記入**

| 影響度 | 分類 | （潜在的）故障原因 | 現行の設計管理 | | | 検出度 | RPN | 推奨処置 | 責任者及び目標完了期限 |
|---|---|---|---|---|---|---|---|---|---|
| | | | 予防 | 発生頻度 | 検出 | | | | |
| 5 | | ○○が○○することから | ○○規格 | 4 | ○○評価 | 3 | 60 | | |
| 4 | | ○○が○○して○○になることから | ○○規準 | 3 | ○○試験 | 2 | 24 | | |
| | | | | | | | | | |

FMEAメンバーが納得することであり、納得できないのなら、記載内容、評価内容を見直すことである。

RPNが高いものから順番に、推奨処置の必要有無を判断して、必要と判断したものは推奨処置の検討に入るのである。

### （15）推奨処置の検討、記入（図表2.23）

RPNから推奨処置が必要と判断したものについて、対策内容を検討し、具体的な内容を記入する。推奨処置が不要であれば「無し」と明記する（1.3.9項参照）。

具体的に記入するべきである。「条件を最適化する」「寸法を検討する」といった

**図表2.23　推奨処置の記入**

| 影響度 | 分類 | （潜在的）故障原因 | 現行の設計管理 | | | 検出度 | RPN | 推奨処置 | 責任者及び目標完了期限 |
|---|---|---|---|---|---|---|---|---|---|
| | | | 予防 | 発生頻度 | 検出 | | | | |
| 5 | | ○○が○○することから | ○○規格 | 4 | ○○評価 | 3 | 60 | ○○を○○して○○する | |
| 4 | | ○○が○○して○○になることから | ○○規準 | 3 | ○○試験 | 2 | 24 | 無し | |
| | | | | | | | | | |

記載をしているものも見るが、それで役に立つのだろうか。故障原因に対応した内容である。原因に対して対策する。だから、原因も具体的にしておくべきである。(11) 項に記載したが、発生頻度が高いと思われるものは原因を深掘りし、それに対して、対応策を検討するのである。

### (16) 責任者及び目標完了期限の記入（図表2.24）

推奨処置担当の責任者といつまでに実施するかの目標日を明記する。

FMEAメンバーで担当を割り振るべきである。その場にいない人を記載するのであれば、**図表2.25**のように、それを伝える人を明記すべきである。

**図表2.24　責任者・目標完了期限の記入**

| 影響度 | 分類 | (潜在的)故障原因 | 現行の設計管理 | | | 検出度 | RPN | 推奨処置 | 責任者及び目標完了期限 |
|---|---|---|---|---|---|---|---|---|---|
| | | | 予防 | 発生頻度 | 検出 | | | | |
| 5 | | ○○が○○することから | ○○規格 | 4 | ○○評価 | 3 | 60 | ○○を○○して○○する | ○○/○○<br>2018.6.20 |
| 4 | | ○○が○○して○○になることから | ○○規準 | 3 | ○○試験 | 2 | 24 | 無し | |
| | | | | | | | | | |

**図表2.25　担当の明記**

| 現行の設計管理 | | | 検出度 | RPN | 推奨処置 | 責任者及び目標完了期限 |
|---|---|---|---|---|---|---|
| 予防 | 発生頻度 | 検出 | | | | |
| ○○規格 | 4 | ○○評価 | 3 | 60 | ○○を○○して○○する | 上條→井戸<br>2018.6.20 |
| ○○規準 | 3 | ○○試験 | 2 | 24 | 無し | |
| | | | | | | |

ここまで全項目記入後、品質文書として発行する。審査承認等が必要になる。DRに活用することもあるだろう。そして実際に推奨処置を実施する。

## (17) 処置結果の記入（図表2.26）

実際に実施した内容を記載する。実施した内容がわからないような記載はすべきではない（1.3.9項参照）。報告書があるならその報告書番号を、図面変更したら図番とRev番号を、作業標準や規格規準も同様である。それらの番号を記載したのなら、図面は各規格の来歴欄に、実施したFMEAの番号とRev番号を記載しておけば、図面等の変更を確認したときに、関連がわかるようになる。これこそ品質文書の管理である。

この書式では、実施項目ごとに、実際に完了した日を記載する。

**図表2.26　処置結果の記入**

| 現行の設計管理 | | | 検出度 | RPN | 推奨処置 | 責任者及び目標完了期限 | 処置結果 | | | | |
|---|---|---|---|---|---|---|---|---|---|---|---|
| 予防 | 発生頻度 | 検出 | | | | | 取られた処置及び完了日 | 影響度 | 発生頻度 | 検出度 | RPN |
| ○○規格 | 4 | ○○評価 | 3 | 60 | ○○を○○して○○する | ○○/○○<br>2018.6.20 | ○○を○○して○○した<br>報告書ＸＸ<br>2018.6.18 | | | | |
| ○○規準 | 3 | ○○試験 | 2 | 24 | 無し | | | | | | |
| | | | | | | | | | | | |

## (18) 処置結果後の影響度の判定、記入（図表2.27）

処置結果の内容について、推奨処置実施前に対して影響度が下がったか判定し記入する。**図表2.28**に示すように原則として影響度は設計変更しないと下げられない。

影響度は下がるのであれば、その点数を記載するが、下がった場合、影響がどうなったのかを処置結果欄に記載すべきである。影響がまったくなくなったのなら1点になるが、影響が下がっても残っているのであれば、その状態を記載し、それに相応した点数を評価表に基づいて記載する。

**図表2.27**　処置結果後の影響度の記入

| 現行の設計管理 | | | 検出度 | RPN | 推奨処置 | 責任者及び目標完了期限 | 処置結果 | | | | |
|---|---|---|---|---|---|---|---|---|---|---|---|
| 予防 | 発生頻度 | 検出 | | | | | 取られた処置及び完了日 | 影響度 | 発生頻度 | 検出度 | RPN |
| ○○規格 | 4 | ○○評価 | 3 | 60 | ○○を○○して○○する | ○○/○○<br>2018.6.20 | ○○を○○して○○した<br>報告書ＸＸ<br>2018.6.18 | 5 | | | |
| ○○規準 | 3 | ○○試験 | 2 | 24 | 無し | | | | | | |
| | | | | | | | | | | | |

**図表2.28**　影響度とは、点数を下げる条件

影響度（厳しさ）：ある故障モードが及ぼす、最も重大な影響に関するランク付け
・各々のFMEAの適用範囲内での相対評価
・ランクを下げるのに効果があるのは設計変更のみ
　プロセスFMEAの場合はプロセスの再設計も含む

### (19) 処置結果後の発生頻度の判定、記入（図表2.29）

処置結果の内容について、推奨処置実施前に対して発生頻度が下がったか判定し記入する。**図表2.30**に示すように、原則として発生頻度は設計変更により故障モードの原因/メカニズムを予防又は制御しないと下げられない。そのためにも、現行の予防管理が何をしているのかを明記しておく必要がある。

処置結果の欄に、発生頻度が下がった根拠がわかるように記載しておくことが必要である。

### (20) 処置結果後の検出度の判定、記入（図表2.31）

処置結果の内容について、推奨処置実施前に対して検出度が下がったか判定し記入する。**図表2.32**に示すように原則として検出度は設計管理の改善をしないと下げられない。そのためにも、現行の検出管理が何をしているのかを明記しておく必要がある。

**図表2.29**　**処置結果後の発生頻度の記入**

| 現行の設計管理 | | | 検出度 | RPN | 推奨処置 | 責任者及び目標完了期限 | 処置結具 | | | | |
|---|---|---|---|---|---|---|---|---|---|---|---|
| 予防 | 発生頻度 | 検出 | | | | | 取られた処置及び完了日 | 影響度 | 発生頻度 | 検出度 | RPN |
| ○○規格 | 4 | ○○評価 | 3 | 60 | ○○を○○して○○する | ○○/○○ 2018.6.20 | ○○を○○して○○した 報告書ＸＸ 2018.6.18 | 5 | 2 | | |
| ○○規準 | 3 | ○○試験 | 2 | 24 | 無し | | | | | | |
| | | | | | | | | | | | |

**図表2.30**　**発生頻度とは、点数を下げる条件**

発生頻度：ある特定の故障原因/メカニズムの起こりそうな可能性
- 発生頻度のランク数値は相対的な意味合い
- ランクを下げるのは、設計変更又は設計プロセスの変更により故障モードの原因/メカニズムを予防又は制御する

**図表2.31**　**処置結果後の検出度の記入**

| 現行の設計管理 | | | 検出度 | RPN | 推奨処置 | 責任者及び目標完了期限 | 処置結果 | | | | |
|---|---|---|---|---|---|---|---|---|---|---|---|
| 予防 | 発生頻度 | 検出 | | | | | 取られた処置及び完了日 | 影響度 | 発生頻度 | 検出度 | RPN |
| ○○規格 | 4 | ○○評価 | 3 | 60 | ○○を○○して○○する | ○○/○○ 2018.6.20 | ○○を○○して○○した 報告書ＸＸ 2018.6.18 | 5 | 2 | 2 | |
| ○○規準 | 3 | ○○試験 | 2 | 24 | 無し | | | | | | |
| | | | | | | | | | | | |

**図表2.32　検出度とは、点数を下げる条件**

| |
|---|
| 検出度（検出可能性）：設計/プロセス管理において列記されたものの中で最善の検出管理に対するランク付け<br>・各々のFMEAの適用範囲内だけの相対評価<br>・ランクを下げるのは、計画された設計/プロセス管理の改善 |

管理の改善である。実施ではない、改善されていないと点数は下げられない。よく実施しただけで検出度を下げているものがある。実施というのはその場限りである。改善ということは、管理を見直すことであるから、評価や試験検査規準の見直しが実施されることになる。

工程FMEAの場合は、検出度が下がれば、QC工程表も見直し改定され、作業標準（手順書）も改定されるはずである。その改定内容を規格規準名とRev番号を処置結果欄に記載しておくのである。

### (21) 処置結果後のRPNの算出、記入（図表2.33）

処置前と同様に影響度と発生頻度、検出度の積である。

推奨処置前のRPNと処置後を比較して納得いくだろうか。RPNが下がった根拠が、影響度が下がったのか、発生頻度が下がったからなのか、検出度なのか、それらを確認することである。

**図表2.33　処置結果後のRPNの記入**

| 現行の設計管理 | | | 検出度 | RPN | 推奨処置 | 責任者及び目標完了期限 | 処置結果 | | | | |
|---|---|---|---|---|---|---|---|---|---|---|---|
| 予防 | 発生頻度 | 検出 | | | | | 取られた処置及び完了日 | 影響度 | 発生頻度 | 検出度 | RPN |
| ○○規格 | 4 | ○○評価 | 3 | 60 | ○○を○○して○○する | ○○/○○<br>2018.6.20 | ○○を○○して○○した<br>報告書ＸＸ<br>2018.6.18 | 5 | 2 | 2 | 20 |
| ○○規準 | 3 | ○○試験 | 2 | 24 | 無し | | | | | | |
| | | | | | | | | | | | |

**図表2.34**はセミナー時の問題であるが、間違いとか不適合ではないが、おかしいと思うところ、確認すべきところがありますか？　ということだがいかがだろうか。

**図表2.34**　セミナー時の問題例

このFMEAにおいて、おかしいと思われるところがありますか？

| 項目（部品） | … | 影響度 | … | 発生度 | … | 検出度 | RPN | 推奨対策 | 担当期限 | 対策後 | | | | |
|---|---|---|---|---|---|---|---|---|---|---|---|---|---|---|
| | | | | | | | | | | 結果 | 影響度 | 発生度 | 検出度 | RPN |
| A | … | 5 | … | 3 | … | 2 | 30 | 無し | | | | | | |
| B | … | 5 | … | 5 | … | 2 | 50 | 無し | | | | | | |
| C | … | 6 | … | 5 | … | 4 | 120 | … | ○ X/X | … | 6 | 3 | 3 | 54 |
| D | … | 6 | … | 4 | … | 2 | 48 | … | ○ X/X | … | 5 | 3 | 2 | 30 |
| E | … | 7 | … | 4 | … | 3 | 84 | … | ○ X/X | … | 5 | 3 | 1 | 15 |
| F | … | 6 | … | 4 | … | 3 | 72 | … | ○ X/X | … | 6 | 2 | 3 | 36 |

## （22）各欄の相互関係

①故障モードは、新規変更点があるから起きることを想定する（**図表2.35**）。

**図表2.35**　新規変更点からの故障モード

| 品目 | 新規変更点 | 機能 | 要求事項 | （潜在的）故障モード | （潜在的）故障影響 | 影響度 | 分類 | （潜在的）故障原因 |
|---|---|---|---|---|---|---|---|---|
| ベル蓋 | ベル板厚 1.0→0.9 | 音を出す | 従来通りの音色を出す | 音色が変わる | 音が○○すると○○になる | 5 | | ○○が○○することから |
| | | | | ○○が○ | ○○が○○して○○する | 4 | | ○○が○○して○○になることから |
| | | | | | | | | |

②故障モードは機能を阻害する要素として想定する（**図表2.36**）

**図表2.36　機能を阻害する要素としての故障モード**

| 品目 | 新規変更点 | 機能 | 要求事項 | (潜在的)故障モード | (潜在的)故障影響 | 影響度 | 分類 | (潜在的)故障原因 |
|---|---|---|---|---|---|---|---|---|
| ベル蓋 | ベル板厚1.0→0.9 | 音を出す | 従来通りの音色を出す | 音色が変わる | 音が○○すると○○になる | 5 | | ○○が○○することから |
| | | | | ○○が○ | ○○が○○して○○する | 4 | | ○○が○○して○○になることから |
| | | | | | | | | |

③故障モードは要求事項を満たせないことから想定する（**図表2.37**）

**図表2.37　要求事項を満たせないことからくる故障モード**

| 品目 | 新規変更点 | 機能 | 要求事項 | (潜在的)故障モード | (潜在的)故障影響 | 影響度 | 分類 | (潜在的)故障原因 |
|---|---|---|---|---|---|---|---|---|
| ベル蓋 | ベル板厚1.0→0.9 | 音を出す | 従来通りの音色を出す | 音色が変わる | 音が○○すると○○になる | 5 | | ○○が○○することから |
| | | | | ○○が○ | ○○が○○して○○する | 4 | | ○○が○○して○○になることから |
| | | | | | | | | |

④故障モード起きるから故障影響に至る（**図表2.38**）

**図表2.38**　故障モードから故障影響へ

| 品目 | 新規変更点 | 機能 | 要求事項 | （潜在的）故障モード | （潜在的）故障影響 | 影響度 | 分類 | （潜在的）故障原因 |
|---|---|---|---|---|---|---|---|---|
| ベル蓋 | ベル板厚1.0→0.9 | 音を出す | 従来通りの音色を出す | 音色が変わる | 音が○○すると○○になる | 5 | | ○○が○○することから |
| | | | | ○○が○ | ○○が○○して○○する | 4 | | ○○が○○して○○になることから |
| | | | | | | | | |

⑤故障影響の内容に対する評価が影響度（**図表2.39**）

故障モードに対する評価ではない。故障影響欄に記載された内容にたいする評価である。

**図表2.39**　故障影響に対して影響度を評価

| 品目 | 新規変更点 | 機能 | 要求事項 | （潜在的）故障モード | （潜在的）故障影響 | 影響度 | 分類 | （潜在的）故障原因 | 現行の設計管理 | | |
|---|---|---|---|---|---|---|---|---|---|---|---|
| | | | | | | | | | 予防 | 発生頻度 | 検出 |
| ベル蓋 | ベル板厚1.0→0.9 | 音を出す | 従来通りの音色を出す | 音色が変わる | 音が○○すると○○になる | 5 | | ○○が○○することから | ○○規格 | 4 | ○○評価 |
| | | | | ○○が○ | ○○が○○して○○する | 4 | | ○○が○○して○○になることから | ○○規準 | 3 | ○○試験 |
| | | | | | | | | | | | |

⑥故障モードの原因が故障原因（**図表2.40**）

**図表2.40　故障モードの原因が故障原因**

| 品目 | 新規変更点 | 機能 | 要求事項 | （潜在的）故障モード | （潜在的）故障影響 | 影響度 | 分類 | （潜在的）故障原因 | 現行の設計管理 予防 | 発生頻度 | 検出 |
|---|---|---|---|---|---|---|---|---|---|---|---|
| ベル蓋 | ベル板厚 1.0→0.9 | 音を出す | 従来通りの音色を出す | 音色が変わる | 音が○○すると○○になる | 5 | | ○○が○○することから | ○○規格 | 4 | ○○評価 |
| | | | | ○○が○ | ○○が○○して○○する | 4 | | ○○が○○して○○になることから | ○○規準 | 3 | ○○試験 |
| | | | | | | | | | | | |

⑦新規変更から故障原因が起きて故障モードになり影響に至る（**図表2.41**）

もともと新規変更しなければ、起きないことになる。だから新規変更もしなければ起きないことは、FMEAの対象ではない。対応する必要があるのなら、それは問題解決である。

**図表2.41　新規変更点～故障原因～故障モード～故障影響**

| 品目 | 新規変更点 | 機能 | 要求事項 | （潜在的）故障モード | （潜在的）故障影響 | 影響度 | 分類 | （潜在的）故障原因 | 現行の設計管理 予防 | 発生頻度 | 検出 |
|---|---|---|---|---|---|---|---|---|---|---|---|
| ベル蓋 | ベル板厚 1.0→0.9 | 音を出す | 従来通りの音色を出す | 音色が変わる | 音が○○すると○○になる | 5 | | ○○が○○することから | ○○規格 | 4 | ○○評価 |
| | | | | ○○が○ | ○○が○○して○○する | 4 | | ○○が○○して○○になることから | ○○規準 | 3 | ○○試験 |
| | | | | | | | | | | | |

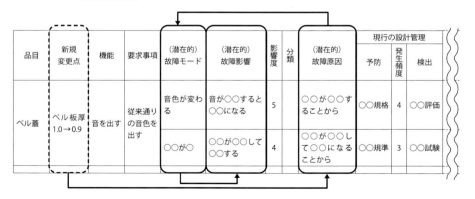

⑧故障原因の予防管理、場合によっては故障モードの予防管理も（図表2.42）

**図表2.42　予防管理**

| 品目 | 新規変更点 | 機能 | 要求事項 | （潜在的）故障モード | （潜在的）故障影響 | 影響度 | 分類 | （潜在的）故障原因 | 現行の設計管理 | | |
|---|---|---|---|---|---|---|---|---|---|---|---|
| | | | | | | | | | 予防 | 発生頻度 | 検出 |
| ベル蓋 | ベル板厚1.0→0.9 | 音を出す | 従来通りの音色を出す | 音色が変わる | 音が○○すると○○になる | 5 | | ○○が○○することから | ○○規格 | 4 | ○○評価 |
| | | | | ○○が○ | ○○が○○して○○する | 4 | | ○○が○○して○○になることから | ○○規準 | 3 | ○○試験 |
| | | | | | | | | | | | |

⑨故障原因の発生頻度、場合によっては故障モードの発生頻度も（図表2.43）

**図表2.43　発生頻度**

| 品目 | 新規変更点 | 機能 | 要求事項 | （潜在的）故障モード | （潜在的）故障影響 | 影響度 | 分類 | （潜在的）故障原因 | 現行の設計管理 | | |
|---|---|---|---|---|---|---|---|---|---|---|---|
| | | | | | | | | | 予防 | 発生頻度 | 検出 |
| ベル蓋 | ベル板厚1.0→0.9 | 音を出す | 従来通りの音色を出す | 音色が変わる | 音が○○すると○○になる | 5 | | ○○が○○することから | ○○規格 | 4 | ○○評価 |
| | | | | ○○が○ | ○○が○○して○○する | 4 | | ○○が○○して○○になることから | ○○規準 | 3 | ○○試験 |
| | | | | | | | | | | | |

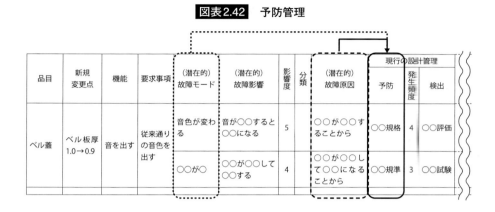

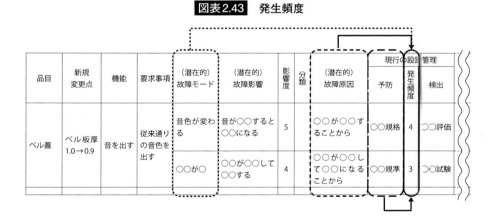

⑩故障原因の検出管理、場合によっては故障モードの検出管理（**図表2.44**）

**図表2.44　検出管理**

| 品目 | 新規変更点 | 機能 | 要求事項 | (潜在的)故障モード | (潜在的)故障影響 | 影響度 | 分類 | (潜在的)故障原因 | 現行の設計管理 | | | 検出度 | RPN |
|---|---|---|---|---|---|---|---|---|---|---|---|---|---|
| | | | | | | | | | 予防 | 発生頻度 | 検出 | | |
| ベル蓋 | ベル板厚 1.0→0.9 | 音を出す | 従来通りの音色を出す | 音色が変わる | 音が○○すると○○になる | 5 | | ○○が○○することから | ○○規格 | 4 | ○○評価 | 3 | 60 |
| | | | | ○○が○ | ○○が○○して○○する | 4 | | ○○が○○して○○になることから | ○○規準 | 3 | ○○試験 | 2 | 24 |
| | | | | | | | | | | | | | |

⑪故障原因の検出度、場合によっては故障モードの検出度も（**図表2.45**）

**図表2.45　検出度**

| 品目 | 新規変更点 | 機能 | 要求事項 | (潜在的)故障モード | (潜在的)故障影響 | 影響度 | 分類 | (潜在的)故障原因 | 現行の設計管理 | | | 検出度 | RPN |
|---|---|---|---|---|---|---|---|---|---|---|---|---|---|
| | | | | | | | | | 予防 | 発生頻度 | 検出 | | |
| ベル蓋 | ベル板厚 1.0→0.9 | 音を出す | 従来通りの音色を出す | 音色が変わる | 音が○○すると○○になる | 5 | | ○○が○○することから | ○○規格 | 4 | ○○評価 | 3 | 60 |
| | | | | ○○が○ | ○○が○○して○○する | 4 | | ○○が○○して○○になることから | ○○規準 | 3 | ○○試験 | 2 | 24 |
| | | | | | | | | | | | | | |

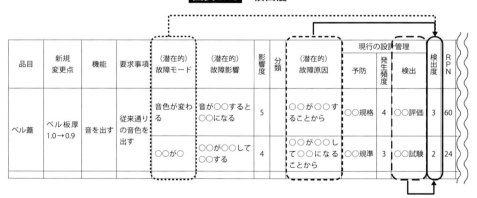

⑫RPN は影響度×発生頻度×検出度（**図表2.46**）

**図表2.46**　**RPN**

| 品目 | 新規変更点 | 機能 | 要求事項 | （潜在的）故障モード | （潜在的）故障影響 | 影響度 | 分類 | （潜在的）故障原因 | 現行の設計管理 | | | 検出度 | RPN | 推奨処置 |
|---|---|---|---|---|---|---|---|---|---|---|---|---|---|---|
| | | | | | | | | | 予防 | 発生頻度 | 検出 | | | |
| ベル蓋 | ベル板厚 1.0→0.9 | 音を出す | 従来通りの音色を出す | 音色が変わる | 音が○○すると○○になる | 5 | | ○○が○○することから | ○○規格 | 4 | ○○評価 | 3 | 60 | ○○を○○して○○する |
| | | | | ○○が○ | ○○が○○して○○する | 4 | | ○○が○○して○○になることから | ○○規準 | 3 | ○○試験 | 2 | 24 | 無し |
| | | | | | | | | | | | | | | |

⑬推奨処置は故障原因に対して、設計管理を考慮して実施（**図表2.47**）

予防管理を見直すのか、検出管理を改善するのか、それとも、そもそもの設計変更をするのか。

**図表2.47**　**推奨処置**

| 品目 | 新規変更点 | 機能 | 要求事項 | （潜在的）故障モード | （潜在的）故障影響 | 影響度 | 分類 | （潜在的）故障原因 | 現行の設計管理 | | | 検出度 | RPN | 推奨処置 |
|---|---|---|---|---|---|---|---|---|---|---|---|---|---|---|
| | | | | | | | | | 予防 | 発生頻度 | 検出 | | | |
| ベル蓋 | ベル板厚 1.0→0.9 | 音を出す | 従来通りの音色を出す | 音色が変わる | 音が○○すると○○になる | 5 | | ○○が○○することから | ○○規格 | 4 | ○○評価 | 3 | 60 | ○○を○○して○○する |
| | | | | ○○が○ | ○○が○○して○○する | 4 | | ○○が○○して○○になることから | ○○規準 | 3 | ○○試験 | 2 | 24 | 無し |
| | | | | | | | | | | | | | | |

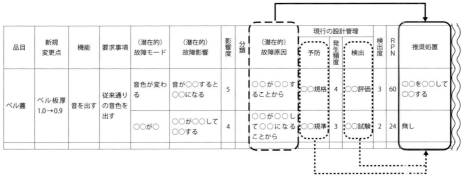

⑭処置結果は推奨処置に対応しているか、予防管理と検出管理の関連は、処置結果の関連（**図表2.48**）

**図表2.48　処置結果の関連**

| (潜在的)故障影響 | 影響度 | 分類 | (潜在的)故障原因 | 現行の設計管理 | | | 検出度 | RPN | 推奨処置 | 責任者及び目標完了期限 | 処置結果 | | | | |
|---|---|---|---|---|---|---|---|---|---|---|---|---|---|---|---|
| | | | | 予防 | 発生頻度 | 検出 | | | | | 取られた処置及び完了日 | 影響度 | 発生頻度 | 検出度 | RPN |
| 音が○○すると○○になる | 5 | | ○○が○○することから | ○○規格 | 4 | ○○評価 | 3 | 60 | ○○を○○して○○する | ○○/○○<br>2018.6.20 | ○○を○○して○○した<br>報告書ＸＸ<br>2018.6.18 | 5 | 2 | 2 | 20 |
| ○○が○○して○○する | 4 | | ○○が○○して○○になることから | ○○規準 | 3 | ○○試験 | 2 | 24 | 無し | | | | | | |

⑮処置後の各評価は、処置前に対して下がっているか、根拠はわかりやすいか（**図表2.49**）

**図表2.49　処置後の評価点の関連**

| (潜在的)故障影響 | 影響度 | 分類 | (潜在的)故障原因 | 現行の設計管理 | | | 検出度 | RPN | 推奨処置 | 責任者及び目標完了期限 | 処置結果 | | | | |
|---|---|---|---|---|---|---|---|---|---|---|---|---|---|---|---|
| | | | | 予防 | 発生頻度 | 検出 | | | | | 取られた処置及び完了日 | 影響度 | 発生頻度 | 検出度 | RPN |
| 音が○○すると○○になる | 5 | | ○○が○○することから | ○○規格 | 4 | ○○評価 | 3 | 60 | ○○を○○して○○する | ○○/○○<br>2018.6.20 | ○○を○○して○○した<br>報告書ＸＸ<br>2018.6.18 | 5 | 2 | 2 | 20 |
| ○○が○○して○○する | 4 | | ○○が○○して○○になることから | ○○規準 | 3 | ○○試験 | 2 | 24 | 無し | | | | | | |

⑯RPN は影響度×発生頻度×検出度（**図表2.50**）

処置後のRPNは同じく積であるが、点数が下がったことに納得できているか。

**図表2.50**　処置後のRPN

| (潜在的)故障影響 | 影響度 | 分類 | (潜在的)故障原因 | 現行の設計管理 | | | 検出度 | RPN | 推奨処置 | 責任者及び目標完了期限 | 処置結果 | | | | |
|---|---|---|---|---|---|---|---|---|---|---|---|---|---|---|---|
| | | | | 予防 | 発生頻度 | 検出 | | | | | 取られた処置及び完了日 | 影響度 | 発生頻度 | 検出度 | RPN |
| 音が○○すると○○になる | 5 | | ○○が○○することから | ○○規格 | 4 | ○○評価 | 3 | 60 | ○○を○○して○○する | ○○/○○ 2018.6.20 | ○○を○○して○○した 報告書ＸＸ 2018.6.18 | 5 | 2 | 2 | 20 |
| ○○が○○して○○する | 4 | | ○○が○○して○○になることから | ○○規準 | 3 | ○○試験 | 2 | 24 | 無し | | | | | | |

## 2.1.4　DRBFMシート作成手順と各欄の相互関係

DRBFMシート（図表2.2参照）の基本的な作成手順である。FMEAシートと同じように自転車ベルの事例である。比較して見ることによって、それぞれのシートの関係も理解できるだろう。基本は同じFMEAである。

ただし、DRBFMシートは少なくとも2回レビジョンアップ（改定）する。主要メンバーで実施後、議論会議を実施、実施結果の記入と3段階ある。

### (1)　部品名の記入（図表2.51）

DRBFMを実施すべき部品名を記入する。システム単位の場合はシステム名である。変更点や変化点を示す他の資料（品質表や信頼性ブロック図など）と一致した名称にする。つながっていないと漏れ落ちがでる、リンクさせるのである。

## 図表2.51　部品名の記入

| No. | 部品名 | 変更点<br>その目的 | 機能 | 変更に関る心配点 | | 心配点はどんな場合に生じるか | | | お客様への影響 | 重要度 | 心配点を除く為にどんな設計をしたか（設計遵守事項、設計標準、チェックシートetc.） | 優先度 |
|---|---|---|---|---|---|---|---|---|---|---|---|---|
| | | | | 変更がもたらす機能の喪失、商品性の欠如 | 他に心配点は無いか（DRBFM） | 頻度 | 要因・原因 | 他に考えるべき要因はないか（DRBFM） | | | | |
| 1 | ベル蓋 | | | | | | | | | | | |
| | | | | | | | | | | | | |
| | | | | | | | | | | | | |

## (2) 新規変更点の記入（図表2.52）

変更内容を（1）項と同じく、他の資料と同じ内容の変更内容、および、その変更目的を記入する。

## 図表2.52　変更内容と目的の記入

| No. | 部品名 | 変更点<br>その目的 | 機能 | 変更に関る心配点 | | 心配点はどんな場合に生じるか | | | お客様への影響 | 重要度 | 心配点を除く為にどんな設計をしたか（設計遵守事項、設計標準、チェックシートetc.） | 優先度 |
|---|---|---|---|---|---|---|---|---|---|---|---|---|
| | | | | 変更がもたらす機能の喪失、商品性の欠如 | 他に心配点は無いか（DRBFM） | 頻度 | 要因・原因 | 他に考えるべき要因はないか（DRBFM） | | | | |
| 1 | ベル蓋 | 原価低減のため<br>ベル板厚<br>1.0→0.9 | | | | | | | | | | |
| | | | | | | | | | | | | |
| | | | | | | | | | | | | |

## (3) 機能の記入（図表2.53）

ベル蓋の機能を記入する。機能は1つとは限らない。特に変更点にかかわる機能を見逃すと、心配点が出にくくなる。創造されなくなる。

## 図表2.53　機能の記入

| No. | 部品名 | 変更点<br>その目的 | 機能 | 変更に関る心配点 | | 心配点はどんな場合に生じるか | | | お客様への影響 | 重要度 | 心配点を除く為にどんな設計をしたか（設計遵守事項、設計標準、チェックシートetc.） | 優先度 |
|---|---|---|---|---|---|---|---|---|---|---|---|---|
| | | | | 変更がもたらす機能の喪失、商品性の欠如 | 他に心配点は無いか（DRBFM） | 頻度 | 要因・原因 | 他に考えるべき要因はないか（DRBFM） | | | | |
| 1 | ベル蓋 | 原価低減のため<br>ベル板厚<br>1.0→0.9 | 音を出す | | | | | | | | | |
| | | | | | | | | | | | | |
| | | | | | | | | | | | | |

## (4) 心配点の抽出、記入（図表2.54）

変更がもたらす機能の喪失、商品性の欠如となること、変更に関わる心配点を抽出し記入する。徹底的にブレインストーミングを行う（4章参照）。何でもいいから心配だな、と思うことを出すことである。変更しなくても起きること、もともと持っているリスクではない。

**図表2.54　変更に関わる心配点の記入**

| No. | 部品名 | 変更点<br>その目的 | 機能 | 変更に関る心配点 | | 心配点はどんな場合に生じるか | | | お客様への影響 | 重要度 | 心配点を除く為にどんな設計をしたか（設計遵守事項、設計標準、チェックシートetc.） | 優先度 |
|---|---|---|---|---|---|---|---|---|---|---|---|---|
| | | | | 変更がもたらす機能の喪失、商品性の欠如 | 他に心配点は無いか（DRBFM） | 頻度 | 要因・原因 | 他に考えるべき要因はないか（DRBFM） | | | | |
| 1 | ベル蓋 | 原価低減のため<br>ベル板厚<br>1.0→0.9 | 音を出す | 音色が変わる | | | | | | | | |
| | | | | ○○が○ | | | | | | | | |
| | | | | | | | | | | | | |

## (5) 要因・原因の記入（図表2.55）

心配点はどんな場合に生じるのか、その要因・原因として考えられることを記入する。心配点1つに対して、要因・原因はいくつか考えられることもある。心配点が同じでも、要因・原因の違いにより影響が異なる場合もあるだろう。故障予測なのだから、まだ起きていないことを考えるが、技術者としてメカニズムを考える。技術的に起きないことまで考える必要はない。

**図表2.55　要因・原因の記入**

| No. | 部品名 | 変更点<br>その目的 | 機能 | 変更に関る心配点 | | 心配点はどんな場合に生じるか | | | お客様への影響 | 重要度 | 心配点を除く為にどんな設計をしたか（設計遵守事項、設計標準、チェックシートetc.） | 優先度 |
|---|---|---|---|---|---|---|---|---|---|---|---|---|
| | | | | 変更がもたらす機能の喪失、商品性の欠如 | 他に心配点は無いか（DRBFM） | 頻度 | 要因・原因 | 他に考えるべき要因はないか（DRBFM） | | | | |
| 1 | ベル蓋 | 原価低減のため<br>ベル板厚<br>1.0→0.9 | 音を出す | 音色が変わる | | | ○○が○○することから | | | | | |
| | | | | ○○が○ | | | ○○が○○して○○になることから | | | | | |
| | | | | | | | | | | | | |

## (6) 要因・原因の頻度の記入（図表2.56）

要因・原因の発生頻度を記入する。DRBFMでは点数化をせずに、大中小程度で記入するのをDRBFM開始当初はしていたが、現在は点数化している企業も多い。

ここでは大中小で判定したものとしている。

**図表2.56** 頻度の記入

| No. | 部品名 | 変更点<br>その目的 | 機能 | 変更に関る心配点 | | 心配点はどんな場合に生じるか | | | お客様への影響 | 重要度 | 心配点を除く為にどんな設計をしたか（設計遵守事項、設計標準、チェックシートetc.） | 優先度 |
|---|---|---|---|---|---|---|---|---|---|---|---|---|
| | | | | 変更がもたらす機能の喪失、商品性の欠如 | 他に心配点は無いか（DRBFM） | 頻度 | 要因・原因 | 他に考えるべき要因はないか（DRBFM） | | | | |
| 1 | ベル蓋 | 原価低減のため<br>ベル板厚<br>1.0→0.9 | 音を出す | 音色が変わる | | 大 | ○○が○○することから | | 音が○○すると○○になる | | | |
| | | | | ○○が○ | | 小 | ○○が○○して○○になることから | | ○○が○○して○○する | | | |
| | | | | | | | | | | | | |

## (7) お客様への影響の記入（図表2.57）

お客様への影響であるが、どこへの影響か、誰への影響かを考えながら記入すること。影響先を括弧で明記している企業もある。

**図表2.57** お客様への影響の記入

| No. | 部品名 | 変更点<br>その目的 | 機能 | 変更に関る心配点 | | 心配点はどんな場合に生じるか | | | お客様への影響 | 重要度 | 心配点を除く為にどんな設計をしたか（設計遵守事項、設計標準、チェックシートetc.） | 優先度 |
|---|---|---|---|---|---|---|---|---|---|---|---|---|
| | | | | 変更がもたらす機能の喪失、商品性の欠如 | 他に心配点は無いか（DRBFM） | 頻度 | 要因・原因 | 他に考えるべき要因はないか（DRBFM） | | | | |
| 1 | ベル蓋 | 原価低減のため<br>ベル板厚<br>1.0→0.9 | 音を出す | 音色が変わる | | 大 | ○○が○○することから | | 音が○○すると○○になる | | | |
| | | | | ○○が○ | | 小 | ○○が○○して○○になることから | | ○○が○○して○○する | | | |
| | | | | | | | | | | | | |

**図表2.58**のように影響先の欄を分けている企業もある。それぞれの重要度を出して、一番高い重要度を記載している。3か所全部埋まるとは限らないが、3か所全部空欄はあり得ない。技術者としてよりも影響を受ける側の立場に立って記入する。影響先が顧客の場合は、その顧客の立場に立って、心配点が起きた場合は、どのような状態になるか、どう迷惑を受けるのかと考えてもいいだろう。

## (8) 重要度の記入（図表2.59）

お客様への影響の欄に記入している内容に対して、重要度をABC程度で記入する。ここでも、どこへの影響か、誰への影響かを考慮することである。ここも現在は点数化している企業もある。

**図表2.58**　お客様の影響を分けた事例

| お客さまへの影響 | | | | | | |
|---|---|---|---|---|---|---|
| 工程（製造） | 重要度 | セットメーカー | 重要度 | エンドユーザー | 重要度 | 重要度 |
| 部品購入のため、ライン変更はなし | C | 画面点灯確認時に画面ちらつきがでて製品不合格となる | A | 画面がちらつくので画像が鮮明に映らず不満に思う | A | A |
| | | | | | | |

**図表2.59**　重要度の記入

| No. | 部品名 | 変更点<br>その目的 | 機能 | 変更に関る心配点 | | 心配点はどんな場合に生じるか | | | お客様への影響 | 重要度 | 心配点を除く為にどんな設計をしたか（設計遵守事項、設計標準、チェックシートetc.） | 優先度 |
|---|---|---|---|---|---|---|---|---|---|---|---|---|
| | | | | 変更がもたらす機能の喪失、商品性の欠如 | 他に心配点は無いか（DRBFM） | 頻度 | 要因・原因 | 他に考えるべき要因はないか（DRBFM） | | | | |
| 1 | ベル蓋 | 原価低減のため<br>ベル板厚<br>1.0→0.9 | 音を出す | 音色が変わる | | 大 | ○○が○○することから | | 音が○○すると○○になる | A | | |
| | | | | ○○が○ | | 小 | ○○が○○して○○になることから | | ○○が○○して○○する | B | | |
| | | | | | | | | | | | | |

## (9)　心配点を除く為にどんな設計をしたかの記入（図表2.60）

DRBFMを実施する段階では基本的な設計は終了しているので、その段階において、「心配点を除く為にどんな設計をしたか」を記入する。「したか」であり「するか」ではない。基本設計を終わった段階での実施である。設計遵守事項としての規準規定、設計標準や使用しているチェックシート等があればそれを記入する。

**図表2.60**　心配点を除く為の設計内容の記入

| No. | 部品名 | 変更点<br>その目的 | 機能 | 変更に関る心配点 | | 心配点はどんな場合に生じるか | | | お客様への影響 | 重要度 | 心配点を除く為にどんな設計をしたか（設計遵守事項、設計標準、チェックシートetc.） | 優先度 |
|---|---|---|---|---|---|---|---|---|---|---|---|---|
| | | | | 変更がもたらす機能の喪失、商品性の欠如 | 他に心配点は無いか（DRBFM） | 頻度 | 要因・原因 | 他に考えるべき要因はないか（DRBFM） | | | | |
| 1 | ベル蓋 | 原価低減のため<br>ベル板厚<br>1.0→0.9 | 音を出す | 音色が変わる | | 大 | ○○が○○することから | | 音が○○すると○○になる | A | ○○規格に従い設計し、○○評価を行う | |
| | | | | ○○が○ | | 小 | ○○が○○して○○になることから | | ○○が○○して○○する | B | ○○規準に対応させて、○○試験を行う | |
| | | | | | | | | | | | | |

FMEAシートでの現在の設計管理に記入すべきこと、その時点で推奨処置に入るようなことを記入するのである。欄としては小さいが、実際には、基本設計が終わった段階では、この欄に記入すべきことは多くなる。

### (10) 優先度の記入（図表2.61）

心配点を除く為にどんな設計をしたかの欄に記入した内容で、その後実施する予定のものについて、優先度を明確化するのである。ABC程度で記入する。

**図表2.61　優先度の記入**

| No. | 部品名 | 変更点<br>その目的 | 機能 | 変更に関る心配点 | | 心配点はどんな場合に生じるか | | | お客様への影響 | 重要度 | 心配点を除く為にどんな設計をしたか<br>（設計遵守事項、設計標準、チェックシートetc.） | 優先度 |
|---|---|---|---|---|---|---|---|---|---|---|---|---|
| | | | | 変更がもたらす機能の喪失、商品性の欠如 | 他に心配点は無いか<br>(DRBFM) | 頻度 | 要因・原因 | 他に考えるべき要因はないか<br>(DRBFM) | | | | |
| 1 | ベル蓋 | 原価低減のため<br>ベル板厚<br>1.0→0.9 | 音を出す | 音色が変わる | | 大 | ○○が○○することから | | 音が○○すると○○になる | A | ○○規格に従い設計し、○○評価を行う | A |
| | | | | ○○が○ | | 小 | ○○が○○して○○になることから | | ○○が○○して○○する | B | ○○規準に対応させて、○○試験を行う | B |
| | | | | | | | | | | | | |

ここまでが、主要メンバーで実施する。ここまでをまとめて、初版ができあがる。次に議論会議であるDRBFMに入る。

### (11) DRBFMの実施、他の心配点の記入（図表2.62）

議論会議に入り、新たなメンバーも含め、今まで出ていなかったこと、他の心配点を出していく。**図表2.62**では、行を追加して分けて記載している。

**図表2.62　他の心配点の記入**

| No. | 部品名 | 変更点<br>その目的 | 機能 | 変更に関る心配点 | | 心配点はどんな場合に生じるか | | | お客様への影響 | 重要度 | 心配点を除く為にどんな設計をしたか<br>（設計遵守事項、設計標準、チェックシートetc.） | 優先度 |
|---|---|---|---|---|---|---|---|---|---|---|---|---|
| | | | | 変更がもたらす機能の喪失、商品性の欠如 | 他に心配点は無いか<br>(DRBFM) | 頻度 | 要因・原因 | 他に考えるべき要因はないか<br>(DRBFM) | | | | |
| 1 | ベル蓋 | 原価低減のため<br>ベル板厚<br>1.0→0.9 | 音を出す | 音色が変わる | | 大 | ○○が○○することから | | 音が○○すると○○になる | A | ○○規格に従い設計し、○○評価を行う | A |
| | | | | ○○が○ | | 小 | ○○が○○して○○になることから | | ○○が○○して○○する | B | ○○規準に対応させて、○○試験を行う | B |
| | | | | | □□が□□ | | | | | | | |
| | | | | | | | | | | | | |

ここで出た新たな心配点に対しての、要因・原因、頻度、お客様への影響を記入する。心配点を除くためにどんな設計をしたか、については、新たに出たことに対しては、即、設計対応はしていないだろうが、その要因・原因に対して、該当する設計遵守事項や設計標準、チェックシートは現状の管理項目があれば、それを記載する。IATF16949の現在の設計管理にあたることを記載する。それを図表2.63に示す。

**図表2.63**　要因・原因以降の追加記入

| No. | 部品名 | 変更点<br>その目的 | 機能 | 変更に関る心配点 | | 心配点はどんな場合に生じるか | | | お客様への影響 | 重要度 | 心配点を除く為にどんな設計をしたか（設計遵守事項、設計標準、チェックシートetc.） | 優先度 |
|---|---|---|---|---|---|---|---|---|---|---|---|---|
| | | | | 変更がもたらす機能の喪失、商品性の欠如 | 他に心配点は無いか（DRBFM） | 頻度 | 要因・原因 | 他に考えるべき要因はないか（DRBFM） | | | | |
| 1 | ベル蓋 | 原価低減のため<br>ベル板厚<br>1.0→0.9 | 音を出す | 音色が変わる | | 大 | ○○が○○することから | | 音が○○すると○○になる | A | ○○規格に従い設計し、○○評価を行う | A |
| | | | | ○○が○ | | 小 | ○○が○○して○○になることから | | ○○が○○して○○する | B | ○○規準に対応させて、○○試験を行う | B |
| | | | | | □□が□□ | 中 | □□が□□するので□□になる | | □□が□□する | B | □□規定 | B |
| | | | | | | | | | | | | |

## （12）DRBFMの実施、他の要因・原因の記入（図表2.64）

前項と同時に引き続いて実施する。今までででていなかった他の要因・原因を出していく。ここでも行を追加して記入している。

**図表2.64**　他の要因・原因の記入

| No. | 部品名 | 変更点<br>その目的 | 機能 | 変更に関る心配点 | | 心配点はどんな場合に生じるか | | | お客様への影響 | 重要度 | 心配点を除く為にどんな設計をしたか（設計遵守事項、設計標準、チェックシートetc.） | 優先度 |
|---|---|---|---|---|---|---|---|---|---|---|---|---|
| | | | | 変更がもたらす機能の喪失、商品性の欠如 | 他に心配点は無いか（DRBFM） | 頻度 | 要因・原因 | 他に考えるべき要因はないか（DRBFM） | | | | |
| 1 | ベル蓋 | 原価低減のため<br>ベル板厚<br>1.0→0.9 | 音を出す | 音色が変わる | | 大 | ○○が○○することから | | 音が○○すると○○になる | A | ○○規格に従い設計し、○○評価を行う | A |
| | | | | ○○が○ | | 小 | ○○が○○して○○になることから | | ○○が○○して○○する | B | ○○規準に対応させて、○○試験を行う | B |
| | | | | | | 小 | | □□が□□する | | | □□試験 | C |
| | | | | | | | | | | | | |

出てきた要因・原因の頻度、管理項目等を記入する。ここでは、お客様への影響

は同じものとしているが、異なるのであれば、それを記入すること。

### (13) DRBFMの実施、推奨する対応の記入（図表2.65）

ここからシートの右側の説明である。前々項からと同時に引き続いて行うものである。設計で反映すべき項目、評価で反映すべき項目、製造工程へ反映すべき項目を指摘されたことを記入し、その都度、指摘内容に対しての担当者と期限を記入していく。会議中に担当と期限を入れるべきである。

筆者は企業内セミナーや実践指導でDRBFMを実施し、議論会議を行う場合、指摘事項を発言した人を**図表2.66**に示すように明記するように指導している。「言った、言わない」が起きないように、また、指摘した側も責任があるとともに、本来

**図表2.65　推奨する対応の記入**

| 心配点を除く為にどんな設計をしたか（設計遵守事項、設計標準、チェックシートetc.） | 優先度 | 推奨する対応（DRBFMの結果） | | | | | | 対応の結果 実施した活動 |
|---|---|---|---|---|---|---|---|---|
| | | DRBFMで示された設計へ反映すべき項目 | 担当 期限 | DRBFMで示された評価へ反映すべき項目 | 担当 期限 | DRBFMで示された製造工程へ反映すべき項目 | 担当 期限 | |
| ○○規格に従い設計し、○○評価を行う | A | ○○が○○しないように○○すること | ○○ 2018.3.20 | | | ○○を考慮し○○工程の事前評価を行うこと | ○○ 2018.3.31 | |
| ○○規準に対応させて、○○試験を行う | B | | | ○○試験を○○して行うこと | ○○ 2018.3.10 | | | |
| | | | | | | | | |

**図表2.66　指摘者明記**

| 推奨する対応（DRBFMの結果） | | | | | |
|---|---|---|---|---|---|
| DRBFMで示された設計へ反映すべき項目 | 担当 期限 | DRBFMで示された評価へ反映すべき項目 | 担当 期限 | DRBFMで示された製造工程へ反映すべき項目 | 担当 期限 |
| ○○が○○しないように○○すること ○○製造部長 | ○○ 2018.3.20 | | | ○○を考慮し○○工程の事前評価を行うこと ○○設計部長 | ○○ 2018.3.31 |
| | | ○○試験を○○して行うこと ○○品証部長 | ○○ 2018.3.10 | | |
| | | | | | |

は製品開発を推進したい、いい製品を作り上げたいから実施しているものであるから、言った側も自信を持って発言しているはずである。

うまくいっている企業は、指摘した本人も、担当に対し、自らフォローしている。担当も期限が来る前に指摘者に対し事前報告や相談をしている。「指摘していただきありがとうございます」「指摘したことに対応してくれてありがとう」といった気持ちを持つことが大切であろう。

ここまで記入が終わったら、1回目の改定版である。

### (14) 対応した結果、実施した活動の記入（図表2.67）

心配点を除く為にどんな設計をしたかの欄での実施した結果、DRBFMの議論会議で指摘されたことの対応結果を記入する。この欄も小さいが、実際は記入する項目は多くなる。実施した内容がわからないような記載はすべきではない（1.3.9項参照）。報告書があるならその報告書番号を、図面変更したら図番とRev番号を、作業標準や規格規準も同様である。それらの番号を記載したのなら、図面は各規格の来歴欄に、実施したFMEAの番号とRev番号を記載しておけば、図面等の変更を確認したときに、関連がわかるようになる。

**図表2.67　結果の記入**

| 心配点を除く為にどんな設計をしたか（設計遵守事項、設計標準、チェックシートetc.） | 推奨する対応（DRBFMの結果） | | | | | | | 対応の結果<br>実施した活動 |
|---|---|---|---|---|---|---|---|---|
| | 優先度 | DRBFMで示された設計へ反映すべき項目 | 担当期限 | DRBFMで示された評価へ反映すべき項目 | 担当期限 | DRBFMで示された製造工程へ反映すべき項目 | 担当期限 | |
| ○○規格に従い設計し、○○評価を行う | A | ○○が○○しないように○○すること | ○○<br>2018.3.20 | | | ○○を考慮し○○工程の事前評価を行うこと | ○○<br>2018.3.31 | ○○を○○した<br>報告書XX参照<br>○○評価実施した<br>報告書XX参照 |
| ○○規準に対応させて、○○試験を行う | B | | | ○○試験を○○して行うこと | ○○<br>2018.3.10 | | | ○○試験を実施した<br>報告書XX参照 |
| | | | | | | | | |

### (15) 各欄の相互関係

①心配点は、変更点があるから起きることと、機能を阻害する要素を想定する（図表2.68）

**図表2.68** 変更点・機能から心配点

| No. | 部品名 | 変更点<br>その目的 | 機能 | 変更に関る心配点<br>変更がもたらす機能の喪失、商品性の欠如 | 変更に関る心配点<br>他に心配点は無いか（DRBFM） | 頻度 | 心配点はどんな場合に生じるか<br>要因・原因 | 心配点はどんな場合に生じるか<br>他に考えるべき要因はないか（DRBFM） |
|---|---|---|---|---|---|---|---|---|
| 1 | ベル蓋 | 原価低減のため<br>ベル板厚<br>1.0→0.9 | 音を出す | 音色が変わる | | 大 | ○○が○○することから | |
| | | | | ○○が○ | | 小 | ○○が○○して○○になることから | |
| | | | | | | | | |

②心配点の要因・原因（**図表2.69**）

心配点がなぜ、どうして起きるか、メカニズムである。

**図表2.69** 心配点とその要因・原因

| No. | 部品名 | 変更点<br>その目的 | 機能 | 変更に関る心配点<br>変更がもたらす機能の喪失、商品性の欠如 | 変更に関る心配点<br>他に心配点は無いか（DRBFM） | 頻度 | 心配点はどんな場合に生じるか<br>要因・原因 | 心配点はどんな場合に生じるか<br>他に考えるべき要因はないか（DRBFM） |
|---|---|---|---|---|---|---|---|---|
| 1 | ベル蓋 | 原価低減のため<br>ベル板厚<br>1.0→0.9 | 音を出す | 音色が変わる | | 大 | ○○が○○することから | |
| | | | | ○○が○ | | 小 | ○○が○○して○○になることから | |
| | | | | | | | | |

### ③要因・原因の発生率である頻度（図表2.70）

**図表2.70　要因・原因の頻度**

| 変更点<br>その目的 | 機能 | 変更に関る心配点 | | 頻度 | 心配点はどんな場合に生じるか | | お客様への影響 | 重要度 |
|---|---|---|---|---|---|---|---|---|
| | | 変更がもたらす機能の喪失、商品性の欠如 | 他に心配点は無いか（DRBFM） | | 要因・原因 | 他に考えるべき要因はないか（DRBFM） | | |
| 原価低減のため<br>ベル板厚<br>1.0→0.9 | 音を出す | 音色が変わる | | 大 | ○○が○○することから | | 音が○○すると○○になる | A |
| | | ○○が○ | | 小 | ○○が○○して○○になることから | | ○○が○○して○○する | B |
| | | | | | | | | |

### ④心配点が起きることによってお客様への影響に至る（図表2.71）

**図表2.71　心配点からお客様への影響**

| 変更点<br>その目的 | 機能 | 変更に関る心配点 | | 頻度 | 心配点はどんな場合に生じるか | | お客様への影響 | 重要度 |
|---|---|---|---|---|---|---|---|---|
| | | 変更がもたらす機能の喪失、商品性の欠如 | 他に心配点は無いか（DRBFM） | | 要因・原因 | 他に考えるべき要因はないか（DRBFM） | | |
| 原価低減のため<br>ベル板厚<br>1.0→0.9 | 音を出す | 音色が変わる | | 大 | ○○が○○することから | | 音が○○すると○○になる | A |
| | | ○○が○ | | 小 | ○○が○○して○○になることから | | ○○が○○して○○する | B |
| | | | | | | | | |

⑤変更点から要因・原因が起きて心配点になりお客様の影響へ至る（**図表2.72**）

**図表2.72　変更点～要因・原因～心配点～お客様への影響**

| | | | | 変更に関る心配点 | | 心配点はどんな場合に生じるか | | | | |
|---|---|---|---|---|---|---|---|---|---|---|
| No. | 部品名 | 変更点<br>その目的 | 機能 | 変更がもたらす機能の喪失、商品性の欠如 | 他に心配点は無いか（DRBFM） | 頻度 | 要因・原因 | 他に考えるべき要因はないか（DRBFM） | お客様への影響 | 重要度 |
| 1 | ベル蓋 | 原価低減のため<br>ベル板厚<br>1.0→0.9 | 音を出す | 音色が変わる | | 大 | ○○が○○することから | | 音が○○すると○○になる | A |
| | | | | ○○が○ | | 小 | ○○が○○して○○になることから | | ○○が○○して○○する | B |
| | | | | | | | | | | |

⑥お客様への影響に対する評価が重要度（**図表2.73**）

**図表2.73　お客様への影響に対して重要度を評価**

| 変更に関る心配点 | | 心配点はどんな場合に生じるか | | | | | | |
|---|---|---|---|---|---|---|---|---|
| 変更がもたらす機能の喪失、商品性の欠如 | 他に心配点は無いか（DRBFM） | 頻度 | 要因・原因 | 他に考えるべき要因はないか（DRBFM） | お客様への影響 | 重要度 | 心配点を除く為にどんな設計をしたか（設計遵守事項、設計標準、チェックシートetc.） | 優先度 |
| 音色が変わる | | 大 | ○○が○○することから | | 音が○○すると○○になる | A | ○○規格に従い設計し、○○評価を行う | A |
| ○○が○ | | 小 | ○○が○○して○○になることから | | ○○が○○して○○する | B | ○○規準に対応させて、○○試験を行う | B |
| | | | | | | | | |

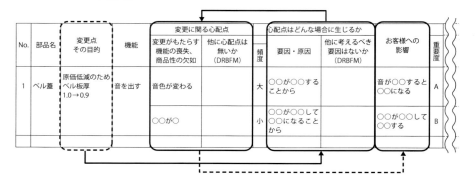

⑦心配点を除く為にどんな設計をしたか、として、心配点および要因・原因に対して対応した内容（**図表2.74**）

**図表2.74　心配点を除く為にどんな設計をしたか**

| 機能 | 変更に関る心配点 | | 心配点はどんな場合に生じるか | | | お客様への影響 | 重要度 | 心配点を除く為にどんな設計をしたか（設計遵守事項、設計標準、チェックシートetc.） | 優先度 |
|---|---|---|---|---|---|---|---|---|---|
| | 変更がもたらす機能の喪失、商品性の欠如 | 他に心配点は無いか（DRBFM） | 頻度 | 要因・原因 | 他に考えるべき要因はないか（DRBFM） | | | | |
| 音を出す | 音色が変わる | | 大 | ○○が○○することから | | 音が○○すると○○になる | A | ○○規格に従い設計し、○○評価を行う | A |
| | ○○が○ | | 小 | ○○が○○して○○になることから | | ○○が○○して○○する | B | ○○規準に対応させて、○○試験を行う | B |
| | | | | | | | | | |

⑧心配点を除く為にどんな設計をしたか、の内容に対する優先度判定（**図表2.75**）

**図表2.75　対応内容の優先度**

| 機能 | 変更に関る心配点 | | 心配点はどんな場合に生じるか | | | お客様への影響 | 重要度 | 心配点を除く為にどんな設計をしたか（設計遵守事項、設計標準、チェックシートetc.） | 優先度 |
|---|---|---|---|---|---|---|---|---|---|
| | 変更がもたらす機能の喪失、商品性の欠如 | 他に心配点は無いか（DRBFM） | 頻度 | 要因・原因 | 他に考えるべき要因はないか（DRBFM） | | | | |
| 音を出す | 音色が変わる | | 大 | ○○が○○することから | | 音が○○すると○○になる | A | ○○規格に従い設計し、○○評価を行う | A |
| | ○○が○ | | 小 | ○○が○○して○○になることから | | ○○が○○して○○する | B | ○○規準に対応させて、○○試験を行う | B |
| | | | | | | | | | |

⑨推奨する対応はDRBFM（議論会議）実施前の記載事項から出していく（**図表2.76**）

## 図表2.76 推奨する対応

| No. | 部品名 | 変更点<br>その目的 | 機能 | 変更に関る心配点<br>変更がもたらす機能の喪失、商品性の欠如 | 他に心配点は無いか（DRBFM） | 心配点はどんな場合に生じるか<br>頻度 | 要因・原因 | 他に考えるべき要因はないか（DRBFM） | お客様への影響 | 重要度 | 心配点を除く為にどんな設計をしたか（設計遵守事項、設計標準、チェックシートetc.） | 優先度 |
|---|---|---|---|---|---|---|---|---|---|---|---|---|
| 1 | ベル蓋 | 原価低減のため<br>ベル板厚<br>1.0→0.9 | 音を出す | 音色が変わる | | 大 | ○○が○○することから | | 音が○○すると○○になる | A | ○○規格に従い設計し、○○評価を行う | A |
| | | | | ○○が○ | | 小 | ○○が○○して○○になることから | | ○○が○○して○○する | B | ○○規準に対応させて、○○試験を行う | B |
| | | | | | | | | | | | | |

| 推奨する対応（DRBFMの結果）<br>DRBFMで示された設計へ反映すべき項目 | 担当期限 | DRBFMで示された評価へ反映すべき項目 | 担当期限 | DRBFMで示された製造工程へ反映すべき項目 | 担当期限 | 対応の結果実施した活動 |
|---|---|---|---|---|---|---|
| ○○が○○しないように○○すること | ○○<br>2018.3.20 | | | ○○を考慮し○○工程の事前評価を行うこと | ○○<br>2018.3.31 | ○○を○○した報告書XX参照<br>○○評価実施した報告書XX参照 |
| | | ○○試験を○○して行うこと | ○○<br>2018.3.10 | | | ○○試験を実施した報告書XX参照 |
| | | | | | | |

⑩対応の結果実施した活動は、宿題事項・指摘事項の結果を記載（**図表2.77**）

## 図表2.77 対応した結果実施した活動

| 機能 | 変更に関る心配点<br>変更がもたらす機能の喪失、商品性の欠如 | 他に心配点は無いか（DRBFM） | 心配点はどんな場合に生じるか<br>頻度 | 要因・原因 | 他に考えるべき要因はないか（DRBFM） | お客様への影響 | 重要度 | 心配点を除く為にどんな設計をしたか（設計遵守事項、設計標準、チェックシートetc.） | 優先度 |
|---|---|---|---|---|---|---|---|---|---|
| 音を出す | 音色が変わる | | 大 | ○○が○○することから | | 音が○○すると○○になる | A | ○○規格に従い設計し、○○評価を行う | A |
| | ○○が○ | | 小 | ○○が○○して○○になることから | | ○○が○○して○○する | B | ○○規準に対応させて、○○試験を行う | B |
| | | | | | | | | | |

| 推奨する対応（DRBFMの結果）<br>DRBFMで示された設計へ反映すべき項目 | 担当期限 | DRBFMで示された評価へ反映すべき項目 | 担当期限 | DRBFMで示された製造工程へ反映すべき項目 | 担当期限 | 対応の結果実施した活動 |
|---|---|---|---|---|---|---|
| ○○が○○しないように○○すること | ○○<br>2018.3.20 | | | ○○を考慮し○○工程の事前評価を行うこと | ○○<br>2018.3.31 | ○○を○○した報告書XX参照<br>○○評価実施した報告書XX参照 |
| | | ○○試験を○○して行うこと | ○○<br>2018.3.10 | | | ○○試験を実施した報告書XX参照 |
| | | | | | | |

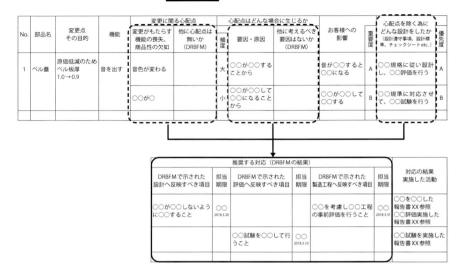

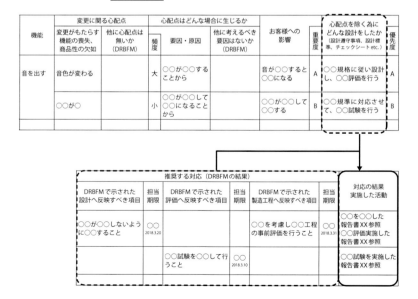

第3章

# インタビューFMEA

そもそも、インタビューFMEAとは、実際に開発・製造プロセスにかかわるさまざまなキーパーソンにインタビューしながらFMEAシートを作成していくものであり、筆者が名付けた方法である。FMEAにおける事前準備の必要性を解説している。

## 3.1 インタビューFMEAとは

FMEAは担当者1人で実施、作成するものではない。まとめるときにFMEAの書式に書き込むのは1人でやることはあるが、本来のFMEAは関係者が集まって議論して心配点を抽出していくものである。FMEAでは、心配点を洗い出し、徹底的に議論することが重要であり、また、前向きに良い議論をすることが大切である。トヨタ式未然防止手法のDRBFMにおけるDRとは「議論」のことである。FMEAは他部署の担当も参加して議論する。ところが、いざ集まってから、真っ新《まっさら》なFMEAの書式に向かって議論をしようとしても、すぐに意見が出るはずもなく、効率的かつ効果的な議論ができない。そこで、より良い議論のための土台づくりに効果的なのが「インタビューFMEA」である。筆者が名前を付けたもので一般的なものではないのでご了承いただきたい。

この手法では、その名の通り、関係者全員にインタビューをして議論のたたき台となるFMEAの書類を作成していく。FMEAを“きちんと”理解しているインタビュアーが関係者1人ひとりに新規点・変更点に伴う心配点などを聞き出してFMEAの帳票に記録。同時に、対策法のヒントなども引き出すことで故障予測を実施しやすくするというものである。後のFMEAやDRの際に、インタビューFMEAを土台に関係者全員でより具体的に議論できるため効率的に未然防止策が打てる。第1章にあるように、未然防止として再発防止も重要であるが、それにも増して新規問題を予測して防がなければならない。これらを分けて実施するためにも、FMEAをきちんと理解している担当がインタビュアーとなり、推進することが重要である。

インタビューを受ける側は、FMEAを理解していなくてもかまわない。ただし、全員、事前に何についてFMEAをやるかについては認識してもらう必要がある。つまりFMEAはわからない、知らなくても、製品や工程の中でFMEAの対象になるものについて、何を変えるのか、あるいは変わるのか、新しくなるのかといった新規点・変更点について知らせを受けておく必要がある。その新規点・変更点について、インタビュアーが「何か心配な点はないですか」「その変更点について何か余計なことが起きないでしょうかね」「確認事項や追加評価、試作時の確認、試験したいと思うことなど、何かありますか」といったことを、関係者1人ひとりに聞きまわるのである。そこで聞かれた側は、好き勝手に思ったことを言えばいい。それに対して、インタビュアーが、言われたことについてそれが、故障モードなのか、影響なのか、原因なのか、対策なのか、管理内容なのかを判断して、FMEAの書式を埋め、不足している項目を新たに聞き出していくのである。

## 3.2 FMEAのための準備

FMEAを実施するためには、事前対応が必要である。インタビューFMEAだから実施するものではなく、本来のFMEAを実施する前に、対応しておくべきことがある。

### 3.2.1　的を射たFMEAの実施：品質表の活用

FMEAの対象（製品、部品、工程、試験、設備など）をシステムと呼ぶことにするが、そのシステムのどの部分に対してFMEAを実施するのかをはっきりさせておくことが第一である。システム全体を対象としなければならないが、システム全体について常にFMEAを実施する必要はない。まったく変更も変化もしていない部分については、やる必要はないのである。ただし、変更点だけでなく変化点を含めたものを示すこと。システムとは工程や試験もあるので、目に見えるモノとは限らない。

次に影響を受ける側にその範囲を示すことである。単に顧客だけなのか、その顧客もどこまでの範囲なのか。安全は、環境は、設計の場合、製造工程などの後工程、外注等も含めるのか（2.1.2参照）。そしてシステムに対する品質や信頼性の要求や使用条件、環境条件、規則、規定、法規制等を明確にすることである。いつも必ずすべてを考える必要はない。自分たちで範囲を決めること。ただし範囲から外れたものは“想定外”になる。DR資料にもその範囲を明記し、DR関係者全員で確認、納得することである。

FMEAは的を射てやること。狭く深くやらないとならない。広く浅くやったのでは、潜在的な問題は見えてこない。変更点や変化点を視える化する道具として「品質機能展開（QFD：Quality Function Deployment）」が有効であり、品質表を使っている企業も多い。

**図表3.1**　品質機能展開とは

品質機能展開（QFD：Quality Function Deployment）

| |
|---|
| ユーザー要求<br>と<br>メーカの技術<br>を関連づけて、<br>CS実現を図るための<br>製品と製造法の分析・検討のシステム<br>（日本で約50年前に開発され、海外でも広く活用） |

**図表3.1**に示すように、品質機能展開は、日本生まれの技法である。JIS Q 9025に制定されている。良い品質、売れる品質を目指すための技法である。日本で1970年頃からすでに使われていた。筆者は1990年頃知ったのであるが、この技法で作成する品質表は顧客情報と企業の技術情報の関係を視える化したものであることから詳細なものほど門外不出のものであり、事例としても役に立ったものほど出回ってこないのである。品質機能展開のセミナーも担当しているが、受講者から「他社の事例を見せてください」とは言われるものの、紹介用にした概略のもの、加工したものしか見せられないのが実状である。

**図表3.2**に示すように、品質表は、お客様の世界として、顕在要求（ニーズ）だけでなく潜在要求（ウォンツ）を創造し、それらを要求品質として表示し、それに対する狙いの品質を顧客の立場で判断、要求品質の市場評価をこれも顧客の立場で実施し、要求品質のレベルアップを企画する。ここまでが品質表の横軸の活動である。その後、技術の世界として縦軸に入り、該当製品の技術特性を示し、要求品質のレベルアップに設定した項目に対し、どの技術特性を変えればレベルアップを達成できるかを決め、それにより主要品質目標、重点項目が決まる過程を視える化したものである。これにより、顧客情報から設計目標までの根拠、関連を視える化し、ベクトルを合わせることができるものである。

顧客側の要求品質の変更に対して、技術側の何を変更するのか、そして変化してしまうのかがわかるが、技術側としても何を変更しないのかがわかる。これにより変更点・変化点が視える化できるので、FMEAをすべきところ、FMEA対応しなくていいところが共有化できる。だから、無駄なFMEAをしなくていいのである。

**図表3.2**　品質表とは

**品質表とは**
お客様の視点からの技術の世界の展開を視える化（共有化）する表である。

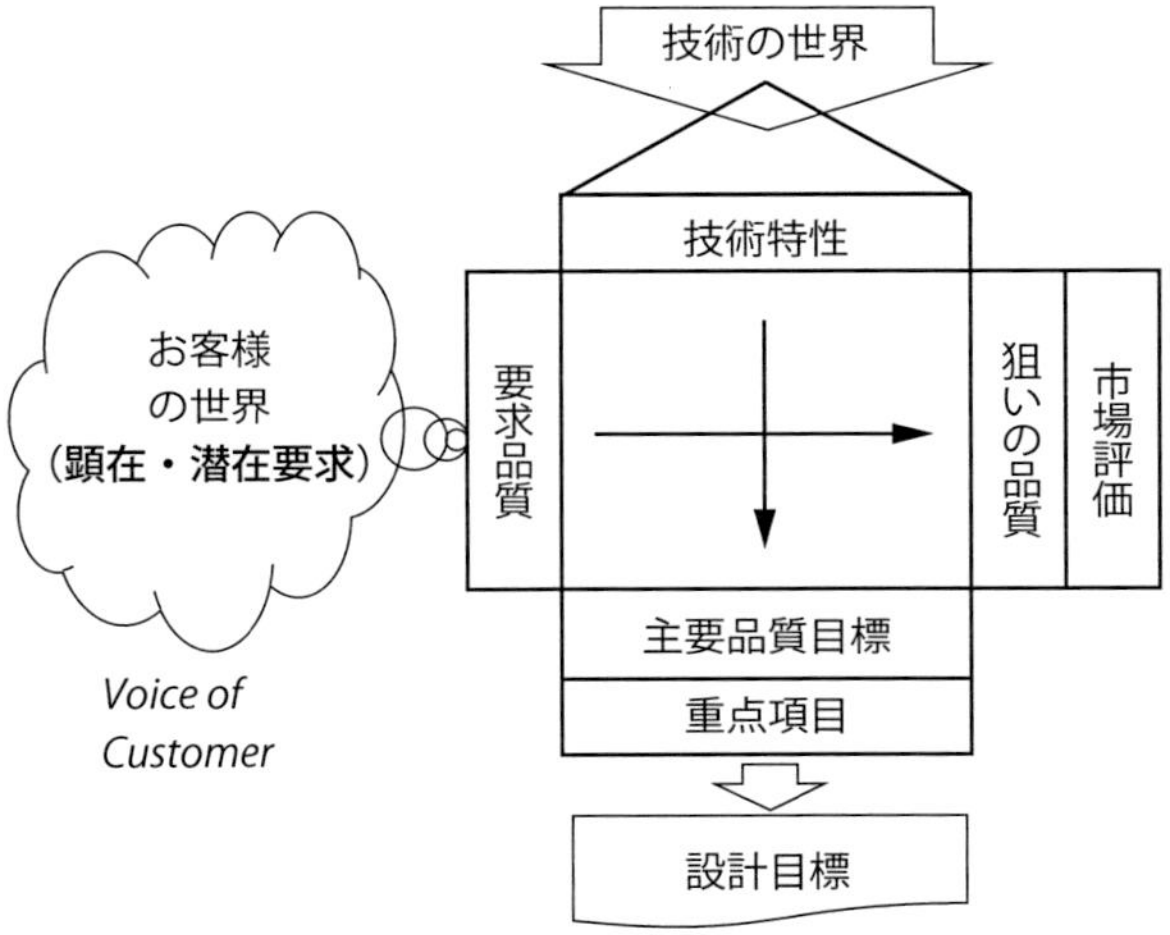


FMEA対応の場合、要求品質とあるが、そこには顧客要求だけでなく、環境や安全、サービス等のシステムに対する要求内容を明示することで、影響先の漏れ落ちを防止できるのである（5.4項参照）。影響先に含めなくていいのなら、最初から入れなくていい。構想段階から対応し、構想DRで示しておけばいい。その段階で、影響先として考慮すべきかどうかを、関係者で決めることで、後々余計な議論は出なくなるだろう。

**図表3.3**の事例に示す品質表の具体的な活用方法については、第5章で説明する。

## 3.2.2　リスク対応の要否の確認

故障予測と言いながら、リスク抽出ばかりをしているものも見られる（1.3.2項参照）。特に設計では全部品、工程では全工程のFMEAを毎回作っている企業にその傾向がうかがえる。一度作ると、次の製品からはほとんどがコピーペーストの作業にもなっている。リスクを抽出しておくこと、見えるようにしておくことはいいことである。車を運転する場合にも、事故や故障、体調不良、天候不良など、リスクはたくさんある。製品開発において、製品にも工程にもリスクはある。リスクはあ

## 図表3.3　品質表事例

**品質表事例（説明用に簡略化）**

要求項目・仕様～部材表

管理No.Q123R3

作成メンバー：営業/○○、技術/○○、品管/○○、製造/○○

対象製品：○○○○○

顧客：○○△△

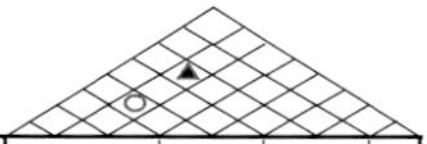

| 要求項目・仕様＼部材 | | | | | 1次 | 巻線 | | | 外装 | | ○○ | | 市場評価 | | | | | | | | |
|---|---|---|---|---|---|---|---|---|---|---|---|---|---|---|---|---|---|---|---|---|---|
| | | | | | 2次 | 材質 | 径 | 巻き数 | 塗料 | 材質 | ○○ | ○△ | 要求の強さ | クレーム | 要望事項 | 競合比較（従来品：○　新製品目標：☆　N社（N234）：N） | | | | | レベルアップ |
| 仕様 | 項目 | 値：現行品（A123） | 開発品（試作1） | 競合：N社（N234） | | 1 | 2 | 3 | 4 | 5 | 6 | 7 | | | | 未達1 | 2 | 達成3 | 4 | 過達5 | |
| | 粘着力 | 5kg以上 | ← | ← | 1 | ○ | | | △ | | | △ | | | | | N | ○☆ | | | |
| | 切断力 | 2kg以下 | 1kg以下 | 1kg以下 | 2 | | ○ | | | △ | | | | | | | ○ | ☆N | | | ○ |
| | 欠陥数 | 5個以下 | ← | 4個以下 | 3 | △ | | ◎ | | | ○ | | | | | | | ○☆ | N | | |
| | 重量 | 3kg | ← | 4kg | 4 | ○ | △ | | | △ | ○ | | | | | | N | ○☆ | | | |
| | | | | | 5 | | | | | | | | | | | | | | | | |

| 要求項目 | 項目 | No. | 1 | 2 | 3 | 4 | 5 | 6 | 7 | 要求の強さ | クレーム | 要望事項 | 劣1 | 2 | 並3 | 4 | 優5 | レベルアップ |
|---|---|---|---|---|---|---|---|---|---|---|---|---|---|---|---|---|---|---|
| | 持ち運びが楽である | 1 | △ | | | ◎ | △ | | | C | | | | | ○N☆ | | | |
| | 外観がきれい | 2 | | | | ◎ | △ | | △ | A | C1 | | | ○ | ☆N | | | ○ |
| | 離れていても目立つ | 3 | | | | ○ | | ○ | | A | | Y1 | ○ | N | ☆ | | | ◎ |
| | 取付易い | 4 | | △ | △ | | △ | | | B | | | | | N | ○☆ | | |
| | 外し易い | 5 | | △ | △ | | △ | | | C | | | | | ○N☆ | | | |

| | | | 1 | 2 | 3 | 4 | 5 | 6 | 7 |
|---|---|---|---|---|---|---|---|---|---|
| 部品変更 | 現行品（A123）○ | | | 0.23 | | A | | 5 | |
| | 開発品（試作1）☆ | | | 0.4 | | B | | 4 | |
| 実績 | MIN | | | 0.1 | | A | | 3 | |
| | MAX | | | 0.3 | | C | | 6 | |
| 競合製品解析評価 | N社（N234）：N | | | 0.3 | | B | | － | |
| | 従来品：○　新製品目標：☆　N社（N234）：N | 優5 | | | | | | | |
| | | 4 | | ☆ | | N☆ | | ○ | |
| | | 並3 | | N | | ○ | | ☆ | |
| | | 2 | | ○ | | | | | |
| | | 劣1 | | | | | | | |
| 変更点難易度 | | 難 | | ○ | | | | | |
| | | 容易 | | | | ○ | | ○ | |
| | | 無 | ○ | | ○ | | ○ | | ○ |
| | | | | | | | | | |
| 過去不良 | △○不良（FTANo.FT123-R4） | | △ | | ○ | | | | |
| | | | | | | | | | |
| | | | | | | | | | |

クレーム情報

| 記号 | 項目 | 備考 |
|---|---|---|
| C1 | 外観傷あり | 営業情報C345 |
| | | |

要望事項

| 記号 | 項目 | 備考 |
|---|---|---|
| Y1 | 見た目向上 | 顧客要望書K665 |
| | | |

るが、従来品（現行品）は生産、出荷しているはずである。そして、それなりに利益を上げている。だから企業は成り立っている。ほとんどの新製品は、まったく新しいものではなく、従来品の改良品である。新しい機能を追加し、向上している。部品の変更や追加をしている。その変更や追加に対して、何か変なことが起きないかを予測するのが、故障予測であるFMEAだ。新製品においてリスクを減らす必要があるのか。減らすことが必要なら減らせばいいので、そのリスクを減らすために何か変更することになる。それならその変更に対してFMEAをやればいい。そ

れなのに、何も変更していないところまでやる必要があるのだろうか。製品は変更していなくても、顧客そのもの、使い方、環境が変わっているのであれば実施する必要はあるが、変わらないのなら、その部分はやる必要はないはずである。

FMEAやDRBFMを実施していて、メカニズムを究明していると、「あれ、今回の変更点や変化点に関係ないじゃない」「変更や変化しなくてももともともっているものじゃない」なんてことがあるものである。

リスクを減らすのはいいことであるが、そこをやるのかやらないのか、はっきりしておくことが必要だろう。仕事を増やすためにFMEAを実施しているのではないのだから。

以上の流れを**図表3.4**に示すが、FMEAに入る前が大切である。

**図表3.4**　**FMEAの事前準備の流れ**

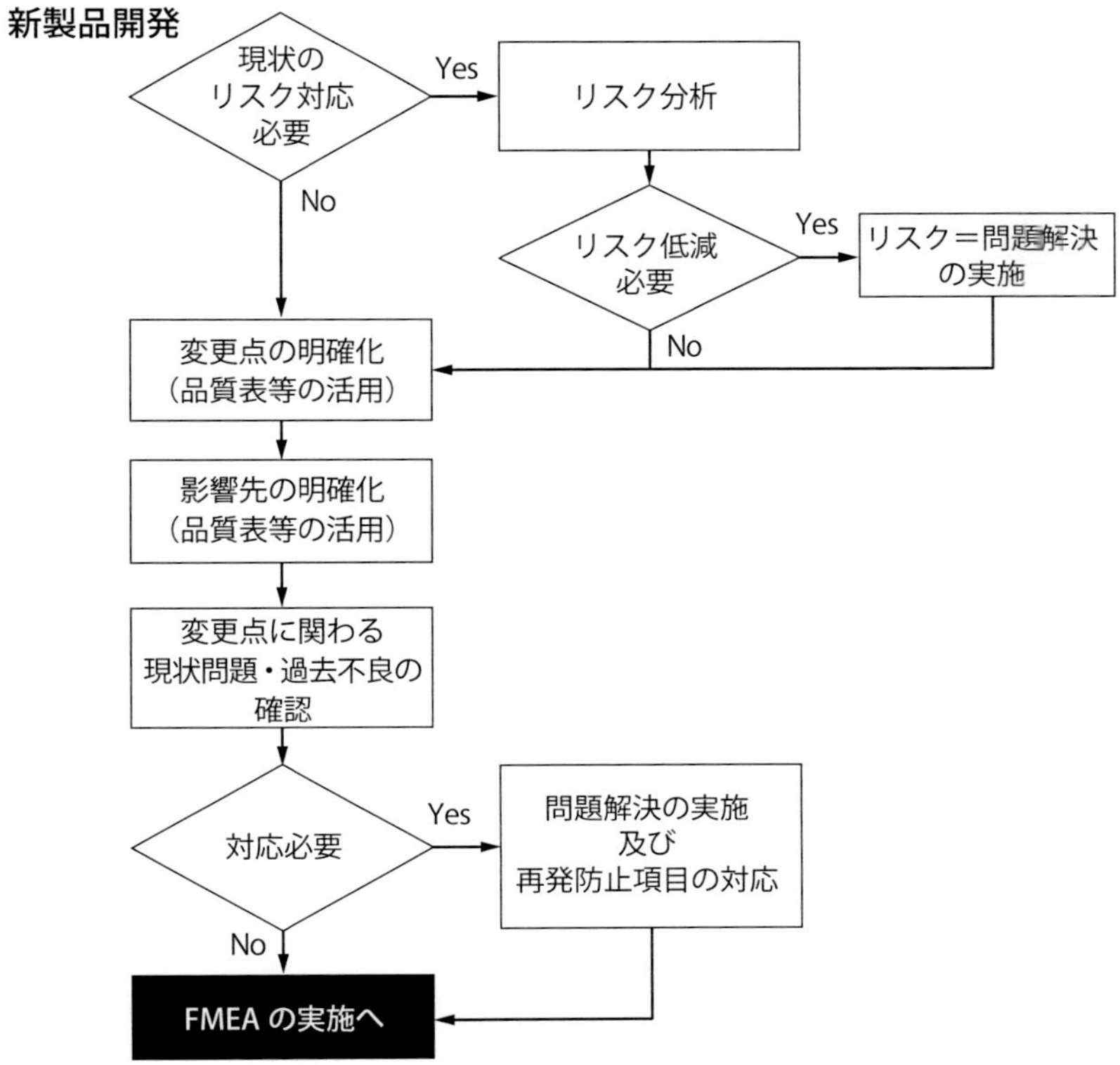

### 3.2.3 過去の不良や事故等の対応要否の確認

問題解決と再発防止との区別をするために、FMEAを実施するシステムに対して、現在抱えている問題はあるかどうか。変更点や変化点にからむ過去の不良や事故があるかどうかを確認し、問題がある場合は問題解決をする。未然防止の3区分の必要性である（1.1.2項参照）。再発防止項目が、変更点や変化点に該当する場合は、変更や変化に対して再発防止項目である過去の不良や事故が関係あるかないかを確認し、関係ある場合はFMEAとは別に、FMEAを実施する前に対策検討する。そしてその後に故障予測であるFMEAに入ることで、本来の故障予測ができる。

以上のことは、インタビューFMEAだから実施するのではなく、本来のFMEAでも実施しておくべきことなのである。

これら変更点・変化点に対して、故障予測や再発防止の関連を視える化する道具としても品質機能展開（QFD）」が有効である（第5章参照）。

もう一つの道具として、設計や設備のFMEAにおいては、機能に対してシステムやサブシステム、部品等の影響を把握するために**図表3.5**に示すような「信頼性ブロック図」も有効である。信頼性ブロック図は、設計FMEAにおいてはよく使

**図表3.5** 信頼性ブロック図

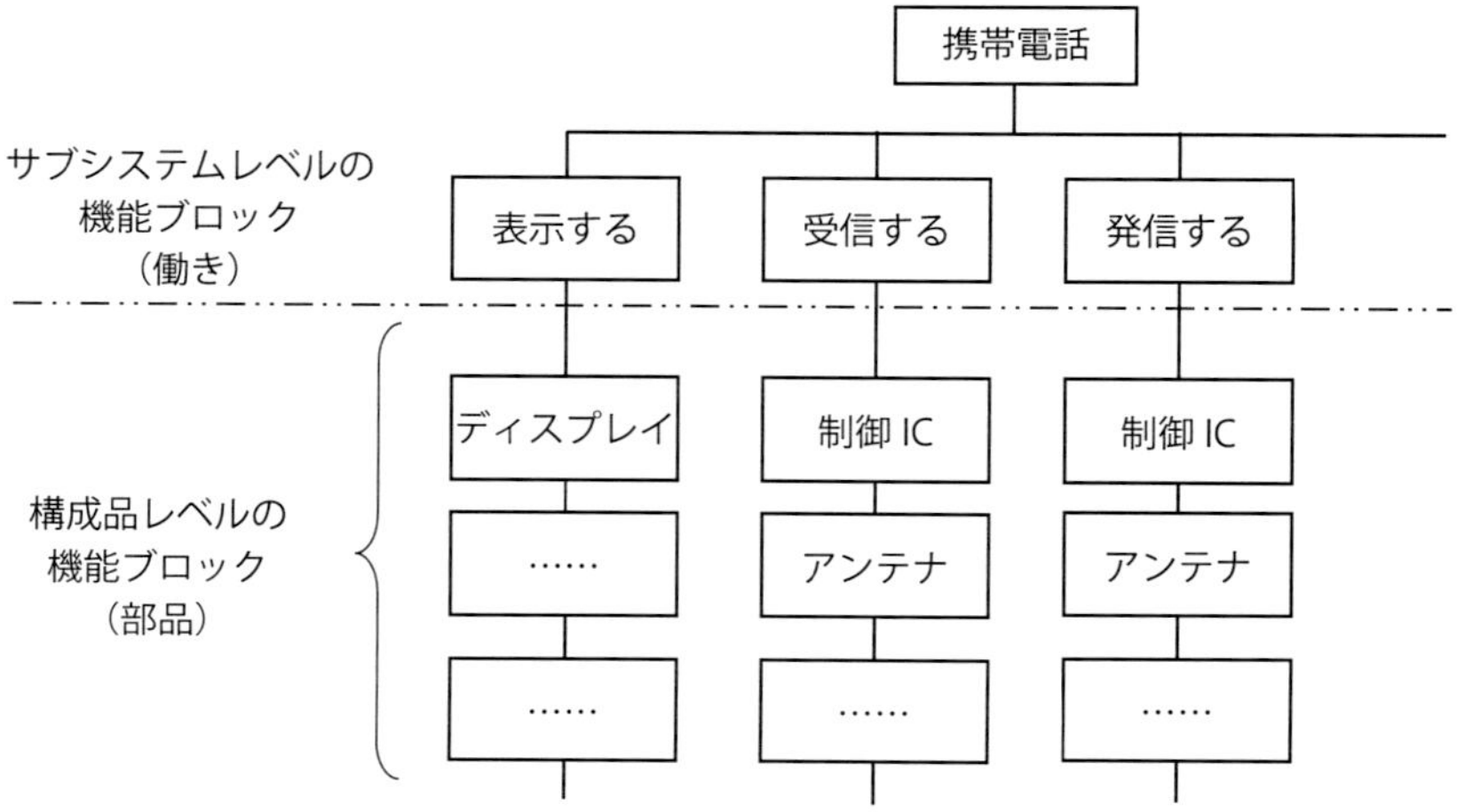

われるものであり、顧客よりFMEAを要求される部品メーカーなどでは、FMEAを顧客へ提出する際に添付要求されることが多い。品質表と信頼性ブロック図、両方とも実施する必要はなく、それ以外のものでもかまわないがが、上記の変更点、影響先等を視える化、共有化するものとしての資料が必要である。

顧客要求でFMEAを提出する場合、「FMEAのインプットとなる資料を一緒に提出してください」と要求してくることがある。品質表を活用していても、品質表は出すべきではない。細かい情報の入った門外不出の資料である。余計なことになるかもしれないが、そもそも品質表を活用していることは、顧客に言わない方がいい。だから、もしインプット情報を要求されたら、信頼性ブロック図か、他の資料を出すことである。

## 3.3 インタビューFMEAの開発フローでの位置づけ

製品企画から量産までの一事例としてフローを**図表3.6**に示す。インタビューFMEAの開発フローでの位置づけは、従来のFMEAと同じである。構想段階に実施するのは必須ではないが、実施することにより、詳細設計に向けて的を射たFMEAを実施できるようになり、狭く深く議論できる。

インタビューFMEAでは、構想DRが実に重要である。構想段階に次の製品は、何が変わるのか、どう新しいのか、といったことが説明されるが、そのときにすでに、心配なことが出てくる。そのときから思ったことを集めていけばいいのである。何か心配なことを言った人の意見を書き留めておけばいい。構想段階なので、詳細な部品や構造は決まっていないが、大切な情報なのである。そこから、さらに発展させていけばいいのだから。構想段階のFMEAは、出た意見を書き並べるくらいでいいだろう。詳細な部品や構造が決まっていないのだから、想定原因もほぼ出せないだろうし、それに伴い発生頻度や検出度もほぼ出てこない。出た意見に対して、そのようなことが起きたらどうなるかなあ、といった影響を想定するくらい、その出た影響内容から影響度を判定するまでだろう。そこから、詳細設計に入ったら、何を主体に議論し、FMEAに入っていくかの大まかな的を絞るくらいでいいだろう。

構想段階にはFMEAのワークシートまで作らないことも多く、信頼性ブロック

**図表3.6**　開発フローにおけるFMEAの位置づけ

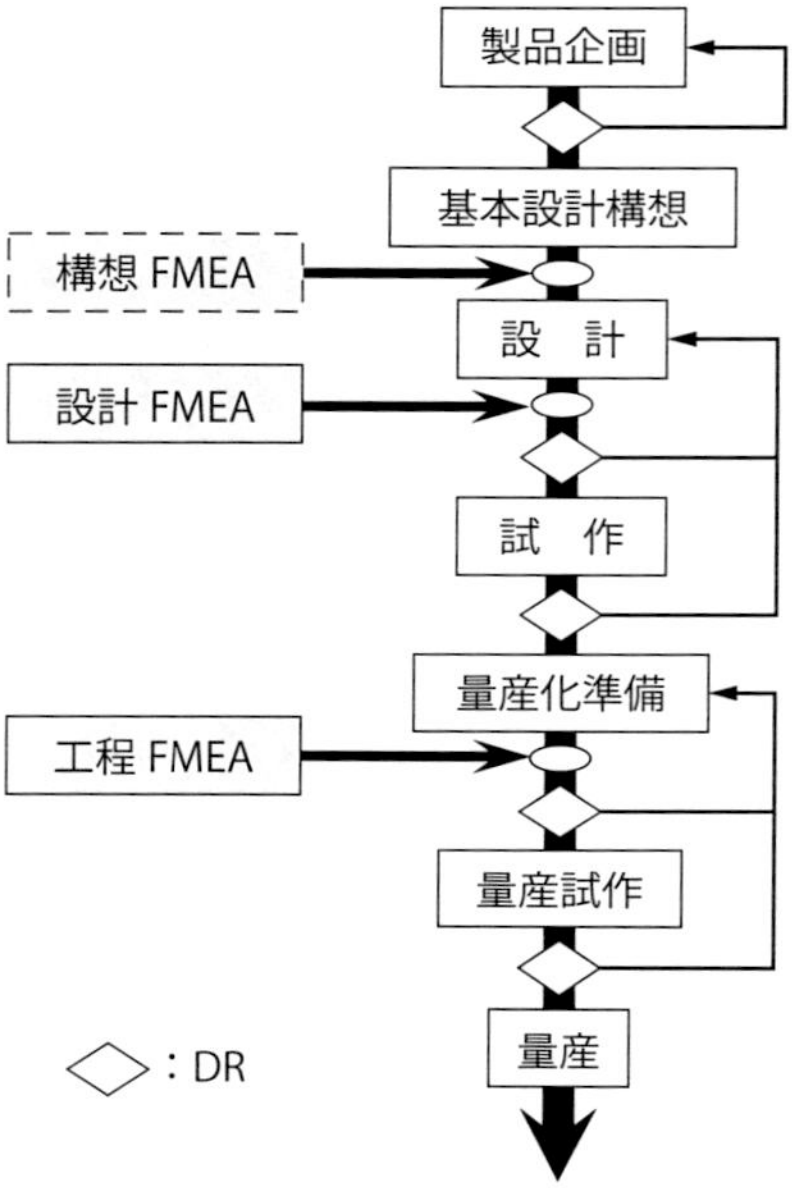


図の機能を色分けするくらいか、品質表のインプット側の変更点を色分けして示すくらいでいいだろう。もしFMEAを実施する場合の書式事例を**図表3.7**に示す。

設計FMEAは設計が主体となるが、品質保証、製造、生産技術等、他の部門も入って議論する。工程FMEAの段階では設計FMEAは対策完了しているが、工程FMEAにも設計メンバーは参加する。設計者も心配点も発案すべきであり、次期製品へ応用できるものもでるだろう。設計FMEAと工程FMEAは連動しているものであり、設計FMEAをした部分（部品や材料等）に関連する工程が漏れなく工程FMEAに展開されているかの資料を用意しDR等で確認すべきである（5.3項参照）。

品質保証部門は、FMEAの進行をフォローし、有効に活用されるように推進する。ISO9001の内部監査でFMEAを対象に監査することで有効活用を推進している企業もある（6.5.3項参照）。

前述した通り、スペースシャトルのチャレンジャー号の爆発事故は、FMEAのフォローがなされていなかったために発生したものである（1.3.9項参照）。FMEAは対策完了まできちんとフォローし、運営管理することが必要である。

**図表3.7**　構想FMEAの書式例

| 系（サブシステム）名称 | 系（サブシステム）の機能 | 要求事項 | 機能の喪失状態 | 故障の影響 | | 系（サブシステム）としての実施処置 | 故障の影響度 | |
|---|---|---|---|---|---|---|---|---|
| | | | | 上位システム | 他システム | | 影響度 | 注記 |
| | | | | | | | | |
| | | | | | | | | |
| | | | | | | | | |

## 3.4 インタビューFMEAの実施時期

実施時期もインタビューFMEAだからといって早い遅いはなく、従来のFMEAと同じで、早い段階に着手すべきである。変更点と変化点が明確になった時点ですぐに着手する。設計も工程も同じである。設備や試験等で実施する場合も同様である。

インタビューFMEA特有の点としては、インタビュアーが率先して早めに準備対応することである。インタビューを受ける側も、時間を割いて対応してあげること。しかし、やってあげる、という気持ちではなく、みんなで前向きに考えていいものを作ることを目指すべきである。インタビューを受ける前にすでに気が付いたことは、インタビュアーに直接伝えるのもいい、メモ、メールで事前連絡しておいてもいい。ただし、メモやメールだけえ終わらないでいただきたい。**図表3.8**に示すように、文字コミュニケーションだけでは伝わらないことや、誤解がある。対面コミュニケーションにより、目で、耳で、表情で、言葉だけでなく感じ取れるものがある。それにより新たな気付きがあるものである。

筆者は自身が講師をつとめるセミナーで「FMEAは変更の都度実施するのですか？」とたまに質問されることがある。変更の都度実施していたのなら大変である。FMEAは節目ごとに実施すればよい。前項のフローのように、DR等の節目に向けて実施する。結局は製品設計の正式図面の前、工程設計の工程の手順書ができる前である。試作や評価をする前に実施するのであるが、実験室に行ってすぐにわかることなら、そして費用もそれほどかからないのなら、FMEAは実施しないで、実験した方が早いし、心配もすぐ解消できる。

**図表3.8** 文字コミュニケーションと対面コミュニケーション

**文字コミュニケーションのみ ⇒ 誤解を招きやすい**

「何で来たの？」
- 何で来たの？⇒ 交通手段
- 何をしに来たの？⇒ 来た理由

誤解を生む

**対面コミュニケーションのみ ⇒ 理解が得やすい**

目で、耳で、表情で、言葉だけでなく、感じ取れる

筆者は以前半導体メーカーに在籍していたことがある。シリコンウエハを何回も熱処理し、洗浄し、削り落とし、切断し……、前工程だけでも1カ月以上、後工程も1カ月ほどかかり、製品としてできあがるまでに3カ月ほどかかるものが多かった。そのようなものほどFMEAを実施して、「作ってみたらだめだったよ」などということがないようにすべきである。実験すればすぐにわかるものを、FMEAシートに書き込んで議論する必要はないだろう、それが費用もそれほどかからないのならばなおさらである。

「ソフトウエアのFMEAはどのようにしたらいいですか？」ということもよく質問を受ける。企業によっては、ソフトウエアの開発を共同作業でやっているところもあるが、個人作業も多い。ソフトウエアだけのFMEAなのか、ハードウエアと接続したらどうなるか、といったことで、やり方は異なってくるだろう。ソフトウエアだけのFMEAの場合、「バグ探しをやりたいので」という方がよくいる。FMEAでなくて、実際にどうやっているかを聞くと、「とにかく、やってみてエラーが出たらまた探すことを繰り返しています」という。FMEAの帳票にそれを書き込むことでそれができるのだろうか。さらに1人で担当しているのに、FMEAになるのだろうか。疑問である。

FMEAは1人でやるとつまらない、うまくいかない。ある程度の関係者が集まることで、「私はこう思っていたのですが」「え、そんなこと考えていたの、僕はこうだよ」「そんなこと思いついたの」「あれ、それなら、こうじゃないの」といった意見交換で新たな発想がでてくるのである。

ソフトウエアのバグ探しならば、品質表の活用がいいだろう。説明用に作成した品質表の事例を**図表3.9**に示すが、ソフトウエアのインプット・アウトプットと、構成するモジュールを並べて、インプットとアウトプットの変更点を示し、それに伴う変化点、トレードオフ（背反）を示す。そして、それらの変更に対応して、モジュールをどう変えるか、それを変えると、モジュール内のどこにトレードオフ（背反）があるかを出していくと、バグが見えてきたりする。トレードオフ（背反）の品質表での確認については5.1.7項を参照していただきたい。

このような品質表で対応OKならば、それでDR等でも説明すればいいのだろうが、社内でDRにFMEAを提出しなければならないということで、ここから見えた内容をいちいちFMEAシートに書き込んでいる企業もある。無駄に思うがいかがだろうか。いくつかの顧客企業に提案してやっていただいているが、その後うまくいっているようだと、何の質問も来なくなる。使っていただいているだけありがたいのだけれども寂しい気もする。

**図表3.9**　ソフトウエアの品質表説明用事例

ソフトウエアの品質表・説明用事例

背反確認

| 項目 | | 新製品T1X1 | 従来品(K123) | | モジュール M1 S 1 | M1 L 2 | M2 B 3 | M2 E 4 | M3 S 5 | M3 B 6 | M4-A S 7 | M4-A B 8 | M4-B B 9 | M4-B E 10 | 評価 1 | 評価 2 | 評価 3 | 評価 4 | 評価 5 | ↕ |
|---|---|---|---|---|---|---|---|---|---|---|---|---|---|---|---|---|---|---|---|---|
| INPUT | A1 | → | □□ | 1 | | ○ | | | ◎ | | | △ | | | | | KT | | | |
| | A2 | 22V | (無) | 2 | | | ◎ | | | | ○ | | | ○ | K | | T | | | ◎ |
| | B1 | 4±1k | 3±1k | 3 | ◎ | △ | | △ | | ○ | | | △ | | | K | T | | | ○ |
| | B2 | → | △△ | 4 | | | △ | | | ◎ | | | ○ | | | | KT | | | |
| | B3 | 3A | (無) | 5 | | ○ | | | | | | ◎ | | | K | | T | | | ◎ |
| OUTPUT | X1 | → | ○□ | 6 | | | | ◎ | | | | | ○ | | | | KT | | | |
| | X2 | 15±2E | 8±2E | 7 | | | △ | | | ◎ | | △ | △ | | | | K | T | | ○ |
| | X3 | 33V | (無) | 8 | ○ | ○ | | | ○ | | ◎ | | | ○ | K | | T | | | ◎ |
| | Y1 | → | ○○ | 9 | △ | | | | ○ | | | | ○ | | | | KT | | | |
| | Y2 | → | ○△ | 10 | | △ | ◎ | | | | | | | | | | KT | | | |
| | Y3 | 3.8M | (無) | 11 | | | | | | ◎ | | ○ | | △ | K | | T | | | ○ |
| 要求項目 | 入出力の○○が△△しないよう（Y121） | | | 12 | | | ◎ | | | | | | | | | | KT | | | |
| | 出力状態が○○であること（Y123） | | | 13 | | △ | | △ | | | | ◎ | | | | KT | | | | |
| | 動作時の○○が△すること（Y128） | | | 14 | | | | ○ | | △ | | | | | | | KT | | | |
| | | | | 15 | | | | | | | | | | | | | | | | |

背反確認

| モジュール仕様 | | 1 | 2 | 3 | 4 | 5 | 6 | 7 | 8 | 9 | 10 |
|---|---|---|---|---|---|---|---|---|---|---|---|
| | 従来品（K123） | 3 | 5V | (無) | 5W | 3X | 22M | 1.5 | (無) | 5 | 3W |
| | 新製品T1X1 | ↑ | ↑ | 2K | 12W | 4X | 28M | 1.8 | 33Q | ↑ | ↑ |

| 過去不良・事故 | | 1 | 2 | 3 | 4 | 5 | 6 | 7 | 8 | 9 | 10 |
|---|---|---|---|---|---|---|---|---|---|---|---|
| | 顧客起動時○○発生（報告書XX） | | | | ◎ | | | ○ | | | |
| | 試作テスト○○不良（報告書XXX） | | ◎ | | | | | | | | |
| | | | | | | | | | | | |
| | | | | | | | | | | | |

## 3.5 インタビューFMEAの対象者

インタビューされる側であるヒアリングの対象は、FMEAの対象であるシステムに関連している人たちである。DRに出席する人はもちろん、責任者である管理職も必要である。FMEAの議論会議やDRに来てから言われるよりは、事前に“ご意見”を言っていただいた方が、対応も早くでき、設計（製品設計、工程設計、設備設計、試験等）の見直しにも対応できる。

DRに出席しない人でも対象のシステムに関心のある人、以前の担当者など、広く聞いてみるのもいい。筆者も顧客企業でのFMEAの実践テーマ指導では、いろいろと勝手なことを言わせていただいている。FMEAに対しては玄人であるが、その製品や工程については素人であるものがほとんどであるが、気になったことを好き勝手に言っている。ある会社であったことであるが、筆者が言ったことに対して「何でそんなことを気が付くのですか、すごいですね。私たちには考えられません」という案件があった。その後、FMEAのシートで評価した結果、重要案件となり、実験評価したところその現象が起きたそうである。その後対策した結果、顧客の過度な使用条件もクリアし、未然防止できたと思われるとのことだった。心配なことは素人考えでもいい。しかし、原因メカニズムを考えるときは玄人として考えることである。「素人のように考え、玄人として実行する[4)]」ことだ。技術的に起きないと判断されることまでは議論する必要もない。

時間的なこともあり、対象を広げすぎる必要はないが、多くの意見を聞く方がいいだろう。ただし、参考に聞いただけの人、該当システムに責任もない人達は、意見を聞くのはいいが、議論会議への出席は必須にしなくてもいいはずである。該当システムに対して技術的なことを理解していない人までが、議論会議に出席すると、システムの説明会議になってしまい、本来の議論が進まなくなる。

## 3.6 インタビューFMEAの書式と特徴

**図表3.10**に書式の一例としてIATF16949の書式を改良したもので紹介する。イ

参考文献4)：金出武雄「素人のように考え、玄人として実行する」PHP研究所、2003

**図表3.10**　インタビューFMEA書式の一例

| 品目 | 新規変更点 | 機能 | 要求事項 | 発案者（提案者） | （潜在的）故障モード | （潜在的）故障影響 | 影響度 | 分類 | （潜在的）故障原因 | 現行の設計管理 | | | 検出度 | RPN | 推奨処置 | 責任者及び目標完了期限 | 処置結果 | | | | |
|---|---|---|---|---|---|---|---|---|---|---|---|---|---|---|---|---|---|---|---|---|---|
| | | | | | | | | | | 予防 | 発生頻度 | 検出 | | | | | 取られた処置及び完了日 | 影響度 | 発生頻度 | 検出度 | RPN |
| | | | | | | | | | | | | | | | | | | | | | |
| | | | | | | | | | | | | | | | | | | | | | |

ンタビューFMEAということで、インタビューをされる側（ヒアリング）の名前を発案者（提案者）として記載する。最低限これだけでインタビューFMEAの書式にはなる。特にインタビューFMEAだからといって、項目欄の変更は不要である。ただし筆者は新規変更点の欄を追加している。これを設けることで、変更していない部分にはFMEAを始められない。余計な無駄なFMEAが排除できる。DRBFMの書式からの流用である。

この書式にてインタビューFMEAを実施し、内容を記載するときは、案件が出るごとに1行置きに記載していく。

読者の企業での現在使っているFMEA書式がFMEAとして機能している、役立っている、使いやすいということであれば、その書式に発案者の欄を追加することでいい。できれば変更点の欄も追加していただきたい。

DRBFMシートを使っているのであれば、そこに発案者（提案者）の欄を入れればいい、すぐに対応できる。

IATF16949の認証を受けている場合、必要な項目を減らすと審査で不適合となるが、欄を追加することは何ら問題ない。顧客が指定した書式で変更不可の場合は、社内用に限定して使えばいい。社内で実施したFMEAをそのまま顧客へ出す必要はないし、そんなことをしては余計な心配を顧客に与えてしまうこともあるだろう。

インタビューを受けた人、発案者（提案者）の欄は、資料として残してもいいが、残さなくてもいい。議論会議の場では、発案者を見せずに議論する方がいいかもしれない。誰が提案したかよりも、何に気づいたのかが大切である。DRの資料には掲載しなくてもかまわない。筆者は、ExcelでのFMEA書式を作成し、セミナー等で配布しているが、新規点・変更点と発案者（提案者）の欄は、畳み込める

**図表3.11**　データタブのグループ化機能

| | B | D | E | G | H |
|---|---|---|---|---|---|
| 1 | | | | | |
| 2 | | | | | |
| 3 | 品目 | 機能 | 要求事項 | (潜在的)故障モード | (潜在的)故障影響 |
| 4 | | | | | |
| 5 | | | | | |
| 6 | | | | | |
| 7 | | | | | |
| 8 | | | | | |

| | B | C | D | E | F | G | H |
|---|---|---|---|---|---|---|---|
| 1 | | | | | | | |
| 2 | | | | | | | |
| 3 | 品目 | 新規変更点 | 機能 | 要求事項 | 発案者(提案者) | (潜在的)故障モード | (潜在的)故障影響 |
| 4 | | | | | | | |
| 5 | | | | | | | |
| 6 | | | | | | | |
| 7 | | | | | | | |
| 8 | | | | | | | |

ようにしている（**図表3.11**）。顧客対応やIATF16949対応もあるが、追加した欄を見せる必要もない場合は、見せなければいい。余計な詮索はされない方がいいし、されたくもないだろう。Excelでの非表示を使って隠すこともできるが、図のように、データタブのグループ化機能を使えば、いつでも「－」をクリックするだけで簡単に非表示、「＋」をクリックすれば表示ができる。議論会議やDRで「誰の案かな？」とでも言われたら見せるようにしてもいいだろう。

この方法は、横方向にも使える。すべて出た案件をDR等の資料にするとかなり多いものになるが、資料としては抜粋しておいて、原本は細かい内容を残す場合にも使える。DR資料に抜粋版で説明して、添付資料として細かいものを用意するようにしている企業もある。せっかく出た案件を削除はしないほうがいいだろう。

## 3.7　インタビューFMEAの作成フロー

インタビューFMEAのフローを**図表3.12**に示すが、インタビュアーがとにかく聞き回るのである。インタビューを受ける側は、FMEAを知らない場合もあるので、FMEAをしっかり理解しているインタビュアーが、FMEAの各項目を埋められるように聞き出していく。

FMEAの座学では、欄の左側から埋めていくが（2.1.3項、2.1.4項参照）、インタビューFMEAはどの欄からでもかまわない。

**図表3.12**　インタビューFMEAのフロー

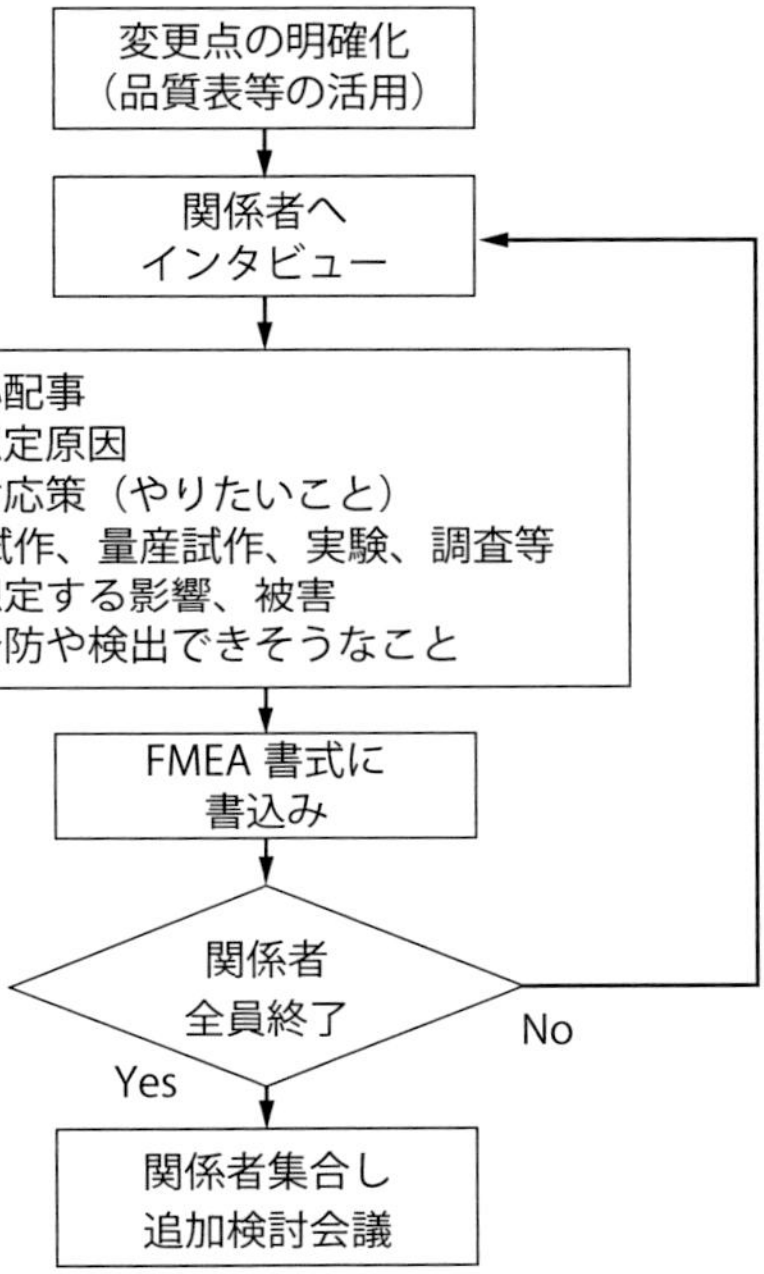


インタビュアーは、受ける側がFMEAを理解しているのならば、故障モード、原因メカニズム、設計管理、工程管理といった用語を使ってもいいが、理解していないのならば、柔軟に聞き出す。

発言内容が故障モードなのか、影響なのか、原因なのか、対策内容なのか、それぞれを整理しながらインタビューをする。ノートパソコンを持参して、書き込みしながらのインタビューも有効である。そして、足りない項目を質問しながら埋めていく。

1人から聞き出したら、次の人に移る。一度に何人から聞いてもかまわない。必ず1対1の必要はない。

前の人から聞いたことを見せてもいい。そうすることで、新たな影響や原因を思いつくこともあるだろう。その場合は、さらに行を挿入して追加すればいい。

関係者全員に聞きまわったらインタビューとしては終了となる。最初に聞いた数人には、もう一度見せて聞いてみるのもいいだろう。新たな発想が出てくることもある。全員に聞きまわったら、FMEAの書式を整理し、似た内容のものは、近くに並べたりする。整理した段階でインタビュアーとして理解できないものがあれば、再度発案者に確認する。そのときに新たなものがでれば、追加していく。インタビュアーとしても、整理している段階で新たな創造ができれば、発案者を自分にして追加すればいい。

## 3.8 インタビューFMEAをベースにした関係者全員での検討会議

FMEAの基本は議論である。トヨタ式のDRBFMも議論会議が主体である。**図表3.13**のように、DRBFMシートを埋めるだけでDRBFMを実施していると勘違いしている企業が多いがそれは大間違いである。

インタビューだけで終了はさせない。別の人が起きると思ったことも、他の人から見れば技術的に起きないことがわかっていたり、故障予測だと思っていたことが、すでに過去に起きた再発事例だったりすることもある。全員で議論することにより、さらなる影響先、原因も出てくる。関係者全員で議論して、影響度、発生頻度、検出度を評価し、RPNを算出、各評価点とRPNの妥当性を議論したうえで、インタビューで出ていた対策案を含め、本当に必要な対策を議論する。大きい声に

**図表3.13** DRBFMとは

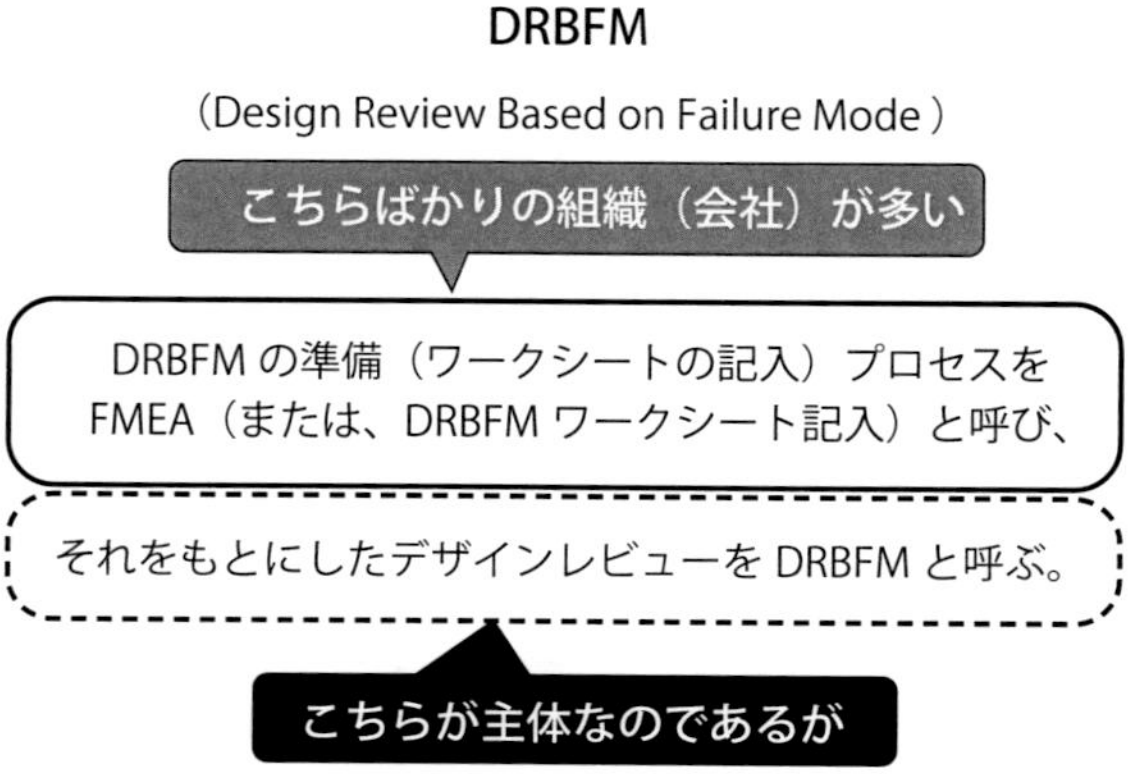
DRBFM
(Design Review Based on Failure Mode)
こちらばかりの組織（会社）が多い
DRBFMの準備（ワークシートの記入）プロセスをFMEA（または、DRBFMワークシート記入）と呼び、
それをもとにしたデザインレビューをDRBFMと呼ぶ。
こちらが主体なのであるが

左右されないように、担当者が本当に心配で必要と思った対策事項、実験や評価は実施すればいい。技術者は自分でやらないと納得できない人も多い。多額の費用や時間がかかるなら考え物であるが、そうでないのならば、実験や評価をすればいい。それで納得できれば、本人のいい経験にもなる。結局は各人が心配していること、不安なことをさらけ出して、その不安をつぶしていく、払拭していくこと、その過程を示しているものでもある。

影響の内容、影響度については、影響先を理解している人がいなければならない。環境や安全への影響も考慮する必要があるならば、それらの要求事項も視える化しておいたうえで実施することである。発生頻度については、技術的な原因やメカニズムを理解している人、検出度については、設計なら設計管理項目、工程なら工程管理項目である検出内容を把握している人、それぞれが必要であり、そのためには、規格や規準類、作業標準等の確認が必要になってくる。わからなければ、それらの根拠を確認することが必要である。

FMEAは関係者個人の心配点をさらけ出すものである。出すだけ出して、みんなで議論して評価、判断して、最後には試作や実験評価をしたうえで、全員の心配点を解消することである。後々になって、「そんなこと、私はわかっていたよ」「実は思っていたことなのですけども」などという発言がないようにすることが肝要である。後になってそのようなことを言う人を、筆者は“卑怯者”と呼ぶことにしている。言われた方にしてみれば、「そんなこと、先に言えよ、今さら言うなんて、ふざけるなよ」となる。管理職、特にベテランでそのようなことを言う人がいるが、若手は面と向かって文句は言えない。そのような組織は、言いたいこと、言うべきことを言えない雰囲気であるのだろうけども。組織としても、寂しいものである。トップダウンによる雰囲気、職場環境の見直しが必要だろう。

第**4**章

# インタビューFMEAのツボとコツ

インタビューFMEAを実施するにあたり、そのポイントを解説しよう。基本はブレインストーミングである。

## 4.1 とにかく思いついたところから埋めてみよう

通常、FMEAは欄の左側から埋めていくのが基本である。インタビューFMEAは、品目（工程FMEAでは工程名）～新規変更点の欄を埋めておいて、それ以降は、思いついたところから埋めればいい。思いついたところ、と表現したが、インタビューなので、インタビューを聞く側のインタビュアーとしては、どの部分を言われたかを判断しながら埋めればいい（**図表4.1**）。

一般的に、FMEAの初心者にとっては、特に機能や要求事項を出すのに苦労する。対象となる品目（工程FMEAでは工程名）の機能、つまり働きを抽出するのは、やりにくくわかりにくいことが多い。そして「故障モードを出そう」となると、これまた迷ったり悩んだりである。故障モードとは一般的に**図表4.2**であるが、初心者にはわかりにくい。

インタビューFMEAは、どこから埋めてもいい。聞かれる側、意見を言う側は、FMEAを理解していなくてもいいから、新規・変更点に関して、心配なこと、確

**図表4.1** インタビューFMEA書式の一例

| 品目 | 新規変更点 | 機能 | 要求事項 | 発案者（提案者） | （潜在的）故障モード | （潜在的）故障影響 | 影響度 | 分類 | （潜在的）故障原因 | 現行の設計管理 | | | 検出度 | RPN | 推奨処置 | 責任者及び目標完了期限 | 処置結果 | | | | |
|---|---|---|---|---|---|---|---|---|---|---|---|---|---|---|---|---|---|---|---|---|---|
| | | | | | | | | | | 予防 | 発生頻度 | 検出 | | | | | 取られた処置及び完了日 | 影響度 | 発生頻度 | 検出度 | RPN |
| | | | | | | | | | | | | | | | | | | | | | |
| | | | | | | | | | | | | | | | | | | | | | |

**図表4.2** 故障モードとは

**重要：故障モードは**

「故障状態の形式による分類、たとえば断線、短絡、破損、摩耗、特性の劣化など」と定義されるもので、FMEAによる解析、故障解析などで重要とされる概念である。

“機能を阻害する要素” である。

システムを構成する最小単位に生ずる物理的・化学的変化

認したいこと、特に試験や実験、試作時に注意・確認したいこと、評価したいこと、工程FMEAでは、量産試作時に確認したいこと、評価したいこと、量産立ち上げ時に注意したいことなど、なんでもかんでも言えばいい。実際にインタビューFMEAを実施すると、一番多く出る意見が、「推奨処置」の欄に当たることであり、新規変更に対しての心配点に対して、何かしたいこと、しておきたいこと（確認項目や評価、実験等）である。実際に新しいこと、何か変わったことをしようとした場合、その原因や影響よりも、対応策、防衛策を考えるのがFMEAに限らず普通の人の考えだと思うがどうだろうか。

デザインレビュー（DR）でも、有識者（ベテラン、年配の方々）の発言は、

「○○を確認しとけよ」

「○○試験を強化しておいて」

「○○評価は数を増やして見ておいて」

などということが多い。これは「心配だから、評価や試験、確認しておいてね」ということであり、その心配なことには根拠があるのである。

インタビュアーとしては、その根拠や影響などをうまく聞き出すことである。

「今回の変更で何か不安ありますか、余計なことが起きませんかね？」

「今回の変更に対して、何か評価したいですか？」

「試作で確認したいことありますか？」

「実験等で確認したいことはありますか？」

などと聞いていくのである。それに対しての回答に対して、例えば「○○の評価・試験をしたい」と言ってきたら、

「なぜ、どうして、その評価をしたいのですか？」

「試作や評価で何を見たいですか？」

「何を確かめたいですか？」

と言って、掘り下げていく。その内容は故障モードだったり、原因だったりする。さらに、

「そんなことが起きたら、どうなりますかね？　何が起きるでしょう？」

と言えば、その回答は、影響になったりする。さらに深堀して聞けば、一時顧客～最終顧客への影響につながるだろう。そして、

「今回の変更（新規点）とどういう関係があるのでしょうね？」

と聞けば、原因・メカニズムにつながるようなことで思いついたことを応えてくれる。次に、

「今までの設計（工程）では、防げませんかね？　見つかりませんかね？」

と聞けば、設計（工程）管理に関すること、規格や規準、試験や評価項目などで把握していることなどを応えてくれる。

全部応えてくれるとは限らないが、確認できるところは、どんどん聞いていく。各々の応えは1つとは限らない。複数であれば、複数書き留めればいいのである。調べなければわからないことが出てきたら、すぐにできることはやればいいが、時間がかかることなどは、調べてもらってもいいし、後々の議論会議で他の人に確認し検討してもいいだろう。見識のある人だったら、「○○に聞いてみて」「○○に依頼してくれないかな」などということも出てくるだろう。それに対応して動けばいい。

## 4.2 故障モードを含め、各欄の抽出はブレインストーミング

基本はブレインストーミングである。ブレインストーミングは複数の人が集まってやるのに対して、インタビューは聞く側と聞かれる側のみなので本格的とまではいかないまでも原則はブレインストーミングである。

ブレインストーミングとはアメリカの広告代理店の副社長だったオズボーン博士が1940年ころ考案したもので、

・独創的な問題に突撃するために頭を使う⇒一人ひとりが勇敢に同じ目的に突進する特攻隊のように突撃する

・集団で発想する場合、会議が討議のための会議になってしまうとアイデアが出にくい。発想のときは、他人や自分のアイデアの価値判断をせず、とにかく判断を延期すること。

ブレインストームとは「精神病の発作」が本来の意味で、特攻隊のようなハイテンションの状態で実施するのである

基本ルールは、次の4つである。

①判断延期　⇒　批判せず

②自由奔放　⇒　なんでもかんでも

③質より量　⇒　とにかくいっぱい

④結合改善　⇒　他人に便乗して

インタビューFMEAとしても、インタビュアーは、どんどん聞き出す、批判、否定はせずに、実際に起きるかどうか、余計な心配かもしれない、などと思わず、どんどん聞き出して記載していくのである。そこにインタビュアーとしても一緒になって思いついたこと、気が付いたことなどを言って、広げていけばいい。

過去に起きたこと、再発問題もでてくるだろう。本来はFMEAの実施前に対応しておくべきだが、改めて気が付くものもあるだろう。それはそれで対処すればいい。関連に気付いた時点で品質表に追記しておくとベストである（5.1.8項参照）。

実際に起きそうなのか、余計な心配なのかは、意見が出そろって、関係者が集まった後の議論会議で、影響度、発生頻度、検出度、そしてRPNである重要度を判定して、関係者全員で判断すればいい。

## 4.3 インタビューFMEAの禁止事項

インタビューFMEAでやっていけないことは、ブレインストーミングにあるように、批判、否定である。意見が出た段階で、否定するようでは、それ以上意見がなくなる。インタビュアーが若い人ならいいが、インタビュアーがFMEAに理解のないベテランや管理職である（そのような人はインタビュアーになるべきではないのだが）と、「そんなことわからないのか、常識だぞ！」「そんなこと起きるわけがないだろう、わかってないなあ！」「以前あったよ、ちゃんと勉強しろ！」などとなる。言われた側にしてみれば、「言わなければよかった」となって、「今度から顔色見て応えよう」などとなったら、もう終わりである。

そして、実際に試作や量産試作、量産、製品化において発生すると「実は思っていたやつだったのだけれども、言ってもつぶされると思っていたので」となってしまうが、そういった発言もまったく出ないようではどうしようもない。

また、言い出しっぺが馬鹿を見ることにならないようにすべきである。「気が付いたのならお前がやれよ」となると、「余計なことを言うと、自分の仕事が増えるからやめておこう」となってしまう。適材適所、実際の対策担当は、議論会議にて責任者・管理職がきちんと期限や担当を配慮すべきことである。

インタビュアーはベテランや管理職でもかまわない。ただし、若い人や経験不足の人から出た意見が、理解不足や過去の出来事であったとしても、心の中では理解不足などと思っても、「よく気が付いたね、でも、それは○○しているから大丈夫だよ」「それは以前発生していたけれども、君が入社以前のことで、この報告書を見てごらん」といったことで、教育者、アドバイザー的に回答すればいい。風通しがいい、誰でも言いたいことを言える雰囲気、環境が重要である。これはFMEAだけでのことではないはずである。常に報連相（**図表4.3**）ができている、気軽にできている雰囲気を作っていただきたい。これは管理職、さらには会社幹部が整えるべきことである。

## 4.4 最初はさらっと流して進めていく

FMEAの書式を最初からきれいに全部埋めようとするのは効率が悪い。インタビューを受ける側も自分の考えをすべて出し切れるものでもない。ブレインストーミングにもあるように、他人に便乗した意見を出すことで、新たな創造、意見が出てくる。最初にインタビューを受ける人は、FMEAの書式を見ても、品目と新規変更点くらいしか記載していない。しかし、2人目以降は、前の人の内容が記載さ

**図表4.3** 報連相（ホウレンソウ）とは

報連相

報：報告＝義務。上司からの指示、命令に対し、その経過や結果を知らせる。

連：連絡＝気配り。自分の意見を付け加えず、必要な事実情報を関係者に知らせる。

相：相談＝問題解決。自分1人では、判断・業務遂行に迷うようなとき、関係者に有効なアドバイスを求めること。

社内のコミュニケーションがスムーズに行われることで、上司は部下の仕事状況を把握でき、的確な対応や対策を立てることができる。部下も信頼できる環境と認識して働くことができる。

れている。それを見て、新たな意見を出してもかまわない。FMEAを理解していない人は、見てもわかりにくいし、見なくてもいいが、ある程度理解しているのなら、前の人の意見を見て、別の原因やメカニズム、影響、対応策など、どんどん出せばいいのである。

インタビューFMEAの流れ（**図表4.4**）は、関係者に一通り聞いていく形になっているが、これを2周してもかまわない。特に最初の数人には、もう一度聞いてあげるのもいいだろうし、議論会議でさらにブレインストーミングで出していけばいいだろう。

最初の方の人ほど、まずはさらっと流して聞いてみることである。聞かれた側もインタビューが終わってから気が付いたことなどインタビュアーに再度報告すればいい。創造は意外なところでふと思いつくものでもある。気にしていれば、トイレや風呂、通勤途中で思いつくこともあるだろう。

**図表4.4**　インタビューFMEAの流れ

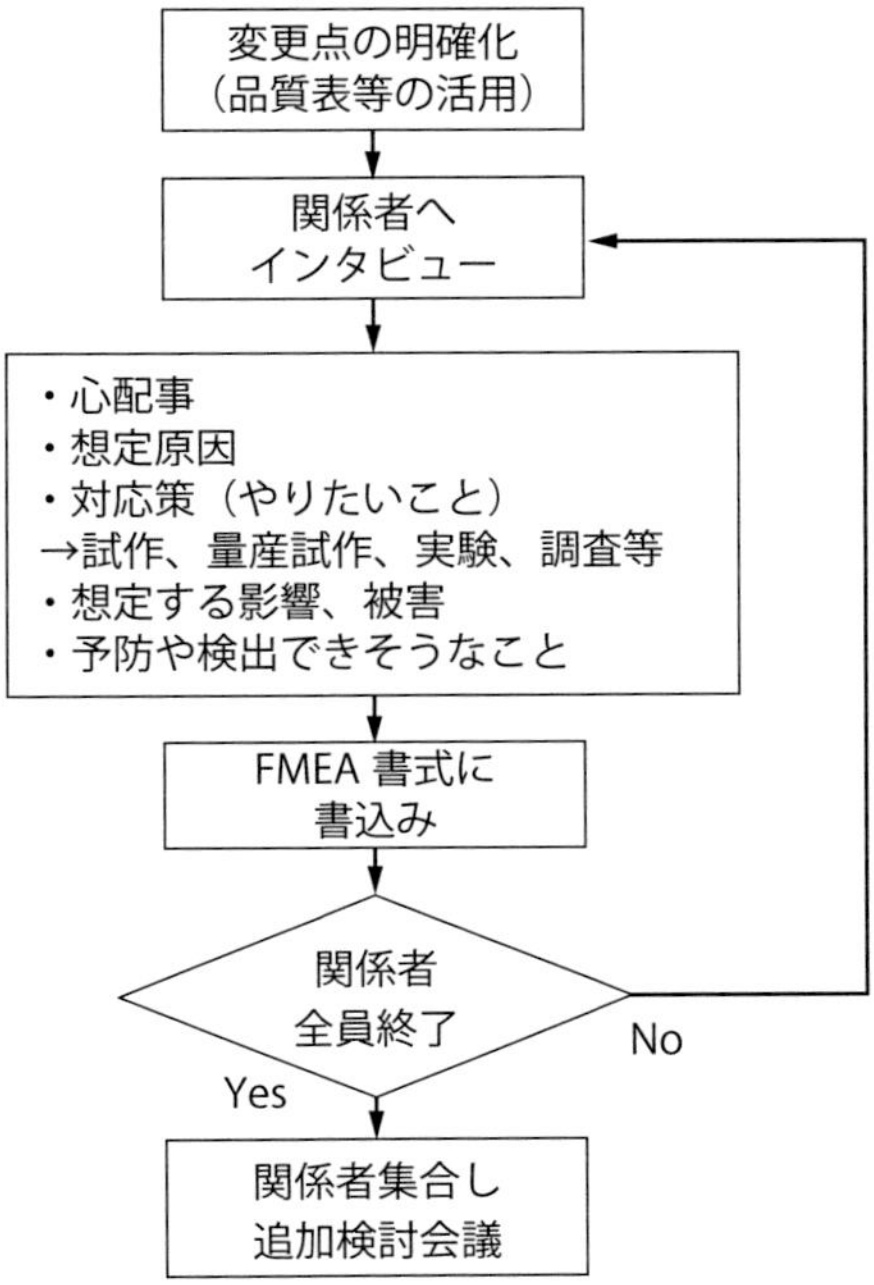

## 4.5 より良いインタビューFMEAのために

インタビューFMEAをより良く実施するために、さらなるコツを紹介する。

### 4.5.1 変更点・変化点を見逃さない的の絞り方

FMEAがうまくいかない原因の一つが、新規・変更点の見逃しである。変更点に上がってこないものは、本来のFMEAでは議論されない。新規・変更点の欄に記載されないものは、インタビューの標的にもならないし、DRでも確認もされない、できないのである。FMEAをやったのに問題が起きてしまったとき、もともとFMEAで議論されなかった部分、新規・変更点として上がっていなかったのならば、それはFMEAの問題ではなく、それ以前の問題である。変更点だけでなく変化点も明確化しておくことである。変化点とは、意思を持って変更したことにより変化してしまうものを言う。DRの資料に変更点一覧表を添付している企業もあるが、そこに掲載しているものが変更点のすべてだろうか、変化点は見逃していないだろうか。「基本的には変更していません」という発言は注意が必要である。その“基本”とは、どこにあるのだろうか。私の基本とあなたの基本は違うだろう。変更点や変化点の視える化（共有化)、チェックのために有効なのが品質表である(**図表4.5**)。品質表により、変更点を共有化・視える化することで、変更点だけでなく変化点をチェックできる。具体的な使い方については第5章で説明する。

インタビューFMEAをスタートしたら、インタビュアーは、意見を聞きながら書式を埋めていく。そのとき、故障モードが出てきたら、それに対する機能を確認し、不足したら埋めることが重要である。設計FMEAにおいては、部品の機能・働き、工程FMEAにおいてはその工程の機能・働きを、機能の欄に記載する。機能を阻害する要素が故障モードである。その機能が阻害されるから影響となる。その関係を確認しながら、機能に抜けがあったら追加することである（5.2.1項参照)。

基本機能も重要であるが、付加機能も出てくるだろう。特に新規・変更点に関する機能は、基本機能も付加機能も含めて見逃さないことである。変更することによって、どの機能は維持しなくてはいけなくて、どの機能が追加されているのかを明記する。または削除される機能があることもある。機能として変わっていいのか、削除されていいのかも確認する必要がある。設計FMEAであれば、他の部品

**図表4.5**　品質表

品質表事例（説明用に簡略化）

要求項目・仕様～部材表

管理No.Q123R3

作成メンバー：営業/○○、技術/○○、品管/○○、製造/○○

対象製品：○○○○○

顧客：○○△△

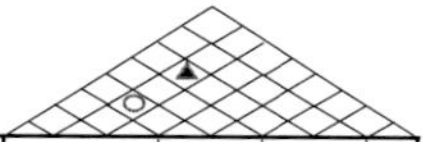

| 要求項目・仕様 ＼ 部材 | | | | | 1次 | 巻線 | | | 外装 | | ○○ | | |
|---|---|---|---|---|---|---|---|---|---|---|---|---|---|
| | | | | | 2次 | 材質 | 径 | 巻き数 | 塗料 | 材質 | ○○ | ○△ | |
| | 項目 | 値：現行品（A123） | 値：開発品（試作1） | 値：競合：N社（N234） | | 1 | 2 | 3 | 4 | 5 | 6 | 7 | |
| 仕様 | 粘着力 | 5kg以上 | ← | ← | 1 | ○ | | | △ | | | △ | |
| | 切断力 | 2kg以下 | 1kg以下 | 1kg以下 | 2 | | ○ | | | △ | | | |
| | 欠陥数 | 5個以下 | ← | 4個以下 | 3 | △ | | ◎ | | | ○ | | |
| | 重量 | 3kg | ← | 4kg | 4 | ○ | △ | | | △ | ○ | | |
| | | | | | 5 | | | | | | | | |
| 要求項目 | 項目 | | | | No. | 1 | 2 | 3 | 4 | 5 | 6 | 7 | |
| | 持ち運びが楽である | | | | 1 | △ | | | ◎ | △ | | | |
| | 外観がきれい | | | | 2 | | | | ◎ | △ | | △ | |
| | 離れていても目立つ | | | | 3 | | | | ○ | | ○ | | |
| | 取付易い | | | | 4 | | △ | △ | | △ | | | |
| | 外し易い | | | | 5 | | △ | △ | | △ | | | |

市場評価

| | 要求の強さ | クレーム | 要望事項 | 競合比較（従来品：○　新製品目標：☆　N社（N234）：N） 未達1 | 2 | 達成3 | 4 | 過達5 | レベルアップ |
|---|---|---|---|---|---|---|---|---|---|
| 仕様1 | | | | | N | ○☆ | | | |
| 仕様2 | | | | | ○ | ☆N | | | ○ |
| 仕様3 | | | | | | ○☆ | N | | |
| 仕様4 | | | | | N | ○☆ | | | |
| 仕様5 | | | | | | | | | |
| | | | | 劣1 | 2 | 並3 | 4 | 優5 | |
| 要求項目1 | C | | | | | ○N☆ | | | |
| 要求項目2 | A | C1 | | | ○ | ☆N | | | ○ |
| 要求項目3 | A | | Y1 | ○ | N | ☆ | | | ◎ |
| 要求項目4 | B | | | | | N | ○☆ | | |
| 要求項目5 | C | | | | | ○N☆ | | | |

| | | | 1 | 2 | 3 | 4 | 5 | 6 | 7 | |
|---|---|---|---|---|---|---|---|---|---|---|
| 部品変更 | 現行品（A123）○ | | | 0.23 | | A | | 5 | | |
| | 開発品（試作1）☆ | | | 0.4 | | B | | 4 | | |
| 実績 | MIN | | | 0.1 | | A | | 3 | | |
| | MAX | | | 0.3 | | C | | 6 | | |
| 競合製品解析評価 | N社（N234）：N | | | 0.3 | | B | | − | | |
| | 従来品：○　新製品目標：☆　N社（N234）：N | 優5 | | | | | | | | |
| | | 4 | | ☆ | | N☆ | | ○ | | |
| | | 並3 | | N | | ○ | | ☆ | | |
| | | 2 | | ○ | | | | | | |
| | | 劣1 | | | | | | | | |
| 変更点難易度 | | 難 | | ○ | | | | | | |
| | | 容易 | | | | ○ | | ○ | | |
| | | 無 | ○ | | ○ | | ○ | | ○ | |
| | | | | | | | | | | |
| 過去不良 | △○不良（FTANo.FT123-R4） | | △ | | ○ | | | | | |
| | | | | | | | | | | |
| | | | | | | | | | | |

クレーム情報

| 記号 | 項目 | 備考 |
|---|---|---|
| C1 | 外観傷あり | 営業情報C345 |
| | | |

要望事項

| 記号 | 項目 | 備考 |
|---|---|---|
| Y1 | 見た目向上 | 顧客要望書K665 |
| | | |

等に機能が移る場合もあるだろう。工程FMEAでは、他の工程に機能が移ることもあるかもしれない。そういったことを明確にし、共有化しておくことが重要である。

## 4.5.2　目的によって使い分ける

本来のFMEAは故障予測、そして未然防止のために実施するものである。しかし、現状行われているFMEAはそれ以外に、品質マネージメントシステムの

IATF16949などの認証のため、また、顧客から提出要求されるFMEAの対応のために作成しているものが多いのも事実である（**図表4.6**）。どれも必要である。特に顧客要求のFMEAは受注確保、顧客での製品認定処理のためには必須となる場合が多い。顧客対応のFMEAははっきり言って、手形のようなものである。FMEA提出要求を断って受注を逃すことは許されないだろう。

これらのFMEAは全部同じように実施すればいいのであろうか。もし、本来の故障予測であるFMEAをそのまま顧客へ提出した場合、どうなるであろうか。細かい心配点、余計な心配点まで顧客に見せると「そんなことまで考えているのなら、もっと○○してよ」といったことも言われてしまうかもしれない。また、原因・メカニズムの欄に詳しく記載し、それに対応した設計管理や工程管理を詳細に記載していると、製品や工程の細かい情報まで顧客に行ってしまうのである。顧客企業によっては、2社購買などしている企業では、競合先へFMEAを提出させるために、参考に見せ配布している企業もある。そのようなことをされてはたまったものではない。結局は、本来の未然防止を実施した社内用のFMEAと顧客提出用のFMEAは分けてやるべきである。社内用に実施したFMEAから抜粋して顧客用を作ればいい。

顧客がFMEAを理解していないのにFMEAを要求してくることがある。筆者が前職時代もあったが、コンサルで訪問している企業も同様のことを顧客から要求されることが散見される。まともにFMEAを実施して提出したところ、顧客から「我が社に貴社が出した不良について入ってないじゃないですか。ちゃんと入れておいてくださいよ」と担当者が言うのである。読者の方々はこれに対してどう応えるだ

**図表4.6　FMEAの目的**

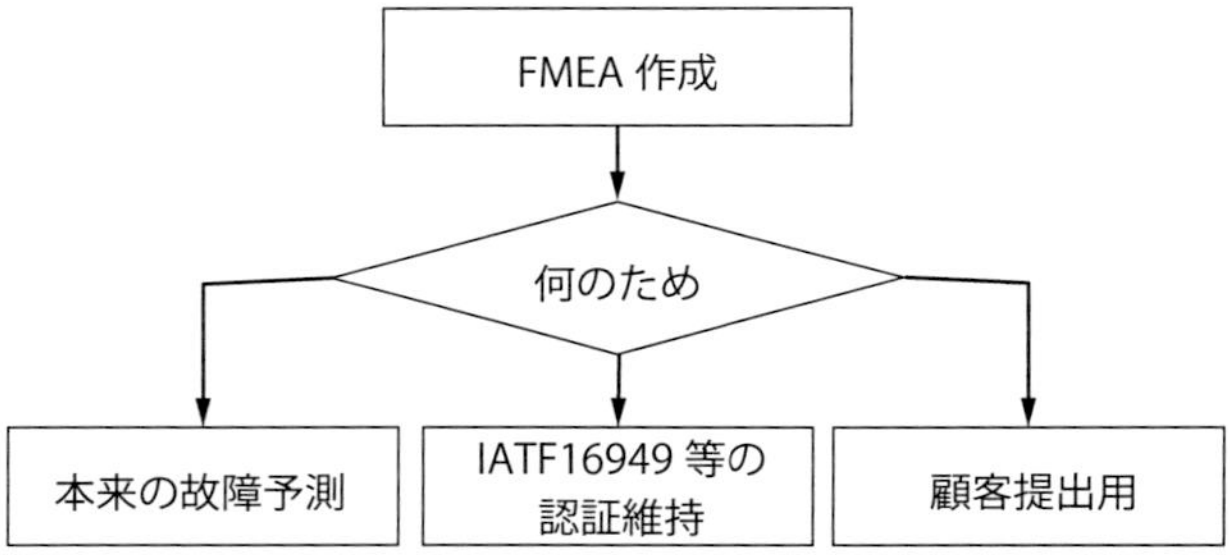

ろうか。「あなた、FMEAを理解していませんね。FMEAは故障予測ですよ、過去の不良も入れるのですか、それは再発防止ですよね」と正論を言いますか。そんなことを言ったら「ふざけるな、我が社の要望に応えないのなら、発注取りやめしますよ」なんてことになってしまう。「そうか、この企業はFMEAを理解していないのだ、過去不良を入れればいいのだ」と心の中で思って、過去不良リストをFMEAとして提出すればいい。その方が楽である。創造をしなくていいのだから。そのような企業はFMEAがほしいのではなく、部品の認定書類としてのFMEAという名の書類がほしいだけなのである。

IATF16949などの認証審査のために、審査員に見せるものは、インタビューFMEAそのものを見せればいい。審査員がFMEAをきちんと理解していない場合は苦労するかもしれないが、IATF16949などの基本的な書式に新規変更点や発案者の欄を追加したものは、IATF16949の要求にはまったく反していない。基本的な書式から欄を削除するのは不適合になるが追加するのは何ら問題ない。ただし、IATF16949は顧客固有の要求の方がIATF16949の基本要求よりも上なので、顧客固有の要求において、「指定の書式以外不可である」となると、インタビューFMEAの書式もそのままでは使えないので、これも別途作成しなければならなくなるといった場合もあるので注意が必要である。

**図表4.7**　IATF16949規格構造

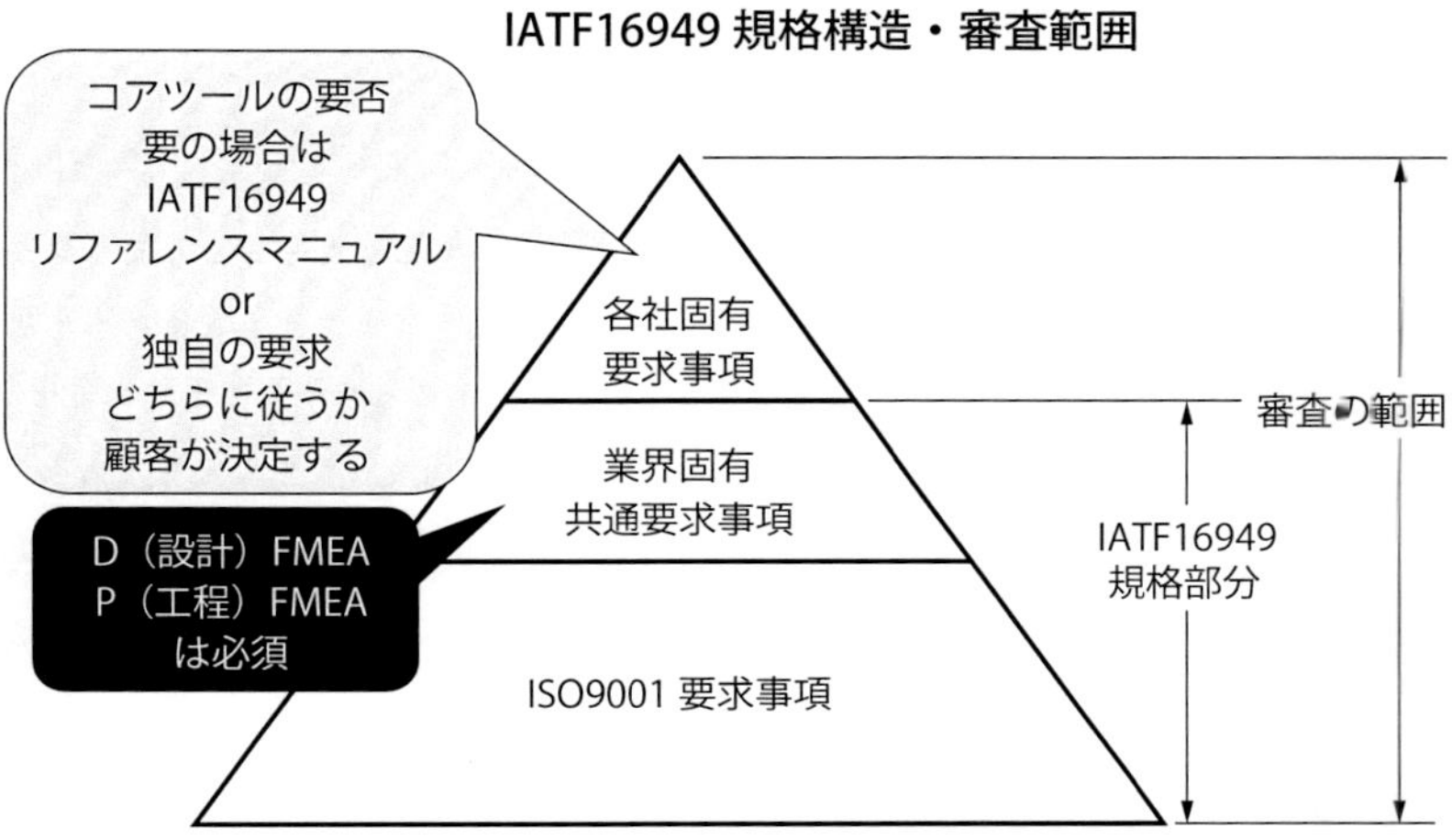

この**図表4.7**の三角形の一番上の部分、顧客要求が一番強いのである。だから、顧客が「こうしてください」と言ってきたら、それに従うことになる。顧客指定のFMEA書式、やり方があれば、それに従うことで認定されるのである。だから、認証を取るためには、本来のFMEAでないことを実施することもあるだろう。

### 4.5.3　管理としてのFMEAのフォロー

FMEAはメモではない、DRの単なる一資料というものでもない。FMEAは更新していくものであり、品質記録ではなく品質文書である。図面や作業標準と同じ扱いで品質文書としてきちんと管理するのである。レビジョン管理するものである。対策項目を記載して期限担当を決めるまでが初回作成で、文書として審査承認する。対策項目に対して実施した内容を明記し、再評価して、評価の妥当性を確認後、審査承認しレビジョンアップする。その後、再度見直しなどがあれば、それを継続するのである。

DRBFMシートの場合は、初回作成で初版、議論会議の記入終了で改訂版、対策結果記入で再度改定となり、少なくとも2回レビジョンアップするのである（2.1.4項参照）。

企業に訪問したり、公開セミナーの参加者からもあるが、実際に実施しているFMEAを見せていただくと、「以前実施したFMEAなのですが……」と言われたりしたものを見ると、対策内容は記載してあるが、実施結果が空欄のままのものを散見する。やりっぱなしなのである。試作前のDRに提出してDRは通過したが、その後フォローも何もしていないのである（1.3.9項参照）。

また、故障モードと影響の関係、故障モードと原因、原因と管理、原因に対する対策、対策内容と実施結果の内容などが、後々見てわからないものもよくある。担当者や実際にFMEA書式に書き込んだ人に聞いても、よくわからないものもある。後々見てもわからない資料は、FMEAに限らず、技術文書としては役に立たない（図表6.8参照）。そのようなことも、きちんとフォローすることが必要である。

FMEAは管理職がきちんとフォローしなければうまく推進されない。日本の企業ではFMEAにも、作成・審査・承認といった3段階の押印欄を設けているものが多い。FMEAに限らず書類の承認をしたということは、その書類の責任を持つことである。責任を持つということは、FMEAをやったのに故障などが発生した場合、その承認者の責任である（1.3.12項参照）。だから、承認する立場の管理職は、きちんとフォローすることである。また、FMEAの技術的内容は、設計FMEAであれば設計が主責任、工程FMEAであれば製造部門等が主責任であるが、運営管理は品質管理部署が主体となっている企業が多い。

### 4.5.4　インタビューFMEAの理解者を増やすこと

FMEAをきちんと理解している者とは、問題解決と再発防止、故障予測の区分、使い分けを理解していることが基本であるが、FMEAそのものとしては、

①FMEAの書式の各記入欄の機能（働き）を理解し、記入欄相互の関係を理解していること

これができていないと、インタビューをしても、言われたことをどの欄に記入すべきかわからない。さらにつっこんだインタビューもできなくなる。影響度、発生頻度、検出度の評価表の内容も理解し、説明できることはインタビュー時にも必要であるし、インタビュー後の議論会議のときには特に必要になるだろう。

②FMEAが有効活用されることを確認できること（製品開発フロー通りに実行されているか、フォローアップがきちんとされているか、対策結果の欄をきちんと記入しているか、文書管理されているか、など）

これができれば、初回にFMEAを作成するとき、つまりインタビューを受けて書式を埋めるときも、それらを意識して作成できる。

③設計の場合は試作、工程の場合は量産試作や追加の工程管理や、実験や評価の内容と、FMEAの記載内容が合致しているかを確認できているか

FMEAの推奨処置の欄は、実際に実施することを記載する。FMEAに記入した内容が実際に実施され有効に機能しないと意味がない。

以上のようなことである。インタビュアーとして任命するには、これらを判定できる人が必要である。

きちんと理解した人が多くいることはいいことであるが、インタビューFMEAでは、少なくとも1人いればできる。しかし、インタビュー後の議論会議、そしてデザインレビューになり、FMEAの良し悪しを判断する場合は、より理解していることが必要である。

筆者もFMEAの公開セミナーを担当しているが、「自分だけ理解して会社に帰っても、広げるのは大変です」といったことも聞く。その場合は、「理解者を増やすことです。次の公開セミナーに周りの人へ声掛けして、参加してもらってください」とお願いしている。

## 4.6 インタビューFMEAを土台とした検討会議での活動と具体的検討

インタビューを一通り終えたら、それを土台にして、議論会議となる。この場でもスタート時は、ブレインストーミングである。関係者で作り上げた1行置きになっているインタビュー結果を見て、他に考えられないかということを、各項目（影響、故障モード、原因メカニズム、対策）ごとに各自で見て確認していく。各項目間の相互関係がわからないことは、発案者に聞いて確認することである。

FMEAとして大切なのは、新規・変更点に絡んで起きると創造されることかどうかである。新規も変更もしないで起きることがあれば、それはそれで技術者として対応しなければならないことであるが、本来それは問題解決や再発防止である。FMEAとは切り離して対応する内容である。対応する必要があるかどうかを関係者で判断して、FMEA上で対応して絶対に悪いわけではないが、分けて実施するのか、一緒に実施する場合は本来、FMEA上で実施しなくてもいいことを明確にして対応すべきである。後々、対応した根拠がわかった方がいいだろう。そのような問題が解決しなかったからとしても、FMEA自体に問題があるわけではないのだから。

新たなことが出尽くしたら、各項目間の関係を確認する。故障モードと影響の関係、故障モードと原因メカニズムの関係、管理内容や対策との関係も含め、関係者全員が理解し納得することである。そして、影響度、発生頻度、検出度を判定して、RPNを求める。

このときに、実情に合った評価表・点数表が必要である。影響度、発生頻度、検出度のそれぞれが、該当するシステムにとって、使いやすい、判定しやすい評価表・点数表であることが重要である。IATF16949の点数表をそのままでの使用、あるいは顧客からのFMEAの書式に添付された点数表そのままであると、使いにくいことがほとんどである（1.3.5項参照）。

評価しRPNを算出後、対策内容について、すでに記載されたものが妥当であるか、技術的見地だけでなく、コストや期限も含めて見直しが必要である。RPNが一番高いところが、本当に一番対応すべき内容になっているだろうか。点数が低いのに、他の部分より対応すべきと感じるところがないだろうか。そのような点がある場合は、評価が妥当でないことになる。

そんな対策しなくてもいいのではないか、と思われることも出ているかもしれない。でも、インタビューの段階で出ていたもので、発案者個人が心配していることがあった場合、金も時間もそれほどかからないものであれば、発案者個人の納得、教育のためにも実施してもいいだろう。いい経験にもなる。

技術者とは納得することが大切である。FMEAも議論会議やDRに参加するメンバー全員で納得して推進していただきたい。結局は、やらされ感ではなく前向き肯定的に実施すること、そして、良い品質を、顧客満足のため、企業として利益確保のために実施することである。

# 第5章

# 実施例と解説

インタビューFMEAの実施例を紹介する。インプットの明確化として、品質表の作成からFMEAへの展開を解説、さらに工程への展開方法も解説している。

## 5.1 FMEAのインプットの明確化、品質表の活用

インタビューFMEAの実施例として、FMEAのインプットの明確化のために品質表を使った事例を解説する。FMEAは重点化、的を射て実施する必要があり、狭く深く実施することが肝要である。そのためにもFMEAのインプットである何について、どこに対してFMEAを実施すべきかを明確にし、関係者で共有化しておくことが必要である。

インプットの明確化に品質表（3.2.1項参照）を活用したものを解説する。

そこで本稿では、説明用として部品メーカーの事例を示す。説明用に作成した実データに基づくものではないため、項目や特性、数値も関連性がないことをご了承いただきたい。

品質表も実際のものから説明用に項目数を少なくした簡略化したものとしている。実際の製品では、要求項目や仕様も多く、製品の構成部材も多くもっと大きな品質表になるが、対象部分でないところまで細かく表示する必要はないだろう。Excelを使えば、大きな品質表になっても、細かい部分は畳み込んでおいたり隠したりできるので、工夫して使えば見やすくなる。

### 5.1.1 品質表のインプット、顧客情報の確認

部品メーカーの場合は、顧客は一般客ではなく、顧客から仕様要求が来る。従来品に対して新たな部品を受注する場合とした事例である。

顧客とのやりとりで、従来品に対して新部品はどの仕様を変えるか、追加するかといった注文が来るだろう。また、新製品に当たっては、競合他社と比較して顧客へ売り込むこともあるだろうし、自社としても競合のレベルは常に把握しておく必要がある。それらをベンチマークとして自社の現行品（従来品）や競合他社品と比較して仕様を記載する（**図表5.1**）。比較対象は自社品も複数あってもかまわない。競合も2社以上あることもある。

顧客からは、仕様書には記載していない要求として、文書、電話、メールなどでも連絡が来る（**図表5.2**）。

個別に文書等で来た要望事項や過去のクレーム情報は、その出所もわかるようにしておく（**図表5.3**）。資料番号を明記し、引用できるようにしておく。

**図表5.1**　仕様比較

| 項目 | 値 | | |
|---|---|---|---|
| | 現行品（A123） | 開発品（試作１） | 競合：N社（N234） |
| 粘着力 | 5kg以上 | ← | ← |
| 切断力 | 2kg以下 | 1kg以下 | 1kg以下 |
| 欠陥数 | 5個以下 | ← | 4個以下 |
| 重量 | 3kg | ← | 4kg |
| 塗装 | KA | KB | KB |

**図表5.2**　顧客要求項目

| | |
|---|---|
| 持ち運びが楽である | （○○氏メール連絡18.2.3） |
| 外観がきれい | （クレーム対応） |
| 離れていても目立つ | （個別要望事項より） |
| 取付易い | （顧客会議資料ＸＸ参照） |
| 外し易い | （顧客会議資料ＸＸ参照） |

**図表5.3**　クレーム情報・要求事項

クレーム情報

| 記号 | 項目 | 備考 |
|---|---|---|
| C1 | 外観傷あり | 営業情報C345 |

要望事項

| 記号 | 項目 | 備考 |
|---|---|---|
| Y1 | 見た目向上 | 顧客要望書K665 |

## 5.1.2　市場評価、ベンチマーク

次に、これらの仕様や要求項目に対しての現行品と競合N社品とのベンチマークをして新製品への変更点を明確にしていく（**図表5.4**）。仕様要求にはきちんと対応しなければならないが、要求項目については、変更（レベルアップ）すべきかを含

**図表5.4** 表にまとめてベンチマークの表示

対象製品：2019 夏製品化○○○○○

顧客：○○△△

| 部材 ＼ 要求項目・仕様 | | | | | 1次 / 2次 | 市場評価 | | | | | | | | |
|---|---|---|---|---|---|---|---|---|---|---|---|---|---|---|
| | | | | | | 要求の強さ | クレーム | 要望事項 | 競合比較（従来品：○　新製品目標：☆　N社（N234）：N） | | | | | レベルアップ |
| | 項目 | 値 | | | | | | | | | | | | |
| | | 現行品（A123） | 開発品（試作１） | 競合：N社（N234） | | | | | 未達 1 | 2 | 達成 3 | 4 | 過達 5 | |
| 仕様 | 粘着力 | 5kg以上 | ← | ← | 1 | | | | | N | ○☆ | | | |
| | 切断力 | 2kg以下 | 1kg以下 | 1kg以下 | 2 | | | | | ○ | ☆N | | | |
| | 欠陥数 | 5個以下 | ← | 4個以下 | 3 | | | | | | ○☆ | N | | |
| | 重量 | 3kg | ← | 4kg | 4 | | | | | N | ○☆ | | | |
| | 塗装 | KA | KB | KB | 5 | | | | | | ○ | ☆N | | |
| | | | | | | | | | | | | | | |
| 要求項目 | 項目 | | | | No. | | | | 劣 1 | 2 | 並 3 | 4 | 優 5 | |
| | 持ち運びが楽である（○○氏メール連絡 18.2.3） | | | | 1 | | | | | | ○N | | | |
| | 外観がきれい（クレーム対応） | | | | 2 | | | | | ○ | N | | | |
| | 離れていても目立つ（個別要望事項より） | | | | 3 | | | | ○ | N | | | | |
| | 取付易い（顧客会議資料ＸＸ参照） | | | | 4 | | | | | | N | ○ | | |
| | 外し易い（顧客会議資料ＸＸ参照） | | | | 5 | | | | | | ○N | | | |
| | | | | | | | | | | | | | | |

クレーム情報

| 記号 | 項目 | 備考 |
|---|---|---|
| C1 | 外観傷あり | 営業情報C345 |
| | | |

要望事項

| 記号 | 項目 | 備考 |
|---|---|---|
| Y1 | 見た目向上 | 顧客要望書K665 |
| | | |

めて対応すべきかどうか判断する必要がある。

現行品や他社との比較により、自社や競合他社の強み弱みが見えてくる。仕様については、未達－達成－過達での判定、要求項目については、それぞれ劣－並－優とし、5段階で評価している。

## 5.1.3 レベルアップ項目の設定

「お客様は神様です」と言われるが、実際は「お客様は王様」である。できないことまで言ってくる、神様だったら間違ったことは言わないのである。仕様要求に対しては営業部門等が受注を約束したのなら達成しなければならないが、要求項目については、必ず対応すると回答したならば、やらなければならないが、そうでなければ、関係者で判断して、実際にレベルアップするかどうかを決める。関係者とは、営業・品証・技術・製造などであるが、顧客の立場で判断することが重要であり、営業関係の責任を大きくしてもいい。この時点でよく失敗するのは、顧客の立場ではなく、技術者として判断してしまうことである。「できる、できない」「どうやるか」といったことを考慮してしまう。それはこの段階では本来はすべきではない。

クレームや要望事項も関連したところに記号で明記する。

要求の強さの判定は、関係者が集まり、要求項目について要求が強いか弱いかをABCの三段階で評価し、仕様を含めてレベルアップを判定する。**図表5.5**のアミがけした部分が、次期製品のレベルアップすべきものと決めた。ここまでに顧客側に立っての判断である。

**図表5.5　レベルアップの決定**

対象製品：2019 夏製品化〇〇〇〇〇

顧客：〇〇△△

| 要求項目・仕様 ＼ 部材 | | | | | 1次 / 2次 | 要求の強さ | クレーム | 要望事項 | 市場評価　競合比較（従来品：〇　新製品目標：☆　N社（N234）：N） | | | | | レベルアップ |
|---|---|---|---|---|---|---|---|---|---|---|---|---|---|---|
| | 項目 | 値 現行品（A123） | 開発品（試作１） | 競合：N社（N234） | | | | | 未達 1 | 2 | 達成 3 | 4 | 過達 5 | |
| 仕様 | 粘着力 | 5kg以上 | ← | ← | 1 | | | | | N | 〇☆ | | | |
| | 切断力 | 2kg以下 | 1kg以下 | 1kg以下 | 2 | | | | | 〇 | ☆N | | | 〇 |
| | 欠陥数 | 5個以下 | ← | 4個以下 | 3 | | | | | | 〇☆ | N | | |
| | 重量 | 3kg | ← | 4kg | 4 | | | | | N | 〇☆ | | | |
| | 塗装 | KA | KB | KB | 5 | | | | | | 〇 | ☆N | | 〇 |
| | | | | | | | | | | | | | | |

| | 項目 | | No. | 要求の強さ | クレーム | 要望事項 | 劣 1 | 2 | 並 3 | 4 | 優 5 | レベルアップ |
|---|---|---|---|---|---|---|---|---|---|---|---|---|
| 要求項目 | 持ち運びが楽である | （〇〇氏メール連絡 18.2.3） | 1 | B | | | | | 〇N☆ | | | |
| | 外観がきれい | （クレーム対応） | 2 | A | C1 | | | 〇 | ☆N | | | 〇 |
| | 離れていても目立つ | （個別要望事項より） | 3 | A | | Y1 | 〇 | N | ☆ | | | ◎ |
| | 取付易い | （顧客会議資料ＸＸ参照） | 4 | B | | | | | N | 〇☆ | | |
| | 外し易い | （顧客会議資料ＸＸ参照） | 5 | C | | | | | 〇N☆ | | | |
| | | | | | | | | | | | | |

クレーム情報

| 記号 | 項目 | 備考 |
|---|---|---|
| C1 | 外観傷あり | 営業情報C345 |
| | | |

要望事項

| 記号 | 項目 | 備考 |
|---|---|---|
| Y1 | 見た目向上 | 顧客要望書K665 |
| | | |

## 図表5.6　部材（技術特性）展開

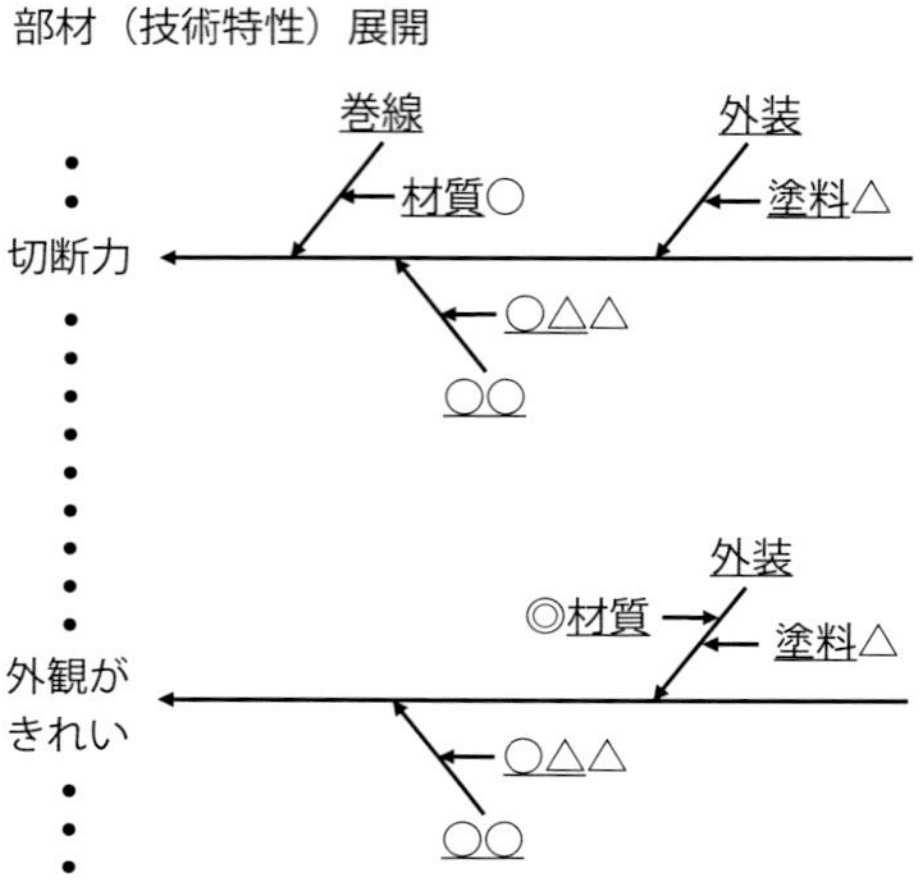


## 図表5.7　部材（技術特性）の記入

対象製品：2019 夏製品化○○○○○

顧客：○○△△

| 要求項目・仕様 ＼ 部材 | | | | | 1次 | 巻線 | | | 外装 | | ○○ | | | 市場評価 | | | | | | | | |
|---|---|---|---|---|---|---|---|---|---|---|---|---|---|---|---|---|---|---|---|---|---|---|
| | | | | | 2次 | 材質 | 径 | 巻き数 | 塗料 | 材質 | ○○ | ○△ | | 要求の強さ | クレーム | 要望事項 | 競合比較（従来品：○ 新製品目標：☆ N社(N234)：N） | | | | | レベルアップ |
| | 項目 | 値 現行品(A123) | 開発品(試作1) | 競合：N社(N234) | | 1 | 2 | 3 | 4 | 5 | 6 | 7 | | | | | 未達 1 | 2 | 達成 3 | 4 | 過達 5 | |
| 仕様 | 粘着力 | 5kg以上 | ← | ← | 1 | | | | | | | | | | | | | N | ○☆ | | | |
| | 切断力 | 2kg以下 | 1kg以下 | 1kg以下 | 2 | | | | | | | | | | | | | ○ | ☆N | | | ○ |
| | 欠陥数 | 5個以下 | ← | 4個以下 | 3 | | | | | | | | | | | | | | ○☆ | N | | |
| | 重量 | 3kg | ← | 4kg | 4 | | | | | | | | | | | | | N | ○☆ | | | |
| | 塗装 | KA | KB | KB | 5 | | | | | | | | | | | | | | ○ | ☆N | | ○ |
| | | | | | | | | | | | | | | | | | | | | | | |
| | 項目 | | | | No. | | | | | | | | | | | | 劣 1 | 2 | 並 3 | 4 | 優 5 | |
| 要求項目 | 持ち運びが楽である | (○○氏メール連絡 18.2.3) | | | 1 | | | | | | | | | B | | | | | ○N☆ | | | |
| | 外観がきれい | (クレーム対応) | | | 2 | | | | | | | | | A | C1 | | | ○ | ☆N | | | ○ |
| | 離れていても目立つ | (個別要望事項より) | | | 3 | | | | | | | | | A | | Y1 | ○ | N | ☆ | | | ◎ |
| | 取付易い | (顧客会議資料ＸＸ参照) | | | 4 | | | | | | | | | B | | | | | N | ○☆ | | |
| | 外し易い | (顧客会議資料ＸＸ参照) | | | 5 | | | | | | | | | C | | | | | ○N☆ | | | |
| | | | | | | | | | | | | | | | | | | | | | | |

クレーム情報

| 記号 | 項目 | 備考 |
|---|---|---|
| C1 | 外観傷あり | 営業情報C345 |
| | | |

要望事項

| 記号 | 項目 | 備考 |
|---|---|---|
| Y1 | 見た目向上 | 顧客要望書K665 |
| | | |

## 5.1.4　技術特性展開

次に、このレベルアップを技術的にどうやって対応するか、に移っていく。

仕様の全項目、要求項目の全項目に対応して、部材（技術特性）として何が関連しているかを抽出する、部材（技術特性）への展開である（**図表5.6**）。特性要因図的に実施する。羅列したら、次に、各仕様、要求項目が、部材との関連度合を、関係が強い◎、関係がある○、弱いけど関係ある△、程度に関連を付ける。

この結果から品質表に部材（技術特性）転記して**図表5.7**のようにするが、特性要因図的作業をせずに、最初から品質表に現状の部材を並べていっても間違いとまでは言わないが、それを実施すると、自社の技術特性は出るが、他社独自で実施しているものは出てこない。最初に品質表を作るときは、地道に特性要因図的に実施していただきたい。

その後、仕様・要求項目と部材（技術特性）の関連の◎○△の関係を転記し、漏れ落ち等確認する（**図表5.8**）。

**図表5.8**　部材（技術特性）の記入

対象製品：2019 夏製品化○○○○○

顧客：○○△△

| 要求項目・仕様 ＼ 部材 | | | | | 1次 / 2次 | 巻線 材質 | 巻線 径 | 巻線 巻き数 | 外装 塗料 | 外装 材質 | ○○ ○○ | ○○ ○△ | 要求の強さ | クレーム | 要望事項 | 競合比較 未達 1 | 2 | 達成 3 | 4 | 過達 5 | レベルアップ |
|---|---|---|---|---|---|---|---|---|---|---|---|---|---|---|---|---|---|---|---|---|---|
| | 項目 | 値 現行品 (A123) | 開発品 (試作１) | 競合：N社 (N234) | | 1 | 2 | 3 | 4 | 5 | 6 | 7 | | | | | | | | | |
| 仕様 | 粘着力 | 5kg以上 | ← | ← | 1 | ○ | | | △ | | | △ | | | | | N | ○☆ | | | |
| 仕様 | 切断力 | 2kg以下 | 1kg以下 | 1kg以下 | 2 | | ○ | | | △ | | | | | | | ○ | ☆N | | | ○ |
| 仕様 | 欠陥数 | 5個以下 | ← | 4個以下 | 3 | △ | | ◎ | | | ○ | | | | | | | ○☆ | N | | |
| 仕様 | 重量 | 3kg | ← | 4kg | 4 | ○ | △ | | | △ | ○ | | | | | | N | ○☆ | | | |
| 仕様 | 塗装 | KA | KB | KB | 5 | | | | ◎ | ○ | | | | | | | | ○ | ☆N | | ○ |

| | 項目 | | No. | 1 | 2 | 3 | 4 | 5 | 6 | 7 | 要求の強さ | クレーム | 要望事項 | 劣 1 | 2 | 並 3 | 4 | 優 5 | レベルアップ |
|---|---|---|---|---|---|---|---|---|---|---|---|---|---|---|---|---|---|---|---|
| 要求項目 | 持ち運びが楽である | （○○氏メール連絡 18.2.3） | 1 | △ | | | ◎ | △ | | | B | | | | | ○N☆ | | | |
| 要求項目 | 外観がきれい | （クレーム対応） | 2 | | | | | | | | A | C1 | | | ○ | ☆N | | | ○ |
| 要求項目 | 離れていても目立つ | （個別要望事項より） | 3 | | | | ○ | | | | A | | Y1 | ○ | N | ☆ | | | ◎ |
| 要求項目 | 取付易い | （顧客会議資料ＸＸ参照） | 4 | | △ | △ | | △ | | | B | | | | | N | ○☆ | | |
| 要求項目 | 外し易い | （顧客会議資料ＸＸ参照） | 5 | | △ | △ | | △ | | | C | | | | | ○N☆ | | | |

市場評価　競合比較：従来品：○　新製品目標：☆　N社（N234）：N

クレーム情報

| 記号 | 項目 | 備考 |
|---|---|---|
| C1 | 外観傷あり | 営業情報C345 |
| | | |

要望事項

| 記号 | 項目 | 備考 |
|---|---|---|
| Y1 | 見た目向上 | 顧客要望書K665 |
| | | |

## 5.1.5 技術データの確認、ベンチマーク

その次は、仕様および要求項目のレベルアップを決めた項目について、実際に部材側のどの項目を変更することで、そのレベルアップを実現するかを技術者として判断していく。

そのためには、各技術特性の現状を自社製品は全項目、他社製品は全項目のデータは困難なこともあるが、調査したものを明記する。他社品の調査は分解調査等で分析することが多いが、文献や報告書によることもある。場合によっては、データの出所も明記しておくといいだろう。

**図表5.9**は、各部材（技術特性）の現状のデータ、競合他社のデータを記入し、それぞれの技術的レベルを劣－並－優とし、5段階で評価している。技術特性側のベンチマークである。技術特性の場合、値が大きいから優れているものもあれば小

**図表5.9** 部材（技術特性）のデータ記入、レベル判定

対象製品：2019 夏製品化○○○○○

顧客：○○△△

| 要求項目・仕様 | | | | 部材 | 1次 | 巻線 | | | 外装 | | ○○ | | 市場評価 | | | | | | | | |
|---|---|---|---|---|---|---|---|---|---|---|---|---|---|---|---|---|---|---|---|---|---|
| | | | | | 2次 | 材質 | 径 | 巻き数 | 塗料 | 材質 | ○○ | ○△ | 要求の強さ | クレーム | 要望事項 | 競合比較<br>従来品：○<br>新製品目標：☆<br>N社（N234）：N | | | | | レベルアップ |
| | 項目 | 値<br>現行品（A123） | 開発品（試作1） | 競合：N社（N234） | | 1 | 2 | 3 | 4 | 5 | 6 | 7 | | | | 未達 1 | 2 | 達成 3 | 4 | 過達 5 | |
| 仕様 | 粘着力 | 5kg 以上 | ← | ← | 1 | ○ | | | △ | | | △ | | | | | N | ○☆ | | | |
| 仕様 | 切断力 | 2kg 以下 | 1kg以下 | 1kg以下 | 2 | | ○ | | | △ | | | | | | | ○ | ☆N | | | ○ |
| 仕様 | 欠陥数 | 5 個以下 | ← | 4個以下 | 3 | △ | | ◎ | | | ○ | | | | | | | ○☆ | N | | |
| 仕様 | 重量 | 3kg | ← | 4kg | 4 | ○ | △ | | | △ | ○ | | | | | | N | ○☆ | | | |
| 仕様 | 塗装 | KA | KB | KB | 5 | | | | ◎ | ○ | | | | | | | | ○ | ☆N | | ○ |
| 要求項目 | 項目 | | | | No. | | | | | | | | | | | 劣 1 | 2 | 並 3 | 4 | 優 5 | |
| 要求項目 | 持ち運びが楽である | （○○氏メール連絡 18.2.3） | | | 1 | △ | | | ◎ | △ | | | B | | | | | ○N☆ | | | |
| 要求項目 | 外観がきれい | （クレーム対応） | | | 2 | | | | | | | | A | C1 | | | ○ | ☆N | | | ○ |
| 要求項目 | 離れていても目立つ | （個別要望事項より） | | | 3 | | | | ○ | | | | A | | Y1 | ○ | N | ☆ | | | ◎ |
| 要求項目 | 取付易い | （顧客会議資料ＸＸ参照） | | | 4 | | △ | △ | | △ | | | B | | | | | N | ○☆ | | |
| 要求項目 | 外し易い | （顧客会議資料ＸＸ参照） | | | 5 | | △ | △ | | △ | | | C | | | | | ○N☆ | | | |

| | | | 1 | 2 | 3 | 4 | 5 | 6 | 7 |
|---|---|---|---|---|---|---|---|---|---|
| 部品変更 | 現行品（A123）○ | | P | 0.23 | 50 | A | BL | 5 | CD |
| 部品変更 | 開発品（試作1）☆ | | | | | | | | |
| 実績 | MIN | | P | 0.1 | 40 | A | BL | 3 | CD |
| 実績 | MAX | | P | 0.3 | 80 | C | BZ | 6 | CL |
| 競合製品解析評価 | N社（N234）：N | | P | 0.3 | 40 | B | BL | - | CK |
| 競合製品解析評価 | 従来品：○<br>新製品目標：☆<br>N社（N234）：N | 優5 | | | | | | | |
| | | 4 | | | ○ | N | | ○ | N |
| | | 並3 | ○N | N | N | ○ | ○N | | ○ |
| | | 2 | | ○ | | | | | |
| | | 劣1 | | | | | | | |

クレーム情報

| 記号 | 項目 | 備考 |
|---|---|---|
| C1 | 外観傷あり | 営業情報C345 |
| | | |

要望事項

| 記号 | 項目 | 備考 |
|---|---|---|
| Y1 | 見た目向上 | 顧客要望書K665 |
| | | |

さいものもある。公差が小さいのがいいのもあり、評価基準は異なる。材料のレベルもあるだろう。単位もさまざまである。評価基準の参考として、実績値を示す欄も設けている。技術者として評価する。これにより、自社他社の技術的な強み弱みが視える化、共有化できるのである。

要求品質側である仕様・要求項目側の強み弱みは横方向で、技術特性の強み弱みが縦方向で見ることができる。品質表は、市場評価として顧客側の競合比較を、競合製品解析評価として、技術側の競合比較をしており、2つの競合比較を1つの表でしているのも特徴である。

## 5.1.6　技術特性目標の設定

この状態で今回、仕様・要求項目の4点のレベルアップを部材（技術特性）のどの項目をどれだけ変更することにより実現できるかを決める。この場合は、できる

**図表5.10**　部材（技術特性）の変更点の決定

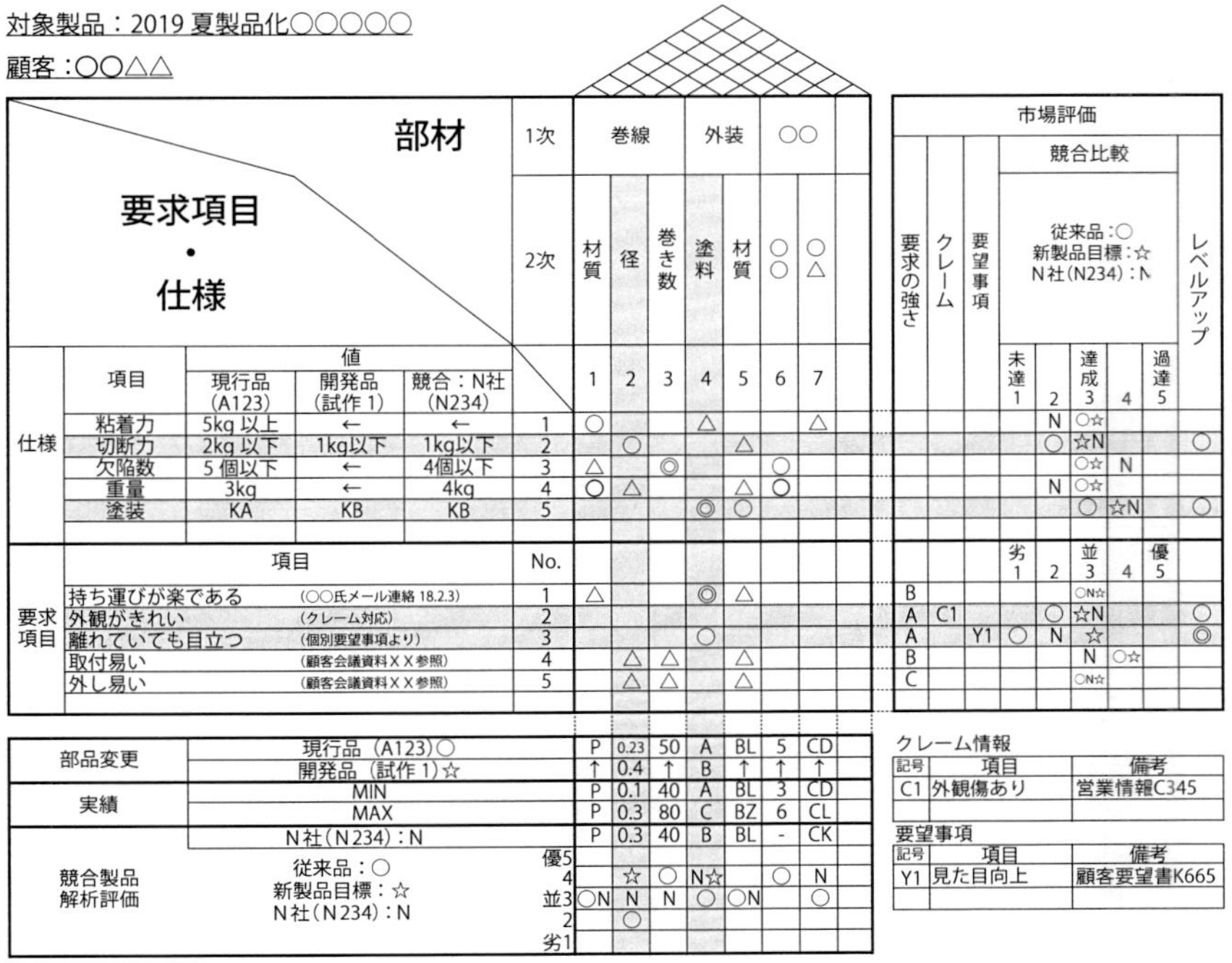

かできないか、どうやるかを、技術的に判断する。

**図表5.10**のように、今回は、巻線の径と外装の塗装の2か所の変更することで対応できるものと判断した。実際の変更目標を記入し、解析評価欄のレベルの一に☆を記入している。

## 5.1.7 トレードオフ（背反）確認

この2カ所が変更点であるが、それにより変化してしまうこと、トレードオフ（背反）を確認することにより変化点の確認が必要である。そこで活用するのが**図表5.11**の品質表の屋根の部分である。

変更したことにより良くなるものは○、悪くなるものは▲で示しているが、要は自分たちのわかりやすい表現にすればいい。巻線の径を変更すると外装の塗装が共にアップすることがわかったが、○○の○○がダウンすることが確認できた。ダウ

**図表5.11** 部材（技術特性）の変化点の確認

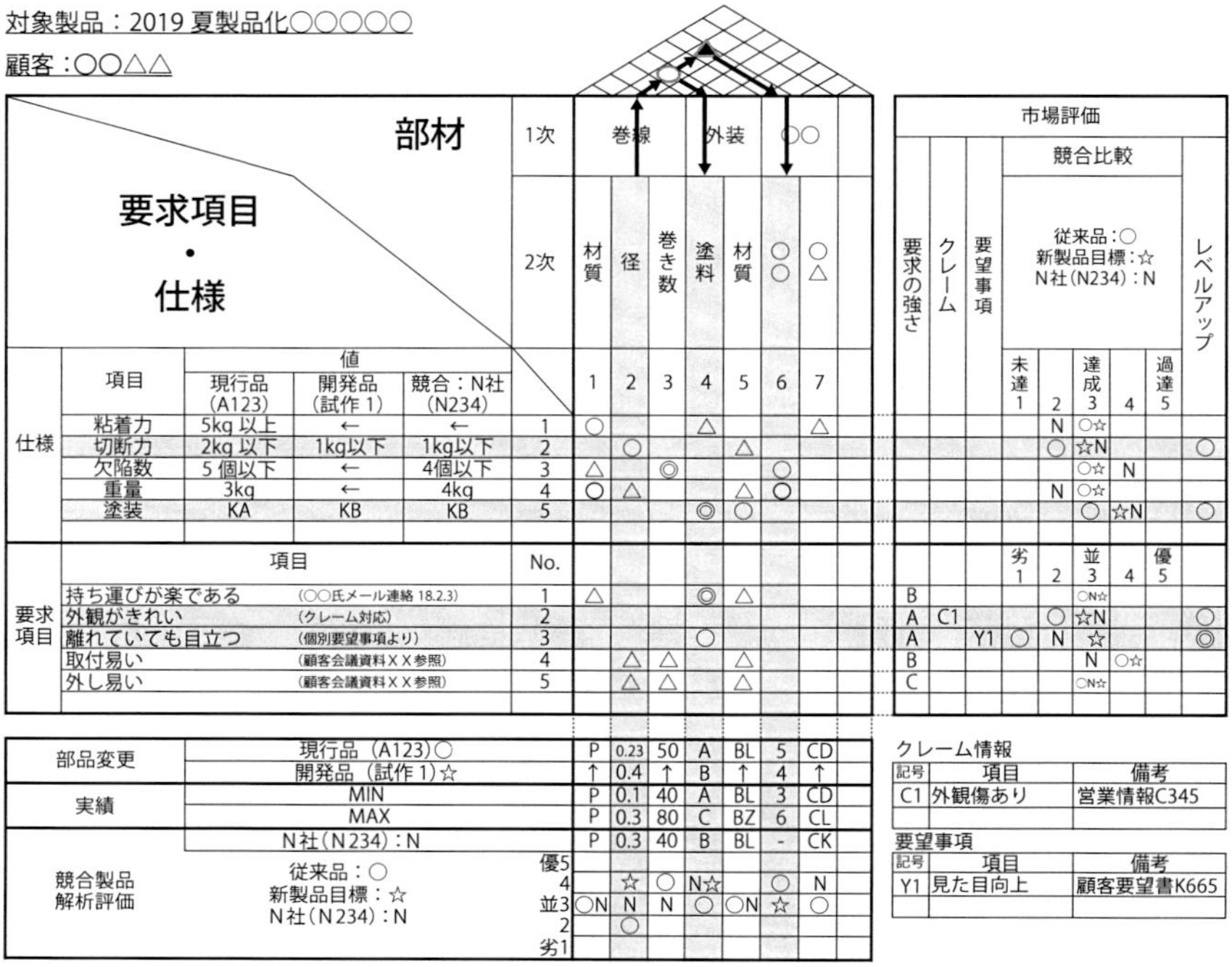

ンしても大丈夫かを確認したところ、○○特性を5から4にすることになるが、仕様等へはその範囲では影響無いことが確認できたので、そのまま4へダウンすることとした。他の変更点はないことも確認した。もし、ダウンしなければならない特性があり、それに対応した仕様や要求項目（交差した点に◎○△）がある場合、仕様や要求項目をレベルダウンすることになる場合は、さらなる検討が必要である。バランス設計である。さらなる変更を検討する場合もあり、背反を解決するために従来のやり方で困難な場合は、矛盾解決技法であるTRIZや他の技法へ展開する場合もある。

屋根の部分、Excelでは図形のオブジェクトを使用するので、使いにくいことが多い。品目の増減により挿入や削除をすると修正が面倒である。このため、別シートに背反確認の部分を示して使用している例も多い。やり方は工夫すればいいが、要は、変更点に対しての変化点を見逃さないことである。

## 5.1.8　変更点変化点の難易度判定、過去不良対応確認

続いて、**図表5.12**に示すように、合計3点の変更点変化点について変更の難易度を判定する。これは技術的難易度を判定し、課題の明確化、重点項目（3.2.1項参照）であるネック技術の抽出とともに、FMEAへの反映の場所としている。

さらに、この製品に関する過去不良として、再発防止項目、二度と起こしたくない、起こすべきでない事故や不良がある場合、それを明記しておく。単に名称だけでなく、不良報告書番号やFTA番号などの関連書類を記載しておくことである。この部分は、品質管理部署が主体で管理（対応）している企業が多い。事故や不良、試作時や量産試作、量産時の問題に対して、問題解決した段階で追記更新していく。これにより、再発防止のシステムにもなる。

今回の変更は過去不良として、○◇不良（不良報告書XXXX）に関連していることがわかった。このため、FMEAに入る前に、今回の巻線の径の変更に対して、○◇不良がどう関連しているのか、再発する恐れがあるのかを、不良報告書を見て確認検討する。もしさらに設計変更が必要になれば、その変更も品質表に反映することになる。このためにも過去不良については名称だけの表示ではなく、資料の関連番号等を関連付けておくのである。

この表では、変更部分の従来実績を記載している。数字で表現できるものもあれ

**図表5.12　変更点の視える化、過去不良関連確認**

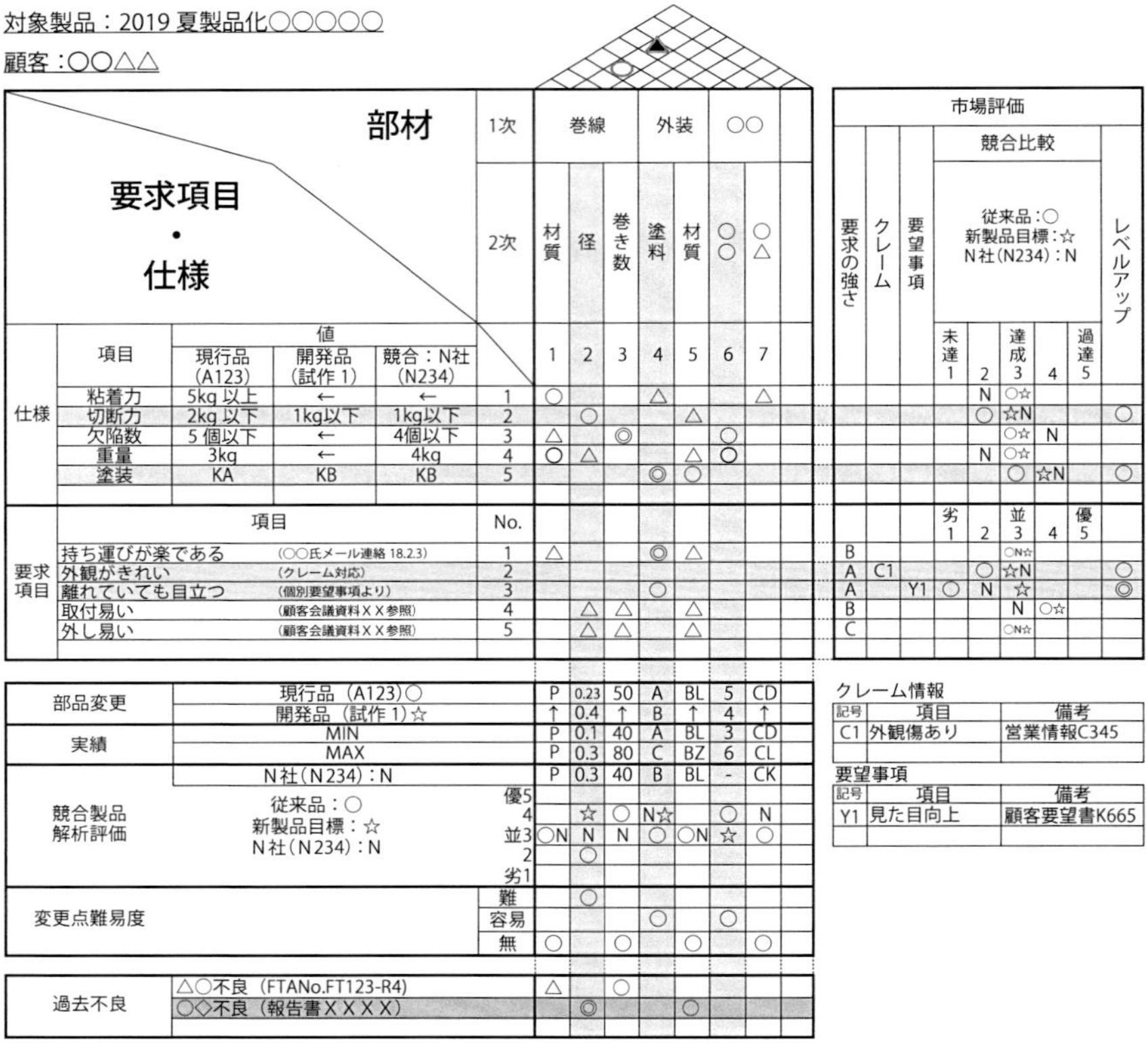


ば、仕様番号などでの表示もあるだろう。記号で示して欄外に説明を入れることもいい。実績を入れることで、変更点難易度の判定の参考になり、DRなどの資料においても関係者がわかりやすいものになる。

そして、その変更について、変更点難易度を判定している。まったく変更していないものは、「無」の欄に○を入れる。変更していても、従来実績などで判断して大丈夫だろう、と思うものは「容易」の欄に○を、難しい変更や、この変更により余計なことが心配されるものは「難」の欄に○をする。これは、この段階で、簡易なFMEAを実施している。FMEAは新規変更点に実施するが、すべての変更点にやっていたら、時間も人もかなりのもの。ここでフィルターをかけている。

難の欄に○がついたものは、FMEAへ展開し、FMEAを実施する。容易の欄の○は実施しない。無の欄の○は実施する必要がない。これをDR等で関係者全員で確認するのである。

品質表もFMEAと同様、品質文書として管理するべきである。**図表5.13**の右上に示してあるが、管理番号を採り、レビジョン管理することである。Excelで作成しているのがほとんどであり、見直し改定するときは、必ずシートコピーして、旧版には手を付けずに、レビジョンアップし、シートをレビジョン表示や日付表示にしている。それを共通サーバー等に保管し、関係者が最新版を見ても、以前の状態

**図表5.13　品質表→FMEAへ**

要求項目・仕様～部材表

管理No.Q123R3

作成メンバー：営業/○○、技術/○○、品管/○○、製造/○○

対象製品：2019夏製品化○○○○○

顧客：○○△△

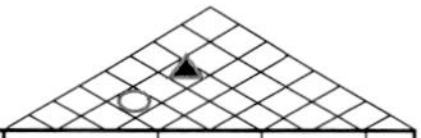

| 部材 | | | | | 1次 | 巻線 | | | 外装 | | ○○ | | | 市場評価 | | | | | | | | |
|---|---|---|---|---|---|---|---|---|---|---|---|---|---|---|---|---|---|---|---|---|---|---|
| 要求項目・仕様 | | | | | 2次 | 材質 | 径 | 巻き数 | 塗料 | 材質 | ○○ | ○△ | | 要求の強さ | クレーム | 要望事項 | 競合比較（従来品：○ 新製品目標：☆ N社(N234)：N） | | | | | レベルアップ |
| 仕様 | 項目 | 値 現行品(A123) | 開発品(試作1) | 競合：N社(N234) | | 1 | 2 | 3 | 4 | 5 | 6 | 7 | | | | | 未達1 | 2 | 達成3 | - | 過達5 | |
| | 粘着力 | 5kg以上 | ← | ← | 1 | ○ | | | △ | | | △ | | | | | | N | ○☆ | | | |
| | 切断力 | 2kg以下 | 1kg以下 | 1kg以下 | 2 | | ○ | | | △ | | | | | | | | ○ | ☆N | | | ○ |
| | 欠陥数 | 5個以下 | ← | 4個以下 | 3 | △ | | ◎ | | | ○ | | | | | | | | ○☆ | ■ | | |
| | 重量 | 3kg | ← | 4kg | 4 | ○ | △ | | | △ | ○ | | | | | | | N | ○☆ | | | |
| | 塗装 | KA | KB | KB | 5 | | | | ◎ | ○ | | | | | | | | | ○ | ☆N | | ○ |
| | | | | | | | | | | | | | | | | | | | | | | |
| 要求項目 | 項目 | | | | No. | | | | | | | | | | | | 劣1 | 2 | 並3 | - | 優5 | |
| | 持ち運びが楽である | （○○氏メール連絡 18.2.3） | | | 1 | △ | | | ◎ | △ | | | | B | | | | | ○N☆ | | | |
| | 外観がきれい | （クレーム対応） | | | 2 | | | | | | | | | A | C1 | | | ○ | ☆N | | | ○ |
| | 離れていても目立つ | （個別要望事項より） | | | 3 | | | | ○ | | | | | A | | Y1 | ○ | N | ☆ | | | ◎ |
| | 取付易い | （顧客会議資料ＸＸ参照） | | | 4 | | △ | △ | | △ | | | | B | | | | | N | ○☆ | | |
| | 外し易い | （顧客会議資料ＸＸ参照） | | | 5 | | △ | △ | | △ | | | | C | | | | | ○N☆ | | | |
| | | | | | | | | | | | | | | | | | | | | | | |

| | | | 1 | 2 | 3 | 4 | 5 | 6 | 7 | |
|---|---|---|---|---|---|---|---|---|---|---|
| 部品変更 | 現行品（A123）○ | | P | 0.23 | 50 | A | BL | 5 | CD | |
| | 開発品（試作1）☆ | | ↑ | 0.4 | ↑ | B | ↑ | 4 | ↑ | |
| 実績 | MIN | | P | 0.1 | 40 | A | BL | 3 | CD | |
| | MAX | | P | 0.3 | 80 | C | BZ | 6 | CL | |
| 競合製品解析評価 | N社（N234）：N | | P | 0.3 | 40 | B | BL | - | CK | |
| | 従来品：○ 新製品目標：☆ N社（N234）：N | 優5 | | | | | | | | |
| | | 4 | | ☆ | ○ | N☆ | | ○ | N | |
| | | 並3 | ○N | N | N | ○ | ○N | ☆ | ○ | |
| | | 2 | | ○ | | | | | | |
| | | 劣1 | | | | | | | | |
| 変更点難易度 | | 難 | | ○ | | | | | | |
| | | 容易 | | | | ○ | | ○ | | |
| | | 無 | ○ | | ○ | | ○ | | ○ | |
| 過去不良 | △○不良（FTANo.FT123-R4） | | △ | | ○ | | | | | |
| | ○◇不良（報告書ＸＸＸＸ） | | | ◎ | | | ○ | | | |
| | | | | | | | | | | |

クレーム情報

| 記号 | 項目 | 備考 |
|---|---|---|
| C1 | 外観傷あり | 営業情報C345 |
| | | |

要望事項

| 記号 | 項目 | 備考 |
|---|---|---|
| Y1 | 見た目向上 | 顧客要望書K665 |
| | | |

がどうだったかすぐにわかるようにしている。レビジョンごとに課題の部分について色分けしておき、解決したことをコメントやオブジェクトで表示している。品質表は課題の視える化の道具である。

この品質表は、DRなどでも提出する。そして、この変更点難易度を見てDR関係者全員が納得する必要がある。容易の欄の○はFMEAを実施しない。それなのに、製品化した将来にわたって、故障などの問題が発生したとき、「私は実は心配していたのだ」なんて言うのは卑怯者。もし思っていたのなら、品質表の作成時に、FMEA検討会議で、もしくはDRなどの会議のときに、「この項目の容易は納得できません」とでも言って再検討に入るべきだったのである。容易の判断に関係者が皆納得したのに実際の製品で問題が起きたら、全員の責任でもあるが、もしそういったことが起きてしまったら、責任論よりも、問題解決、再発防止をしっかりとやることである。

### 5.1.9 インタビューFMEAへの展開

さて、こうして、品質表からFMEAへの展開すべき項目が明確になった。これにより、FMEAの的が絞れたのである。つまりFMEAのインプットが明確化したことになる。

実際にインタビューFMEAに入る場合、品質表を関係者全員に見せて該当システムの変更点・変化点を全部確認してもらう。

## 5.2 インタビューFMEAの実施

そしてインタビューFMEAに入っていく（**図表5.14**）。ここまでがうまくできていない企業が多い。そのために、FMEAやDRBFMがうまくいっていないのである。品質表を使わなくてもいいが、FMEAを実施すべき項目（工程FMEAでは工程）を視える化、共有化すること、逆に、FMEAを実施しなくてもいい項目も視える化、共有化しておくことである。インタビューFMEAだからやることではなく、通常のFMEAでも同じである。

図表5.14　インタビューFMEAの流れ

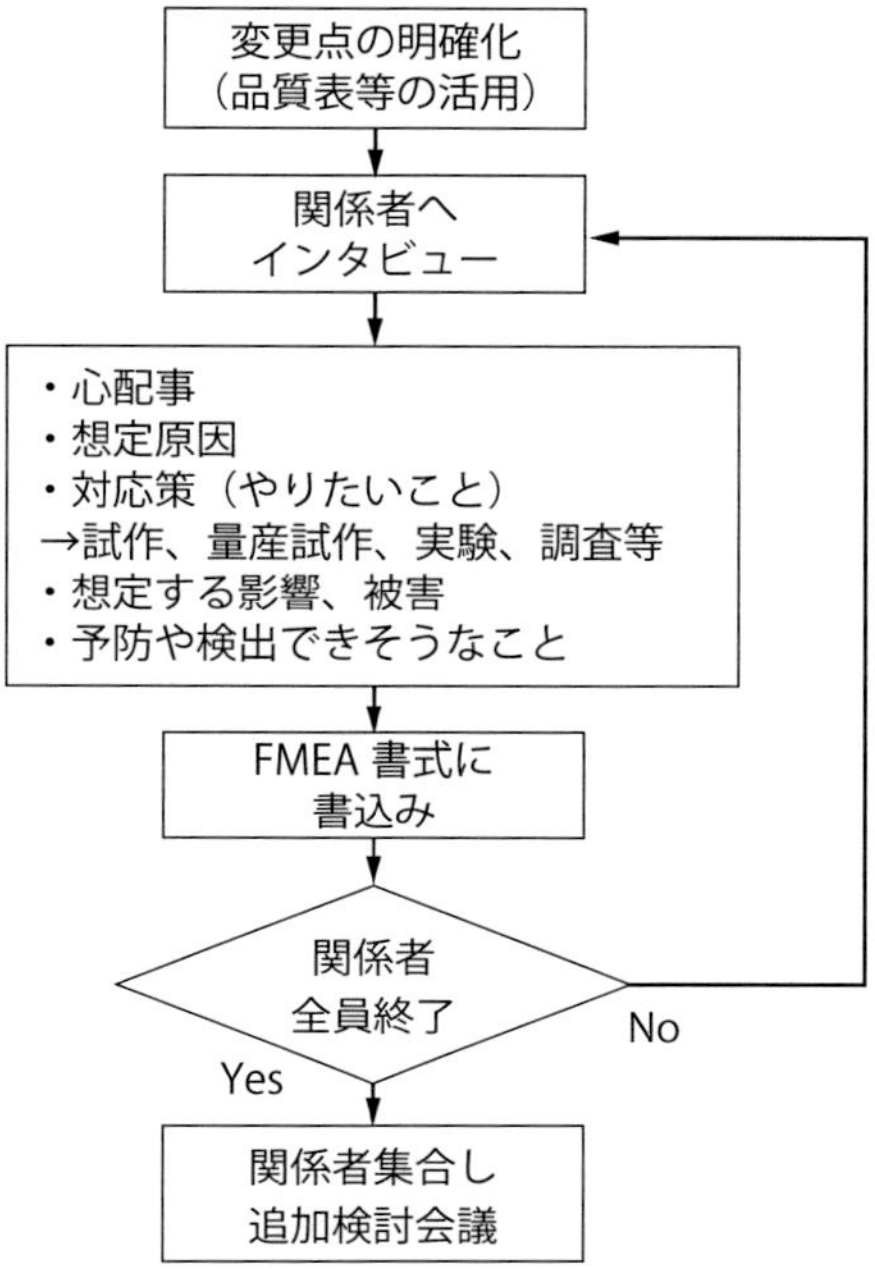


## 5.2.1　FMEAシートへ

FMEAのシート（**図表5.15**）に品質表の項目とリンクさせて入っていく。

インタビューFMEAの手順のスタートは、FMEAシート作成手順と同じである（2.1.3項参照）、DRBFMシートを使っても同じである（2.1.4項参照）。品質表の項目と関連づけて記入する。ここでは、IATF16949のFMEAシートの事例で解説していく。

品目と新規変更点を記入する（**図表5.16**）。ここでは、変更点の目的も記入している。

機能だけでもいいが、要求事項も確認できているものはまず記入しておいた方がいいだろう（**図表5.17**）。

機能と要求事項が記入してあると、情報量が多くなり、故障モードを含めた心配していることが出やすくなる。しかしながら、FMEAの初心者や理解していない

## 図表5.15　インタビューFMEA用シート

| 承認 | 審査 | 作成 |
|---|---|---|
| | | |

故障モードと影響解析　（設計FMEA）

FMEA番号：＿＿＿＿＿＿ 改訂 Rev
ページ：＿＿＿＿＿＿
作成者：＿＿＿＿＿＿
FMEA実施日：（初期）＿＿＿＿＿＿（改訂
インタビュアー：＿＿＿＿＿＿

システム：＿＿＿＿＿＿　設計責任：＿＿＿＿＿＿
主要チームメンバー：＿＿＿＿＿＿　キーデート：＿＿＿＿＿＿

| 品目 | 新規変更点 | 機能 | 要求事項 | 発案者（提案者） | （潜在的）故障モード | （潜在的）故障影響 | 影響度 | 分類 | （潜在的）故障原因 | 現行の設計管理 | | | 検出度 | RPN | 推奨処置 | 責任者及び目標完了期限 | 処置結果 | | | | |
|---|---|---|---|---|---|---|---|---|---|---|---|---|---|---|---|---|---|---|---|---|---|
| | | | | | | | | | | 予防 | 発生頻度 | 検出 | | | | | 取られた処置及び完了日 | 影響度 | 発生頻度 | 検出度 | RPN |
| | | | | | | | | | | | | | | | | | | | | | |
| | | | | | | | | | | | | | | | | | | | | | |
| | | | | | | | | | | | | | | | | | | | | | |

## 図表5.16　FMEAシートへの記入：項目・新規変更点

| 品目 | 新規変更点 | 機能 | 要求事項 | 発案者（提案者） | （潜在的）故障モード | （潜在的）故障影響 | 影響度 | 分類 | （潜在的）故障原因 | 現行の設計管理 | | | 検出度 | RPN | 推奨処置 | 責任者及び目標完了期限 | 処置結果 | | | | |
|---|---|---|---|---|---|---|---|---|---|---|---|---|---|---|---|---|---|---|---|---|---|
| | | | | | | | | | | 予防 | 発生頻度 | 検出 | | | | | 取られた処置及び完了日 | 影響度 | 発生頻度 | 検出度 | RPN |
| 巻線：径 | φ0.23→0.4 切断力の仕様変更対応して実施する | | | | | | | | | | | | | | | | | | | | |
| | | | | | | | | | | | | | | | | | | | | | |
| | | | | | | | | | | | | | | | | | | | | | |

| 品目 | 新規変更点 | 機能 | 要求事項 |
|---|---|---|---|
| 巻線：径 | φ0.23→0.4<br>切断力の仕様変更<br>対応して実施する | | |
| | | | |

**図表5.17**　**機能・要求事項の記入**

| 品目 | 新規<br>変更点 | 機能 | 要求事項 |
|---|---|---|---|
| 巻線：径 | φ0.23→0.4<br>切断力の仕様変更対応して実施する | 切断時のバネ力を出す | バネ力を向上させるが、耐久性は従来通りとする |
| | | | |

人は機能や要求事項は出しにくい。また、機能は1つだけとは限らない。特に変更点に関わる機能を見逃すと、隠れた問題が出て来なくなる。

ここで機能や故障モードの抽出方法について、2.1.3項の解説にも紹介した自転車ベルでの演習時の説明にて解説する。**図表5.18**は自転車ベルの場合であるが、実際に演習した事例である。

**図表5.18**　**機能・要求事項説明**

| 項目<br>（部品名） | 新規・変更点 | 機能 | 要求事項 | （潜在的）故障モード |
|---|---|---|---|---|
| ベル蓋 | 原価低減のため肉厚を10%低減する<br>T＝1.0⇒0.9 | 音を出す | 音色と音量は従来通りとする | |

これに対して、故障モードをブレインストーミングで出してみると、「音質が低下するかも」「変形してしまうかも」「ガタが起きるのかも」などと出てきた、それを故障モードの欄に付箋紙で貼っていく（**図表5.19**）。

実際のFMEAでも、演習用紙を用意して、拡大印刷し、品目と新規・変更点は直接書き込むが、機能以降は付箋紙で対応している。付箋紙の方が、移動が容易で、全員でやりとりができるからである。

**図表5.19** 故障モード抽出

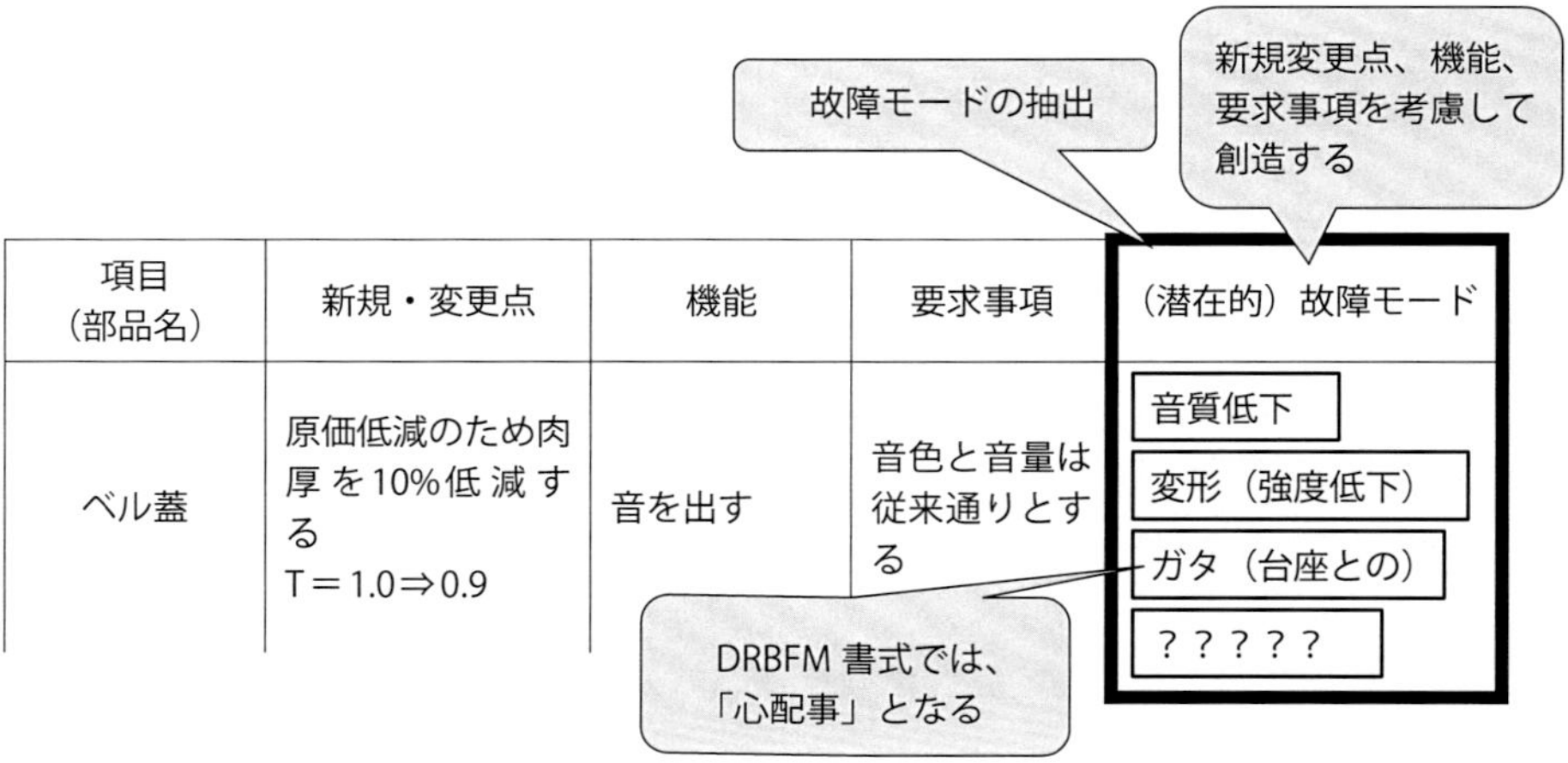


**図表5.20** 機能と故障モードの関係

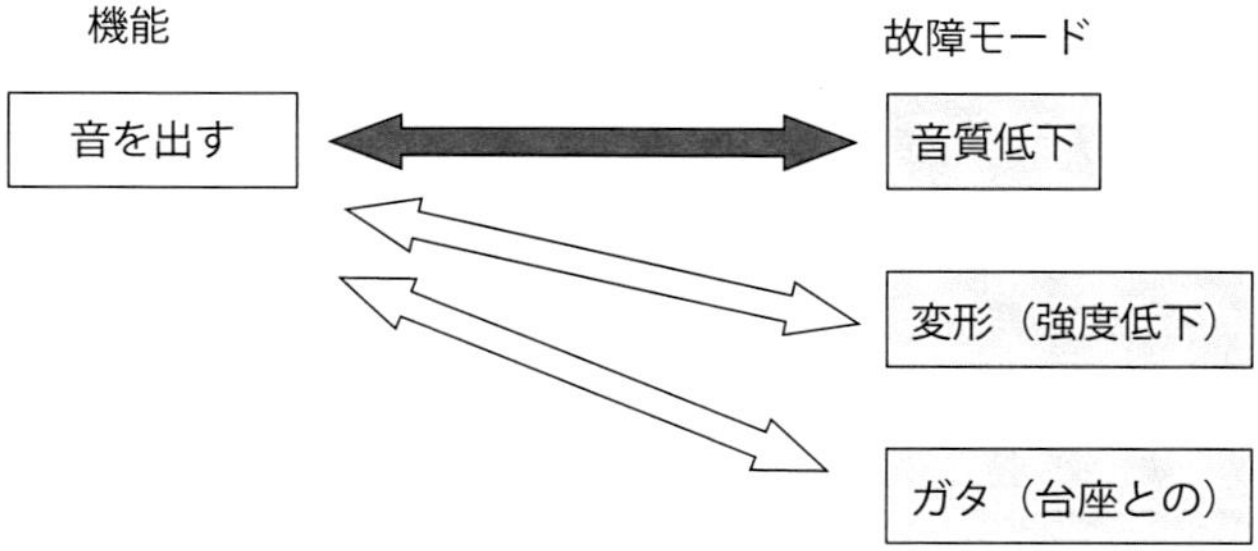


さて、故障モードとは、機能を阻害する要素である（4.1項参照）。この事例では機能は「音を出す」としているが、出てきた故障モードは機能を阻害する要素になっているだろうか（**図表5.20**）。

「音質低下」は「音を出す」を阻害しているが、「変形」「ガタ」はそれが起きれば間接的に音が悪くなるだろうけども、直接はつながっていないだろう。しかしながら、起きるかもしれないし、ベル蓋は変形しても困る、ガタが起きても困る。ということは、それらに対応した機能があるはず（**図表5.21**）。

**図表5.21**　**機能の追加**

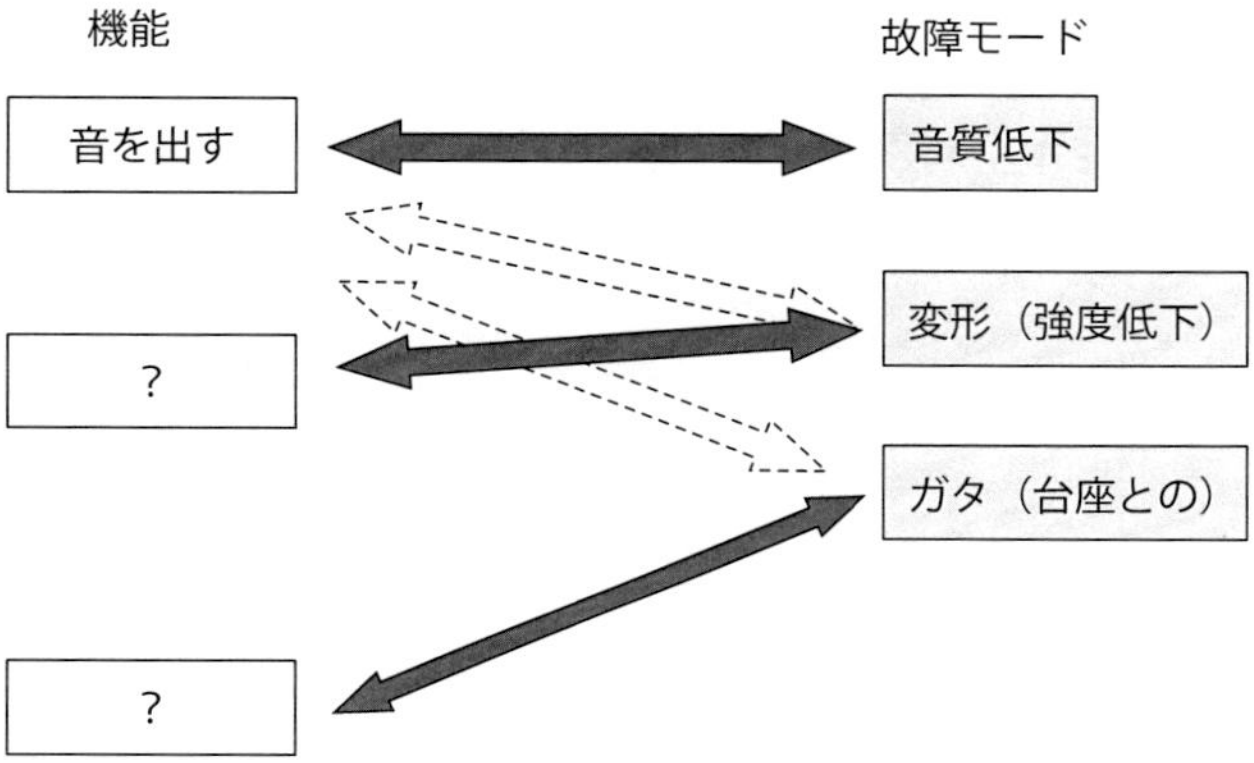


**図表5.22**　**機能の抽出**

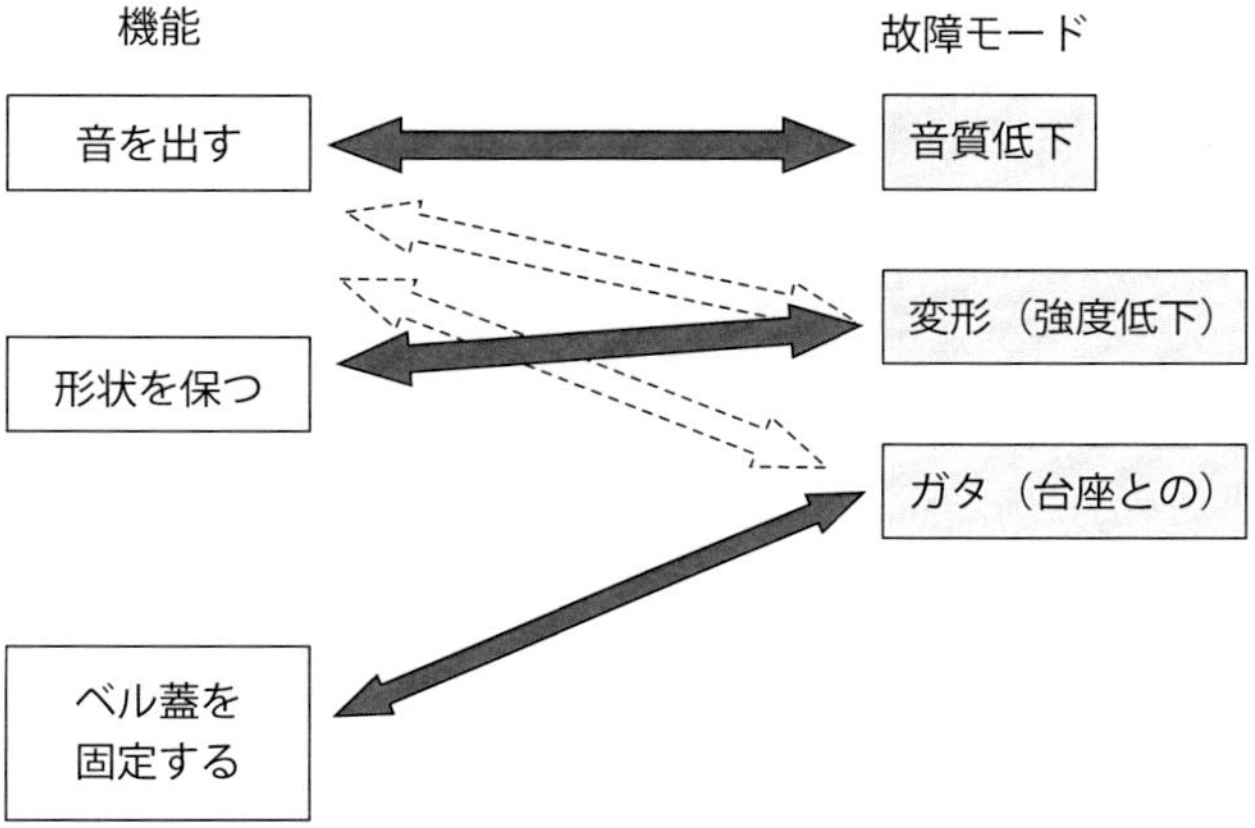


「変形」に対しては、「形状を保つ」、「ガタ」に対しては「ベルを固定する」という機能があることが抽出された（**図表5.22**）。

ここで、変形に注目してみたところ、「変形したら、かっこ悪いなあ」ということは、かっこ悪いに対応した機能があるだろう、ということで、「外観を保つ」という機能をさらに追加した（**図表5.23**）。

**図表5.23**　**機能のさらなる追加**

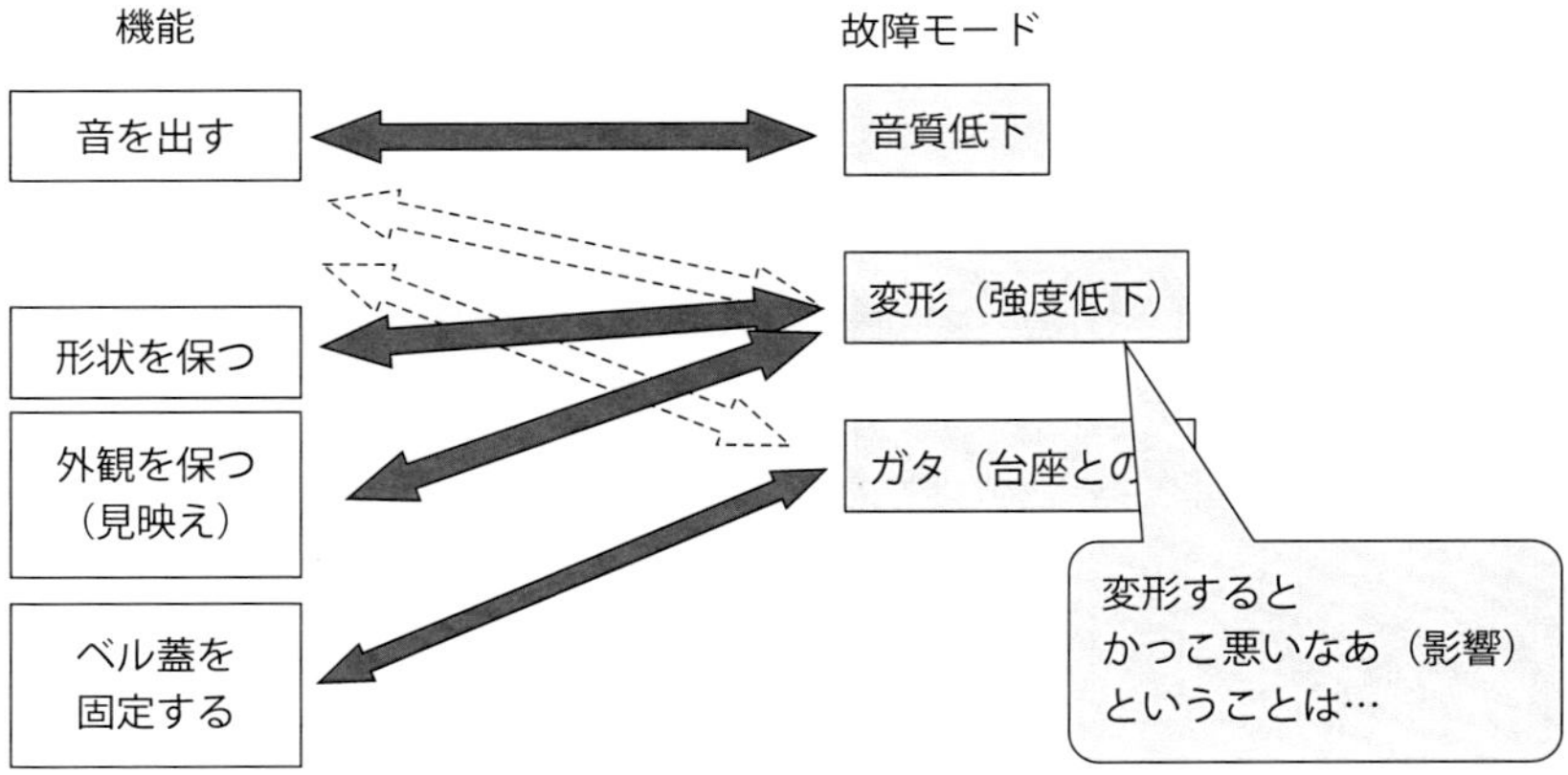


**図表5.24**　**故障モードの追加**

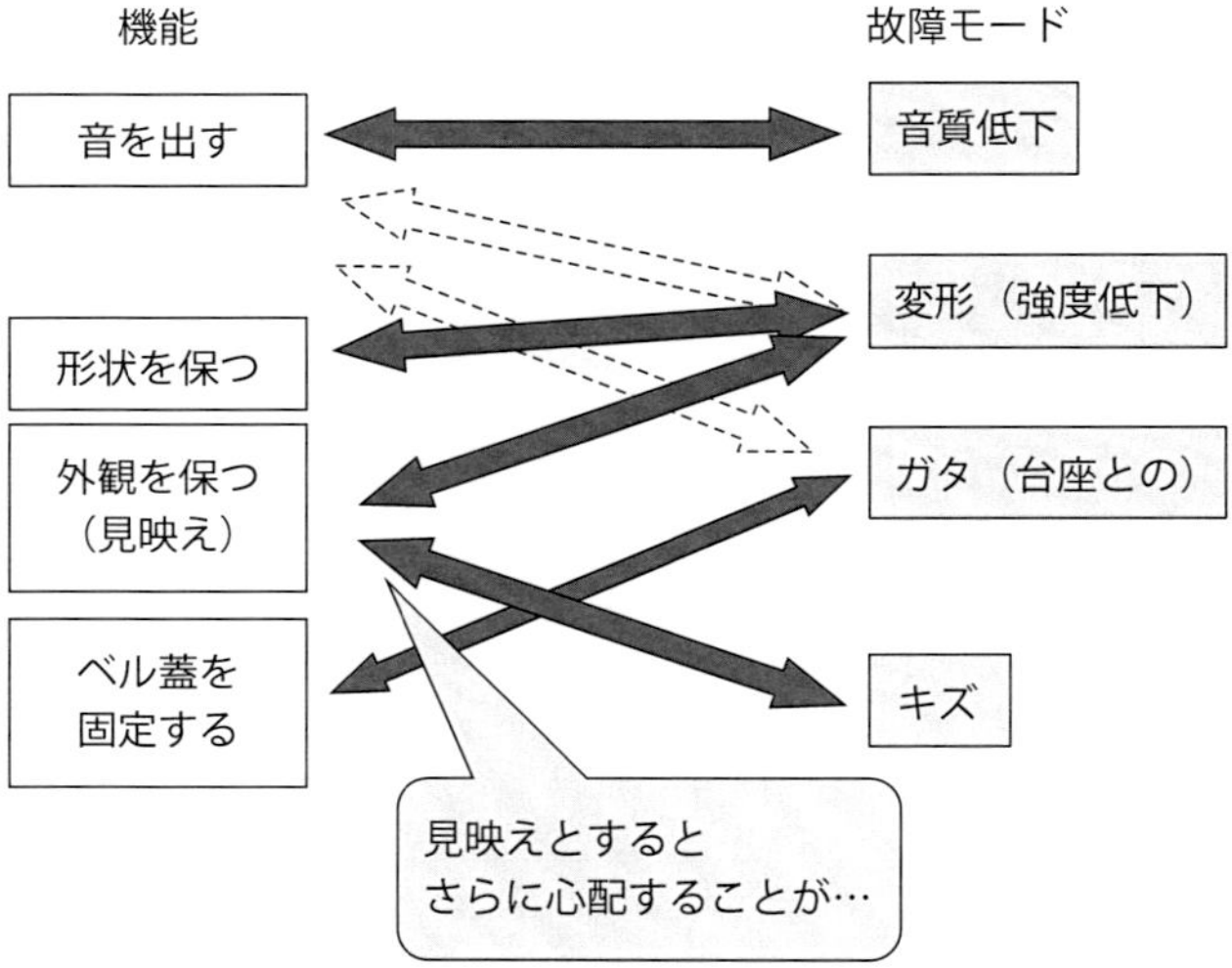


実際に100円ショップの自転車ベルもカラフルなものが多い。外観を保つに対して、ブレインストーミングをしていると、「それなら、キズが出ても困るよね」ということで、「キズ」の故障モードを追加した（**図表5.24**）。

**図表5.25**　漏れ落ちは想定外

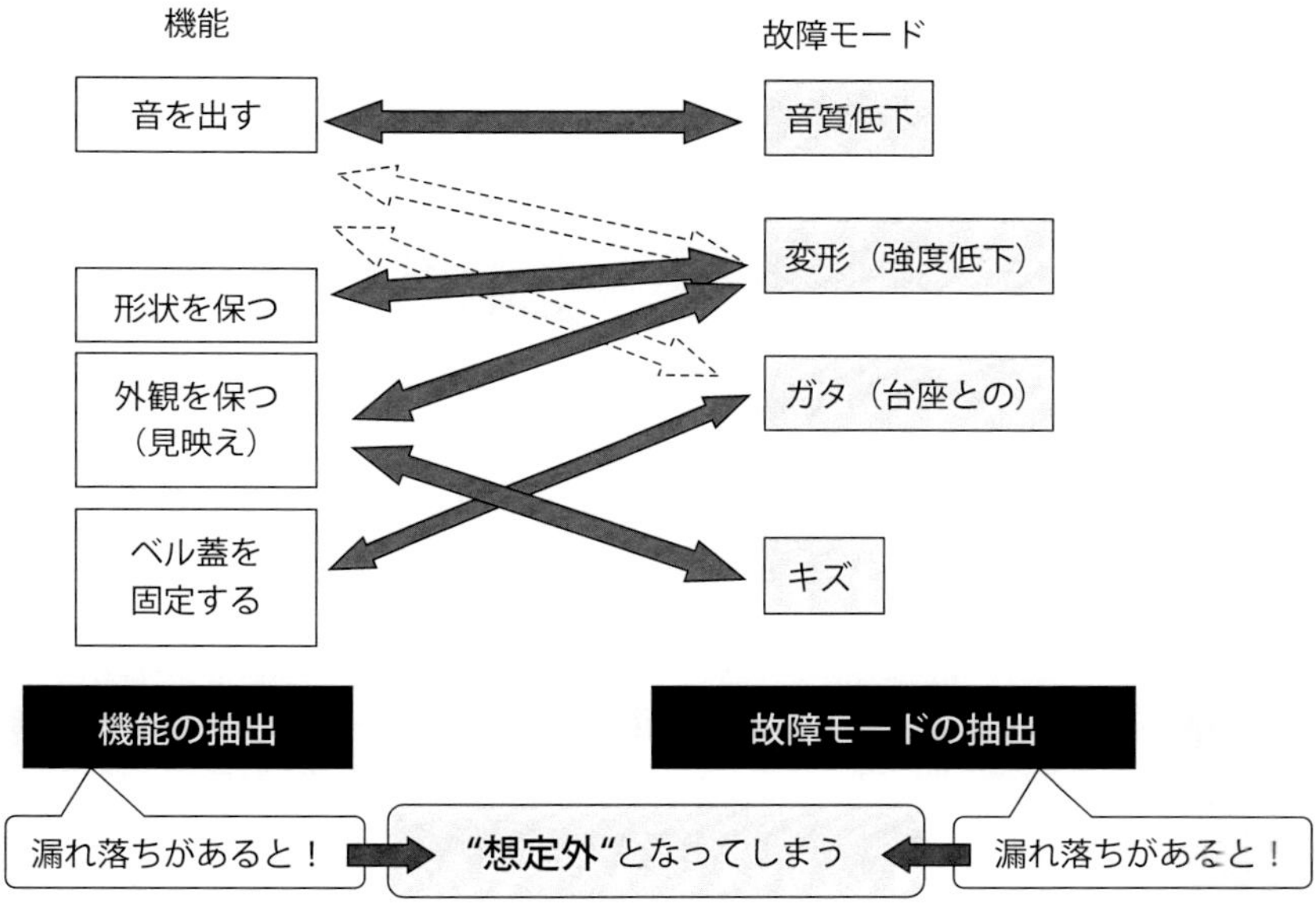


「今回の変更点は、ベル蓋の厚みを1から0.9にするだけだから、それによってキズが付きやすくなるかなあ」という意見も出るが、ブレインストーミングの基本は「批判せず」「自由奔放」「質より量」「他人に便乗」であるから、ここでは批判せずに、後で実際に起きるかどうかを含めて判断すればいい。

このようにして、機能の追加、故障モードを追加していく、創造していくのである。ここで機能においても、故障モードにおいても漏れ落ちがあると、「想定外」になってしまう（**図表5.25**）。

「どこまで追求すればいいのでしょうか？」「どのくらい時間をかければいいのでしょうか？」といった質問も受けるが、「納得するまで」と回答している。それが、気が済むまでなのか、時間で制限するのか、それはFMEAを実施する組織、特に管理者の判断であろう。

ここで出てきたものを、FMEAシートに機能、故障モードだけでなく、要求事項も追記するのである（**図表5.26**）。

**図表5.26　FMEAシートに記入**

| 項目（部品名） | 新規・変更点 | 機能 | 要求事項 | （潜在的）故障モード |
| --- | --- | --- | --- | --- |
| ベル蓋 | 原価低減のため肉厚を10%低減する<br>T=1.0⇒0.9 | 音を出す | 音色や音量は従来通りとする | 音質低下 |
| | | 形状を保つ | 従来通りの形状を保つ | 変形 |
| | | ベル蓋を固定する | 従来通りベル蓋を固定する | ガタ |
| | | 外観を保つ（見映え） | 従来通りの外観を保つ | キズ |

## 5.2.2　インタビューFMEAのスタート

この新規・変更点の欄をよく見て、この項目（部品名）の機能、要求事項を確認し、どんなことを思いつくか、ということで進めていく。ここからがインタビューFMEAになる。品質表とこの変更点まで記入したFMEAシートを基に、インタビュアーが関係者全員に聞きまわる。新規・変更点に関わる思ったこと、気が付いたことをどんどんと言っていけばいいのである。

FMEAを理解している人や、FMEAの表を左から埋めていくという基本的なやり方に準じてすでに実施している人などは、故障モードである心配となる事象・現象を言い出すことが多いだろう。だが、どちらかと言うと、技術者は、「変更するのだったら、試作のときに○○を確認したい」とか「○○評価で耐久性をチェックしたい」とか推奨処置欄に相当することが出てくる。

特にDR（デザインレビュー）を含めていろいろとアドバイスを言っていただくベテランや年配の方々は、この欄について言ってくる人がほとんどである。

「○○を評価しておいてくれ」

「○○試験をやってみてくれないか」

などである。それでいい。そこからスタートスタートしていけばいい。気になったこと、心配したことを出せばいいのであるから。これこそ、FMEAである。インタビュアーとしては、言われたところから埋めて、他の関連する欄を聞き出していくのである。

### 5.2.3　インタビューの実施、書き込み

インタビュアーとして聞きまわったことをどんどん記入していく。前述のように、多いのが推奨処置にあたる部分の、いろいろと試作、評価、実験である。それならそこから記入すればいいのである。そして、なぜ、そう言ったのかを、言った本人に確認していくのである。

**図表5.27**のように、品証の久保氏が「バネの耐久試験条件の数を○○個に増やして実施し、バラツキを確認してくれないか」と言ってきた。心配なのである。それに対して、インタビュアーは、FMEAの各欄の空いているところを、聞きやすいところから埋める形で聞けばいい。

(インタビュアー)「なぜ増やさなければいけないのですか？」

(久保氏)「設定寿命期間になる前に経を大きくしたことでバラツキが生じて、バネ力が低下して……」

⇒これは影響だなあ、影響欄に記入しよう。

(インタビュアー)「それは何が起きるのでしょうね？」

(久保氏)「亀裂して劣化していくかもしれない」

⇒これは故障モードになるな、

(インタビュアー)「今回の変更の巻線の径をφ0．23からφ0．4への変更に対してどう関係するのですか？」

(久保氏)「経大化による○○が○○することにより……」

⇒これは故障原因、メカニズムになるな、

(インタビュアー)「現在の設計管理は何をやっていますかね」

(久保氏)「設計に確認してみてほしいけど、バネの設計規準に従っているはずだなあ」

⇒設計に確認して、設計規準に従っているかどうか、従っているならば、規準番号を確認し記入しておこう。

(インタビュアー)「耐久試験とのことですが、試験規準はありますかね。今の試験規準では個数が足りないのですよね？」

(久保氏)「バネ耐久試験T003-8で試験しているけども、規定員数でいいか心配だ

## 図表5.27　インタビュー内容の記入

| 品目 | 新規変更点 | 機能 | 要求事項 | 発案者（提案者） | （潜在的）故障モード | （潜在的）故障影響 | 影響度 | 分類 | （潜在的）故障原因 | 現行の設計管理 | | | 検出度 | RPN | 推奨処置 | 責任者及び目標完了期限 | 処置結果 | | | | |
|---|---|---|---|---|---|---|---|---|---|---|---|---|---|---|---|---|---|---|---|---|---|
| | | | | | | | | | | 予防 | 発生頻度 | 検出 | | | | | 取られた処置及び完了日 | 影響度 | 発生頻度 | 検出度 | RPN |
| 巻線：径 | φ0.23→0.4 切断力の仕様変更対応して実施する | 切断時のバネ力を出す | バネ力を向上させるが、耐久性は従来通りとする | 品証/久保 | | | | | | | | | | | バネの耐久試験条件の数を〇〇個に増やして実施し、バラツキを確認する | | | | | | |
| | | | | | | | | | | | | | | | | | | | | | |
| | | | | | | | | | | | | | | | | | | | | | |
| | | | | | | | | | | | | | | | | | | | | | |

| 品目 | 新規変更点 | 機能 | 要求事項 | 発案者（提案者） | 推奨処置 |
|---|---|---|---|---|---|
| 巻線：径 | φ0.23→0.4 切断力の仕様変更対応して実施する | 切断時のバネ力を出す | バネ力を向上させるが、耐久性は従来通りとする | 品証/久保 | バネの耐久試験条件の数を〇〇個に増やして実施し、バラツキを確認する |
| | | | | | |
| | | | | | |
| | | | | | |

から、増やしてほしい」

といった具合である。以上で、項目欄は埋まってくるが、評価点数はその場で発案者が点数表を理解しているのなら埋めてもいいし、インタビュアーが会話しながら点数表から入れてもいいだろう。点数が判断できないのなら、後々の議論会議で入れてもいいだろう。

評価点まで入れた事例を**図表5.28**に示す。推奨の対策の担当者や期限は、議論会議のときに責任者により埋める方がいいだろう。「言い出しっぺが馬鹿になる」という言葉があるが、発言者（提案者）が常に担当になるようでは、発言しにくくなるし、適材適所として、責任者が責任を持って分担させるべきである。自らやりたいこと、確認したいということで、発案者が積極的に自分で担当と期限を記入することであれば、記入しておくことはいいだろう。

1人1行でなくていい、どんどん出してもらうことである。

**図表5.29**のように、1行おきにインタビュー結果を記入していき、次の回答者に移っていけばいい。

## 5.2.4　インタビューのまとめ

関係者全員にインタビューした結果をまとめる（**図表5.30**）。似たものは並べ替えて見やすくした方がいいだろう。

## 5.2.5　議論会議へ

関係者全員へのインタビュー内容をまとめたら、議論会議で再度確認、さらなる気づきなどを追加し、各評価点を議論して対策内容を確認、対策を実施すべきものは、担当・期限を記入する（**図表5.31**）。対策不要のところは「無し」と明記している（1.3.9項参照）。

品質文書として発行するため、審査者は審査する立場として、承認者は承認する立場として、責任を持って押印する（**図表5.32**）。これにてFMEAの初版ができあがったことになる。その後DRなどで使う企業も多いだろう。

## 図表5.28 インタビュー結果の記入

| 品目 | 新規変更点 | 機能 | 要求事項 | 発案者（提案者） | （潜在的）故障モード | （潜在的）故障影響 | 影響度 | 分類 | （潜在的）故障原因 | 現行の設計管理 予防 | 発生頻度 | 検出 | 検出度 | RPN | 推奨処置 | 責任者及び目標完了期限 | 処置結果 取られた処置及び完了日 | 影響度 | 発生頻度 | 検出度 | RPN |
|---|---|---|---|---|---|---|---|---|---|---|---|---|---|---|---|---|---|---|---|---|---|
| 巻線：径 | φ0.23→0.4 切断力の仕様変更対応して実施する | 切断時のバネ力を出す | バネ力を向上させるが、耐久性は従来通りとする | 品証/久保 | 亀裂劣化 | 設定寿命期間前にバネ力低下により、、、、、 | 5 | | 経大化による○○が○○することにより、、、、、 | バネ設計基準 S001-3 | 5 | バネ耐久試験 T003-8 | 5 | 125 | バネの耐久試験条件の数を○○個に増やして実施し、バラツキを確認する | | | | | | |
| | | | | | | | | | | | | | | | | | | | | | |
| | | | | | | | | | | | | | | | | | | | | | |
| | | | | | | | | | | | | | | | | | | | | | |

## 図表5.29 次のインタビュー結果の記入

| 品目 | 新規変更点 | 機能 | 要求事項 | 発案者（提案者） | （潜在的）故障モード | （潜在的）故障影響 | 影響度 | 分類 | （潜在的）故障原因 | 現行の設計管理 予防 | 発生頻度 | 検出 | 検出度 | RPN | 推奨処置 | 責任者及び目標完了期限 | 処置結果 取られた処置及び完了日 | 影響度 | 発生頻度 | 検出度 | RPN |
|---|---|---|---|---|---|---|---|---|---|---|---|---|---|---|---|---|---|---|---|---|---|
| 巻線：径 | φ0.23→0.4 切断力の仕様変更対応して実施する | 切断時のバネ力を出す | バネ力を向上させるが、耐久性は従来通りとする | 品証/久保 | 亀裂劣化 | 設定寿命期間前にバネ力低下により、、、、、 | 5 | | 経大化による○○が○○することにより、、、、、 | バネ設計基準 S001-3 | 5 | バネ耐久試験 T003-8 | 5 | 125 | バネの耐久試験条件の数を○○個に増やして実施し、バラツキを確認する | | | | | | |
| | | | | | | | | | | | | | | | | | | | | | |
| | | | | 設計/井戸 | 座屈変形 | 使用時にバネ力が急になるなくことにより、、、、、 | | | 長期使用時に経大化による○○にて○○していく | バネ設計基準 S001-5 | 4 | バネ耐久試験 T003-5 | | | 過渡解析を実施し変形強度を確認する | | | | | | |
| | | | | | | | | | | | | | | | | | | | | | |

## 図表5.30　インタビューのまとめ

| 品目 | 新規変更点 | 機能 | 要求事項 | 発案者（提案者） | （潜在的）故障モード | （潜在的）故障影響 | 影響度 | 分類 | （潜在的）故障原因 | 現行の設計管理 予防 | 発生頻度 | 検出 | 検出度 | RPN | 推奨処置 | 責任者及び目標完了期限 | 処置結果 取られた処置及び完了日 | 影響度 | 発生頻度 | 検出度 | RPN |
|---|---|---|---|---|---|---|---|---|---|---|---|---|---|---|---|---|---|---|---|---|---|
| 巻線：径 | φ0.23→0.4 切断力の仕様変更対応して実施する | 切断時のバネ力を出す | バネ力を向上させるが、耐久性は従来通りとする | 品証/久保 | 亀裂劣化 | 設定寿命期間前にバネ力低下により、、、、、 | 5 | | 経大化による○○が○○することにより、、、、、 | バネ設計基準 S001-3 | 5 | バネ耐久試験 T003-8 | 5 | 125 | バネの耐久試験条件の数を○○個に増やして実施し、バラツキを確認する | | | | | | |
| | | | | | | | | | | | | | | | | | | | | | |
| | | | | 設計/井戸 | 座屈変形 | 使用時にバネ力が急になるなくことにより、、、、、 | | | 長期使用時に経大化による○○にて○○していく | バネ設計基準 S001-5 | 4 | バネ耐久試験 T003-5 | | | 過渡解析を実施し変形強度を確認する | | | | | | |
| | | | | | | | | | | | | | | | | | | | | | |
| | | | | ○/○○ | ○○○ | ○○に○○して○○になり○○、、、、 | | | ○○が○○することで○○、、 | | 4 | ○○試験 | | | ○○を○○する | | | | | | |
| | | | | | | | | | | | | | | | | | | | | | |
| | | | | ○/○○ | ○○○ | ○○に○○して○○になり○○、、、、 | | | ○○が○○することで○○、、 | ○○規準 | 2 | ○○評価 | | | 無し | | | | | | |
| | | | | | | | | | | | | | | | | | | | | | |
| | | 切断刃を支持する | 切断力をアップしても切断刃を従来通り支える | ○/○○ | ○○○ | ○○に○○して○○になり○○、、、、 | | | ○○が○○することで○○、、 | JIS○○ | 6 | ○○検査 | | | ○○を△する | | | | | | |
| | | | | | | | | | | | | | | | | | | | | | |
| | | | | ○/○○ | ○○○ | ○○に○○して○○になり○○、、、、 | | | ○○が○○することで○○、、 | ○○規準 | 2 | ○○試験 | | | 無し | | | | | | |
| | | | | | | | | | | | | | | | | | | | | | |
| | | ○○を○○する | ○○が○○する | ○/○○ | ○○○ | ○○に○○して○○になり○○、、、、 | | | ○○が○○することで○○、、 | ○○規準 | 5 | ○○評価 | | | ○○を○○する | | | | | | |
| | | | | | | | | | | | | | | | | | | | | | |
| | | | | ○/○○ | ○○○ | ○○に○○して○○になり○○、、、、 | | | ○○が○○することで○○、、 | ○○規格○○ | 2 | ○○検査 | | | 無し | | | | | | |
| | | | | | | | | | | | | | | | | | | | | | |
| | | | | | | | | | | | | | | | | | | | | | |

## 図表5.31 担当期限の記入

| 品目 | 新規変更点 | 機能 | 要求事項 | 発案者（提案者） | （潜在的）故障モード | （潜在的）故障影響 | 影響度 | 分類 | （潜在的）故障原因 | 現行の設計管理 予防 | 発生頻度 | 検出 | 検出度 | RPN | 推奨処置 | 責任者及び目標完了期限 | 処置結果 取られた処置及び完了日 | 影響度 | 発生頻度 | 検出度 | RPN |
|---|---|---|---|---|---|---|---|---|---|---|---|---|---|---|---|---|---|---|---|---|---|
| 巻線：径 | φ0.23→0.4 切断力の仕様変更対応して実施する | 切断時のバネ力を出す | バネ力を向上させるが、耐久性は従来通りとする | 品証/久保 | 亀裂劣化 | 設定寿命期間前にバネ力低下により、、、、、 | 5 | | 経大化による〇〇が〇〇することにより、、、、、 | バネ設計基準S001-3 | 5 | バネ耐久試験T003-8 | 5 | 125 | バネの耐久試験条件の数を〇〇個に増やして実施し、バラツキを確認する | 設計/上條 2018.3.31 | | | | | |
| | | | | ― | | | 5 | | 内径と外径の差が〇〇で、、、 | バネ設計基準S001-5 | 3 | バネ耐久試験T003-9 | 2 | 30 | 無し | | | | | | |
| | | | | 設計/井戸 | 座屈変形 | 使用時にバネ力が急になるなくことにより、、、、、 | 6 | | 長期使用時に経大化による〇〇にて〇〇していく | バネ設計基準S001-5 | 4 | バネ耐久試験T003-5 | 3 | 72 | 過渡解析を実施し変形強度を確認する | 設計/安部 2018.3.25 | | | | | |
| | | | | 〇/〇〇 | 〇〇〇 | 〇〇に〇〇して〇〇になり〇〇、、、、 | 4 | | 〇〇が〇〇することで〇〇、、 | | 4 | 〇〇試験 | 3 | 48 | 〇〇を〇〇する | 〇/〇〇 2018.4.2 | | | | | |
| | | | | 〇/〇〇 | 〇〇〇 | 〇〇に〇〇して〇〇になり〇〇、、、、 | 5 | | 〇〇が〇〇することで〇〇、、 | 〇〇規準 | 2 | 〇〇評価 | 3 | 30 | 無し | | | | | | |
| | | 切断刃を支持する | 切断力をアップしても切断刃を従来通り支える | 〇/〇〇 | 〇〇〇 | 〇〇に〇〇して〇〇になり〇〇、、、、 | 6 | | 〇〇が〇〇することで〇〇、、 | JIS〇〇 | 6 | 〇〇検査 | 2 | 72 | 〇〇を△する | 〇/〇〇 2018.4.1 | | | | | |
| | | | | ― | | | 6 | | 〇〇が〇〇することで〇〇、、 | 〇〇規準 | 2 | 〇〇評価 | 2 | 24 | 無し | | | | | | |
| | | | | 〇/〇〇 | 〇〇〇 | 〇〇に〇〇して〇〇になり〇〇、、、、 | 4 | | 〇〇が〇〇することで〇〇、、 | 〇〇規準 | 2 | 〇〇試験 | 4 | 32 | 無し | | | | | | |
| | | | | ― | 〇〇〇 | 〇〇に〇〇して〇〇になり〇〇、、、、 | 5 | | 〇〇が〇〇することで〇〇、、 | | 3 | 〇〇試験 | 2 | 30 | 無し | | | | | | |
| | | 〇〇を〇〇する | 〇〇が〇〇する | 〇/〇〇 | 〇〇〇 | 〇〇に〇〇して〇〇になり〇〇、、、、 | 4 | | 〇〇が〇〇することで〇〇、、 | 〇〇規準 | 5 | 〇〇評価 | 4 | 80 | 〇〇を〇〇する | 〇/〇〇 2018.4.2 | | | | | |
| | | | | 〇/〇〇 | 〇〇〇 | 〇〇に〇〇して〇〇になり〇〇、、、、 | 5 | | 〇〇が〇〇することで〇〇、、 | 〇〇規準 | 2 | 〇〇評価 | 2 | 20 | 無し | | | | | | |
| | | | | 〇/〇〇 | 〇〇〇 | 〇〇に〇〇して〇〇になり〇〇、、、、 | 5 | | 〇〇が〇〇することで〇〇、、 | 〇〇規格〇〇 | 2 | 〇〇検査 | 3 | 30 | 無し | | | | | | |
| | | | | ― | | | 5 | | 〇〇が〇〇することで〇〇、、 | 〇〇規準 | 2 | 試作時〇〇 | 2 | 20 | 無し | | | | | | |

## 図表5.32　品質文書として発行

| 承認 | 審査 | 作成 |
|---|---|---|
| ◯ | ◯ | ◯ |

### 故障モードと影響解析　（設計FMEA）

FMEA番号：FM2018-1　改訂 Rev. 0
ページ：1
作成者：上條
FMEA実施日：（初期）2018.1.20　（改訂日）
インタビュアー：上條

設計責任：南谷
キーデート：2018.4.10

システム：2019年夏製品化○○○○
主要チームメンバー：設計/井戸、上條、安部　品証/久保、佐々木　製造/加藤、荒井　生技/佐藤

| 品目 | 新規変更点 | 機能 | 要求事項 | 発案者（提案者） | （潜在的）故障モード | （潜在的）故障影響 | 影響度 | 分類 | （潜在的）故障原因 | 現行の設計管理 予防 | 発生頻度 | 検出 | 検出度 | RPN | 推奨処置 | 責任者及び目標完了期限 | 処置結果 取られた処置及び完了日 | 影響度 | 発生頻度 | 検出度 | RPN |
|---|---|---|---|---|---|---|---|---|---|---|---|---|---|---|---|---|---|---|---|---|---|
| 巻線：径 | φ0.23→0.4 切断力の仕様変更対応して実施する | 切断時のバネ力を出す | バネ力を向上させるが、耐久性は従来通りとする | 品証/久保 | 亀裂劣化 | 設定寿命期間前にバネ力低下により、、、、、 | 5 | | 経大化による○○が○○することにより、、、、、 | バネ設計基準S001-3 | 5 | バネ耐久試験T003-8 | 5 | 125 | バネの耐久試験条件の数を○○個に増やして実施し、バラツキを確認する | 設計/上條 2018.3.31 | | | | | |
| | | | | – | | | 5 | | 内径と外径の差が○○で、、、 | バネ設計基準S001-5 | 3 | バネ耐久試験T003-9 | 2 | 30 | 無し | | | | | | |
| | | | | 設計/井戸 | 座屈変形 | 使用時にバネ力が急になるなくことにより、、、、、 | 6 | | 長期使用時に経大化による○○にて○○していく | バネ設計基準S001-5 | 4 | バネ耐久試験T003-5 | 3 | 72 | 過渡解析を実施し変形強度を確認する | 設計/安部 2018.3.25 | | | | | |
| | | | | ○/○○ | ○○○ | ○○に○○して○○になり○○、、、、 | 4 | | ○○が○○することで○○、、 | | 4 | ○○試験 | 3 | 48 | ○○を○○する | ○/○○ 2018.4.2 | | | | | |
| | | | | ○/○○ | ○○○ | ○○に○○して○○になり○○、、、、 | 5 | | ○○が○○することで○○、、 | ○○規準 | 2 | ○○評価 | 3 | 30 | 無し | | | | | | |
| | | 切断刃を支持する | 切断力をアップしても切断刃を従来通り支える | ○/○○ | ○○○ | ○○に○○して○○になり○○、、、、 | 6 | | ○○が○○することで○○、、 | JIS○○ | 6 | ○○検査 | 2 | 72 | ○○を△する | ○/○○ 2018.4.1 | | | | | |
| | | | | – | | | 6 | | ○○が○○することで○○、、 | ○○規準 | 2 | ○○評価 | 2 | 24 | 無し | | | | | | |
| | | | | ○/○○ | ○○○ | ○○に○○して○○になり○○、、、、 | 4 | | ○○が○○することで○○、、 | ○○規準 | 2 | ○○試験 | 4 | 32 | 無し | | | | | | |
| | | | | – | ○○○ | ○○に○○して○○になり○○、、、、 | 5 | | ○○が○○することで○○、、 | | 3 | ○○試験 | 2 | 30 | 無し | | | | | | |
| | | ○○を○○する | ○○が○○する | ○/○○ | ○○○ | ○○に○○して○○になり○○、、、、 | 4 | | ○○が○○することで○○、、 | ○○規準 | 5 | ○○評価 | 4 | 80 | ○○を○○する | ○/○○ 2018.4.2 | | | | | |
| | | | | ○/○○ | ○○○ | ○○に○○して○○になり○○、、、、 | 5 | | ○○が○○することで○○、、 | ○○規準 | 2 | ○○評価 | 2 | 20 | 無し | | | | | | |
| | | | | ○/○○ | ○○○ | ○○に○○して○○になり○○、、、、 | 5 | | ○○が○○することで○○、、 | ○○規格○○ | 2 | ○○検査 | 3 | 30 | 無し | | | | | | |
| | | | | – | | | 5 | | ○○が○○することで○○、、 | ○○規準 | 2 | 試作時○○ | 2 | 20 | 無し | | | | | | |

### 5.2.6 対策フォロー、実施結果記入

対策は実施状況を確認し、フォローすること。期限が間近、期限になってからフォローしてもしょうがない。チャレンジャーの事故のようなことはお断りである(1.3.9項参照)。対策が完了したら、実施内容の欄に実際に実施したことを後で見てわかるように記載し、再度評価をして評価点を記入する。その後、審査・承認して品質文書としてレビジョンアップするのである(**図表5.33**)。

## 5.3 設計から工程までの展開

工程展開した場合に、品質表をどう活かすかを示した事例を次に示す(**図表5.34**)。

ここでは一気に示しているが、実際は工程でも、設計段階と同じように、徐々に埋めていく。

これにより、工程の変更が、設計(部材)だけでなく、顧客仕様や要求項目への関連、影響まで見ることができる。

工程の部分は別表にしてもかまわない。この事例だと、顧客からの仕様・要求事項から工程までつながっているので、工程と顧客のつながりも視えていいと思うこともあるだろうが、実際は項目も多くなり大変である。その時点で必要な項目を主にして、他は隠しておくのもいいだろう。しかしながら、組織の壁があるとなかなかこのつながりは作りにくい。製造部門だけでも実施したい、というときには、インプットを設計のアウトプットにして作っている(**図表5.35**)。必ずしも顧客からスタートしないと作れないわけではない。

要は視える化である。自分たちで工夫してみることだ。

工程FMEAもこの表から展開実施していく。部品への展開、設備への展開、試験や評価への展開も同様に実施すればいい。自部門だけでも、業務のインプット、アウトプットの明確化に活用できる。FMEA対応だけではなく、それだけではもったいない。

品質表は役に立つものであるが、よく「品質表は難しいですよね」と言われる。何が難しいのかというと、それは部門の壁の打破である。品質表は部門をまたいで

# 図表5.33　対策完了後、文書として改訂版を発行

| 承認 | 審査 | 作成 |
|---|---|---|
| | | |

## 故障モードと影響解析　（設計FMEA）

FMEA番号：FM2018-1　改訂 Rev. 1
ページ：1
作成者：上條
FMEA実施日：（初期）2018.1.20　（改訂日）2018.4.20
インタビュアー：上條

設計責任：南谷
キーデート：2018.4.10

システム：2019年夏製品化○○○○
主要チームメンバー：設計／井戸、上條、安部　品証／久保、佐々木　製造／加藤、荒井　生技／佐藤

| 品目 | 新規変更点 | 機能 | 要求事項 | 発案者（提案者） | （潜在的）故障モード | （潜在的）故障影響 | 影響度 | 分類 | （潜在的）故障原因 | 現行の設計管理 予防 | 現行の設計管理 発生頻度 | 現行の設計管理 検出 | 検出度 | RPN | 推奨処置 | 責任者及び目標完了期限 | 処置結果 取られた処置及び完了日 | 処置結果 影響度 | 処置結果 発生頻度 | 処置結果 検出度 | 処置結果 RPN |
|---|---|---|---|---|---|---|---|---|---|---|---|---|---|---|---|---|---|---|---|---|---|
| 巻線：径 | φ0.23→0.4 切断力の仕様変更対応して実施する | 切断時のバネ力を出す | バネ力を向上させるが、耐久性は従来通りとする | 品証/久保 | 亀裂劣化 | 設定寿命期間前にバネ力低下により、、、、、 | 5 | | 経大化による○○が○○することにより、、、、、 | バネ設計基準 S001-3 | 5 | バネ耐久試験 T003-8 | 5 | 125 | バネの耐久試験条件の数を○○個に増やして実施し、バラツキを確認する | 設計/上條 2018.3.31 | 試験の結果、○○が○○であることを確認した（報告書ＸＸ）2018.3.20 | 5 | 2 | 2 | 20 |
| | | | | ― | | | 5 | | 内径と外径の差が○○で、、、 | バネ設計基準 S001-5 | 3 | バネ耐久試験 T003-9 | 2 | 30 | 無し | | | | | | |
| | | | | 設計/井戸 | 座屈変形 | 使用時にバネ力が急になるなくことにより、、、、、 | 6 | | 長期使用時に経大化による○○にて○○していく | バネ設計基準 S001-5 | 4 | バネ耐久試験 T003-5 | 3 | 72 | 過渡解析を実施し変形強度を確認する | 設計/安部 2018.3.25 | 過渡解析を実施し問題ないことを確認（解析報告書ＸＸ）2018.3.22 | 6 | 3 | 2 | 36 |
| | | | | ○/○○ | ○○○ | ○○に○○して○○になり○○、、、、 | 4 | | ○○が○○することで○○、、 | | 4 | ○○試験 | 3 | 48 | ○○を○○する | ○/○○ 2018.4.2 | ○○を○○し○○し確認ＯＫであった（報告書ＸＸ）2018.4.1 | | | | |
| | | | | ○/○○ | ○○○ | ○○に○○して○○になり○○、、、、 | 5 | | ○○が○○することで○○、、 | ○○規準 | 2 | ○○評価 | 3 | 30 | 無し | | | | | | |
| | | 切断刃を支持する | 切断力をアップしても切断刃を従来通り支える | ○/○○ | ○○○ | ○○に○○して○○になり○○、、、、 | 6 | | ○○が○○することで○○、、 | JIS○○ | 6 | ○○検査 | 2 | 72 | ○○を△する | ○/○○ 2018.4.1 | ○○を変更し、評価後問題ないことを確認 図XX-XXRev3（報告書XX）2018.3.31 | 6 | 3 | 2 | 36 |
| | | | | ― | | | 6 | | ○○が○○することで○○、、 | ○○規準 | 2 | ○○評価 | 2 | 24 | 無し | | | | | | |
| | | | | ○/○○ | ○○○ | ○○に○○して○○になり○○、、、、 | 4 | | ○○が○○することで○○、、 | ○○規準 | 2 | ○○試験 | 4 | 32 | 無し | | | | | | |
| | | | | ― | ○○○ | ○○に○○して○○になり○○、、、、 | 5 | | ○○が○○することで○○、、 | | 3 | ○○試験 | 2 | 30 | 無し | | | | | | |
| | | ○○を○○する | ○○が○○する | ○/○○ | ○○○ | ○○に○○して○○になり○○、、、、 | 4 | | ○○が○○することで○○、、 | ○○規準 | 5 | ○○評価 | 4 | 80 | ○○を○○する | ○/○○ 2018.4.2 | ○○規準を変更し、評価後問題ないことを確認 ○○規準XXRev3（○○会議資料参照）2018.3.31 | 4 | 2 | 2 | 16 |
| | | | | ○/○○ | ○○○ | ○○に○○して○○になり○○、、、、 | 5 | | ○○が○○することで○○、、 | ○○規準 | 2 | ○○評価 | 2 | 20 | 無し | | | | | | |
| | | | | ○/○○ | ○○○ | ○○に○○して○○になり○○、、、、 | 5 | | ○○が○○することで○○、、 | ○○規格○○ | 2 | ○○検査 | 3 | 30 | 無し | | | | | | |
| | | | | ― | | | 5 | | ○○が○○することで○○、、 | ○○規準 | 2 | 試作時○○ | 2 | 20 | 無し | | | | | | |

## 図表5.34　品質表：工程までの展開事例

品質表事例（説明用に簡略化）

**要求項目・仕様～部材～工程表**

管理 No.Q234R2

作成メンバー：営業 /○○、技術 /○○、品管 /○○、製造 /○○

対象製品：2019 夏製品化○○○○○

顧客：○○△△

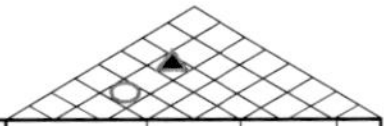

| 部材 1次 | | | | | 巻線 | | | 外装 | | ○○ | |
|---|---|---|---|---|---|---|---|---|---|---|---|
| 要求項目・仕様 2次 | | | | | 材質 | 径 | 巻き数 | 塗料 | 材質 | ○○ | ○△ |
| 仕様 項目 | 値 現行品（A123） | 開発品（試作1） | 競合：N社（N234） | | 1 | 2 | 3 | 4 | 5 | 6 | 7 |
| 粘着力 | 5kg 以上 | ← | ← | 1 | ○ | | | △ | | | △ |
| 切断力 | 2kg 以下 | 1kg以下 | 1kg以下 | 2 | | ○ | | | △ | | |
| 欠陥数 | 5 個以下 | ← | 4個以下 | 3 | △ | | ◎ | | | ○ | |
| 重量 | 3kg | ← | 4kg | 4 | ○ | △ | | | △ | ○ | |
| 塗装 | KA | KB | KB | 5 | | | | ◎ | ○ | | |
| 要求項目 項目 | | | | No. | | | | | | | |
| 持ち運びが楽である | （○○氏メール連絡 18.2.3） | | | 1 | △ | | | ◎ | △ | | |
| 外観がきれい | （クレーム対応） | | | 2 | | | | | | | |
| 離れていても目立つ | （個別要望事項より） | | | 3 | | | | ○ | | | |
| 取付易い | （顧客会議資料ＸＸ参照） | | | 4 | | △ | △ | | △ | | |
| 外し易い | （顧客会議資料ＸＸ参照） | | | 5 | | △ | △ | | △ | | |

市場評価（競合比較　従来品：○　新製品目標：☆　N社（N234）：N）

| | 要求の強さ | クレーム | 要望事項 | 未達 1 | 2 | 達成 3 | 4 | 過達 5 | レベルアップ |
|---|---|---|---|---|---|---|---|---|---|
| 仕様1 | | | | | N | ○☆ | | | |
| 仕様2 | | | | | ○ | ☆N | | | ○ |
| 仕様3 | | | | | | ○☆ | N | | |
| 仕様4 | | | | | N | ○☆ | | | |
| 仕様5 | | | | | | ○ | ☆N | | ○ |
| | | | | 劣 1 | 2 | 並 3 | 4 | 優 5 | |
| 要求項目1 | B | | | | | ○N☆ | | | |
| 要求項目2 | A | C1 | | | ○ | ☆N | | | ○ |
| 要求項目3 | A | | Y1 | ○ | N | ☆ | | | ◎ |
| 要求項目4 | B | | | | | N | ○☆ | | |
| 要求項目5 | C | | | | | ○N☆ | | | |

| | | | 1 | 2 | 3 | 4 | 5 | 6 | 7 |
|---|---|---|---|---|---|---|---|---|---|
| 部品変更 | 現行品（A123）○ | | P | 0.23 | 50 | A | BL | 5 | CD |
| | 開発品（試作1）☆ | | ↑ | 0.4 | ↑ | B | ↑ | 4 | ↑ |
| 実績 | MIN | | P | 0.1 | 40 | A | BL | 3 | CD |
| | MAX | | P | 0.3 | 80 | C | BZ | 6 | CL |
| 競合製品解析評価 | N社（N234）：N | | P | 0.3 | 40 | B | BL | - | CK |
| | 従来品：○ 新製品目標：☆ N社（N234）：N | 優5 | | | | | | | |
| | | 4 | | ☆ | ○ | N☆ | | ○ | N |
| | | 並3 | ○N | N | N | ○ | ○N | ☆ | ○ |
| | | 2 | | ○ | | | | | |
| | | 劣1 | | | | | | | |
| 変更点難易度 | | 難 | | ○ | | | | | |
| | | 容易 | | | | ○ | | ○ | |
| | | 無 | ○ | | ○ | | ○ | | ○ |
| 過去不良 | △○不良（FTANo.FT123-R4） | | △ | | ○ | | | | |
| | ○◇不良（報告書ＸＸＸＸ） | | | ◎ | | | ○ | | |

クレーム情報

| 記号 | 項目 | 備考 |
|---|---|---|
| C1 | 外観傷あり | 営業情報C345 |

要望事項

| 記号 | 項目 | 備考 |
|---|---|---|
| Y1 | 見た目向上 | 顧客要望書K665 |

| 工程 | | 1 | 2 | 3 | 4 | 5 | 6 | 7 | 工程変更 項目 | 現行品（A123） | 開発品（試作1） | 変更点難易度 無 | 容易 | 難 | 工程不良 □□不良（報告書ＸＸ） |
|---|---|---|---|---|---|---|---|---|---|---|---|---|---|---|---|
| 部材準備 | 1 | ○ | ○ | ○ | ○ | ○ | ○ | ○ | | | | ○ | | | |
| 部材洗浄 | 2 | △ | △ | ○ | | | | | | | | ○ | | | △ |
| 基礎材組立 | 3 | | | | | | ◎ | ○ | | | | ○ | | | ○ |
| N材加工 | 4 | | ◎ | | | | ○ | △ | 切削量 | -3S | -4S | | | ○ | |
| 総合組立 | 5 | △ | △ | ○ | △ | ◎ | ◎ | △ | 組込 | A作業 | B作業 | | | ○ | |
| 検査 | 6 | | △ | ◎ | △ | ◎ | ◎ | | 項目 | 10 | 12 | | ○ | | |
| 梱包 | 7 | | | | ◎ | | ◎ | △ | | | | ○ | | | |
| | 8 | | | | | | | | | | | | | | |

関連性を示すことでより役に立つが、部門の壁が高いとなかなか作れない。「どの部門が担当したらいいのですか」といった質問も受ける。顧客要求や仕様からスタートすると、最初は、営業や営業技術部門が着手する、次に技術部門、そして、品質管理も入ってきて、主体が移っていくのである。さらに製造へもとなっていく。もともとは簡単な二元表なのである。

**図表5.35**　品質表：設計から工程への展開事例

品質表事例（説明用に簡略化）

**要求項目・仕様〜部材〜工程表**

対象製品：2019 夏製品化〇〇〇〇〇

顧客：〇〇△△

管理 No.Q345R2

作成メンバー：営業 /〇〇、技術 /〇〇、品管 /〇〇、製造 /〇〇

| 設計仕様（部材） ＼ 工程 | | | | | | 部材準備 | 部材洗浄 | 基礎材組立 | N材加工 | 総合組立 | 検査 | 梱包 | |
|---|---|---|---|---|---|---|---|---|---|---|---|---|---|
| | 項目 | | 値 現行品（A123） | 値 開発品（試作１） | | 1 | 2 | 3 | 4 | 5 | 6 | 7 | |
| 仕様 | 巻線 | 材質 | P | ← | 1 | ○ | △ | | | △ | | | |
| | | 径 | 0.23 | 0.4 | 2 | ○ | △ | | | △ | △ | | |
| | | 巻線 | 50 | ← | 3 | ○ | ○ | | ◎ | ○ | ◎ | | |
| | 外装 | 塗料 | A | B | 4 | ○ | | | | △ | △ | ◎ | |
| | | 材質 | BL | ← | 5 | ○ | | | | ◎ | ◎ | | |
| | 〇〇 | 〇〇 | 5 | 4 | 6 | ○ | | ◎ | ○ | ◎ | ◎ | ◎ | |
| | | 〇△ | CD | ← | 7 | ○ | | ○ | △ | △ | | △ | |
| | | | | | | | | | | | | | |

| | | | 1 | 2 | 3 | 4 | 5 | 6 | 7 | |
|---|---|---|---|---|---|---|---|---|---|---|
| 工程変更 | 項目 | | | | | 切削量 | 組込 | 項目 | | |
| | 現行品（A123）○ | | | | | -3S | A | 10 | | |
| | 開発品（試作1）☆ | | | | | -4s | B | 12 | | |
| 変更点難易度 | | 難 | | | | ○ | ○ | | | |
| | | 容易 | | | | | | ○ | | |
| | | 無 | ○ | ○ | ○ | | | | ○ | |
| 過去不良 | □□不良（報告書ＸＸ） | | | △ | ○ | | ◎ | | | |
| | | | | | | | | | | |
| | | | | | | | | | | |

また、若手の方々は、「このような表があったら、すごく関連がわかりやすい」と言うが、ベテランになると、「このようなものなくたって、頭の中に入っているよ」ともなる。そのベテランがいつまでもいて、きちんとすべてを引き継いでくれればいいのだが。

## 5.4 影響先の確認、想定外の防止

ここまでは、品質表からFMEAへの展開の説明であったが、品質表はFMEAを実施しているときにも活用すべきである。それはFMEAの影響を判断するときで

ある（**図表5.36**）。

巻線の径の変更は、切断力の仕様の変更に伴うものである。径の変更についてFMEAを実施した場合、顧客要求仕様や要求項目に対しての影響を確認するとき、品質表はFMEAへの展開とは逆方向に見るのである。図にあるように、径の項目を縦に見ると、「取付易い」「外し易い」「重量」に△が入っている。もちろん「切断力」には○が入っているが、径を変更すると、切断力だけでなく、他の3項

**図表5.36　品質表：影響確認**

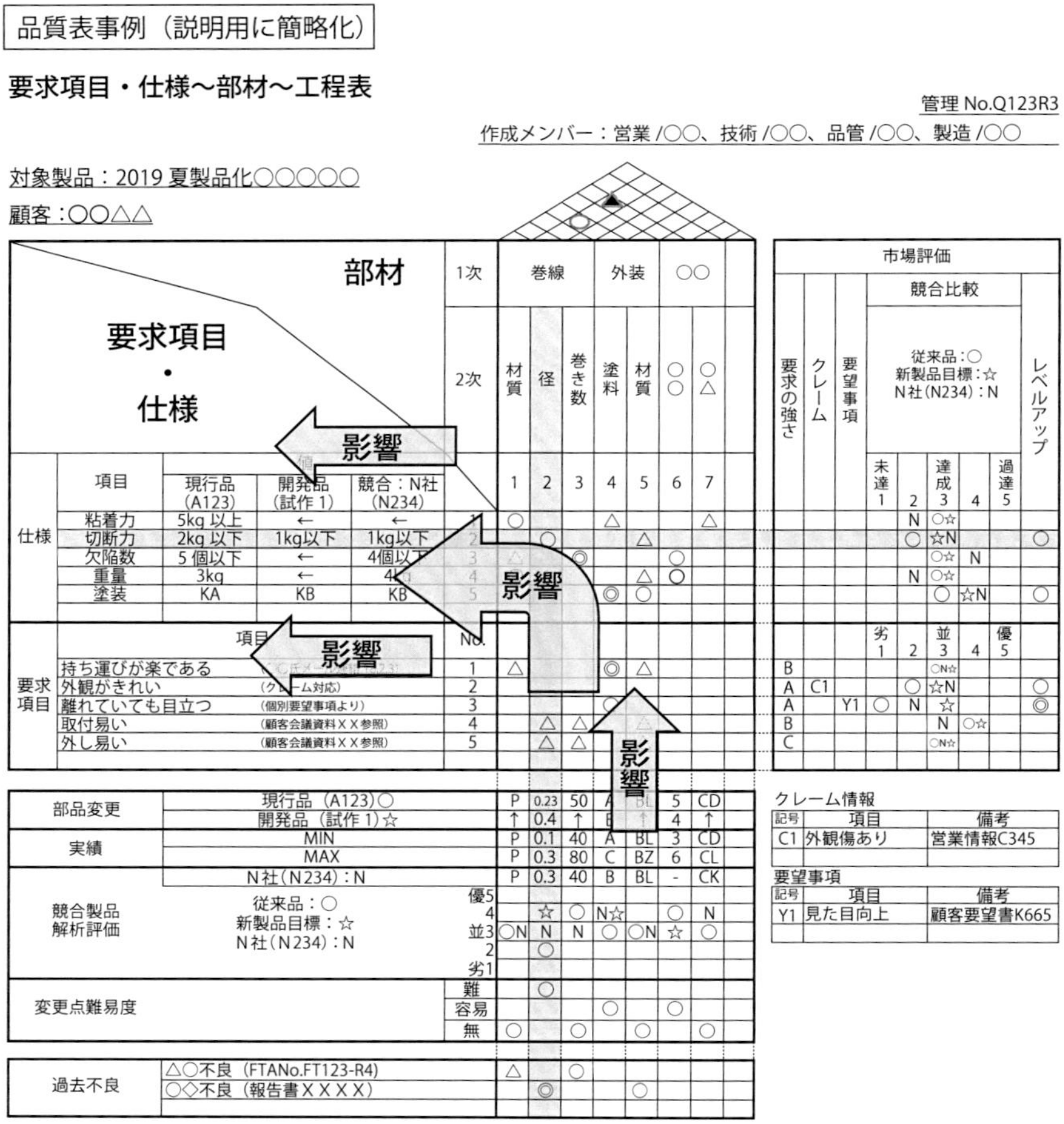

目に影響があることが見えてくる。FMEAを実施した場合、影響の欄への記載において、品質表を見ることで、影響先の漏れ落ち確認ができるのである。もし、安全や環境、法規制への影響も考慮すべきであれば、品質表にそれらの項目を記載しておけばいい。そしてそれらとの関連を示しておけばいいのである。“想定外”をなくすためには、安全や環境、法規制の要求内容を記載しておき、DRなどでも漏れ落ちがないか確認することだ。あまり多くなると品質表も大きくなってしまう。そのときは、安全の品質表、環境の品質表と分けてもいいだろう。

品質表を作るのは面倒だと思う人もいるだろう。しかしながら、事件が起きてから後始末をするのとどちらが楽なのだろうか。安全や環境など、すべてを常にやる必要はないはず。必要性を判断して実施してほしい。管理職が、責任者が、責任を持って判断、推進することである。担当者任せではうまくいかない。FMEAもだが、管理職が品質表を理解していないために使われていないのもよくあることである。品質表の見方だけでも、管理職には理解していただきたい。これは、ここだけのことではないはずである。

公開セミナーで実施した管理職セミナー用のFMEAシート問題を1.3.12項で示したが、**図表5.37**は品質表の問題である。さて、おかしな点、いくつ気付かれるだろうか。

**図表5.37** 演習問題：品質表の見方

## 品質機能展開・演習問題

あなたは、設計部長です。自社の次期主力製品の製品化（企画）DR の資料
仙谷課長が審査してきて、承認すべき立場にあります。設計試作前の DR に
す。品質表として、不合理な点、見直すべき点、おかしいと思われる点等

### 2011 春製品化、次期○△製品、品質展開表

顧客：国内一般市民ユーザー

| 要求品質 | | 技術特性<br>＊＊＊ション | ＊出力 | ＊出力精度 | ＊出力幅 | ＊＊温度 | ＊＊電圧 | ＊＊電流 |
|---|---|---|---|---|---|---|---|---|
| | | 1 | 2 | 3 | 4 | 5 | 6 | 7 |
| ＊＊＊＊が良い | 1 | ○ | ○ | | | | | |
| ＊＊＊＊Aが△△しやすい | 2 | ◎ | ○ | | | ○ | | |
| ＊＊＊＊Bが容易である | 3 | | ◎ | | ◎ | | | |
| ＊＊＊＊Cできる構造にする | 4 | | | ◎ | | △ | | |
| ＊＊＊＊Dが簡単である | 5 | | | | | | | |
| ＊＊＊＊Eが速い | 6 | | | | | ○ | | △ |
| ＊＊＊＊1をモニタしやすい | 7 | | | | | △ | △ | |
| ＊＊＊＊2をモニタしやすい | 8 | | | | | △ | | |
| ＊＊＊＊3をモニタしやすい | 9 | | | | | ◎ | | |
| ＊＊＊＊4をモニタしやすい | 10 | | | | | ◎ | ◎ | |
| ＊＊＊＊5をモニタしやすい | 11 | | | | | ○ | | |
| 技術特性競合比較 | 優：5 | | | | | ☆ | | |
| 競合A：△ | 4 | ● | ● | △□ | □ | ● | | △ |
| 競合B：□ | 並：3 | △□ | △ | ● | ● | △□ | △□ | ●□ |
| 自社：● | 2 | | □ | | △ | | ● | |
| | 劣：1 | | | | | | | |
| 技術特性評価結果 | 自社 | 18 | 33 | 95 | 60 | 0-80 | 18M | 10m |
| | 競合A | 13 | 28 | 97 | 50 | 0-65 | 20M | 6m |
| | 競合B | 12 | 25 | 97 | 68 | 0-60 | 20M | 11m |
| 技術特性目標値：☆ | | - | - | - | - | 0-90 | - | - |

としての品質表で、部下の原口が主体となり作成し、
向けて作成してきたもので、DR 前に配布するもので
を指摘してください。

| 承認 | 審査 | 作成 |
|---|---|---|
| | （仙谷）<br>2010.7.1 | （原口）<br>2010.7.1 |

2010年7月製品化DR資料

| ＊＊能力 | ＊＊7能力 | ＊＊＊＊時定数 | ＊＊＊＊精度 | ＊＊＊＊可変 | 要求の強さ | 市場評価（競合A：△　競合B：□　自社：●　自社企画：◎）劣 1 | 2 | 並 3 | 4 | 優 5 | レベルアップ項目 |
|---|---|---|---|---|---|---|---|---|---|---|---|
| 8 | 9 | 10 | 11 | 12 | | 1 | 2 | 3 | 4 | 5 | |
| | | | | | c | | | ● | △□◎ | | ○ |
| | | ◎ | | | c | | | ●△□ | | | |
| | | | | | a | | ● | △□ | ◎ | | ◎ |
| | | ○ | | | c | | □ | ●△ | | | |
| | | | | | b | | | □ | ●△ | | |
| | △ | | | | a | | ● | △□ | ◎ | | ◎ |
| | | ○ | | △ | a | | | ●△□ | | | |
| | | ○ | ○ | ○ | b | | | ●□ | △ | | |
| | | ◎ | ○ | ○ | b | | | △ | ●□ | | |
| | | ◎ | | | a | | | △□ | ● | | |
| | | ○ | | | c | | | ●△□ | | | |

| 8 | 9 | 10 | 11 | 12 |
|---|---|---|---|---|
| | | | | |
| ●△ | | ☆△□ | | |
| □ | ●△□ | | ●△□ | ●△ |
| | | | | □ |
| | | ● | | |
| 80D | 60V | 20n | 80q | 5 |
| 78D | 60V | 30n | 81q | 5 |
| 60D | 59V | 30n | 79q | 4 |
| - | - | 30n | - | - |

**参考厳禁！**

これは演習用に作成したものです。
決して事例として参考にはしないでください。

2010.07.20　by kamijo

第6章

# インタビューFMEAの効果

FMEAの効果確認とは何か、さらなる活用のためにどうすればよいかを紹介している。読者諸氏についても参考できるところがあれば活用していただきたい。

## 6.1 インタビューFMEAの実施効果

FMEAを学問的にやりたい人や企業は少ない。本来やりたいこととは、余計な出来事、故障を含めた問題などを発生させたくない、つまりは未然防止をしたいのである。セミナーでも、冒頭に確認させていただいているが、技術者にとっては、技法を学びたいのではなく、問題を防ぎたい人がほぼすべてである。

しかしながらFMEAというものは、なかなか効果がわからない。効果の確認が難しい。未然防止というものは、余計なこと（問題、不良、故障など）が起きないことで達成されるが、まともな製品を設計し製品化するということは、余計なことが起きないようにすることである。未然防止がうまくいっていると、何も起きない。起きてしまったときに「なんでちゃんとやっていなかったのだ」となる。納期優先、スケジュール優先を指示、フォローばかりされていると、「ちゃんとさせなかったのは誰なのか」「監督責任は誰なのか」と言いたくなるが。

コンサルタントをしていて、「FMEAの効果の確認方法は」ということをよく質問されるが、「余計なことが何も起きないことが効果ですよね」となる。故障率の推移を見るのはいいが、本当の効果はある程度の期間を見ないと判定できない。過去の問題の再発はFMEAではなく再発防止である。今までなかったような新たな問題が起きていないことが、FMEAの効果であるが、FMEAをやったからといって、新たな問題をすべて防げるとは限らない。創造できなかった問題は防げない。変更点変化点を見逃したことによるものはもちろん防げない。防げなかったらFMEAが役立たないと思うのではなく、なぜ防げなかったか、それを確認することも次のFMEAにつながるのである。それこそ、FMEAがうまくいかなかったという問題解決であり、次にどうやったらいいかという再発防止で、問題解決から再発防止という流れの部分の未然防止であり、FMEAの見直し改善になることで、インタビューFMEAもこれらの点から出てきたものである。問題解決には対症療法ではなく、真の原因をつかみ、それに手を打つことである。「FMEAをやっていたのに、新たな問題を防げなかった、だからFMEAは役に立たないものだ」という意見も聞いたことがあるが、きちんとFMEAを実施しないで、そしてFMEAが上手くいかないことの原因を追究しないで、そのようなことを言う方々には憤慨してしまう。

未然防止としての効果は見えにくいが、設計では製品に対する理解、特に規格や規定、信頼性試験や評価に対して、なぜそうなっているのか、なぜそんな評価や試験をするのか、といった根拠がわかってくる。特に若い技術者にとっては、FMEAを実施することで、それらの認識がしっかりとしてくる。工程や設備などでも同様である。

現状の多くの受験勉強は答えがある問題を解いているが、FMEAには答えは見えていない。情報処理力よりも情報編集力が必要である。知識を集めて、知識がなければ勉強、体験をして、それらから創造していく。問題を発見するものであり、FMEAは創造技法である。新しいもの、この世の中にないもの、新製品を考えるのと同様である。

FMEAのインプットとなる品質表の活用も、技術の伝承としては有効である。ある企業では、品質表のことを「技術の棚卸表」とも呼んでいる。だから、競合他社や顧客にも、よくできた品質表は門外不出なのである。品質表の事例は、ほとんど出回らない。品質表を作る、編集すること、要求品質や顧客要求仕様、安全や環境要求も入れることもあるが、それらと、技術的内容、部品、工程や設備、試験項目などの関係がよく見えてくる。共有化できる。年配の人には頭の中に入っていることが、若い人にも見えてくる。変更点変化点を「視える化」することで、漏れ落ちの防止、重点化ができ、FMEAが有効活用できる。再発防止項目の確認、見直しへの漏れもなくなっていく。製品の複雑化、組織の細分化には特に役立つものである。

未然防止は効果が見えにくい。しかしながら、きちんとやらないと、大きな代償を伴う。事件や事故が起きてから悔やまないようにすること。断続的ではなく、継続的に実施する、実施し続けることである。

## 6.2 インタビューFMEAの実施者の条件およびスキル

インタビューFMEAの実施者は、FMEAをきちんと理解した人である。この点は先述したが、特に大切なことは、問題解決や再発防止と混同しないで、故障予測であるFMEAをやること。だからといって、問題解決と再発防止もしっかりとやらなければ、故障予測を含めた未然防止は成り立たない。

的を射たFMEAをやること。重点化すること。FMEAそのものも大切であるが、事前準備、そして事後処理である対策などの終結まできちんとやること。後で見てもよくわかる、いい事例となるようなFMEAを作り上げることが後々役に立つものになる。ただしFMEAの帳票を作り上げること、埋めること、資料を作ることが目的ではないことはもちろんである。

公開セミナーでも、企業内セミナーでも、「FMEAの事例を見せてくれませんか」「他社のいい事例を見たいのですが」とよく言われる。事例を見たらどうするのか、どう活用できるのか。自分のテーマと同じものはあるわけはない、あったとしても、それは真似である。ましてやFMEAは予測なのであるから、同じことを真似して書式を埋めるのは予測ではない。自分が起こしたものではないが、むしろ再発防止である。参考にするのはいいことであるが、本当に役立つ事例というものは、自分たちで作って、自分たちの実績を自ら説明できるものであるべきである。結果だけを見れば「そんなこと、誰だって考えつくよ」「これが創造したことなのかよ」ともなってしまう。

製品や工程、設備を実際に担当している実務者にとってはFMEAの内容、作成方法などをきちんと理解した人がインタビュアーとして必要であり、責任者である管理職は、FMEAの見方、チェックすべき点をしっかりと理解していることが重要である。

社内のまともな事例を作成し、実名と実情報を記載し、名前の掲載された人、特にとりまとめ者はきちんと理解した人であり、インタビュアーになれる人でもある。

社内の実事例をFMEA手順書に添付しておき、やり方、書式などが変更になれば、事例も見直しし続けることである（6.5.2参照）。継続的改善である。

## 6.3 インタビューFMEAを通じた人づくり

報連相（図表4.3参照）がしっかりできていて、風通しのいい社内環境であれば、インタビューFMEAはやりやすいはずである。技術の書物や、不良事例集を見て技術者教育、勉強することもいいが、問題解決、再発防止とともに故障予測であるFMEAを実施することは技術者にとってはずっと有効なことである。ただ学ぶよりも、創造すること、考えることは脳の刺激にもなる。技術者同士で議論すること、納得するまで議論することは、育成面においても大切である。

創造性豊かな人材を育てること。「人材」を「人財」（職場にとっても会社にとっても貴重な存在）にするには、人づくりである。もちろんFMEAだけでは人づくりはできないがFMEAは人づくりにも役立つものである。FMEAを実施するには知識が必要である。そのために特に有効なのは、問題解決と再発防止である。問題解決は実際に起きた事故、不良、故障についての解析であるが、それを実施することによって、製品や工程、設備などの技術的内容を理解できる。原因を追究し、メカニズムを理解することは、FMEAである新規変更に対しての知識になる。また問題解決後の再発防止の活動は、FMEAを実施するときに、過去の問題なのか、新規なのかの判断が容易になる。結局は、FMEAである故障予測は問題解決や再発防止と区別して実施するのであるが、それらは切り離せないものなのであり、連携していることで、未然防止が成り立ち、人づくりにもつながる。「可愛い子には旅をさせよ」というように、若い技術者には、失敗から学ぶことが多いことから、問題解決、そして再発防止の活動をしっかりと経験させること、過去の事例を学ぶことで、FMEAがより有効になっていくのである。

FMEAは品質文書である。記録ではない。レビジョン管理していく。最新版でないもの、過去のものは記録にはなるが、その更新履歴、変化していることを見直すことでもいい教育資料である。FMEAの対策結果が、他の議事録、報告書、図面や作業標準、規定や規準類との関連をきちんと記載すること、他の文書にもFMEAの管理番号とレビジョン番号を記載することで、文書間の関連も明確になり、規定や規準、図面や作業標準の発行や改定理由も明確になる。こういったシステムをきちんとやること、ISO9001を実効（実行ではない）している企業にとっては当たり前のことであるが、これらのシステムがきちんと稼働していることで、後々見てもわかるものになり、人財育成にも役立つようになる。

FMEAや未然防止においてだけではないが、特に技術者の人財育成において必要なことは、ティーチングよりもコーチングである。答えを教えることではなく、考えさせることであり、考えさせるように導くことである。企業は永遠に繁栄し続けなければならない。自分が在職している間だけでなく、退職後も永遠に続けるのである。そのためには、人財を育成し続けることである。製品開発も継続される、次々と新しい製品、改良品を作り続けるのであるから、未然防止も永遠に続く、そのためには、未然防止を通じた人財育成も続けることである。

## 6.4 本来の故障予測のためのFMEAの再考と良い議論のためのFMEA

とりあえずやってみることである。やってみてうまくいかなかったら、なぜうまくいかなかったのか、それを明確にして、対応することである。FMEAをやったけれども問題が発生して「FMEAなんてやっても意味がないよ」ということを言う人がいるが、本来のFMEAをやっているのだろうか、インタビューFMEAでなくてもいい、FMEAの本来の姿を知ったうえで発言していただきたい。だからといって、「FMEAの本来の姿を知ったから完璧なFMEAができるのか」となるが、そうはいかないだろう。問題が起きたら、原因を追究し、再発防止をすること。それは技術的な問題はもちろんであるが、FMEAもやったのに問題が起きたら、その原因を追究し、再発防止であるFMEAのやり方を見直すことである。

2010年代半ば日産自動車でQuickDRが発表された。その中にFMEAやDRBFMの議論時間のことが出ている。フルモデルチェンジのような場合は最大で100時間、マイナーチェンジのような簡易な変更でも最大で10時間は議論しているとのことである。議論すべき内容を壁に貼って、参加者が集まって議論している様子が報告されている。議論はとことん行うこと、参加者全員が納得するまで行うことである。

FMEAはIATF16949の認証審査では、リファレンスマニュアルとして200ページほどの別冊の要求事項もあることからも厳しく審査されている。顧客からのFMEAの要求もあり、FMEAを形式的に実施している企業は多い。しかし、新規の問題、今まで経験したことのない問題発生が本当に多いだろうか。確かにFMEAはそれらの新しい問題を未然に防ぐものである。しかし、実際は再発問題が多い。つまり再発防止の徹底が重要で、再発防止のシステム化が必要なのである。

本書はFMEAが主であるが、再発防止が徹底できてこそ、FMEAが成り立つのである。故障予測であるFMEAだけでは未然防止は成り立たない。「再発防止も故障予測もそんなの一緒にやればいいじゃないか」と言われることもある。一緒にできればやればいい。ところが、ごちゃまぜになって、再発防止ばかりになっているのが、多くの実態である。再発防止も重要であるが、FMEAの帳票で再発防止リストを作ったことでFMEAをやったつもりになって、実際のFMEAである故障予測はほとんどやっていない企業が散見される。本書ではインタビューを取り入れたFMEAのやり方改善を紹介したが、FMEAの実施は再発防止を徹底したうえで行ってほしい。

開発技術者の本来の仕事は、新製品開発である。しかしながら、事故や不良が発生すると問題解決をしなければならず、その間、開発業務は停滞してしまう。ライン上の問題も解決しないと、製造困難になる。暫定対策で対応していても、歩留が上がらないとコストの問題も出てくる。問題解決したら、製品開発に戻れるが、特に部品メーカーでは納期も決まっており、開発期限に間に合わせるために、残業などで対応しなければならなくなる。事故や不良を防止できれば、本来の開発業務に専念できる。未然防止活動とは、本来の製品開発業務に専念するためのものでもあり、本来の開発業務の1つでもある。事故や不良の問題が発生したときに、問題解決をする。当たり前である。問題解決をしたら、その問題が二度と起こらないように再発防止をする。読者の方々は、再発防止のために何をしているだろうか。問題が発生すると、事故報告書や不良報告書を作成しているだろう。場合によっては、事故報告会や不良報告会といったものを開催し、事故や不良の報告させられている。それらが再発防止だろうか。報告書を作り、報告会をしても、その場限りではなんの役にも立たない。二度と起こらないような“しくみ”、システムを作ることである。それこそが再発防止である。事故報告書や不良報告書は、“二度と使える資料”であることが必要である。二度と使えるような“しくみ”がなければ、いつまでたっても「あの人に聞けばいい」「あの人が確認してくれる」となってしまう。では、その“あの人”がいなくなったらどうするのか。人に頼っているのでは、それは“しくみ”つまりはシステムではないのである。

再発トラブルが起きたとき、若手にとっては初めての問題、ベテランにとっては再発問題ということもよくある。しかし、企業としてみれば再発である。企業として、同じ問題を二度と起こすべきではない。

未然防止全体もそうであるが、FMEAは仕事を増やすためにやっているのではない。だから、変更点変化点を視える化して、その部分について狭く深く重点的にやるのである。そして、重点化したところについて、議論を徹底的にやることにより、本来の故障予測ができるのである。

## 6.5 FMEAをより有効に活用するために

インタビューFMEAとは限らずに、FMEAをより有効に活用していただきたい。そのためにいくつかの事例を提案として紹介する。

### 6.5.1 実際に問題が起きたときにFMEAを見返そう

FMEAを実施したのに問題が起きてしまった。しかし想定した問題が起きたときには、ある意味ラッキーと思っていただきたい。故障モードに上がっていたのに実際に起きてしまった。ということはどういうことだろうか。

BOXという品目において、想定していたモードXが起きてしまったのである。モードXに対して、原因①～④まで想定し、それぞれに、設計管理を確認し、評価、RPNの高いものには推奨処置を検討、担当期限を決め、きちんと結果まで実施していた（**図表6.1**）。それなのに、モードXが起きたということである。

問題発生である。問題が発生したら問題解決である。それには原因究明をしなければならない。FMEAを実施したのだから、これを活用すればいいのである。モードXについて、過去にFTAを実施したことがないのなら、FMEAを参照してある程度作れるだろう。まずは、FMEAの情報だけで作ると**図表6.2**になる。

モードXが実際に起きたのである。さて、原因は？となる。FMEAで分析し、原因①～④までは、現在の管理状態を調べ、不足していると思われる点については、推奨処置として評価や実験を実施したのである。技術者としてはどう動くべきであろうか。見方はいくつかある。

(1) FMEAの評価が間違っていた、発生頻度や検出度を低く見積もったのではないか。

　特に原因④であったら、推奨の対策もしなかった。

　現在の管理、そのものが足りないのではないか。

(2) 推奨処置が甘かったのだろうか。

**図表6.1　FMEA結果**

**設計FMEA**

| 品目 | 新規変更点 | 機能 | 要求事項 | （潜在的）故障モード | （潜在的）故障影響 | 影響度 | 分類 | （潜在的）故障原因 | 現行の設計管理 | | | 検出度 | RPN | 推奨処置 | 責任者及び目標完了期限 | 処置結果 | | | | |
|---|---|---|---|---|---|---|---|---|---|---|---|---|---|---|---|---|---|---|---|---|
| | | | | | | | | | 予防 | 発生頻度 | 検出 | | | | | 取られた処置及び完了日 | 影響度 | 発生頻度 | 検出度 | RPN |
| BOX | ○○ | ○○ | ○○ | モードX | ○○ | 5 | | 原因① | 規準A | 3 | 試験A | 3 | 45 | ○○ | ○/○○<br>2018.3.20 | ○○を○○実施<br>報告書XX 1<br>2018.3.15 | 5 | 2 | 3 | 30 |
| | | | | | | | | 原因② | 規準B | 4 | 評価A | 3 | 60 | ○○ | ○/○○<br>2018.3.21 | ○○を○○実施<br>報告書XX 2<br>2018.3.16 | 5 | 2 | 3 | 30 |
| | | | | | | | | 原因③ | 規準C | 4 | 試験B | 4 | 80 | ○○ | ○/○○<br>2018.3.22 | ○○を○○実施<br>報告書XX 3<br>2018.3.17 | 5 | 1 | 2 | 10 |
| | | | | | | | | 原因④ | | 2 | 評価B | 1 | 10 | ○○ | 無し | | | | | |
| | | | | | | | | | | | | | | | | | | | | |

**図表6.2**　モードXのFMEA

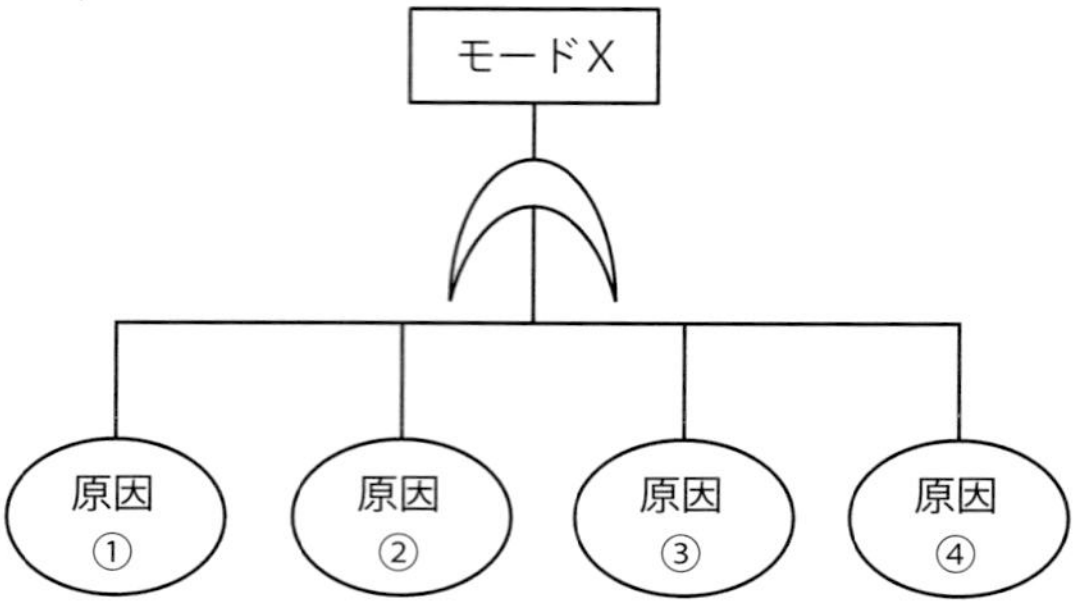


これらの場合は、現在の管理で実施している結果を確認、さらに推奨処置で実施した結果を再確認する必要がある。そのためには、それらの結果を持ってこなければならないのである。この点においても、現在の管理が本当にやっていることなのか、推奨処置の結果の欄から報告書やデータを引用できなければならない。処置結果の欄が曖昧ではまずいのである（1.3.9項参照）。

引用してきたものを見て原因が追究できればいいだろう。もしそれらに問題がなければ次のようになる

（3）原因①～④以外にも原因があるのではないのか（**図表6.3**）。

**図表6.3**　他の原因？

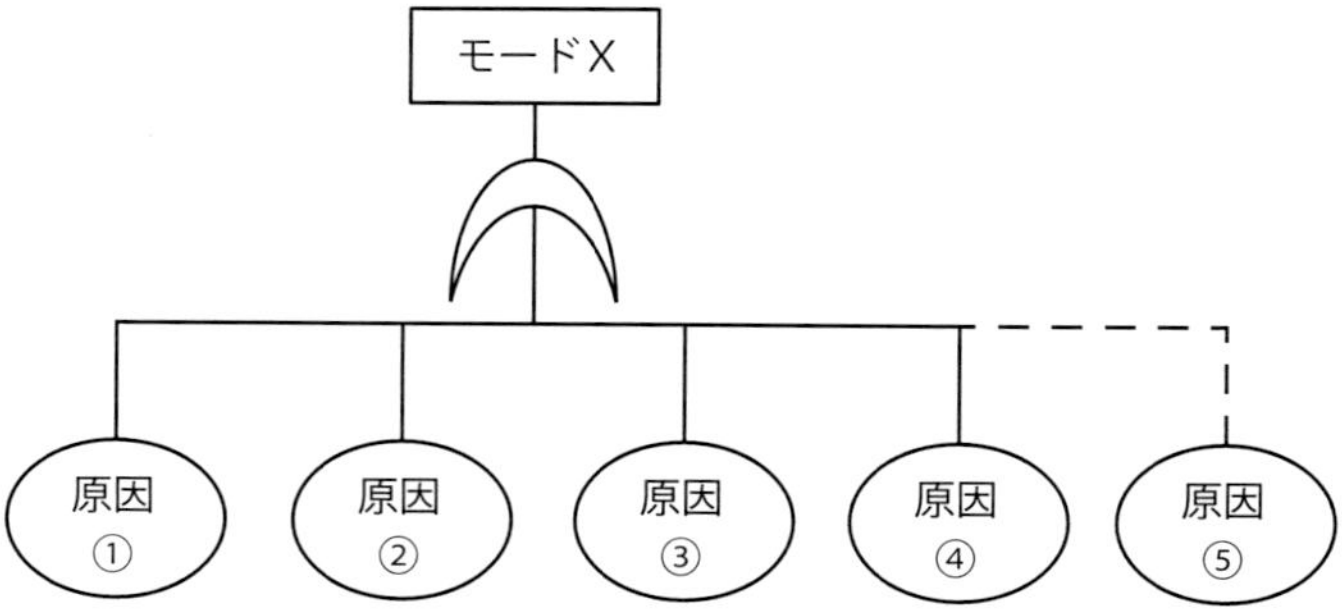


5番目の原因⑤があるかもしれない。それも原因でないとしたらどうだろうか。

(4) 工程に原因があるのではないか。

ところで、図表6.1のFMEAは設計FMEAである。FTAは設計と工程を分けていない（1.3.8項参照）。今回の原因も工程に原因があるのかもしれないのである（**図表6.4**）。

**図表6.4**　**工程の原因？**

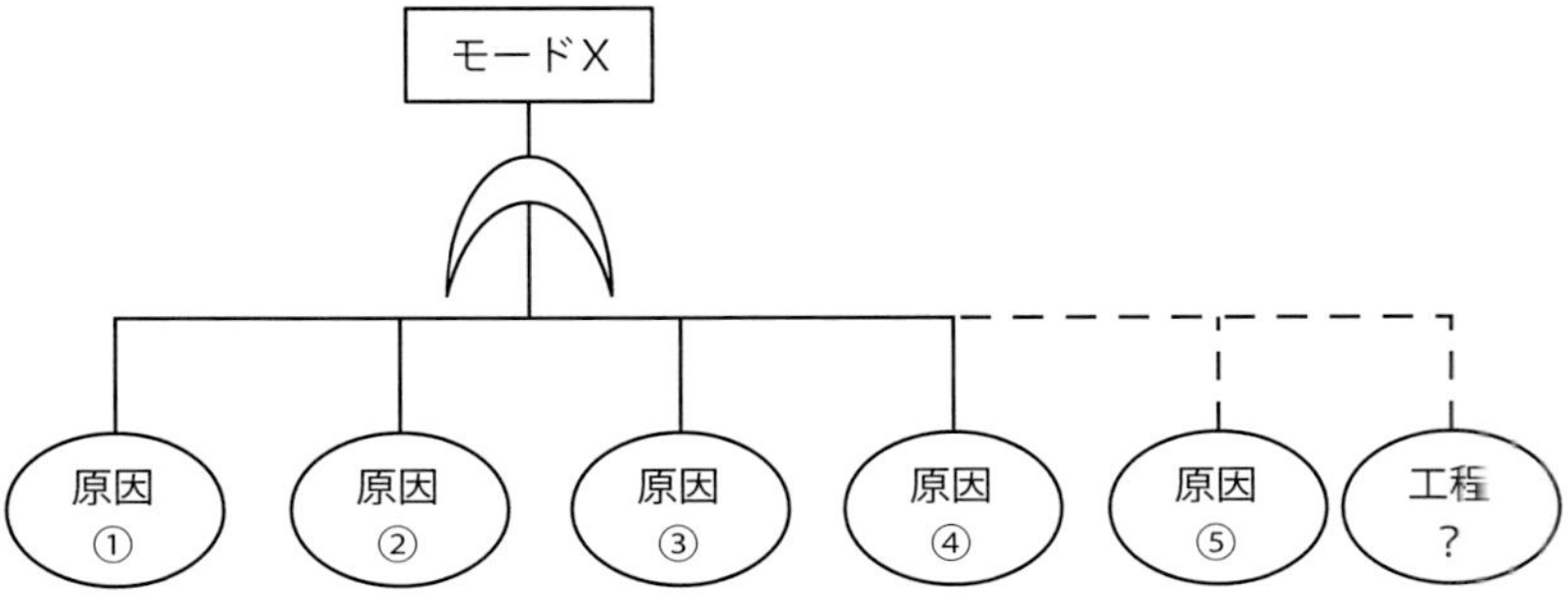


さて、設計は設計で原因を追究するとして、工程の方はどうしたらいいだろうか。いきなり原因究明に入るのだろうか。

設計FMEAと工程FMEAは関連付けておくべきである。工程FMEAの選定基準は「設計のFMEAを実施した全ての製品の製造工程」[5)]である。品質表で設計FMEAと工程FMEAを連携させている（5.3項）。であるので、設計FMEAを実施した部品等は、本来は工程展開しているはずである。図表6.1の設計FMEAのBOXに関連した工程のFMEAを引用してくるのである（**図表6.5**）。

そしてこの工程FMEAのデータを基にして、さらにFT図に追加すると、**図表6.6**となる。

設計FMEAの対応と同じように、管理項目や推奨処置結果のデータや報告書の確認を行い、それらに問題がなければ、さらに工程でも原因P⑤を追究することになるだろう（**図表6.7**）。

参考文献：5)：塩見弘・島岡淳・石山敬幸「失信頼性工学シリーズ7　FMEA、FTAの活用」日科技連、1983

**図表6.5**　工程FMEA

## 工程FMEA

| 工程名 | 新規変更点 | 機能 | 作業内容 | 要求事項 | (潜在的)故障モード | (潜在的)故障影響 | 影響度 | 分類 | (潜在的)故障原因 | 現行の工程管理 | | | 検出度 | RPN | 推奨処置 | 責任者及び目標完了期限 | 処置結果 | | | | |
|---|---|---|---|---|---|---|---|---|---|---|---|---|---|---|---|---|---|---|---|---|---|
| | | | | | | | | | | 予防 | 発生頻度 | 検出 | | | | | 取られた処置及び完了日 | 影響度 | 発生頻度 | 検出度 | RPN |
| BOX組立 | ○○ | ○○ | ○○ | ○○ | モードY | ○○ | 5 | | 原因P① | 手順書A | 3 | 検査A | 3 | 45 | ○○ | ○/○○<br>2018.3.20 | ○○を○○実施<br>報告書XXP1<br>2018.3.15 | 5 | 2 | 1 | 10 |
| | | | | | | | | | 原因P② | 手順書B | 2 | 検査B | 2 | 20 | ○○ | 無し | | | | | |
| | | | | | | | | | 原因P③ | 手順書C | 4 | 検査C | 4 | 80 | ○○ | ○/○○<br>2018.3.22 | ○○を○○実施<br>報告書XXP3<br>2018.3.17 | 5 | 3 | 1 | 15 |
| | | | | | | | | | 原因P④ | | 5 | 検査D | 3 | 75 | ○○ | ○/○○<br>2018.3.21 | ○○を○○実施<br>報告書XXP2<br>2018.3.16 | 5 | 2 | 1 | 10 |
| | | | | | | | | | | | | | | | | | | | | | |

**図表6.6**　工程の原因追究

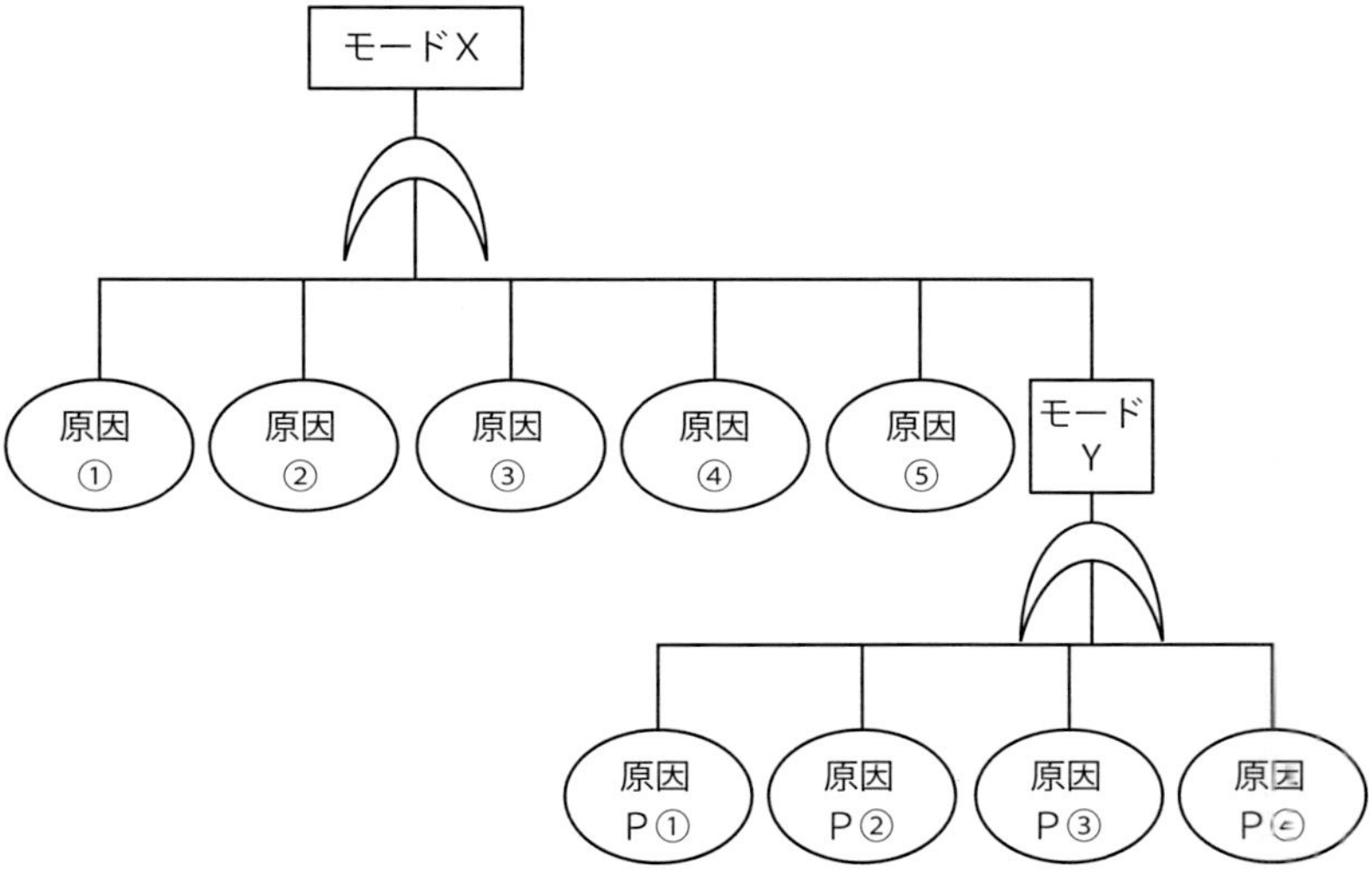


**図表6.7**　工程の原因追加？

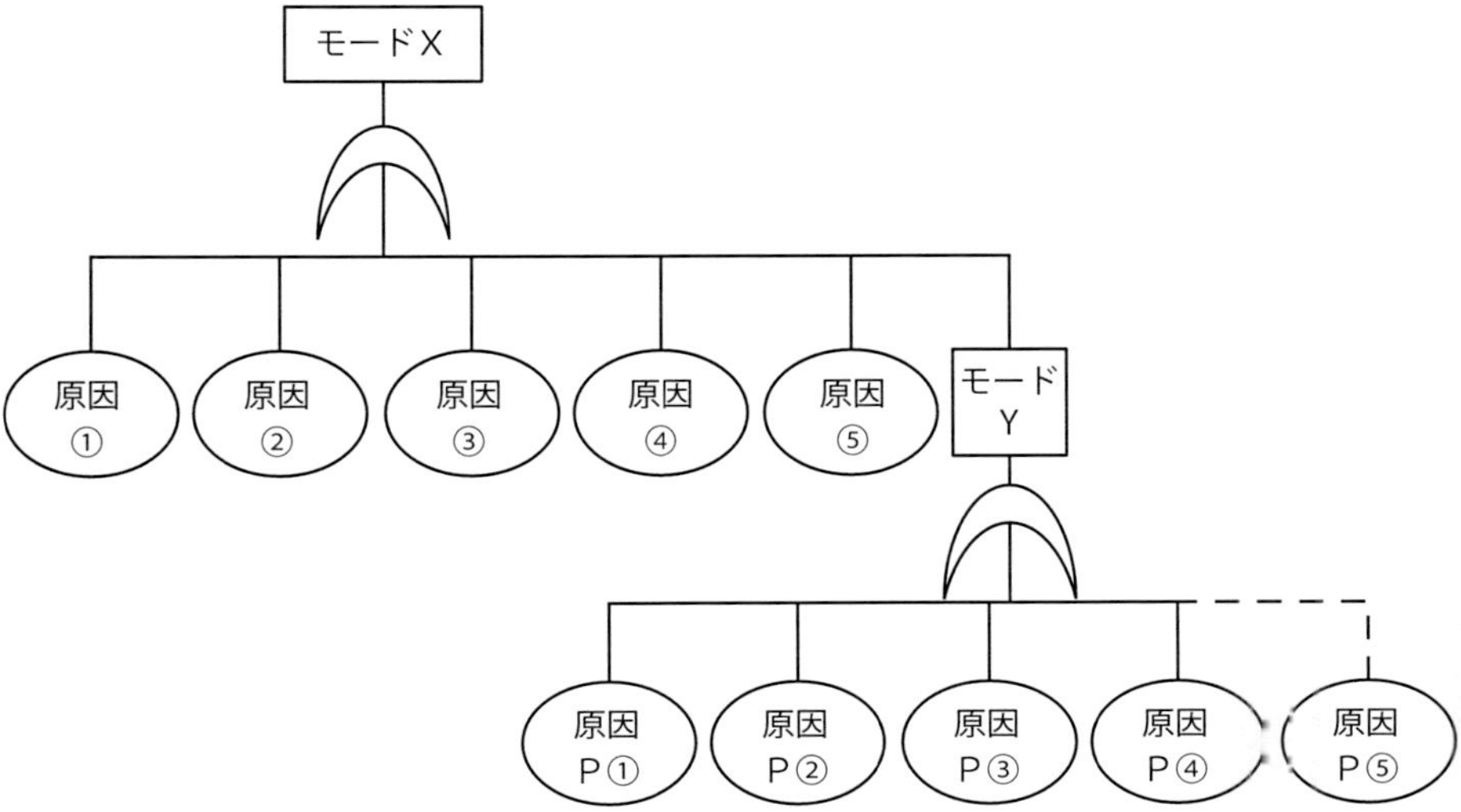

## 6.5.2 良い事例を見本に

セミナーの講師をしていると、「他社の事例を見せてください」「昔担当した事例を見せてください」などと言われることがある。事例を見たい気持ちはわかるが、他社の事例を見ても、事業分野が同じでも、なかなか流用できるものはないだろう。品質表と同じようなもので、良い事例ほど社外には出ないものである。事例なら自分たちで作って、社内のFMEAの規準や手順書とともにマニュアルとして使うべきである。

筆者は、実践指導している企業に行くと、「良い事例」を作ることをお願いして

**図表6.8　良い事例の作成例**

潜在的故障モード影響解析
（プロセス FMEA）

品目：ABC245EFCX
モデル年／プログラム：
コアチームメンバー：（フルネーム）　山＊　＊男・坂＊　英（＊＊＊＊部）、　＊＊　秀（＊＊G）、　＊田　英（A＊＊G）、　＊士　＊昭（＊＊G）

| プロセスステップ | 機能 | 要求事項 | 潜在的故障モード | 潜在的故障影響 | 影響度 | 分類 | 潜在的故障原因 |
|---|---|---|---|---|---|---|---|
| Cパッケ | Cのパッケを形成する | 基板の変更により＊＊がその厚みに対応して＊＊となったが、従来通りに1パッケを形成すること。 | ＊＊欠け | モー＊充填不足。＊＊により流出は＊＊。 | 5 | | ＊＊入時、従来品より＊＊ため、＊＊角度が＊＊くなる。＊＊＊と発生する。 |
| | | | | ＊＊クックが入り、機能不＊＊。 | 8 | | ＊＊入時、従来品より＊＊ため、＊つかかった点で＊＊とせずに＊＊ことによる。 |
| | | | | | | | |
| 好ましくない記入事例として | | | | | | | |
| パッケージ形成 | パッケージ作成 | パッケージをする | 治具挿入不良 | 機能しない | 8 | | 作業ミス |

- パッケージ形成 → 品目が、工程展開表と名称が一致していない
- パッケージ作成 → 機能はできるだけ、名詞＋動詞とすべき。その方が故障モードも「創造」しやすい
- パッケージをする → 要求事項が具体的でない
- 治具挿入不良 → 故障モードを示すのであって、不良ではない。もともと不良だったら、FMEAではないのである
- 機能しない → 顧客の立場で記載しているか。何が機能しなくて、どのように顧客に影響を与えるのか、わからない
- 作業ミス → メカニズムになっていない。発生度が低いなどで、対策不要ならば、この表現でもいいかもしれないが

いる。FMEAだけでなく、品質表や信頼性ブロック図から、設計FMEA、そして工程FMEAへ展開した事例を作っていただく。それも、作り物ではなく、実際に実施したもの、対策完了したものを事例にする。さらに、FMEAについては、過去の事例も参考にして、「良い事例」と並行して、「良くない事例」を並べて表示している。「悪い事例」とはしなかった。表現法の問題だけかもしれないが、過去のものを全面否定はしたくないので。**図表6.8**は某社の社内事例を参考用に加工したものである。かなりの部分を＊に置き換えているがご了承いただきたい。「好ましくない記入事例として」は、実際にこの企業で多く記載されていたものである。

| 承認 | 審査 | 作成 |
|---|---|---|
| | | |

FMEA番号：3707-****

プロセス責任部門：＊＊＊＊＊＊（株）・＊＊＊＊部・山＊　＊男

作成者：田　英　（A＊＊G・7**-4XX）

完了期限：2010年3月3日

FMEA日付（初版）：１．０　2010年1月10日

改訂　１．１　2010年2月15日

| | 現行のプロセス管理予防 | 発生頻度 | 現行のプロセス管理検出 | 検出 | RPN | 推奨処置 | 責任者及び目標完了期限 | 処置結果<br>取られた処置及び完了日 | 影響度 | 発生頻度 | 検出 | RPN |
|---|---|---|---|---|---|---|---|---|---|---|---|---|
| | ＊＊＊フレーム＊＊ | 4 | モー＊後＊＊選別 | 7 | 140 | ＊＊入角度を従来品より＊＊くし規定、＊＊見直しし、＊＊確認行う。 | ＊田　英<br>2010/02/02 | ＊＊入角度の見直しを実施した（作業標準 A123Rev1.3）<br>＊＊リスト改訂（＊＊リスト A12-5Rev5.5）<br>初期評価にて＊＊ないこと確認した（＊評価表 123 参照）<br>2010/02/10 完了 | 5 | 2 | 2 | 20 |
| | | 2 | ＊＊検査（＊＊試験）、抜＊＊試験 | 2 | 32 | 無し | | | | | | |
| | | | | | | | | | | | | |
| | | | | | | | | | | | | |
| | 作業者教育 | 5 | 出荷検査 | 2 | 80 | 工程最適化 | 武＊敬＊<br>2010/1/20 | 完了 | 6 | 2 | 2 | 24 |
| | | | | | | | | 済み | | | | |
| | | | | | | | | 推奨処置通り | | | | |
| | | | | | | | | | | | | |

何を教育しているのか。具体的ではない。対策不要項目ならいいかも

何を検査しているのか。それが、原因をどう検出しているのか、わからない

どのように最適化するのか。原因に対する対策になっているのかわからない

処置として何を実施したのか、後で見てもわからない。点数が低くなった根拠もわからない。完了日も記載ない

### 6.5.3 内部監査でブラッシュアップを

筆者も前職で、設計部署に在籍していたときにISO9001の内部監査員に任命された。その後、品質保証部に異動し、ISO9001事務局、取りまとめを行った。内部監査で何を監査すべきか、どこからつっこむべきかと悩んだこともあるが、現在も、顧客企業からそのような相談を受けることがある。そのようなときは即、「FMEAで内部監査してください」とか、品質表を運営している企業では、「品質表も内部監査にいいですよ」「品質表とFMEAの関連、設計と工程の関連もいいですね」とアドバイスしている。

FMEAでは、「各項目欄の関係が説明できるかどうか」「推奨の対策の実施の有無はどうか」「期限は守られているか」「対策結果はまとめられているか」等々ある。本書では問題例として、図表1.16、図表1.17、図表1.29、図表2.34、図表5.37と5件を載せたが、それらの問題は、内部監査の教育用にも使っている。粗を探すためではなく、有効に活用させるためである。

図表1.29はFMEAの問題であるが、この**図表6.9**はDRBFMシートの問題である。気が付く点がいくつあるだろうか。DRBFMだからこそという部分もある。

有効に使いたいのなら使えるようにする、使わせることである。未然防止を徹底すれば、ロスコストが低減できる。長期の活動になるだろうが、必ず役に立つのである。

「バカになって徹底的に実行してみなければ、けっしてわからない。頭の中だけでわかったつもりで素通りしてしまう」(川喜田氏)

「アタマのクセというのはスポーツと同じで、“やってみて”要領を覚えなければ直らないのです。『バカになってやってみる』ことが大切」(中山氏)

それぞれ日本発二大発想法とも言われる、KJ法の川喜多二郎氏、NM法の中山正和氏の言葉である。上記は、同じ内容を言っているが、技法というのは、とにかくやってみなさい、ということである。中途半端で役に立たないと思わないでほしいのである。セミナーの演習を自転車ベルで実施しているが、「こんな100円ショップのもので実施しても自分の製品には流用できない」なんて思わず、とにかくやってみることである。

資料は後々使えるようにしないと意味がない。最悪なのは、自分が作った資料を、数年後確認してみたところ「なんだこれは、自分でもわからないなあ」といったもの。そのようなことは読者の企業ではないだろうが。筆者がコンサルタントとしてお邪魔したときに、訪問先のFMEA等を見てわからなくてもしょうがない、入社して間もない社員が見てわからないのも同様だろう。しかし、同じ仕事をして3年以上経過した人が見てわからないようではどうしようもないだろう。役立つ資料とは、再度利用したときに、再度利用した人がどう思うかでもあるだろう。

## 6.5.4　FMEA書式の工夫、改善

IATF16949のFMEAも、リファレンスマニュアルの第4版に改定されたとき、設計はA～F書式、工程はA～H書式と、設計6個、工程は8個も書式事例が掲載された。書式に固執せずに役立つように使え、ということである。DRBFMシートも、トヨタでスタートしたものは市販本にも原版書式が掲載され、本書にも掲載したが、その後、トヨタでも改定されて使われている。筆者も各企業でその企業に合った書式や評価表にてFMEAを実施するように提案し続けている。

ここに、提案している書式を2点紹介する。

### (1)　評価結果を残す。特に発生頻度について。

1.3.5項に、点数表が使いにくい、特に発生頻度は、故障原因を多数想定するとかなり手がかかることを示した。筆者は、発生頻度と検出度を判定した人名をFMEAシートに残すことを提案し、多くの企業で実施していただいている。

**図表6.10**に示すように、点数を評価した結果を残している。インタビューFMEAの場合、その案件を言い出した人である提案者は、心配だから言っている。心配ということは、発生頻度を高く考えている。しかし、その案件を聞いた他の人にとっては、知識や経験により、「そうかなあ、大丈夫だよ」「別の製品で実績あるし」といったことで、発生頻度を低く見ていたりする。その各自の評価結果を明記しておく。必要であれば、Excelのコメントで、その根拠を記載している。図表3.11で紹介したデータタブのグループ化機能を使って、隠すことができるようにしているが、各企業では隠さずに使っている。隠すようにしたのは、DR等の資料では隠しておいて、「この点数の根拠は？」といった質問が来たときに、開いて見せるようにしたのだが、最初から見せておけばいいだろう、ということが多く、隠さないで使っていただいているのが多い。そうすることによって、評価する責任も出てく

**図表6.9** 演習問題：DRBFMの見方

# DRBFM・演習問題

あなたは、設計部長です。本DRBFMシートを承認する立場にあります。自社製の使い捨てライ
長くすることになり、DRBFMシートを部下の岡田グループが作成し、仙谷課長が審査してき
Rev.0）で、承認後、DR前に配布します。本シートにおいて、見直すべき点、おかしいと思われ

| | |
|---|---|
| 顧客 | 日本国内一般喫煙者 |
| モデル | 2013年春 |
| システム | 使い捨てライター |
| コンポーネント | ― |

| 作成者 | 設計/原口 |
|---|---|

| No. | 部品名 | 変更点<br>その目的 | 機能 | 変更に関る心配点<br>変更がもたらす機能の喪失商品性の欠如 | 変更に関る心配点<br>他に心配点は無いか（DRBFM） | 心配点はどんな場合に生じるか<br>頻度 | 心配点はどんな場合に生じるか<br>要因・原因 | 心配点はどんな場合に生じるか<br>他に考えるべき要因はないか（DRBFM） | お客様への影響 | 重要度 |
|---|---|---|---|---|---|---|---|---|---|---|
| 1 | タンク | 燃料増量のため、タンク長を30mm長くした | 燃料を貯蔵する | 注意書きラベルの位置がずれていた | | 大 | 従来の注意書きラベルと貼り付け位置が異なっていた | | 剥がれたことによる誤使用によってPL問題に至ってしまった | A |
| | | | | | | | | | | |
| | | | | 燃料が無くなるまで他部品が使えなかった | | 中 | 発火部品不良であった | | 燃料が残っていてもライターが使えなく顧客からクレームが出た | B |
| | | | | | | | | | | |

**参考厳禁！**

これは、演習用に作成したものです。
決して事例として参考にはしないでください。

ターにおいて、設計変更にて、ライターのタンク容量を 30mm
ました。設計試作前の DR に向けて作成してきたもの（初版：
る点を指摘してください。

| 承認 | 審査 | 作成 |
|---|---|---|
| | （仙谷）<br>2012.8.1 | （原口）<br>2012.8.1 |

| | |
|---|---|
| No. | HKHK－124 |
| Rev | 0 |
| 作成日 | 2012. 8. 1 |
| 修正日 | － |

| DRメンバー | 設計/岡田・仙谷、原口、品証/蓮法、製造/野田・谷垣、生技/亀井 |
|---|---|

| 心配点を除く為にどんな設計をしたか（設計遵守事項、設計標準、チェックシートetc. | 優先度 | 推奨する対応（DRBFMの結果）<br>DRBFMで示された設計へ反映すべき項目 | 担当期限 | DRBFMで示された評価へ反映すべき項目 | 担当期限 | DRBFMで示された製造工程へ反映すべき項目 | 担当期限 | 対応の結果実施した活動 |
|---|---|---|---|---|---|---|---|---|
| ラベル貼り付け作業時のライン管理を厳しくする予定である | A | ラベルの貼り付け位置の見直しを検討させた | 設計/森<br>2012.8.1 | ラベル貼付強度試験を実施した | 品証/小泉<br>2012.7.30 | ラベルの貼り付け作業時に全数外観チェックを強化した | 製造/若田<br>2012.11.10 | 推奨通り |
| | | | | | | ラベル貼り付け作業の作業者認定 | 製造/黒田<br>2012.11.1 | 完了 |
| 発火部品の限度確認をすることを作業標準に追加を検討予定 | A | 発火システムの耐寿命強度設計を確認し、燃料増量に対する評価を行った | 設計/森<br>2012.7.20 | 寿命評価試験を実施した | 品証/小泉<br>2012.10.10 | 燃料充填量の抜取検査を100個中1個から2個に増加 | 製造/黒田<br>2012.10.10 | 実施済みだが、一部困難なため中止した |
| | | | | 強度試験を強化して実施した | 品証/小泉<br>20129.30 | 完成検査での点火確認試験を全数実施 | 製造/黒田<br>2012.10.10 | 検討中 |
| | | | | | | 着火確認寿命試験を、各ロットから1個、実施した | 製造/黒田<br>2012.10.10 | 実施済み |
| | | | | | | 燃料注入量のバラツキ縮小検討し作業見直しした | 製造/若田<br>2012.10.10 | 実施済み |

2012. 1[illegible].10　by Kamijo

**図表6.10** 評価実施者表示版

| L | M | N | O | P | Q | R | S | T | U | V | W | X | Y | Z | AA | AB | AC | AD |
|---|---|---|---|---|---|---|---|---|---|---|---|---|---|---|---|---|---|---|
| | 現行の設計管理 | | | | | | | | | | | | | | | | | |
| (潜在的)故障原因 | 予防 | 上條 | ○○ | ○○ | ○○ | MAX | MIN | 発生頻度 | 検出 | 上條 | ○○ | ○○ | ○○ | MAX | MIN | 検出度 | RPN | 推奨処置 |
| | | | | | | | | | | | | | | | | | | |
| | | | | | | | | | | | | | | | | | | |
| | | | | | | | | | | | | | | | | | | |
| | | | | | | | | | | | | | | | | | | |
| | | | | | | | | | | | | | | | | | | |

るだろう。なお、MAXとMIN表示を設けている。Excelの関数を入れて自動計算にしてもかまわない。ただし、平均はしないでいただきたい。

**図表6.11**に点数を入れたものを示した。MAXとMINは評価した中での最大と最小を入れてある。発生頻度、検出度の欄は、ここでは最大値を採用している。必ずしも最大でなくていい。メンバーで決めればいい。

平均しない理由は、2名で採点したとしたとき、5点と1点の平均は3点であるが、4点と2点でも3点、3点と3点でも3点と数値は同じであるが、同じ3点でも内容は違う。2名での採点は少なすぎるが、メンバー間で3点以上の差が出た場合は、点数の根拠を確認していただきたい。そのうえでメンバー間で納得すればいいだろう。点数を高く付けた人は、「心配だから、○○評価してみたい」「試作数、評価数を多くして確認したい」といったことがあるはず。他のメンバーが、「それは無駄だろう」と思っても、費用がそれほどかからないのなら、やらせればいい。やってみて何か起きたら「ほら、起きたじゃないか」となるし、起きなかったら「何も起きなかったけど、安心したよ」となる。どちらにしても心配点の解消である。

この事例では影響度は、評価者表示していない。影響度はメンバーで話し合って決めるようにしたものだが、影響度も表示してもかまわない。

### (2) DRBFMの点数記入化に検出内容掲載追加

DRBFMシートのスタート時の書式（やり方）では、頻度は大中小、重要度と優先度はABC程度で評価する形として、数値にとらわれないようにした。対策後の

**図表6.11**　評価実施例

| (潜在的)故障原因 | 現行の設計管理 | | | | | | | | | | | | | | | | 検出度 | RPN | 推奨処置 |
|---|---|---|---|---|---|---|---|---|---|---|---|---|---|---|---|---|---|---|---|
| | 予防 | 上條 | ○○ | ○○ | ○○ | MAX | MIN | 発生頻度 | 検出 | 上條 | ○○ | ○○ | ○○ | MAX | MIN | | | | |
| | ○○規格 | 6 | 3 | 4 | 3 | 6 | 3 | 6 | ○○試験 | 4 | 3 | 5 | 4 | 5 | 3 | 5 | 150 | |
| | ○○規格 | 5 | 4 | 4 | 3 | 5 | 3 | 5 | ○○試験 | 4 | 4 | 4 | 3 | 4 | 3 | 4 | 80 | |
| | | | | | | | | | | | | | | | | | | |

再評価欄もなかったが、一般的なFMEA書式やIATF16949の書式でも、数値評価が続いており、チャレンジャーの事故でも再評価の必要性が言われた。筆者が見直しした書式は、DRBFMシートに点数評価を入れたものに、インタビューFMEA対応の提案者欄を追加し、検出度の根拠を示す欄、RPNが高い場合の推奨処置の欄を追加したものである。DRBFMシートにIATF16949のFMEAシートを合わせたようなものになっている。このため、横長のシートがさらに長くなって、**図表6.12**は3段で示しているのでご了承いただきたい。

ここに、書式事例として2点示したが、図表2.58のように、DRBFMシートのお客様への影響の欄を一部見直しした事例にもあるように、わかりやすく、役に立つものにしていただきたい。社内の「他部門が作った書式だから使いにくい」「品証が書式を決めている」などと聞くこともあるが、自社、自分たちで見直すべきである。改善、それも継続的改善であって、一度見直ししたら終わりでなく、続けることである。

やりがいのあるFMEA、やりがいのあるDRBFMを実施していただきたい。それが本来の未然防止につながるのである。

## 図表6.12　DRBFMシートの点数化＋検出度の根拠明記版

| No. | 品目 | 変更点 | 機能 | 発案者（提案者） | 潜在的故障モード 変更に関る心配点 | |
|---|---|---|---|---|---|---|
| | 部品名 | 変更点 その目的 | 機能（狙い、要求機能、要求特性） | 故障モード等を言い出した人 | 変更がもたらす機能の喪失、商品性の欠如 | 他に心配点は無いか（DRBFM） |
| | | | | | | |
| | | | | | | |

| 潜在的故障原因 / メカニズム 心配点はどんな場合に生じるか | | 発生頻度 | 故障の影響 | 影響度 | 現時点での設計の対応 | 検出管理 | 検出度 | RPN | 推奨処置 | |
|---|---|---|---|---|---|---|---|---|---|---|
| 要因・原因 | 他に考えるべき要因はないか（DRBFM） | | お客様への影響 | | 心配点に関する現状の内容（設計遵守・管理事項、設計標準、チェックシート etc.） | | | | 内容 | 担当期限 |
| | | | | | | | | | | |
| | | | | | | | | | | |

| （DRBFMにて議論・決定した）推奨する対応措置 / 担当部門 / 完了予定日 推奨する対応（DRBFMの結果） | | | | | | 対応措置の結果 対応措置 / 完了日 | | | | |
|---|---|---|---|---|---|---|---|---|---|---|
| DRBFMで示された設計へ反映すべき項目 | 担当期限 | DRBFMで示された評価へ反映すべき項目 | 担当期限 | DRBFMで示された製造工程へ反映すべき項目 | 担当期限 | 対応の結果 実施した活動 | 発生頻度 | 影響度 | 検出度 | RPN |
| | | | | | | | | | | |

# おわりに

FMEAという技法に何を期待しているのだろうか。本来はトラブルの未然防止を目的として行われる数多くの技法の中の1つである故障予測の技法である。一方、IATF16949などの認証のため、また顧客への提出用のために作成する目的で取り組まれることもある。もちろんそれはそれでやらなければならない。要はそれらの活動を責任者・管理職が主体となって組織として目的をしっかり見据えて取り組むことが大切である。

FMEAをDR（デザインレビュー）の必須ツールとしている企業も増えている。活用するのはいいが、「資料さえ作ればいい」というのではなく、「やるべき部分（工程など）をきちんと抜けがなくしているのか」「問題解決や再発防止もやり、故障予測として区別して実施しているか」「全体としてトラブル未然防止に役立っているのか」ということを確認していただきたい。さもなければ資料を作成する技術者にとっても余計な仕事であり、無駄となる。どうせやるのなら、やりがいのあるものにしていただきたい。

FMEAを含めた未然防止の成果は簡単には出てこない。時間がかかるし、はっきりとした数値での成果は出しにくい。社員教育と同じである。教育の成果は7～8年はかかると言われている。筆者も企業内セミナーを担当させていただいているが、継続している企業においても社内外で事故や不良は起きているところもあるが、問題解決から再発防止、そして故障予測といって未然防止活動が継続し広がり続けている。しかしながら、景気が低迷すると、まず教育費用を削る企業も散見される。教育を辞めてしまうと、すぐには特に問題は起きないだろうが、ボディブローのように徐々に効いてくるものである。教育をしっかりとやっている企業の社員は愛社精神も強い傾向があるようだ。1人当たり年間5万円以上の教育費用をかけている企業は、人の定着率も高くなるという報告もある。教育は、単純に費用の問題に還元できないほど重要である。FMEAによるトラブル未然防止においても、その本来の姿を理解させ、使いこなす人材から育てていくことだ。未然防止活動が定着すれば、事故や不良に費やす「ロスコスト」を低減でき、技術者が本来やるべき製品開発そのものに注力できる。それにより企業の利益が上がれば、社員の給与が増えるだけでなく、株主も喜ぶだろう。そして、結果的には本来の顧客についても安心・安全なものを入手でき、より良いものを入手できることで満足していただけるのである。

本書が、FMEAを実施している企業、これから導入する企業、そして各々の技術者にとって多少でも役立てば望外の喜びである。

2018年6月

上條　仁

# 索　引

【た】



【な】



【は】



【ま】



【や】



【ら】

# 著者略歴


## 上條　仁（かみじょう　ひとし）

1983年、日立製作所入社。パワーデバイスから自動車用半導体の設計開発から品質保証までを担当。ISO9001&ISO/TS16949（現IATF16949）認証対応、全社品質改善活動でQFDなどの普及を推進する。2002年に退社し、CS-HKを設立。QFD、TRIZ、FMEA/DRBFM、FTA、DR、ISO9001などのコンサルタントとして活動中。
ホームページ　http://cs-hk.tokyo/

**本気で取り組むFMEA**
**全員参加・全員議論のトラブル未然防止**

NDC501.8

2018年6月20日　初版1刷発行
2023年7月7日　初版2刷発行

定価はカバーに表示されております。

©著　者　上條　仁
発行者　井水治博
発行所　日刊工業新聞社

〒103-8548　東京都中央区日本橋小網町14-1
電話　書籍編集部　03-5644-7490
　　　販売・管理部　03-5644-7410
　　　FAX　03-5644-7400
振替口座　00190-2-186076
URL　https://pub.nikkan.co.jp/
email　info@media.nikkan.co.jp

印刷・製本　新日本印刷(POD1)

落丁・乱丁本はお取り替えいたします。　2018　Printed in Japan

ISBN 978-4-526-07856-9